BIBLIOTHÈQUE

SCIENTIFIQUE INTERNATIONALE

XXIII

L'ESPÈCE HUMAINE

PAR

A. DE QUATREFAGES

Membre de l'Institut (Académie des Sciences),
Professeur d'Anthropologie au Muséum d'histoire naturelle de Paris.

DEUXIÈME ÉDITION

PARIS

LIBRAIRIE GERMER BAILLIÈRE ET Cⁱᵉ

PROVISOIREMENT 8, PLACE DE L'ODÉON, 8

La librairie sera transférée 108, boulevard St-Germain, le 1ᵉʳ octobre 1877.

1877

L'ESPÈCE HUMAINE

LIVRE PREMIER

UNITÉ DE L'ESPÈCE HUMAINE

CHAPITRE PREMIER

EMPIRES ET RÈGNES DE LA NATURE; RÈGNE HUMAIN;
MÉTHODE ANTHROPOLOGIQUE.

I. — Le naturaliste qui se trouve pour la première fois en présence d'un objet inconnu se demande instinctivement : qu'est cet objet? Cette question revient à celle-ci : à côté de quel autre vais-je le placer? A quel groupe, et d'abord, à quel *règne* appartient-il? Est-ce un minéral, une plante ou un animal?

La réponse n'est pas toujours facile. On sait que, dans ce qu'on pourrait appeler les *bas-fonds* de chaque règne, il existe des êtres ambigus dont la nature a longtemps fait hésiter ou fait même hésiter encore les naturalistes; on sait que les polypiers ont été regardés longtemps comme des végétaux et que les nullipores pris d'abord pour des polypiers sont aujourd'hui partagés entre les règnes végétal et minéral; on sait enfin que, encore aujourd'hui, les botanistes et les zoologistes se disputent ou se renvoient certaines diatomées.

On s'est de même demandé : qu'est-ce que l'homme? et on a répondu à cette question en se plaçant à bien des points de vue. Pour le naturaliste, elle n'a qu'un sens et signifie : dans quel règne l'homme doit-il être placé? ou mieux : l'homme est-il un animal? Malgré tout ce qu'il présente d'exceptionnel lorsqu'on le compare aux mammifères, doit-il être rangé parmi eux? — Cette question est l'analogue de celle que dut se poser Peysonnel, lorsque, frappé des phénomènes spéciaux que lui présentaient les *fleurs du corail*, il se demanda si c'était bien là un végétal.

Évidemment, pour résoudre le premier problème posé par
l'étude de l'histoire naturelle de l'homme, il faut se faire une
idée nette de ce que sont ces grands groupes d'êtres que l'on
appelle des *règnes*; il faut se rendre compte de ce qui les distingue et les sépare les uns des autres et, par suite, de leur véritable
signification scientifique. Pour cela, il suffit de commenter les
phrases bien connues de Linné, en complétant la pensée de l'immortel Suédois par quelques idées empruntées à Pallas, à de
Candolle et à une des notions fondamentales qu'Adanson et
A. L. de Jussieu ont presque également contribué à introduire
dans la science.

II. — Que l'on soit ignorant ou savant, il est impossible de ne
pas voir avant tout dans ce qui existe deux sortes d'objets bien
distincts : les *corps bruts* et les *êtres organisés*. Ce sont ces deux
groupes que Pallas a placés au-dessus des *règnes* sous la déno-
mination d'*empires*. La distinction en est habituellement facile
et je me borne à rappeler quelques-unes des différences les plus
essentielles.

Les corps bruts, placés dans les conditions favorables, durent
indéfiniment, sans rien emprunter, sans rien abandonner au
monde ambiant; les êtres organisés, dans quelques conditions
qu'on les place, ne durent que pendant un laps de temps déterminé; et, pendant cette existence, ils éprouvent à chaque instant
des pertes de substance qu'ils réparent à l'aide de matériaux
pris au dehors. Les corps bruts, même lorsqu'ils revêtent la
forme arrêtée et définie de cristaux, se forment indépendamment de tout autre corps semblable à eux, ils ont dès leur début
des formes arrêtées, ils grandissent par simple *superposition* de
nouvelles couches; tout être organisé se rattache immédiatement ou médiatement à un être semblable à lui, à l'intérieur
duquel il a paru d'abord sous forme de *germe*, il grandit et
acquiert ses formes définitives par *intussusception*.

En d'autres termes, la *filiation*, la *nutrition*, la *naissance* et la
mort sont autant de phénomènes caractéristiques de l'être organisé et dont on ne trouve aucune trace dans les corps bruts.

Pour moi comme pour Pallas les corps bruts composent l'*empire inorganique*, et les êtres organisés l'*empire organique*.

Ici je dois faire une observation dont on comprendra facilement l'importance.

L'existence des deux groupes, reconnus par le bon sens du
vulgaire aussi bien que par la science de Pallas, est un fait absolument indépendant de toute hypothèse. Quelque explication
que l'on propose pour rendre compte des phénomènes différentiels qui les distinguent, ces phénomènes n'en existeront pas
moins; le *corps brut* ne sera jamais un *être organisé*.

Tenter, sous un prétexte quelconque, de rapprocher et de confondre ces deux sortes d'objets, c'est aller à l'encontre de tous
les progrès accomplis depuis plus d'un siècle et surtout dans ces
dernières années en physique, en chimie, en physiologie. Il me

paraît inexplicable que quelques hommes dont je reconnais d'ailleurs le mérite, aient tout récemment encore assimilé les *cristaux* aux êtres les plus simples, à ces *organismes sarcodiques*, comme les appelait Dujardin, qui les a découverts et en a donné, le premier, toute la théorie fondée sur des observations précises. On a beau remplacer un nom par un autre, les choses restent les mêmes et le *plasma* n'a pas d'autres propriétés que le *sarcode;* les animaux dont ils paraissent former toute la substance n'ont pas changé de nature. Or monères ou amibes, ces êtres sont les antipodes du cristal à tous les points de vue.

Comme l'a fort bien dit M. Naudin, un cristal est assez semblable à une de ces piles régulières de boulets que l'on voit dans tous les arsenaux. Il ne s'accroît que par l'extérieur, comme la pile grandit lorsque l'artilleur ajoute une nouvelle couche de boulets; ses molécules sont aussi immobiles que les sphères de fonte. C'est exactement le contraire dans l'être organisé; et, plus celui-ci est simple dans sa composition, plus le contraste s'accuse. La petitesse des monères et des amibes s'oppose, il est vrai, à certaines observations. Mais j'en appelle à tous les naturalistes qui ont étudié certaines éponges marines à l'état vivant. Ils ont à coup sûr constaté, comme moi, l'activité étrange du *tourbillon vital* dans la substance quasi-sarcodique qui revêt leur squelette siliceux ou corné; ils ont vu l'eau de mer, dans laquelle on les place, s'altérer avec une rapidité qu'elle ne présente par son contact avec aucun autre animal.

C'est que, dans l'être organisé, le repos du cristal est remplacé par un mouvement incessant; c'est que chez lui, au lieu de rester indéfiniment immobiles et semblables à elles-mêmes, les molécules se transforment sans cesse, changeant de composition, engendrant des produits nouveaux, gardant les uns, expulsant les autres. Bien loin de ressembler à une pile de boulets, l'être organisé serait bien plutôt comparable à la réunion d'une multitude d'appareils physico-chimiques constamment en action pour brûler ou réduire les matériaux empruntés au dehors et usant sans cesse leur propre substance pour la renouveler incessamment.

En d'autres termes, dans le cristal une fois constitué, les *forces* restent dans un état d'*équilibre stable* qui ne se rompt que sous l'influence de causes extérieures. De là, pour lui, la possibilité de durer indéfiniment, sans rien changer, pas plus à ses formes qu'à ses propriétés de toute nature. Dans l'être organisé, l'équilibre est *instable*, ou plutôt il n'y a jamais d'équilibre proprement dit. A chaque instant l'être organisé dépense aussi bien de la *force* que de la *matière*, et il ne dure que par l'*équivalence de l'apport et du départ*. De là, pour lui, la possibilité de se modifier dans ses propriétés et ses formes sans cesser d'exister.

Voilà les faits bruts, constatés en dehors de toute hypothèse; et, en présence de ces faits, comment assimiler le cristal qui grandit dans une dissolution saline au germe qui devient successivement embryon, fœtus, animal complet? comment identifier le *corps brut* et l'*être organisé*?

Les phénomènes séparent facilement ces deux groupes. En est-il de même des causes qui produisent les phénomènes?

Ici les naturalistes et les physiologistes se partagent. Les uns veulent que *la cause* ou *les causes* restent identiques et que des conditions à peu près accidentelles déterminent seules la différence des résultats en changeant leur mode d'action. Pour eux la formation d'un cristal ou d'une monère n'est qu'une question de résultante.

D'autres, voient dans les êtres vivants le résultat d'une cause absolument à part de celles qui agissent dans les corps bruts et rapportent à cette cause seule tout ce qui se passe dans ces êtres.

Ces deux manières de voir me paraissent également mal fondées dans ce qu'elles ont d'exclusif. Incontestablement, des phénomènes identiques avec ceux qui caractérisent les corps bruts se retrouvent dans les êtres organisés, et l'on n'a, par conséquent, aucune raison scientifique de les rattacher à des causes différentes.

Mais les êtres organisés ont aussi leurs phénomènes propres radicalement distincts ou même opposés aux précédents. Tous peuvent-ils être rapportés à une ou à plusieurs causes identiques? Je ne le pense pas. Voilà pourquoi, avec une foule d'hommes éminents de tout temps et de tout pays, et je crois avec la majorité des savants qui honorent le plus la science moderne, j'admets que les êtres organisés doivent leurs caractères distinctifs à une *cause spéciale*, à une *force propre*, à la *vie* qui s'associe chez eux aux forces inorganiques ; voilà pourquoi je regarde comme légitime de les appeler des *êtres vivants*.

Je reviendrai du reste plus loin et à plusieurs reprises sur cet ordre de considérations pour bien faire comprendre dans quelle acception je prends ces mots : *force, vie.*

III. — Les deux empires de Pallas se subdivisent eux-mêmes en *règnes* caractérisés de même par des faits, par des phénomènes spéciaux et qui vont en se compliquant de plus en plus à mesure que l'on s'élève dans l'échelle de la nature.

Et d'abord, avec de Candolle j'admets pleinement l'existence d'un *règne sidéral*. — Pour qui considère autant qu'il nous est donné de le faire, le peu que nous connaissons de l'univers, les corps célestes, soleils ou planètes, comètes ou satellites, n'apparaissent plus que comme les molécules d'un grand tout emplissant l'immensité indéfinie. Un phénomène général toujours le même, quoique varié dans ses formes, est comme l'attribut de ces corps. Tous, qu'ils soient gazeux ou solides, obscurs ou lumineux, incandescents ou refroidis, se meuvent dans des courbes de même nature en obéissant aux lois découvertes par Képler. On sait bien aujourd'hui, qu'il n'existe pas d'*étoiles fixes*.

Pour expliquer ce *phénomène*, les astronomes ont admis l'existence d'une *force* qu'ils ont nommée la *gravitation*, laquelle a pour effet de précipiter les astres les uns vers les autres, comme s'ils s'attiraient en obéissant aux lois de Newton. Or, on sait que le grand Anglais lui-même ne s'est pas prononcé sur le mode d'action de cette force, et qu'il hésitait entre l'hypothèse de l'*attraction* et celle de l'*impulsion*. La première devait prévaloir comme plus en rapport avec les résultats immédiats de l'observation ; mais la seconde a compté aussi des partisans sérieux parmi lesquels je me borne à citer M. de Tessan.

Ainsi, malgré tout son génie, Newton n'a pu nous dire quelle était la cause du mouvement des astres ; il n'a pas même pu préciser le mode d'action immédiat de cette cause. Et pourtant, il n'est pas de terme scientifique plus universellement admis que celui de *gravitation*, il n'est pas de circonstance où l'on accepte plus généralement l'expression de *force*. C'est qu'en présence de faits généraux et de groupes de phénomènes, il faut bien employer des termes qui simplifient le langage. Seulement il ne faut pas se faire illusion et croire avoir *expliqué* ce qu'on n'a fait que *nommer*.

Dans les cas analogues à celui dont il s'agit, le mot *force* indique seulement qu'il y a là une *cause inconnue* donnant naissance à *un groupe de phénomènes déterminés*. En attribuant des noms particuliers à chacune des forces ou causes inconnues auxquelles on croit pouvoir rapporter certains groupes de phénomènes, on facilite l'exposition et la discussion des faits. L'homme de science sait fort bien qu'il ne va pas au-delà.

C'est en ce sens, et en ce sens seulement, que j'ai employé plus haut les expressions de *force* et de *vie*. Pour les astronomes, la gravitation est la cause inconnue du mouvement des astres ; pour moi, la vie est la cause inconnue des phénomènes qui caractérisent les êtres organisés. Je n'en sais pas moins que toutes deux, comme les autres forces générales, sont en réalité autant de x dont on n'a pas encore découvert l'équation. Je reviendrai tout à l'heure sur ces considérations.

Toutefois, quelle que soit notre ignorance réelle, quelle que soit la cause dont il s'agit ici, et dût l'*impulsion* remplacer un jour l'*attraction* dans nos théories, les faits n'en resteraient pas moins les mêmes. Les astres n'en seraient pas moins disséminés dans l'espace et soumis aux lois de Képler et de Newton ; ils n'en constitueraient pas moins un ensemble bien distinct par le rôle assigné aux corps qui le composent, par la nature des rapports qui les unissent. Ils n'en formeraient pas moins le *règne sidéral*.

Ce règne sera donc caractérisé par un *phénomène général*, le *mouvement képlérien*, que l'on peut rapporter à une seule force : la *gravitation*.

IV. — Revenons maintenant à la Terre, le seul corps céleste que nous puissions étudier en détail. Au surplus, les découvertes modernes donnent presque la certitude que, sous le rapport des éléments et des actions de ces éléments les uns sur les autres, la plus grande similitude existe entre tous les astres disséminés dans l'espace, entre tous ceux au moins qui font partie de notre ciel.

Constatons d'abord que sur notre globe nous retrouvons le mouvement képlérien dans la chute des corps. La *pesanteur* représente ici l'attraction. La gravitation reparaît avec toutes ses lois, pesant sur les grains de poussière comme elle pèse sur les mondes. Les parties du tout, du cosmos, comme aurait dit Humboldt, ne pouvaient échapper à la force qui régit le tout.

Mais à la surface de notre Terre et à son intérieur, aussi loin que nous avons pu y pénétrer par l'observation directe ou par l'induction scientifique, nous voyons apparaître d'autres mouvements qui échappent aux lois de Képler et de Newton ; nous voyons se manifester des phénomènes entièrement nouveaux et parfaitement distincts de ceux qui relèvent de la gravitation. Ce sont les phénomènes *physico-chimiques*. Très-nombreux, très-divers, ils ont été longtemps attribués à l'action de forces distinctes que l'on appelait *électricité, chaleur, magnétisme*, etc. On sait comment la science moderne, les transformant pour ainsi dire les uns dans les autres, a démontré leur unité originelle. Les physiciens les ramènent tous à n'être qu'autant de manifestations des ondulations de l'éther. La vibration de ce dernier est donc le phénomène fondamental d'où découlent tous les autres.

Mais cet éther est absolument hypothétique ; sa nature est parfaitement inconnue ; nul ne sait d'où lui vient cette quantité de mouvement qui d'après les conceptions actuelles ne saurait être ni accrue ni diminuée. Or c'est là qu'est en réalité la *cause inconnue* de tous les phénomènes physico-chimiques. Pour ce motif et aussi pour la commodité du langage, nous donnerons un nom à cette cause inconnue, à cette *force* et nous l'appellerons *éthérodynamie*.

L'éthérodynamie n'est-elle qu'un cas particulier, une simple modification, ou un effet de la gravitation ? Ces deux forces ne sont-elles que des manifestations diverses d'une force plus générale ? Quelques hommes éminents sont assez enclins à admettre l'une ou l'autre de ces hypothèses. Toutefois les faits me semblent être, jusqu'à ce jour, peu d'accord avec elles. L'éthérodynamie se manifeste jusque dans l'espace et parmi les astres par des phénomènes variables, localisés, temporaires ; l'action de la gravitation est une, universelle et constante. L'homme a de tout temps disposé jusqu'à un certain point de la première en produisant à volonté de la chaleur et de la lumière ; la science moderne elle-même est sans action sur la seconde. On n'augmente ni on ne diminue, on ne réfléchit, on ne réfracte, on ne polarise pas la pesanteur ; on ne l'arrête pas. Même dans la chute des corps, la régularité de l'accélération du mouvement atteste que la cause de ce mouvement ne subit aucune altération. Il n'y a donc pas ici une *transformation de force* comparable à celle qui se produit dans une machine mue par la chaleur ou l'électricité.

Mais quels que puissent être les progrès de la science et dût la théorie de M. de Tessan être confirmée par l'expérience, la différence des phénomènes n'en persisterait pas moins; les conclusions à tirer des faits pour la question dont il s'agit ici resteraient les mêmes.

Il est presque inutile de rappeler que les phénomènes physico-chimiques produits par l'éthérodynamie peuvent porter sur des masses ou être exclusivement moléculaires. Dans tous les cas, ils sont, comme ceux qui dépendent de la gravitation, soumis à des lois invariables et se produisent toujours les mêmes quand ils s'accomplissent dans des conditions semblables.

Il n'existe certainement aucun antagonisme entre la gravitation et l'éthérodynamie. Il n'en est pas moins vrai que l'action de la première est à chaque instant singulièrement troublée par celle de la seconde et que les phénomènes se passent comme si celle-ci annihilait celle-là. Ce fait est surtout frappant dans quelques-unes des expériences de physique les plus vulgaires. Les feuilles d'or du pendule électrique s'écartent, les balles de sureau s'élancent vers les corps électrisés malgré la pesanteur, et sont repoussées avec une rapidité supérieure à celle qui résulterait seulement de leur poids. Ces corps ont-ils pour cela cessé d'être pesants? Non, à coup sûr, pas plus que les masses de fer que soulève un des énergiques aimants de M. Jamin. Seulement, dans les deux cas, l'éthérodynamie domine la gravitation et en modifie ou en dissimule l'action.

Les corps terrestres qui ne présentent d'autres phénomènes que ceux qu'on peut rattacher à la gravitation et à l'éthérodynamie sont depuis Linné désignés sous le nom de *corps bruts*. Leur ensemble constitue le *règne minéral*. On voit que l'existence et la distinction de ce groupe sont parfaitement indépendantes de toute hypothèse ayant pour but d'expliquer les phénomènes.

Le règne minéral est donc caractérisé par des *phénomènes de deux sortes: phénomènes de mouvement képlérien*, et *phénomènes physico-chimiques* attribuables à l'action de deux forces; la *gravitation* et l'*éthérodynamie*.

V. — Les règnes sidéral et minéral forment l'empire inorganique. Au-delà commence le domaine des êtres organisés et vivants. Nous avons vu plus haut les phénomènes essentiels qui les distinguent. Ces phénomènes diffèrent essentiellement par leur nature de tous ceux qu'on observe dans les corps bruts. Voilà pourquoi il me paraît nécessaire de les attribuer à une cause spéciale, à la *vie*.

Je sais que de nos jours quiconque emploie ce mot est volontiers accusé par bon nombre de physiciens et de chimistes, et aussi par toute une école physiologique, d'introduire dans la science une expression vague et presque mystérieuse. Celle-ci n'a pourtant rien de plus vague, rien de plus mystérieux que celle de *gravitation*.

Il est très-vrai que nous ne savons pas *ce qu'est* la vie; mais nous ne savons pas davantage *ce qu'est* la force qui meut et retient les astres dans leur orbite. Si les astronomes ont eu raison de donner un nom à *la force*, à *la cause inconnue*, qui imprime aux mondes leurs mouvements mathématiques, les naturalistes ont bien le droit de désigner par un terme spécial *la cause inconnue* qui produit la filiation, la naissance et la mort.

On voit que la vie n'est pas pour moi ce qu'elle était pour bien des anciens vitalistes, pas plus l'*archè* de van Helmont que le *principe vital* de Barthez. Son rôle me paraît être aussi différent de celui que lui attribuaient la plupart de nos prédécesseurs, que lui attribuent encore quelques physiologistes.

Loin d'animer seule les organes, elle y est largement associée aux forces dont nous avons déjà parlé. Les êtres vivants sont pesants et relèvent à ce titre de la gravitation; ils sont le siége de phénomènes physico-chimiques nombreux, variés, *indispensables* à leur existence et qui ne peuvent qu'être rattachés à l'action de l'éthérodynamie. Mais ces phénomènes s'accomplissent ici sous l'influence d'*une force de plus*. Voilà pourquoi les résultats en sont parfois tout autres que dans les corps bruts, pourquoi les êtres vivants ont leurs produits spéciaux. La vie n'est pas en antagonisme avec les forces brutes, mais elle domine et règle leur action par ses lois. Voilà comment elle leur fait produire, au lieu de cristaux, des tissus, des organes, des individus; comment elle organise les germes; comment elle maintient dans l'espace et dans le temps, à travers les métamorphoses les plus complexes, ces *ensembles de formes vivantes définies* que nous appelons les *espèces*.

Que les antivitalistes veuillent bien y réfléchir et ils reconnaîtront qu'envisagés à ce point de vue les phénomènes vitaux n'ont rien de plus mystérieux que quelques-uns des plus vulgaires phénomènes présentés par les corps bruts. L'intervention de la vie comme agent modificateur des actions purement éthérodynamiques est aussi facile à admettre que celle de l'éthérodynamie elle-même modifiant et surmontant l'action de la pesanteur. Il est tout aussi étrange de voir un morceau de fer attiré et soutenu par un aimant que de voir le carbone, l'oxygène, l'hydrogène et l'azote s'unir et se disposer de manière à former une cellule animale ou végétale, au lieu de je ne sais quel composé inorganique.

J'ai soutenu bien souvent, et depuis bien des années, la doctrine que je résume ici. Elle me semble hautement confirmée par les recherches entreprises pour éclaircir le problème dont il s'agit. En particulier les expériences de M. Bernard, relatives à l'action exercée par les anesthésiques sur les plantes aussi bien que sur les animaux, mettent entièrement hors de doute l'intervention chez les êtres organisés d'un agent distinct des forces physico-chimiques. En employant le mot de *vie* pour désigner cet agent je ne fais qu'user d'une expression consacrée, sans prétendre aller au-delà de ce que nous enseignent l'expérience et l'observation scientifiques.

Les êtres chez lesquels la vie seule est venue s'ajouter à la gravitation et à l'éthérodynamie composent le *règne végétal*. Or ce groupe présente un fait général dont la signification me semble ne pas avoir été suffisamment comprise. A part quelques phénomènes d'*irritabilité inconsciente* connus depuis longtemps jusque chez certains végétaux supérieurs, à part quelques faits, probablement du même ordre, constatés surtout sur certains corps reproducteurs de végétaux inférieurs, tous les mouvements qui se passent chez les plantes paraissent être produits *uniquement* par les forces brutes. En particulier tous les transports de matière que supposent le développement et l'entretien d'un végétal quelconque se rattachent à des actions de ce genre. Croit-on qu'abandonnées à elles-mêmes ces forces, telles que nous les connaissons par des millions d'expériences, eussent construit un chêne ou seulement édifié un champignon? Croit-on surtout qu'elles eussent *organisé* le gland ou la spore et caché dans ces petits corps la faculté de reproduire les parents? Sans elles pourtant le végétal n'existerait pas. Mais rien, ce me semble, ne fait mieux ressortir leur subordination réelle que l'importance de leur rôle dans les procédés d'exécution. On dirait des manœuvres élevant un édifice sous l'œil de l'architecte qui a tracé le plan.

Est-ce à dire que la vie soit une force intelligente, ayant conscience du rôle qu'elle joue et de la domination qu'elle exerce sur les forces brutes subordonnées? Non certes. Comme ces forces, elle a ses lois générales et constantes. Toutefois nous ne trouvons pas dans l'application de ces lois, dans les résultats qu'elles amènent l'absolu mathématique des lois et des phénomènes de la gravitation ou de l'éthérodynamie. Leur mode d'action semble seulement osciller entre des limites qui restent infranchissables. Cette espèce de liberté et les bornes qui lui sont imposées s'accusent par la diversité constante des produits de la vie, diversité qui contraste d'une manière si frappante avec l'uniformité des produits de l'éthérodynamie. Tous les cristaux de même composition formés dans des circonstances identiques se ressemblent absolument; on ne trouve jamais sur le même arbre deux feuilles exactement pareilles.

En somme, le règne végétal est caractérisé par des *phénomènes de trois sortes : phénomènes de mouvement képlérien*, *phénomènes physico-chimiques* et *phénomènes vitaux* que l'on peut rattacher à l'action de trois forces : la *gravitation*, l'*éthérodynamie* et la *vie*.

VI. — Nous retrouvons chez les animaux tout ce que nous avons signalé chez les végétaux, et en particulier jusque chez les plus élevés, ces mouvements dus à l'irritabilité inconsciente dont les plantes présentent des exemples. Quelques hommes éminents, Lamarck entre autres, ont même voulu ramener tous les actes accomplis par les animaux inférieurs à cet ordre de phénomènes. Mais l'auteur de la *Philosophie zoologique* partait ici d'une erreur anatomique depuis longtemps reconnue; et quiconque a quelque peu vécu sur le bord de la mer, quiconque a suivi de près ce qui se passe dans le monde des vers et des zoophytes, a certainement protesté contre cette manière de voir.

De plus que le végétal, l'animal exécute des mouvements partiels ou de totalité parfaitement indépendants des lois de la gravitation ou de l'éthérodynamie. La cause déterminante et régulatrice de ces mouvements est évidemment en lui. C'est la *volonté*. Mais la volonté elle-même est intimement liée à la *sensibilité* et à la *conscience*. Pour qui juge des animaux par ce que chacun de nous trouve en lui-même, l'expérience personnelle et l'observation comparative attestent que l'animal *sent*, *juge* et *veut*, c'est-à-dire qu'il *raisonne*, et, par conséquent, qu'il est *intelligent*.

Cette proposition sera, je le sais, combattue par des hommes dont je respecte profondément le savoir, et les objections me viendront de deux côtés. D'une part l'automatisme de Descartes refleurit en ce moment dans quelques écoles, appuyé cette fois sur la physiologie et les expériences de vivisection. Je suis loin de nier le haut intérêt qui s'attache à ces dernières et aux phénomènes d'actions réflexes. Mais les conséquences que l'on en tire me paraissent singulièrement exagérées; Carpenter leur a opposé avec raison l'expérience personnelle. J'ajouterai que l'étude d'animaux placés bien au-dessous de la grenouille et vraiment inférieurs conduirait sans doute à des interprétations fort différentes. Au reste, Huxley lui-même admet que les animaux sont probablement des *automates sensibles et conscients*. Mais fussent-ils de pures machines, toujours faudrait-il reconnaître que ces machines fonctionnent *comme si* elles sentaient, jugeaient et voulaient.

D'autre part, on me reprochera, au nom de la philosophie et de la psychologie, de confondre certains attributs *intellectuels* de la *raison* humaine avec les facultés exclusivement *sensitives* des animaux. J'essaierai plus loin de répondre à cette critique tout en restant sur le terrain que ne doit jamais quitter le naturaliste : celui de l'expérience et de l'observation. Ici je me bornerai à dire qu'à mes yeux l'animal est *intelligent* et que, pour être *rudimentaire*, son *intelligence* n'en est pas moins *de même nature* que celle de l'homme. Elle est d'ailleurs fort inégalement répartie entre les espèces animales; sous ce rapport, il y a bien des intermédiaires entre l'huître et le chien.

A côté des phénomènes qui sont du ressort de l'intelligence et du raisonnement, nous trouvons chez les animaux d'autres impulsions qui relèvent de l'*instinct*, impulsion aveugle au moins en apparence, qui souvent caractérise les espèces animales et qui s'impose aux individus. On confond trop souvent ces deux ordres de faits. Cette confusion s'explique. Avant tout, l'instinct a pour but d'arriver à un résultat déterminé et précis. Mais, dans l'ensemble des voies et moyens nécessaires pour atteindre ce résultat, une part souvent fort large est faite à l'intelligence. La distinction n'est pas toujours facile. On comprend d'ailleurs que je ne puis entrer ici dans les détails qu'exigerait l'examen de cette question entièrement étrangère à celle qui nous occupe.

En outre des actes intellectuels et instinctifs, on constate chez les animaux des phénomènes qui se rattachent intimement à ce que nous appelons *caractère, sentiment, passion*. Le langage familier lui-même atteste que l'observation journalière a devancé sur ce point l'examen scientifique.

Tous ces phénomènes sont entièrement nouveaux et n'ont aucune analogie avec ceux que nous ont montrés les *règnes précédents*. Ils motivent évidemment la formation d'un groupe de même valeur. Aussi le *règne animal* est-il universellement admis, indépendamment de toute théorie tendant à expliquer ce qui le caractérise.

Des faits radicalement différents ne sauraient être attribués aux mêmes causes. Nous admettrons donc que les phénomènes caractéristiques de l'animalité tiennent à autre chose que ceux dont les règnes végétal ou minéral sont le théâtre. Ils sont d'ailleurs unis par des rapports trop étroits pour ne pas devoir être attribués à une cause unique. Par les motifs déjà indiqués, nous donnerons un nom à cette *cause inconnue ;* et, utilisant une expression déjà consacrée, bien qu'elle me paraisse prêter à plus d'une critique, nous l'appellerons *âme animale.*

L'âme animale soustrait-elle les êtres qu'elle anime aux forces inférieures ? Nullement. Nous les retrouvons ici avec *tous* leurs caractères. Pour soulever le moindre de ses organes, l'animal doit lutter contre la pesanteur ; il ne saurait accomplir le moindre mouvement sans l'intervention de phénomènes physico-chimiques ; il ne respire et par conséquent il ne vit qu'en brûlant constamment une partie de ses matériaux. Chez lui d'ailleurs, tout autant que chez les végétaux, les forces brutes et surtout l'éthérodynamie apparaissent avec leur double caractère de constance, d'ubiquité dans l'accomplissement des phénomènes et de subordination à la vie, qui règle leur action chez lui comme chez le végétal.

En outre, dans l'animal le plus élevé une large part est réservée à la vie purement végétative. L'organisme entier s'édifie sans aucune intervention apparente de l'âme animale. Bien plus un certain nombre d'organes et d'appareils échappent toujours plus ou moins à l'influence de cette dernière et semblent relever avant tout de la vie seule. Or ces organes, ces appareils sont précisément ceux dont dépend la *nutrition* et par conséquent la constitution et la durée de l'ensemble. Ici donc la vie, dominatrice dans le règne végétal, apparaît à son tour avec un caractère de subordination. On dirait qu'elle est essentiellement chargée d'organiser et d'entretenir les instruments de l'âme animale.

Quant à celle-ci, là même où son intervention est le plus

accusée, elle ne se révèle à l'observation que par des *mouvements volontaires*. Or pour comprendre la nature, pour apprécier
la signification de ces mouvements, l'expérience personnelle et
le raisonnement nous sont nécessaires. Ce n'est qu'en se prenant
lui-même pour norme que l'homme peut juger l'animal. C'est
là un point sur lequel je reviendrai plus tard.

Le règne animal est donc caractérisé par des *phénomènes de
quatre sortes : phénomènes de mouvement képlérien, phénomènes
physico-chimiques, phénomènes vitaux, phénomènes de mouvement
volontaire* attribuables à l'action de quatre forces : la *gravitation,
l'éthérodynamie, la vie* et *l'âme animale*.

VII. — Quel qu'abrégé que soit l'exposé qui précède, je crois
devoir en condenser les résultats dans le tableau ci-joint :

	EMPIRES.	RÈGNES.	PHÉNOMÈNES.	CAUSES.
Ensemble des corps.	Inorganique. (PALLAS.)	Sidéral (de CANDOLLE).	Phénomènes de mouvement képlérien.	Gravitation.
		Minéral (LINNÉ.)	Phénomènes de mouvement képlérien. — Phénomènes physico-chimiques.	Gravitation. — Éthérodynamie.
	Organique. (PALLAS.)	Végétal (LINNÉ.)	Phénomènes de mouvement képlérien. — Phénomènes physico-chimiques. — Phénomènes vitaux.	Gravitation. — Éthérodynamie. — Vie.
		Animal (LINNÉ.)	Phénomènes de mouvement képlérien. — Phénomènes physico-chimiques — Phénomènes vitaux. — Phénomènes de mouvement volontaire.	Gravitation. — Éthérodynamie. — Vie. — Âme animale.

De ce tableau et des développements qu'il résume ressortent
les conclusions suivantes :

1° Chaque règne est caractérisé par un certain nombre de
phénomènes dont l'existence est indépendante de toute hypothèse, de toute théorie.

2° Du règne sidéral au règne animal les phénomènes vont en
se multipliant.

3° En passant d'un règne à l'autre et procédant du simple au
composé, on voit apparaître tout un ensemble de phénomènes
complétement étrangers aux règnes inférieurs.

4° Le règne supérieur présente, indépendamment de ses phénomènes propres, les phénomènes caractéristiques de tous les
règnes inférieurs.

5° Chacun des groupes de phénomènes indiqués dans le tableau se rattache à un petit nombre de phénomènes fondamentaux pouvant être rapportés, dans certains cas avec certitude,
dans d'autres cas avec plus ou moins de probabilité, à une cause
unique.

6° Toutes ces causes nous sont également inconnues quant à

leur nature et à leur mode d'action. Nous les connaissons uniquement par les phénomènes. Par conséquent nous ne saurions rien préjuger au sujet des rapports plus ou moins étroits qui peuvent exister ou ne pas exister entre elles.

7° Nous donnons néanmoins des noms à ces causes pour faciliter le langage et rendre possible la discussion des faits.

VIII. — Nous pouvons maintenant revenir au problème qui a motivé ces développements et nous demander : l'homme doit-il prendre place dans le règne animal? On voit que cet énoncé revient à celui-ci : l'homme est-il, oui ou non, distingué des animaux par des phénomènes importants, caractéristiques, absolument étrangers à ces derniers? — Il y a près de quarante ans, j'ai répondu affirmativement à cette question, et mes convictions, éprouvées par bien des controverses, se sont de plus en plus affermies.

Mais ce n'est ni dans la disposition matérielle ni dans le jeu de son organisme physique qu'il faut aller chercher ces phénomènes. À ce point de vue l'homme est un animal, rien de plus et rien de moins. Au point de vue anatomique, l'homme diffère moins des singes supérieurs que ceux-ci ne diffèrent des singes inférieurs. Le microscope révèle entre les éléments de l'organisme humain et ceux de l'organisme animal des ressemblances tout aussi frappantes; l'analyse chimique conduit au même résultat. Comme il était facile de le prévoir le jeu des éléments, des organes, des appareils est exactement le même chez l'homme et la bête.

Les passions, les sentiments, le caractère établissent entre les animaux et nous des rapports non moins étroits. L'animal aime et hait; on retrouve chez lui l'irritabilité, la jalousie, comme aussi la patience que rien ne lasse, la confiance que rien n'ébranle. Dans nos espèces domestiques, ces différences s'accusent davantage ou peut-être seulement nous en rendons-nous mieux compte. Qui n'a connu des chiens enjoués ou hargneux, affectueux ou farouches, lâches ou courageux, familiers avec tout le monde ou exclusifs dans leurs affections?

Il y a encore chez l'homme de véritables instincts, ne fût-ce que celui de la sociabilité. Mais les facultés de cet ordre, si développées chez certains animaux, sont évidemment très-réduites chez nous au profit de l'intelligence.

Le développement relatif de celle-ci établit certainement entre l'homme et l'animal une différence énorme. Mais ce n'est pas l'*intensité* d'un phénomène qui lui donne sa valeur au point de vue où nous sommes placés en ce moment; c'est uniquement sa *nature*. L'intelligence humaine et l'intelligence animale peuvent-elles être considérées comme étant de même nature? Voilà la question.

En général les philosophes, les psychologistes, les théologiens ont répondu par la négative et les naturalistes par l'affirmative. Cette opposition se comprend sans peine. Les premiers s'occupent avant tout de l'âme humaine considérée comme un tout indivisible et lui attribuent toutes nos facultés. Ne pouvant méconnaître la similitude au moins extérieure de certains actes animaux et de certains actes humains, voulant néanmoins distinguer nettement l'homme de la bête, ils ont donné de ces actes des interprétations différentes selon qu'ils étaient accomplis par l'un ou par l'autre. Les naturalistes ont regardé de plus près les phénomènes, sans se préoccuper d'autre chose; et, lorsqu'ils ont vu l'animal se conduire comme ils l'auraient fait eux-mêmes dans des circonstances données, ils ont conclu qu'il y avait au fond similitude dans les mobiles de l'action. — Je demande la permission de rester naturaliste et de rappeler quelques faits en les envisageant à ce point de vue.

Les théologiens eux-mêmes acceptent qu'il y a chez l'animal sensation, formation et association d'images, imagination, passion (R. P. de Bonniot). Ils conviennent que l'animal sent le rapport de convenance ou de disconvenance entre les objets sensibles et ses propres sens; qu'il éprouve des attractions et des répulsions sensibles et agit parfaitement en conséquence, et que *dans ce sens l'animal juge et raisonne* (l'abbé A. Lecomte). A ce titre, ajoutent-ils, on ne saurait douter qu'il y ait dans la bête un principe supérieur à la simple matière et on peut même lui donner le nom d'âme (R. P. Bonniot). Mais malgré tout, disent également les théologiens et les philosophes, l'animal ne saurait être intelligent parce qu'il n'a pas le *sens intime*, la *conscience*, la *raison*.

Laissons de côté pour le moment ce dernier mot auquel s'attache dans l'esprit de nos contradicteurs l'idée de phénomènes dont nous parlerons tout à l'heure. Est-il vrai que les animaux manquent de sens intime et n'ont pas conscience de leurs actes? Sur quel fait d'observation repose cette croyance? Chacun de nous sent par lui-même qu'il possède ce sens, qu'il jouit de cette faculté. Par le langage, il peut communiquer à autrui le résultat de son expérience personnelle. Mais cette source d'information manque lorsqu'il s'agit des animaux. Chez eux, pas plus que chez nous du reste, le sens intime, la conscience ne se révèlent au dehors par aucun mouvement spécial, caractéristique. Donc, c'est uniquement en interprétant ces mouvements et en jugeant d'après nous-mêmes que nous pouvons nous faire une idée des mobiles qui font agir l'animal.

En procédant de cette manière, il me paraît impossible de ne pas accorder aux animaux dans une certaine mesure la conscience de leurs actes. Sans doute ils ne s'en rendent pas un compte aussi exact que peut le faire un homme même illettré. Mais à coup sûr, lorsqu'un chat faisant la chasse aux moineaux en plate campagne, se rase dans les sillons et profite de la moindre touffe d'herbe pour avancer sans être vu, il sait ce qu'il fait aussi bien que le chasseur qui se glisse tout courbé de buisson en buisson. A coup sûr les jeunes chiens, les jeunes chats, qui luttent en grondant et se mordent sans se blesser, savent fort bien qu'ils jouent et qu'ils ne sont nullement en colère.

Qu'on me permette de citer ici le souvenir de mes assauts avec un dogue de forte race qui avait toute sa taille, mais était resté *très-jeune de caractère*. Nous étions fort bons amis et jouions souvent ensemble. Aussitôt que je prenais vis-à-vis de lui l'attitude de la défense, il se précipitait sur moi avec tous les signes de la fureur et saisissait à pleine gueule le bras dont je me faisais un bouclier. Il aurait pu l'entamer profondément du premier coup ; jamais il ne m'a pressé d'une manière tant soit peu douloureuse. Je l'ai saisi bien des fois à pleine main par la mâchoire inférieure ; jamais il n'a serré les dents de manière à me mordre. Et cependant, l'instant d'après, ces mêmes dents entaillaient le morceau de bois que j'essayais de leur arracher.

Évidemment cet animal savait ce qu'il faisait quand il *simulait la passion* précisément *opposée* à celle qu'il ressentait en réalité ; lorsque, dans l'emportement même du jeu, il restait assez maître de ses mouvements pour ne jamais me blesser. En réalité il *jouait la comédie*, et l'on ne peut jouer la comédie sans en avoir conscience.

Je crois inutile d'insister sur tant d'autres faits que je pourrais invoquer et je renvoie aux ouvrages des naturalistes qui se sont occupés de cette question, surtout à ceux de F. Cuvier. Mais, plus je réfléchis, plus je me confirme dans la conviction que l'homme et l'animal pensent et raisonnent en vertu d'une faculté qui leur est commune et qui est seulement énormément plus développée dans le premier que dans le second.

Ce que je viens de dire de l'intelligence je n'hésite pas à le dire aussi du langage qui en est la plus haute manifestation. Il est vrai que l'homme seul a la *parole*, c'est-à-dire la *voix articulée*. Mais deux classes d'animaux ont la *voix*. Il n'y a là encore chez nous qu'un perfectionnement immense, mais rien de radicalement nouveau. Dans les deux cas, les sons, produits par l'air que mettent en vibration les mouvements volontaires imprimés à un larynx, traduisent des impressions, des pensées personnelles, comprises par les individus de même espèce. Le mécanisme de la production, le but, le résultat sont au fond les mêmes.

Il est vrai que le langage des animaux est des plus rudimentaires et pleinement en harmonie sous ce rapport avec l'infériorité de leur intelligence. On pourrait dire qu'il se compose presque uniquement d'interjections. Tel qu'il est pourtant, ce langage suffit aux besoins des mammifères et des oiseaux qui le comprennent fort bien. L'homme lui-même l'apprend sans trop de peine. Le chasseur distingue les accents de la colère, de l'amour, du plaisir, de la douleur, le cri d'appel, le signal d'alarme ; il se guide à coup sûr d'après ces indications ; il reproduit ces accents, ces cris de manière à tromper l'animal. Bien entendu que je laisse en dehors du *langage des bêtes* le chant proprement dit des oiseaux, celui du rossignol par exemple. Celui-ci me paraît dépourvu de toute signification, comme le sont les vocalises d'un chanteur, et je ne crois pas à la traduction de Dupont de Nemours.

Ce n'est donc pas dans les phénomènes se rattachant à l'intelligence, qu'on peut trouver les bases d'une distinction fondamentale entre l'homme et les animaux.

Mais on constate chez l'homme trois phénomènes fondamentaux auxquels se rattachent une multitude de phénomènes secondaires et dont rien jusqu'ici n'a pu nous donner une idée, pas plus chez les êtres vivants que dans les corps bruts. 1º L'homme a la *notion du bien et du mal moral*, indépendamment de tout bien-être ou de toute souffrance physiques ; 2º l'homme *croit à des êtres supérieurs* pouvant influer sur sa destinée ; 3º l'homme *croit à la prolongation de son existence après cette vie*.

Ces deux derniers phénomènes ont habituellement entre eux des connexions tellement étroites qu'il est naturel de les rapporter à la même faculté, à la *religiosité*. Le premier dépend de la *moralité*.

Les psychologistes attribuent la religiosité et la moralité à la *raison* et font de celle-ci un attribut de l'homme. Mais ils rattachent à cette même *raison* les phénomènes les plus élevés de l'intelligence. A mes yeux ils confondent ainsi et rapportent à une origine commune des faits d'ordre absolument différent. Voilà comment ne pouvant reconnaître ni moralité, ni religiosité aux animaux, qui manquent en effet de ces deux facultés, ils sont conduits à leur refuser l'intelligence, dont ces *mêmes* animaux donnent selon moi des preuves à chaque instant.

La généralité des phénomènes dont il s'agit est, je crois, indiscutable, surtout depuis l'épreuve qu'elle a subie à la Société d'anthropologie de Paris où la question du règne humain a été longuement et solennellement traitée. Je ne saurais ici reproduire cette discussion, même en abrégé, et je renvoie soit au résumé que j'en ai fait dans mon *Rapport sur les progrès de l'anthropologie en France*, soit aux *Bulletins* mêmes de la Société. J'entrerai d'ailleurs dans quelques détails à ce sujet dans les chapitres consacrés aux caractères moraux et religieux des races humaines.

Des trois faits que j'ai indiqués plus haut dérivent, comme autant de conséquences, une foule de manifestations de l'activité humaine. C'est à eux que se rattachent des coutumes, des institutions de toute nature ; seuls ils expliquent quelques-uns de ces grands événements qui changent la destinée des nations et la face du monde.

Par les motifs que j'ai indiqués déjà à plusieurs reprises nous devons donner un nom à la *cause inconnue* à laquelle remontent les phénomènes de moralité et de religiosité. Nous l'appellerons *l'âme humaine*.

Je dois répéter ici une déclaration formelle que j'ai déjà faite souvent. En employant ce mot consacré par l'usage, j'entends me renfermer strictement dans les limites qu'imposent à quiconque veut rester exclusivement fidèle à la science, l'expérience et l'observation. L'âme humaine est pour moi la *cause inconnue* des phénomènes exclusivement humains. Aller au delà serait empiéter sur le domaine de la philosophie ou de la théologie. A elles seules il appartient de sonder les problèmes redoutables soulevés par l'existence du *je ne sais quoi* qui fait un *homme* d'un organisme tout animal, et je laisse à chacun le soin de choisir parmi les solutions proposées celle qui répond le mieux aux besoins de son cœur et de sa raison.

Mais, quelle que soit cette solution, elle ne touche en rien aux phénomènes ; ceux que je signalais tout à l'heure ne sauraient en être ni amoindris ni modifiés. Or ils n'existent que chez l'homme et il est impossible d'en nier l'importance. Ils distinguent donc l'homme de l'animal au même titre que les phénomènes de l'intelligence distinguent l'animal du végétal, que les phénomènes de la vie distinguent le végétal du minéral. Ils sont donc les attributs d'un règne, que nous appellerons le *Règne humain*.

Cette conclusion semble me mettre en désaccord avec Linné dont je n'ai pourtant fait que développer et préciser la pensée. En effet l'immortel auteur du *Systema Naturæ* a placé son *Homo sapiens* parmi les mammifères dans la classe des primates et lui a même donné un gibbon pour congénère. C'est que, pour établir sa *nomenclature*, Linné a eu recours au *système*. Pour classer l'homme aussi bien que les autres êtres, il a choisi arbitrairement un certain nombre de caractères et a pris en considération seulement ceux que fournit le corps.

Mais, le langage de Linné est bien autre dans les notes mêmes relatives au genre *Homo* et plus encore dans l'espèce d'introduction intitulée *Imperium Naturæ*. Là il met presque en opposition l'homme avec tous les êtres, avec les animaux en particulier ; et cela dans des termes tels que la notion d'un *règne humain* en ressort invinciblement.

C'est qu'ici Linné parle, non plus seulement de l'homme *physique*, mais de l'homme *tout entier*. Or, grâce aux travaux d'Adanson, de Jussieu, de Cuvier, les naturalistes savent aujourd'hui qu'il faut agir ainsi pour juger des rapports vrais existant entre les êtres. La *méthode naturelle* ne permet plus de choisir tel ou tel groupe de caractères ; elle veut que, tout en appréciant leur valeur relative, on tienne compte de tous. C'est elle qui m'a conduit à admettre ce règne humain, proposé déjà sous des dénominations diverses par quelques hommes éminents, mais dont je crois avoir donné une détermination plus précise et plus rigoureuse.

Le tableau tracé plus haut devra donc être complété de la manière suivante :

	PHÉNOMÈNES.	CAUSES.
Règne humain.	Phénomènes de mouvement képlérien. — Phénomènes physico-chimiques, — Phénomènes vitaux. — Phénomènes de mouvement volontaire. — Phénomènes de moralité et de religiosité.	Gravitation. — Éthérodynamie. — Vie. — Ame animale. — Ame humaine.

Ainsi, dans le règne humain, nous trouvons à côté des phénomènes qui le caractérisent ceux que nous avons rencontrés dans tous les règnes inférieurs. Nous ne pouvons par conséquent que reconnaître comme agissant en lui toutes les *forces*, toutes les *causes inconnues* auxquelles nous avons attribué ces phénomènes. A ce point de vue, l'homme mérite le nom de *microcosme* qu'on lui a quelquefois donné.

Nous avons vu dans le règne végétal les forces brutes fonctionner pour ainsi dire *sous le contrôle* de la vie, laquelle nous a montré plus tard dans l'animal des signes incontestables de sa subordination à l'âme animale. A son tour, celle-ci nous apparaît comme placée dans les mêmes conditions vis-à-vis de l'âme humaine. Dans les actes humains les plus caractéristiques, l'intelligence joue presque toujours le rôle le plus apparent au point de vue de l'exécution; mais elle est manifestement dirigée par l'âme humaine. Toute législation a la prétention de reposer uniquement sur la morale, sur la justice qui n'est qu'une forme de la première; dans le passé, dans le présent nous voyons des constitutions civiles se confondre avec le code religieux; la cause immédiate des croisades, celle de l'expansion des Arabes et des conquêtes de l'Islam a été la ferveur religieuse. Certes le vrai législateur, le grand capitaine sont nécessairement des hommes d'une haute intelligence; mais n'est-il pas évident que, dans les cas dont je parle, cette intelligence a été mise au service de la moralité, de la religiosité et par conséquent de la *cause inconnue* à laquelle l'homme doit ces facultés?

Mais quelque prépondérant que soit le rôle dévolu à cette cause dans les actes exclusivement humains, elle n'est pour rien dans les phénomènes qui relèvent de l'intelligence seule. Le mathématicien de génie, qui poursuit la solution d'un problème transcendant à l'aide des abstractions les plus profondes, est complètement en dehors de la sphère morale ou religieuse, dans laquelle rentre au contraire l'homme ignorant et simple d'esprit, qui lutte, souffre, meurt pour la justice ou pour sa foi.

IX. — Il était nécessaire de rappeler l'ensemble de faits et d'idées que je viens de résumer pour faire comprendre et pour justifier la méthode qui seule peut nous guider dans les études anthropologiques.

L'anthropologie a pour but l'étude de l'homme *considéré comme espèce*. Elle abandonne l'*individu matériel* à la physiologie, à la médecine, l'*individu intellectuel* et *moral* à la philosophie, à la théologie. Elle a donc son champ d'étude propre ; et, par cela même, ses questions spéciales qu'on ne saurait souvent résoudre par des procédés empruntés aux sciences voisines.

En effet, dans quelques-unes de ces questions, et dans les plus fondamentales, la difficulté tient à l'interprétation de phénomènes se rattachant à ceux qui caractérisent l'ensemble des êtres vivants. Par cela même qu'ils présentent une certaine obscurité chez l'homme, ce n'est pas en lui qu'on peut chercher les moyens de s'éclairer, car il devient pour ainsi dire l'inconnue du problème. Croire résoudre ce problème par l'étude de l'homme qui le présente, serait agir comme le mathématicien qui représenterait la valeur de x en fonction de cette x elle-même.

Que fait le mathématicien ? Il cherche dans les données du problème un certain nombre de *quantités connues* équivalentes à la *quantité inconnue* ; et c'est à l'aide de ces quantités qu'il détermine la valeur de x.

L'anthropologiste doit agir comme lui. Mais où ira-t-il chercher les quantités connues qui lui permettront de poser son équation ?

La réponse à cette question se trouve dans ce que nous avons dit plus haut et dans le tableau des règnes. Pour avoir ses phénomènes propres et exclusivement humains, l'homme n'en est pas moins avant tout un être organisé et vivant. A ce titre il est le siége de phénomènes communs aux animaux et aux végétaux ; il est assujetti aux mêmes lois. Par son organisation physique, il n'est pas autre chose qu'un animal, quelque peu supérieur à certains égards aux espèces les plus élevées, leur inférieur sous d'autres rapports. A ce titre il présente des phénomènes organiques et physiologiques identiques à ceux des animaux en général, des mammifères en particulier, et les lois qui régissent ces phénomènes sont les mêmes chez eux et chez lui.

Or les végétaux et les animaux ont été étudiés depuis bien plus longtemps que l'homme ; ils l'ont été à des points de vue exclusivement scientifiques et sans aucune trace des préoccupations ou des partis pris que nous verrons trop souvent intervenir dans l'étude de l'homme. Sans avoir pénétré à beaucoup près tous les secrets de la vie animale ou végétale, la science est arrivée sur ce point à un certain nombre de résultats précis, incontestables, constituant un fond de connaissances positives, un point de départ assuré. — C'est là que l'anthropologiste doit aller chercher les *quantités connues* dont il peut avoir besoin.

Toutes les fois qu'il y a doute au sujet de la nature ou de la signification d'un phénomène observé chez l'homme, il faut examiner chez les animaux, chez les végétaux eux-mêmes, les phénomènes correspondants ; il faut les comparer avec ce qui se passe chez nous et accepter comme démontrés les résultats de cette comparaison. Ce qui aura été reconnu vrai pour les autres êtres organisés ne peut qu'être vrai pour l'homme.

Cette méthode est incontestablement scientifique. Elle n'est autre que celle des physiologistes modernes qui, ne pouvant faire des expériences sur les hommes, en font sur les animaux et concluent de ceux-ci à ceux-là. Toutefois, le physiologiste ne s'occupe que de l'*individu* et par cela même il n'interroge guère que les groupes les plus rapprochés par leur organisation de l'être dont il veut éclairer l'histoire. L'anthropologiste au contraire étudie l'*espèce*. Les questions qui s'imposent à lui sont beaucoup plus générales; voilà pourquoi il est forcé de s'adresser aux plantes aussi bien qu'aux animaux.

Cette méthode porte avec elle son criterium; elle permet de contrôler les réponses diverses faites souvent à une même question. Le moyen d'appréciation est simple et d'une application facile.

En anthropologie, toute solution pour être bonne, c'est-à-dire vraie, doit ramener l'homme, pour tout ce qui n'est pas exclusivement humain, aux lois générales reconnues chez les autres êtres organisés et vivants.

Toute solution qui fait ou qui tend à faire de l'homme une exception, à le représenter comme échappant aux lois qui régissent les autres êtres organisés et vivants est mauvaise; elle est fausse.

En raisonnant, en concluant ainsi, nous restons encore fidèles aux méthodes mathématiques. Pour être reconnue juste, la solution d'un problème donné doit s'accorder avec les axiomes admis, avec les vérités précédemment démontrées; toute hypothèse conduisant à des conséquences en désaccord avec ces axiomes ou ces vérités est par cela même déclarée fausse. En anthropologie, l'axiome, la vérité servant de criterium, c'est l'identité fondamentale physique et physiologique de l'homme avec les autres êtres vivants, avec les animaux, avec les mammifères. Toute hypothèse en désaccord avec cette vérité doit être rejetée.

Telles sont les règles absolues qui m'ont constamment guidé dans mes études anthropologiques. Je n'ai pas la prétention de les avoir inventées. Je n'ai guère fait que formuler ce qu'ont plus ou moins explicitement admis Linné, Buffon, Lamarck, Blumenbach, Cuvier, les deux Geoffroy Saint-Hilaire, J. Müller, Humboldt... Mais, d'une part mes illustres prédécesseurs ont rarement été suffisamment précis à ce sujet et ont trop souvent sous-entendu les motifs de leurs déterminations. D'autre part ces principes ont été et sont journellement oubliés ou méconnus par des hommes qui jouissent d'ailleurs à juste titre d'une grande autorité. Ayant à les combattre, je devais montrer nettement les notions générales qui servent de base à mes propres convictions scientifiques. Le lecteur pourra ainsi apprécier et juger les causes de ce désaccord.

CHAPITRE II

I. — La place qui revient à l'homme dans le cadre général de
l'univers une fois déterminée, la première question qui se présente est celle-ci : existe-t-il une ou plusieurs espèces humaines?

On sait que cette question partage les anthropologistes en
deux camps. Les *polygénistes* regardent comme fondamentales
les différences de taille, de traits, de coloration, etc., qui distinguent les habitants de diverses contrées du globe ; les *monogénistes*
ne voient dans ces différences que le résultat de conditions
accidentelles ayant modifié en sens divers un type primitif. Pour
les premiers il existe *plusieurs espèces* humaines parfaitement
indépendantes les unes des autres ; pour les seconds il n'y a
qu'une seule espèce d'hommes, présentant aujourd'hui plusieurs
races, toutes dérivées d'un tronc commun.

Pour peu que l'on soit familier avec le langage de la zoologie, de
la botanique ou de leurs applications, il est facile de voir qu'il y
a là une question toute scientifique et toute du ressort des sciences
naturelles. Malheureusement on est loin d'être resté toujours
sur ce terrain.

Un dogme, appuyé sur l'autorité d'un livre que respectent
presque également les chrétiens, les juifs et les musulmans, a
longtemps reporté sans contestation à un seul père, à une seule
mère l'origine de tous les hommes. Pourtant la première atteinte
portée à cette antique croyance s'appuyait sur ce même livre.
Dès 1655, La Peyrère, gentilhomme protestant de l'armée de
Condé, prenant à la lettre les deux récits de la création contenus
dans la Bible ainsi que diverses particularités de l'histoire
d'Adam et du peuple juif, s'efforça de prouver que ce dernier seul
descendait d'Adam et d'Ève ; que ceux-ci avaient été précédés
par d'autres hommes, lesquels avaient été créés en même temps
que les animaux sur tous les points de la terre habitable ; que

les descendants de ces *préadamites* n'étaient autre chose que les
gentils, toujours si soigneusement distingués des juifs. On voit
que le polygénisme, habituellement regardé comme un résultat
de la *libre pensée*, a commencé par être biblique et dogmatique.

La Peyrère avait attaqué le dogme adamique au nom du res-
pect dû au texte d'un livre sacré. Les philosophes du XVIIIe siècle
parlèrent au nom de la science et de la raison. C'est à eux que
remonte en réalité l'école polygéniste actuelle. Mais il est aisé de
reconnaître que la plupart d'entre eux ne furent guidés dans leurs
écrits que par l'esprit de controverse. Avant tout ils voulaient
ruiner un dogme. Malheureusement la même préoccupation se
retrouve dans un trop grand nombre d'écrits publiés de nos
jours. De leur côté, certains monogénistes ont le tort de chercher
dans les doctrines religieuses des arguments en faveur de leur
thèse et d'anathématiser leurs adversaires au nom du dogme.

Les passions sociales et politiques sont venues s'ajouter aux
passions dogmatiques et antidogmatiques pour obscurcir encore
une question déjà fort difficile par elle-même. Aux États-Unis
surtout, les esclavagistes et les négrophiles ont souvent lutté sur
ce terrain. Bien plus, en 1844 M. Calhoun, ministre des affaires
étrangères, ayant à répondre aux représentations que la France
et l'Angleterre lui adressaient au sujet de l'esclavage, n'hésita pas
à défendre les institutions de son pays en arguant des différences
radicales qui séparaient selon lui le Nègre du Blanc.

A côté des polygénistes qui obéissent à des préoccupations
peu ou point scientifiques, il est des hommes de science désin-
téressés et sincères qui croient à la multiplicité des origines
humaines. Ce sont surtout des *médecins*, habitués à l'étude de
l'*individu*, mais peu familiers avec celle de l'*espèce*. Ce sont
encore des paléontologistes que la nature de leurs travaux force
à ne tenir compte que de ressemblances et de différences morphologiques, sans jamais appeler leur attention sur les faits de
reproduction, de *filiation*. Ce sont enfin des entomologistes, des
conchyliologistes, etc., qui, exclusivement préoccupés de distinguer d'innombrables espèces par des caractères purement extérieurs, demeurent étrangers aux phénomènes physiologiques et
jugent des êtres vivants comme ils jugeraient des fossiles.

En revanche, le monogénisme compte parmi ses partisans
presque tous les naturalistes qui ont porté leur attention sur les
phénomènes de la vie, et parmi eux les plus illustres. En dépit
de la différence de leurs doctrines Buffon et Linné, Cuvier et
Lamarck, Blainville et les deux Geoffroy, Müller le physiologiste
et Humboldt le voyageur s'accordent sur ce point. En dehors de
toute influence que pourrait exercer le nom de ces grands
hommes, je partage, on le sait, leur manière de voir. J'ai exposé
à diverses reprises les motifs tout scientifiques de mes convictions et je vais essayer de les résumer en aussi peu de pages que
possible.

II. — Constatons d'abord l'importance de la question. Elle

échappe à bien des esprits, et je l'ai entendu mettre en doute même par des hommes qui se livraient avec ardeur aux études anthropologiques. Il est pourtant facile de s'en rendre compte.

Si les groupes humains ont apparu avec tous leurs caractères distinctifs isolément et sur les divers points où nous les montre la géographie, s'ils remontent à des souches originairement distinctes et constituent autant d'*espèces spéciales*, leur étude est des plus simples ; elle ne présente pas plus de difficulté que celle des espèces animales ou végétales. La diversité des groupes n'a rien que de très-naturel. Il suffit de les examiner et de les décrire l'une après l'autre, en précisant leur degré d'*affinité*. Tout au plus y a-t-il à déterminer leurs limites et à rechercher l'influence que les groupes géographiquement rapprochés ont pu exercer les uns sur les autres.

Si au contraire ces groupes remontent tous à une souche primitive commune, s'il n'existe *qu'une seule espèce* d'hommes, les différences parfois si tranchées qui séparent les groupes nous posent un problème analogue à celui de nos races animales et végétales. En outre, on trouve des hommes sur tous les points du globe et il faut se rendre compte de cette dispersion ; il faut rechercher comment la même espèce a pu se faire à des conditions d'existence aussi opposées que celles qu'entraîne l'habitat sous le pôle et sous l'équateur. Enfin, la *simple affinité* des naturalistes se transforme en *parenté* ; et les problèmes de *filiation* viennent s'ajouter à ceux de *variation*, de *migration* et d'*acclimatation*.

On voit qu'indépendamment de toute considération religieuse, philosophique ou sociale, la science est absolument différente selon qu'on la considère du point de vue polygéniste ou d'après les données du monogénisme.

III. — Si la première de ces doctrines compte un si grand nombre d'adhérents, la raison en est sans doute en grande partie dans les causes indiquées plus haut. Mais sa simplicité séduisante, la facilité qu'elle semble apporter dans l'interprétation des faits y sont aussi pour beaucoup. Malheureusement ces avantages ne sont qu'apparents. Le polygénisme dissimule ou nie les difficultés ; il ne les supprime pas. Elles se révèlent à l'improviste comme des écueils sous-marins à quiconque cherche à aller quelque peu au fond des choses.

Il en est de cette doctrine comme des *systèmes* de classification jadis employés en zoologie et en botanique et qui reposaient sur un petit nombre de données arbitraires. Ils étaient fort commodes sans doute, mais avaient le tort grave de conduire fatalement à l'erreur en brisant des rapports vrais, en imposant des rapprochements faux.

Le monogénisme agit comme la *méthode naturelle*. Celle-ci met le zoologiste, le botaniste en face de chaque problème et leur en montre toutes les faces. Elle fait ainsi ressortir souvent l'insuffisance du savoir actuel ; mais par cela même elle détruit les illusions et empêche de croire expliqué ce qui ne l'est pas.

Il en est de même du monogénisme. Lui aussi met l'anthropologiste en face de la réalité, le forçant à voir toutes les questions, lui en montrant toute l'étendue, le contraignant trop
souvent à confesser l'impuissance où il est de les résoudre. Mais,
par cela même il le protège contre l'erreur, le provoque à de
nouvelles recherches et de temps à autre le récompense par
quelque grand progrès, qui demeure acquis à toujours.

Je reviendrai plus loin sur ces considérations dont la justesse
sera mieux comprise quand on aura passé en revue les principales questions générales de l'anthropologie. Dès à présent j'ai
à justifier aussi brièvement que possible ces critiques et ces
éloges.

CHAPITRE III

I. — La question de l'unité ou de la multiplicité des espèces humaines peut se formuler dans les termes suivants : les différences qui distinguent les groupes humains, sont-elles des caractères d'*espèce* ou des caractères de *race* ?

On voit que l'alternative roule toute entière sur les deux mots *espèce* et *race*. Il est donc absolument nécessaire de préciser, aussi exactement que possible, le sens de chacun d'eux. Et pourtant, il est des anthropologistes, comme Knox, qui déclarent oiseuse toute discussion, toute recherche à ce sujet. Il en est d'autres, comme le Dr Nott, qui veulent supprimer la *race*, sauf à établir diverses *catégories d'espèces*. Pour soutenir leur doctrine, ces auteurs mettent ainsi à néant le travail accompli depuis près de deux siècles par les plus illustres naturalistes et les milliers d'observations ou d'expériences faites par une foule d'hommes éminents sur les végétaux et les animaux.

En effet, ce n'est pas sur un *à priori*, comme on le prétend à tort trop souvent, que reposent les notions de l'espèce et de la race. On n'y est arrivé que graduellement et par une voie toute scientifique.

II. — Le mot *espèce* est un de ceux qui existent dans toutes les langues possédant des termes abstraits. Il traduit donc une idée générale, vulgaire. Cette idée est avant tout celle d'une très-grande *ressemblance* extérieure ; mais, même dans le langage ordinaire, elle ne s'arrête pas là. La notion de *filiation* se joint dans l'esprit le moins cultivé à celle de ressemblance. Pas un paysan n'hésitera à regarder comme *de même espèce*, les enfants d'un même père et d'une même mère, quelques différences apparentes ou réelles qui les distinguent.

En réalité, la science n'a fait que préciser ce dont le vulgaire a seulement le pressentiment vague, et ce n'est même qu'assez tard et après une oscillation assez curieuse, qu'elle y est parvenue. Dès 1686, Jean Ray, dans son *Historia plantarum*, regarde comme étant de même espèce, les végétaux qui ont une origine commune et se reproduisent par semis, quelles que soient leurs différences apparentes. Il ne tient compte que de la filiation. Tournefort, au contraire, qui, le premier, a nettement posé la question en 1700, appelle *espèce*, la collection des plantes qui se distinguent par quelque caractère particulier. Il s'arrête uniquement à la ressemblance.

Ray et Tournefort ont eu quelques rares imitateurs qui, dans leurs définitions de l'espèce, s'en sont tenus à l'une des deux notions. Mais l'immense majorité des zoologistes et des botanistes ont compris qu'on ne pouvait les séparer. Il suffit pour s'en convaincre de lire les définitions qu'ils ont données. Chacun d'eux, pour ainsi dire, a proposé la sienne, depuis Buffon et Cuvier jusqu'à MM. Chevreul et C. Vogt. Or, quelqu'aient été leurs divergences sur d'autres points, ils s'accordent sur celui-ci. Les termes des définitions varient; chacun s'efforce de traduire du mieux possible, l'idée complexe de l'espèce; quelques-uns l'étendent encore en y rattachant les idées de cycle ou de variation; mais chez tous, la pensée est la même au fond.

Quand il s'agit de chose aussi difficile que de trouver une bonne définition pour tout un ensemble d'idées, le dernier venu espère toujours pouvoir faire mieux que ses devanciers. Voilà pourquoi j'ai donné aussi ma formule. — Pour moi, « l'espèce « est l'ensemble des individus plus ou moins semblables entre « eux, qui peuvent être regardés comme descendus d'une paire « primitive unique, par une succession ininterrompue et natu- « relle de familles. »

Dans cette définition, comme dans celles de quelques-uns de mes confrères et entre autres de M. Chevreul, la notion de ressemblance est atténuée; elle est subordonnée à la notion de filiation. C'est qu'en effet, d'individu à individu, il n'y a jamais identité des caractères. Laissant même de côté les variations résultant du sexe ou de l'âge, il est facile de constater que tous les représentants d'un même type spécifique diffèrent en quelque chose. Tant que ces différences sont très-légères, elles constituent les *traits individuels*, les *nuances*, comme disait Isidore Geoffroy, qui permettent de ne pas confondre deux individus de même espèce.

Mais les différences ne s'arrêtent pas à cette limite. Les types spécifiques sont *variables*, c'est-à-dire que les caractères physiques de toute sorte, se modifient dans leurs dérivés sous l'empire de certaines conditions, à ce point qu'il est souvent très-difficile de reconnaître la communauté d'origine. C'est là encore un fait sur lequel s'accordent tous les naturalistes. Blainville lui-même, qui définissait l'espèce « l'individu répété et continué dans le temps et dans l'espace », Blainville, disons-nous, reconnaissait implicitement cette *variabilité*; car l'individu se modifie sans cesse et ne se ressemble nullement aux divers âges de la vie. Il admettait d'ailleurs l'existence de races distinctes.

La *variabilité de l'espèce* n'en a pas moins été le thème de discussions ardentes entre naturalistes. Aucun d'eux encore n'a oublié la mémorable lutte survenue à ce sujet, entre Cuvier et Geoffroy, lutte regardée par Goethe comme plus importante que les plus graves événements politiques. De nos jours, une grande école à laquelle se rattachent en Angleterre, en Allemagne et ailleurs les plus illustres noms, a repris, en les modifiant à certains égards, les idées de Lamarck et de Geoffroy ; elle les soutient en parlant de ce qu'elle appelle encore la *variabilité de l'espèce*.

Il y a dans cette formule une grave confusion de mots. Dans la pensée de Lamarck et de Geoffroy, dans celle de Darwin et de ses disciples, l'espèce n'est pas seulement *variable*, elle est *transmutable*. Les types spécifiques ne se *modifient* pas seulement ; ils sont *remplacés* par des types nouveaux. La *variation* n'est pour eux qu'une phase d'un phénomène fort différent, la *transformation*.

Je discuterai plus loin ces doctrines. Ici, je me borne à faire observer que la *variabilité réelle*, admise par les défenseurs mêmes de l'*invariabilité dogmatique*, par Blainville, par exemple, variabilité que j'accepte pleinement, n'a rien de commun avec la *transmutabilité* de Lamarck, de Geoffroy et de Darwin. — Précisons rapidement la nature et les limites de cette variabilité.

III. — Lorsqu'un trait individuel s'exagère et franchit une limite d'ailleurs assez mal déterminée, il constitue un caractère exceptionnel distinguant nettement de tous ses plus proches voisins l'individu qui le présente. Cet individu constitue une *variété*.

Le même nom est dû à l'ensemble des individus qui, chez les végétaux se reproduisant par greffe, bouture, marcotte, etc., tirent leur origine du premier individu exceptionnel, sans pouvoir transmettre par génération normale les caractères distinctifs. J'emprunte ici à M. Chevreul, un exemple curieux de ces *variétés multiples*. — En 1803 ou 1805, M. Descemet découvrit dans sa pépinière de Saint-Denis, au milieu d'un semis d'acacias (*Robinia pseudo-acacia*), un individu sans épines qu'il décrivit sous l'épithète de *spectabilis*. C'est de cet individu multiplié par les procédés que fournit l'art du jardinier, que sont descendus tous les *acacias sans épines* répandus aujourd'hui dans le monde entier. Or, ces individus produisent des graines ; mais ces graines mises en terre n'engendrent que des *acacias épineux*. L'acacia spectabilis est resté à l'état de *variété*.

Celle-ci peut donc être définie : « Un individu ou un ensemble « d'individus appartenant à la même génération sexuelle, qui se « distingue des autres représentants de la même espèce par un « ou plusieurs caractères exceptionnels. »

Il est facile de comprendre combien peuvent être nombreuses

les variétés d'une seule espèce. Il n'est, en effet, presque aucune partie extérieure ou intérieure d'un animal ou d'un végétal qui ne puisse s'exagérer, s'amoindrir, se modifier de cent manières, et chacune de ces exagérations, chacun de ces amoindrissements, chacune de ces modifications caractérisera une variété de plus, à la seule condition d'être suffisamment accentuée.

IV. — Lorsque les caractères propres à une variété deviennent *héréditaires*, c'est-à-dire lorsqu'ils se transmettent de génération en génération aux descendants du premier individu modifié, il se forme une *race*. Par exemple, si un *acacia sans épines* arrivait à reproduire par graines des arbres semblables à lui et jouissant de la même faculté, l'acacia spectabilis cesserait d'être une simple variété ; il serait passé à l'état de race.

La race sera donc : « L'ensemble des individus semblables, « appartenant à une même espèce, ayant reçu et transmettant, « par voie de génération sexuelle, les caractères d'une variété « primitive. »

Ainsi, l'*espèce* est le point de départ ; au milieu des *individus* qui la composent, apparaît la *variété*; quand les caractères de cette variété deviennent héréditaires, il se forme une *race*.

Tels sont les rapports qui, pour tous les naturalistes, « de « Cuvier à Lamarck lui-même, » comme dit Isidore Geoffroy, règnent entre ces trois termes. C'est là une notion fondamentale qu'on ne doit jamais perdre de vue dans l'étude des questions qui nous occupent. C'est pour l'avoir oubliée, que les hommes du plus haut mérite ont parfois méconnu les faits les plus significatifs.

On voit que la notion de *ressemblance*, très-amoindrie dans l'*espèce*, reprend dans la *race* une importance égale à celle de *filiation*.

On voit aussi que le nombre des races issues directement d'une espèce, peut être égal au nombre des variétés de cette même espèce et par conséquent très-considérable. Mais, ce nombre tend à s'accroître encore d'une manière indéfinie. En effet, chacune de ces *races primaires* est susceptible de subir des modifications nouvelles pouvant rester individuelles ou devenir transmissibles par voie de génération. Ainsi prennent naissance des *variétés* et des *races secondaires*, *tertiaires*, etc. Nos végétaux, nos animaux domestiques fournissent une foule d'exemples de ces faits.

V. — En naissant ainsi les unes des autres, en se multipliant, les races peuvent prendre des caractères différentiels de plus en plus tranchés. Mais quelque nombreuses qu'elles soient, quelques différences qu'il y ait entre elles et pour si éloignées qu'elles paraissent être du type primitif, elles n'en font pas moins partie de l'espèce d'où sont sorties les races primaires.

Réciproquement, toute espèce comprend, indépendamment des individus qui ont conservé les caractères primitifs, tous ceux qui composent les races primaires, secondaires, tertiaires, etc., dérivées du type fondamental.

En d'autres termes, l'*espèce* est l'*unité* et les *races* sont les *fractions* de cette unité. — Ou bien encore, l'*espèce* est le *tronc d'un arbre* dont les *races de divers degrés* représentent les *maîtresses branches*, les *rameaux*, les *ramuscules*. La solidarité générale et l'indépendance relative du tronc et des branches de l'arbre, traduisent d'une manière sensible les rapports existants entre l'espèce et ses races.

CHAPITRE IV

NATURE DES VARIATIONS DANS LES RACES VÉGÉTALES ET ANIMALES;
APPLICATION A L'HOMME.

I. — On comprend maintenant ce que signifie la question que nous posions plus haut. Il s'agit de savoir si les groupes humains que nous savons être différenciés par des caractères parfois très-apparents, sont les fractions d'une seule unité, les branches d'un même arbre, ou bien autant d'unités de valeur différente, autant d'arbres d'essences diverses.

Pour résoudre ce problème, les documents historiques font absolument défaut. D'autre part, le problème étant posé chez l'homme, il faut évidemment en chercher la solution ailleurs.

A qui donc s'adresser pour trouver une réponse sérieuse à cette question qui nous touche de si près? Évidemment aux naturalistes et aux naturalistes seuls. L'espèce et la race ont fait, depuis près de deux siècles, le sujet de leurs études; ils ont recueilli les observations, multiplié les expériences. Dans ces études ils n'ont été dirigés que par l'esprit scientifique; et, placés en dehors des controverses de toute sorte, ils ont conservé toute leur liberté d'esprit. Les résultats ainsi acquis méritent toute confiance et fournissent des données sûres pour l'application de notre méthode anthropologique.

Tout homme vraiment désireux de se faire une opinion sur l'unité ou la multiplicité des espèces humaines, devra donc rechercher chez les plantes comme chez les animaux, quels sont les faits, les phénomènes qui caractérisent la race et l'espèce; puis revenir à l'homme et comparer ce qui existe chez lui à ce que les botanistes, les zoologistes ont trouvé dans les deux autres règnes. Si les faits, les phénomènes qui distinguent les groupes humains sont ceux qui chez les autres êtres organisés et vivants différencient les *espèces*, il conclura légitimement à la multiplicité des espèces humaines; si ces phénomènes et ces faits sont caractéristiques de la *race* dans les deux règnes inférieurs, il devra conclure en faveur de l'unité spécifique.

C'est par cette voie que je suis arrivé au monogénisme, et j'ai la certitude qu'elle y conduira de même quiconque la suivra.

II. — L'idée d'espèce, avons-nous vu, repose sur deux notions distinctes, celle de *ressemblance* et celle de *filiation*. Occupons-nous d'abord de la première. C'est celle à laquelle on s'arrête le plus souvent. Personne n'hésite à regarder comme de même espèce, deux individus très-semblables l'un à l'autre ; s'ils montrent, au contraire, des différences un peu accusées et que les renseignements manquent, on hésite ou l'on se prononce pour la négative.

L'esprit accepte aisément cette dernière conclusion, lorsqu'il s'agit des hommes. Une étude, continuelle quoique inconsciente, a formé notre œil, qui apprécie chez nos semblables les plus délicates nuances dans les traits, dans la couleur de la peau, dans l'aspect de la chevelure, etc. Or, cette délicatesse d'appréciation a ici un grave inconvénient. Elle conduit inévitablement à s'exagérer la valeur des différences existant de groupe à groupe et conduit par cela même à les regarder comme autant d'espèces.

Mais, pour que ce jugement eût une valeur réelle, il faudrait avoir démontré au préalable que les variations d'un groupe humain à l'autre, sont en dehors de celles qu'on a constatées entre des groupes d'animaux et de plantes bien positivement connus pour n'être que des *races d'une même espèce*.

Or, il n'en est pas ainsi. Pour peu que l'on cherche à se rendre compte de la nature et de l'étendue des variations, on reconnaît bien vite que, dans les races animales et végétales, elles atteignent des limites que ne franchissent jamais, qu'atteignent rarement les différences entre groupes humains.

III. — Je n'ai pas à insister longuement sur les changements morphologiques et anatomiques des végétaux. Il suffit de rappeler combien sont nombreuses et diverses, ces *variétés* de légumes, de fleurs, d'arbres fruitiers ou d'ornement dont le nombre s'accroît sans cesse. Chez ces derniers, il est vrai, la variété passe assez rarement à l'état de *race*. La greffe, le marcottage, etc., permettent de les multiplier avec promptitude et sûreté, comme l'acacia sans épines, et les jardiniers ont habituellement recours à ces procédés. Toutefois, même parmi les arbres fruitiers, un certain nombre de ces variétés se sont fixées d'elles-mêmes et se reproduisent par graines. Les pruniers, les pêchers, la vigne, en offrent des exemples. Quant aux plantes annuelles, aux légumes en particulier, on ne peut les conserver et les multiplier que de cette façon. Là, nous ne comptons que des *races*, et chacun sait combien elles sont nombreuses et variées. A lui seul, le chou (*Brassica oleracea*) en compte 47 principales, se sous-divisant chacune en un certain nombre de races secondaires, tertiaires, etc. Or il est bien inutile d'insister sur la distance qui sépare le chou cabus dont on fait la choucroûte, du chou-rave, dont on mange la racine, et du chou-fleur ou du brocoli.

Il est bien évident qu'il n'y a pas là seulement altération des *formes* primitives. L'organisme est modifié dans ses éléments, qui s'accumulent et s'associent différemment selon les races. Mais ces éléments eux-mêmes sont souvent atteints dans ce qu'ils ont de plus intime. La diminution et la disparition de certains acides, leur remplacement par le sucre, les saveurs, les parfums qui se développent et caractérisent certaines races de légumes et de fruits, attestent que les forces vitales de ces plantes ont éprouvé des modifications très-réelles, fidèlement transmises de génération en génération.

On m'objectera peut-être qu'il y a trop peu de ressemblance entre les organismes végétaux et animaux pour que la comparaison précédente des faits anatomiques soit réellement utile. Il en est autrement des phénomènes physiologiques.

Parmi nos végétaux cultivés, l'activité vitale présente parfois d'une race à l'autre des différences bien remarquables. Dans nos diverses races de blé, la rapidité du développement varie du simple au triple. Dans nos climats tempérés l'orge pamelle met cinq mois à germer, croître et mûrir; en Finlande et en Laponie il n'a que deux mois pour parcourir ces mêmes phases de l'existence. Enfin chacun sait que nos jardins maraîchers et fruitiers sont peuplés de races et de variétés, les unes précoces, les autres tardives.

L'énergie des fonctions de reproduction varie parfois singulièrement selon les races. On connaît ces rosiers qui fleurissent deux ou trois fois par an, ces fraisiers qui donnent des fruits pendant presque toute l'année. Il est des oranges farcies de pépins; il en est d'autres qui en manquent presque entièrement. Enfin dans certaines bananes et dans le raisin de Corinthe les graines ont complétement disparu. On comprend que ces derniers produits de l'industrie humaine n'existent qu'à l'état de *variété*.

IV. — Nous rencontrons chez les animaux des faits correspondant exactement à ceux que viennent de nous montrer les plantes. De plus, nous trouvons chez eux des modifications portant sur les manifestations de *ce je ne sais quoi* que nous avons appelé l'*âme animale*.

La diversité des races de nos espèces domestiques est trop connue pour qu'il soit nécessaire d'insister sur ce point. Je me borne à rappeler que Darwin compte 150 races distinctes de pigeons et déclare ne pas les connaître toutes. Ces *races* sont d'ailleurs assez différentes pour devoir être réparties au moins dans quatre *genres* distincts, si on les considère comme autant d'*espèces*. Parmi les Mammifères, les chiens présentent des faits analogues. Lors de l'exposition canine de 1863, la Société d'acclimatation, qui s'était montrée très-sévère dans l'admission des

sujets et n'avait accueilli que des types parfaitement purs, n'en
réunit pas moins 77 races de chiens. Mais, la plupart appar-
tenaient à l'Europe et surtout à la France ou à l'Angleterre.
Presque toutes celles d'Asie, d'Afrique et d'Amérique manquaient
au rendez-vous; et, en somme on est autorisé à penser qu'il
existe au moins autant de races chez les chiens que parmi les
pigeons. Quant aux différences morphologiques, il suffit de rappeler les boule-dogues et les lévriers, les bassets et les danois,
les grands griffons et les king-charles. A peine est-il besoin de
faire observer que ces différences extérieures supposent dans le
squelette, dans les proportions et la forme des muscles, etc., des
modifications correspondantes. Les différences anatomiques vont
d'ailleurs plus loin. Par exemple, le cerveau du barbet est proportionnellement au moins double de celui du dogue.

Comme chez les végétaux, nous avons chez les animaux des
races à développement lent et d'autres qui grandissent et s'en-
graissent rapidement. Comme chez les végétaux, la fécondité
diminue chez les unes et s'accroît chez d'autres. Trop perfectionnées, c'est-à-dire trop éloignées de leur type naturel, les
races animales comme les races végétales finissent par ne se
reproduire qu'avec peine ou même pas du tout. En revanche,
nos races ovines ordinaires n'ont qu'une portée d'un seul agneau
par an; les hong-ti ont deux portées de deux agneaux chacune.
La laie sauvage ne porte qu'une fois l'an et ne donne le jour
qu'à six ou huit marcassins; devenue domestique, elle met bas
deux fois par an de dix à quinze petits porcs. Sa fécondité est
donc au moins triplée. Chez l'aperea, devenu le cochon d'Inde,
elle est plus que septuplée.

Chez les chiens, les habitudes imposées par l'éducation transmises et renforcées par l'hérédité finissent par prendre les apparences d'autant d'*instincts naturels* qui caractérisent les races
aussi nettement que des particularités physiques. C'est ce qu'ont
mis hors de doute les expériences poursuivies par Knight pendant plus de trente ans. Pour rappeler le contraste qui existe
parfois entre ces *instincts acquis*, il suffit de nommer les chiens
courants et les chiens d'arrêt. Au point de vue du développement relatif de l'intelligence proprement dite, la différence de
race à race est aussi parfois très-marquée. Il suffit de comparer à ce point de vue le barbet et le lévrier.

V. — Si des *animaux* et des *végétaux* nous passons à l'homme,
nous trouvons chez lui comme dans les deux règnes inférieurs
des groupes distingués par des différences anatomiques, physiologiques et psychologiques. Le plus souvent les mêmes organes,
les mêmes fonctions nous présentent des modifications analogues. Quelle raison pourrait-on invoquer pour prétendre que,
considérées *dans leur nature*, ces différences, ces modifications
ont chez lui une signification plus grave et qu'elles caractérisent
non des *races*, mais des *espèces*? Évidemment, aucune; ce serait
raisonner en dépit de toutes les lois de l'analogie. Arguerait-on

des variations que présentent les manifestations de la *moralité*
et de la *religiosité*? Ce serait oublier que ces facultés sont les
attributs du règne humain, qu'elles manquent à tous les autres
règnes et que par conséquent elles échappent à toute comparaison de ce genre. Pour ce qui est exclusivement humain
l'homme ne peut être comparé qu'à l'homme.

En résumé, les faits de variation et les différences existant
chez l'homme *de groupe à groupe* sont *de même nature* que ces
mêmes faits constatés *de race à race* chez les animaux et les
végétaux. La *nature* de ces phénomènes ne peut donc pas être
invoquée en faveur de la doctrine qui voit dans ces groupes
autant d'*espèces*.

CHAPITRE V

I. — La question à laquelle est consacré ce chapitre est une
de celles que je traite le plus longuement dans mes cours. Elle
a en effet une importance spéciale. A peu près tous les arguments polygénistes reviennent à celui-ci : « il y a trop de différence entre le Nègre et le Blanc pour qu'ils puissent être de
même espèce. » Ces deux types sont les termes les plus éloignés
dans la série humaine. Donc si l'on démontre que de *races à
races* extrêmes, les limites de variation sont à peu près constamment plus étendues chez les végétaux et les animaux que
chez l'homme on aura sapé par la base toute la doctrine polygéniste.

Or, même en négligeant les végétaux au sujet desquels il ne
peut rester de doute, en comparant seulement les animaux et
l'homme organe par organe, fonction par fonction, il n'est pas
fort difficile de se convaincre qu'il en est bien ainsi ; à ce point
qu'on en arrive à se demander pourquoi la variabilité est moins
grande chez nous que chez les animaux. La démonstration
complète de ce fait général exigerait des développements que
je ne puis donner ici. Je me bornerai donc à citer quelques
exemples.

II. — La coloration de la peau est un des caractères que l'œil
saisit le plus aisément et qui frappe le plus. De là même viennent les expressions de Blanc, Jaune et Noir, fort improprement
employées pour désigner les trois groupes fondamentaux de
l'humanité. Constatons d'abord que ces dénominations ont le
grave inconvénient de donner des idées parfaitement fausses.
Parmi les *Blancs* il est des populations entières dont la peau est
aussi noire que celle des Nègres les plus foncés. Je me borne à
citer les Bicharis et autres peuples habitant les côtes africaines de la mer Rouge, les Maures noirs du Sénégal, etc. En

revanche il est des *Nègres* jaunes, comme les Boschismen, de teinte acajou clair ou café au lait, comme nous l'a appris Livingstone.

Il n'en est pas moins vrai que la couleur est bien le caractère qui chez l'homme varie le plus, et lorsqu'on oppose le *Nègre noir de charbon* au *Blanc blond* à teint rosé, le contraste est frappant. Mais ce contraste se retrouve dans plusieurs de nos races animales, chez le chien, par exemple, dont la peau est habituellement noirâtre et blanche chez le caniche blanc. Il en est de même chez les chevaux, et ce fait était déjà connu d'Hérodote, qui signale comme supérieurs aux autres les chevaux blancs à peau noire.

A elles seules nos races gallines présentent les trois couleurs extrêmes signalées chez l'homme. La poule gauloise a la peau blanche; chez la cochinchinoise elle tire sur le jaune; elle est noire chez les *poules nègres*. Celles-ci présentent parfois un fait semblable à celui que je rappelais à propos du cheval; la teinte foncée de la peau coïncide chez elles avec un plumage blanc, comme chez la *poule de soie* du Japon.

Ces mêmes *poules nègres* offrent au point de vue qui nous occupe plusieurs faits intéressants à signaler. En Europe, le mélanisme apparaît de temps à autre dans nos basses-cours et se propagerait infailliblement si on ne détruisait les sujets qui en sont atteints. C'est peut-être faute de cette précaution que les poules nègres se sont développées sur plusieurs points du globe, entre autres aux Philippines, à Java, aux îles du cap Vert et sur le plateau de Bogota, dont toutes les volailles remontent à des souches européennes. Le mélanisme se montre d'ailleurs dans des groupes de poules qui diffèrent de la manière la plus frappante sous d'autres rapports, chez la poule de soie comme chez nos races ordinaires.

On voit que les *poules nègres* ne sont nullement *une espèce* distincte; on voit que l'apparition de la couleur noire n'est chez elle qu'un caractère accidentel pouvant naître dans des races d'ailleurs très-dissemblables et se propager ensuite par hérédité. Pourquoi admettre qu'il en a été autrement chez l'homme?

Le mélanisme est d'ailleurs plus développé chez les poules que chez l'homme. Depuis longtemps on a reconnu que le cerveau du Nègre présente une coloration plus foncée que celle du Blanc. Le fait est vrai. Mais M. Gubler a constaté que chez les Blancs à teint très-brun le cerveau est coloré exactement comme chez les Nègres, et que cette particularité était tantôt individuelle, tantôt héréditaire dans certaines familles. Chez les poules aussi, le mélanisme pénètre à l'intérieur; mais ce ne sont plus seulement les méninges qui présentent des faits analogues à ceux que présente l'*homme noir*. Chez elles toutes les muqueuses, tous les plans fibreux et aponévrotiques, et jusqu'aux gaines musculaires possèdent la même coloration. La chair prend ainsi une apparence qui répugne, et c'est pour ce motif qu'on empêche autant que possible la propagation des poules nègres.

Les différences de coloration s'expliquent assez aisément. On sait aujourd'hui à n'en pas douter que la peau du Nègre a exactement la même composition que celle du Blanc. Chez tous les deux on trouve les mêmes couches ; le *derme*, le *corps muqueux* et l'*épiderme* présentent exactement la même structure. Ces couches sont seulement plus épaisses chez le Nègre. Dans ces deux grandes races, le corps muqueux, placé entre les deux autres, est le siège de la coloration. Il est formé par des cellules d'un jaune pâle chez le *Blanc-blond*, d'un jaune plus ou moins brunâtre chez le *Blanc-brun*, d'un brun noirâtre chez le *Nègre*. Des causes extérieures influent d'ailleurs sur l'organe et modifient la sécrétion colorée. Simon a montré que les taches de rousseur ne sont que des points de la peau du *Blanc* qui présentent les caractères de la peau du *Nègre*, et l'on sait qu'une insolation inaccoutumée chez les hommes et chez les femmes de notre race, la grossesse, chez ces dernières, est suffisante pour déterminer la formation de ces taches.

Qu'y a-t-il d'étrange à ce qu'un ensemble de circonstances parmi lesquelles figurent une chaleur constante, une vive lumière, etc., étende au corps entier et rende durables ces modifications circonscrites et passagères chez nous? Lorsque nous traiterons de la formation des races humaines, nous aurons à citer des faits qui prouvent clairement que ce n'est pas là une simple hypothèse.

En définitive la couleur de la peau tient à une simple sécrétion que peuvent modifier une foule de circonstances, comme on l'observe pour tant d'autres. Il n'y a donc rien d'étrange à voir des groupes humains, fort différents, d'ailleurs, se ressembler sous ce rapport. Voilà pourquoi l'Hindou (*aryan*), le Biehari et le Maure (*sémites*), quoique *de race blanche*, prennent la même teinte et même une teinte plus foncée que le *Nègre proprement dit*. Voilà aussi pourquoi celui-ci se rapproche, dans certains cas, des populations plus ou moins brunes appartenant au tronc blanc ou prend une couleur qui rappelle presque exactement celle des races jaunes.

Ainsi se vérifie chez l'homme, comme chez les animaux, l'aphorisme formulé par Linné à propos des plantes : *nimium ne crede colori*.

III. — Je n'insisterai pas longuement sur les modifications de la chevelure et des villosités. Elles sont bien plus apparentes que réelles chez l'homme. Qu'ils soient blonds ou noirs, fins et d'un aspect laineux comme chez le Nègre ou gros et raides comme dans les races jaunes et rouges ; que leur coupe transversale soit circulaire comme chez le Jaune, ovale comme chez le Blanc, ou elliptique comme chez le Nègre, *les cheveux restent cheveux*. Au contraire la toison laineuse de nos moutons est remplacée par un jar court et lisse dans une partie de l'Afrique. En Amérique il en est de même chez les moutons de la Madeleine, dès qu'on cesse de les tondre ; et, en revanche, dans les hauts plateaux des

Andes, les sangliers acquièrent une sorte de laine grossière.

Une épilation pratiquée avec un soin extrême a pu faire croire à quelques voyageurs qu'il existe des races humaines entièrement glabres; on a plus tard reconnu cette erreur. Tous les hommes ont des poils dans les régions que chacun sait. Au contraire il existe des chiens et des chevaux sans poils. En Amérique, dont tous les bœufs sont d'origine européenne, on voit les villosités devenir d'abord très-fines et rares chez les *pelones* et disparaître entièrement chez les *calongos*; et, si ceux-ci ne se multiplient pas, c'est que l'on a soin de les tuer, les regardant comme des animaux dégénérés.

Il est évident qu'à ces divers points de vue les variations se montrent plus étendues chez les animaux que chez l'homme.

IV. — Ce fait devient bien plus évident lorsqu'il est possible de substituer des mesures exactes à de simples appréciations et de comparer des chiffres. Les variations de la taille présentent cet avantage. Il est intéressant de comparer sous ce rapport les extrêmes de quelques races animales aux extrêmes constatés dans les groupes humains.

ESPÈCES.	RACE.	TAILLE.	DIFFÉRENCE.	RAPPORT.
Chiens (longueur)	Petit épagneul	0,m 303	1,m 025.	0,2
	Chien de montagne. . .	1, 328		
Lapins (longueur)	Nicard	0, 20	0, 40.	0,3
	Bélier	0, 60		
Cheval (hauteur)	Shetlin	0, 76	1, 04.	0,4
	Cheval de brasseur . . .	1, 80		
Mouton (hauteur)	. . . .	0, 475	0, 715.	0,5
	. . . .	1, 190		
Homme (taille moyenne)	Boschisman	1, 37	0, 35.	0,8
	Patagon.	1, 72		

On voit que la variation de race à race chez le cheval est deux fois plus considérable que chez l'homme, près de trois fois chez le mouton et le lapin, et quatre fois chez le chien. La différence est peut-être plus marquée encore chez la chèvre et le bœuf, à en juger par les termes de comparaison qu'emploient quelques voyageurs.

Si, après nous être occupé des dimensions générales du corps, nous comparions les différences de proportion que présentent d'un côté les races animales, de l'autre les groupes humains, nous arriverions à des résultats analogues. Mais sans entrer ici dans les détails il suffit de rappeler au lecteur le chien lévrier et le basset.

V. — Un des caractères extérieurs les plus singuliers et sur lesquels on a insisté souvent comme ne pouvant être qu'un caractère d'espèce est celui que présentent les femmes boschismanes. On sait qu'elles portent au bas des reins une masse graisseuse dont la saillie est souvent considérable, comme on peut le voir dans la *Vénus hottentote* dont le moule est au Muséum. Cette *stéatopygie* se retrouve du reste chez certaines tribus nègres placées fort au nord de la race Houzouana. Bien plus Livingstone nous apprend que certaines femmes de Boërs, d'origine hollandaise incontestable, commencent à en être atteintes. Ce développement local exagéré du tissu adipeux perd par cela seul la valeur qu'on a voulu lui attribuer.

Mais la stéatopygie existât-elle seulement chez les Houzouanas, on ne pourrait pas pour cela la regarder comme un *caractère d'espèce*, car on la constate chez les animaux où elle n'est qu'un *caractère de race*. Pallas a constaté ce fait chez certains moutons de l'Asie centrale. Chez ces animaux la queue disparaît et se réduit à un simple coccyx, à droite et à gauche duquel sont placées deux masses graisseuses hémisphériques pesant de trente à quarante livres. — Ici encore la variation est proportionnellement plus forte que chez la femme boschismane.

Dira-t-on que ces moutons constituent une *espèce* à part? Non; car lorsque les Russes amènent ces mêmes moutons hors des contrées où ils sont nés, la stéatopygie disparaît en quelques générations. Ce n'est donc qu'un caractère de race, lequel ne peut se conserver que là où il a pris naissance, comme on l'observe dans une foule d'autres cas.

VI. — Il est évident que le caractère précédent est tout autant interne qu'extérieur; il est évident aussi que la taille, les proportions du tronc et des membres, ne peuvent varier sans que le squelette et les muscles qui s'y attachent éprouvent des modifications correspondantes. Les caractères anatomiques changent donc de race à race chez les animaux, aussi bien que les caractères extérieurs. Il est pourtant un certain nombre de faits qui relèvent plus directement de l'anatomie; j'en citerai quelques cas.

Chez le chien il existe normalement aux pieds de devant cinq doigts bien formés, aux pieds de derrière quatre doigts complets et un cinquième rudimentaire. Ce dernier disparaît chez certaines races presque toutes de petite taille. Dans certaines grandes races au contraire il se développe et devient égal aux quatre autres. Il y a alors formation d'os correspondants au tarse et au métatarse.

Quelque chose d'analogue à ce que nous venons de voir chez le chien se montre aussi chez le porc, mais compliqué d'un phénomène nouveau. Ici le pied normal porte deux petits doigts latéraux rudimentaires et deux doigts médians ayant chacun leur sabot. Or dans certaines races déjà connues des anciens, il se développe un troisième doigt médian et le tout est enveloppé dans un seul sabot. De *fissipède* qu'est le type normal de l'*espèce*, la race devient *solipède*.

Rien de pareil ne se voit jamais chez l'homme. Dans toutes les races les pieds gardent leur composition ordinaire aussi bien chez le Boschisman que chez le Patagon. Toutefois quelques exceptions tératologiques avec tendance à l'hérédité se sont parfois montrées. Nous en parlerons dans un autre chapitre.

VII. — La colonne vertébrale est pour ainsi dire la portion fondamentale du squelette. Elle n'en varie pas moins. Je n'insiste pas sur les différences que présente sa portion caudale. Je me borne à rappeler qu'il existe des races de chien, de mouton, de chèvre chez lesquelles la queue se réduit à n'être plus qu'un court coccyx.

Mais les portions centrales elles-mêmes peuvent être atteintes. Philippi nous apprend que les bœufs du Piacentino ont 13 côtes au lieu de 12 et, par conséquent, une vertèbre dorsale de plus. Dans le porc, Eyton a vu les vertèbres dorsales varier de 13 à 15, les lombaires de 4 à 6, les sacrées de 4 à 5, les caudales de 13 à 23, si bien que le total dans le porc d'Afrique est de 44 et de 54 dans le porc anglais.

Chez l'homme on a constaté parfois la présence d'*une* vertèbre de plus. Ces cas sont toujours restés individuels, sauf dans une famille Hollandaise citée par Vrolick. Mais aucun groupe humain ne présente ce caractère d'une manière même à peu près constante. Ce groupe existât-il, on voit que la variation serait encore ici bien moindre que chez les animaux. Sans même tenir compte de la queue, elle est trois fois plus forte chez ces derniers.

Bien entendu que je ne fais pas entrer en ligne de compte ce qu'on a dit tant de fois de prétendus hommes à queue. On sait de plus en plus à quoi s'en tenir à ce sujet. Mais les variations que présente la région caudale chez les animaux nous apprend que même un prolongement considérable du coccyx, dans un groupe humain, et la multiplication des vertèbres qui le composent ne sauraient être considérés à priori comme un caractère spécifique.

VIII. — On aurait pu croire que la tête à raison de l'importance des organes qui lui appartiennent échapperait aux modifications. Il n'en est rien, et ici encore la variabilité se montre bien plus grande chez les animaux que chez l'homme. Depuis longtemps Blumenbach avait fait remarquer qu'il y a plus de différence entre la tête du cochon domestique et celle du sanglier qu'entre celle du Blanc et du Nègre. Il n'est pas une de nos espèces domestiques dont les races ne se prêtent à la même appréciation, pour peu qu'on y regarde de près. Mais je me borne à rappeler au lecteur les têtes des chiens boule-dogue, lévrier et barbet.

L'étendue des modifications que peut présenter la tête n'est nulle part mieux accusée que dans le *bœuf camard*, le *guato* de Buenos-Ayres et de la Plata. Ce bœuf reproduit dans son espèce des modifications analogues à celles que le boule-dogue présente chez le chien. Toutes les formes sont plus raccourcies, plus trapues. La tête en particulier semble avoir éprouvé un mouvement général de concentration. La mâchoire inférieure, quoique raccourcie elle-même, dépasse la supérieure si bien que l'animal ne peut brouter aux arbres. Le crâne est tout aussi déformé que la face. Ce ne sont pas seulement les formes des os qui sont modifiées, ce sont aussi leurs rapports dont presque pas un, dit M. R. Owen, n'a été vraiment conservé. Cette race, parfaitement assise, n'en est pas moins d'origine bien récente ; car, comme je le rappelais plus haut, tous les bœufs américains descendent de bœufs européens. Elle est déjà représentée dans le Nouveau-Monde par deux sous-races dont l'une, celle de Buenos-Ayres, a conservé ses cornes, tandis que celle du Mexique les a perdues.

Il est presque inutile de faire remarquer qu'aucun groupe humain ne présente quoi que ce soit d'analogue.

IX. — Les quelques faits que je viens de citer me semblent suffisants pour justifier la proposition que j'émettais en tête de ce chapitre, savoir : que les limites de la variation sont à peu près toujours plus étendues entre certaines races animales qu'entre les groupes humains les plus éloignés.

Par conséquent, quelque grandes que soient ou que paraissent être les différences existant entre ces groupes d'hommes, leur attribuer la valeur de *caractères spécifiques* est une appréciation absolument arbitraire. Il est pour le moins tout aussi rationnel, tout aussi scientifique de ne voir dans ces différences que des *caractères de race* et par cela même de rattacher tous les groupes humains à une seule espèce.

On ne peut contester la légitimité de cette conclusion. Or, je le répète, elle suffit pour atteindre dans ses bases la doctrine polygéniste. En effet cette doctrine repose uniquement sur des considérations *morphologiques*. Ses partisans frappés uniquement des différences matérielles que présentent les groupes humains ont cru ne pouvoir en rendre compte qu'en admettant l'existence de plusieurs espèces. En montrant que les faits de cette nature s'interprètent également dans l'hypothèse de l'*unité* spécifique, on place déjà pour ainsi dire le monogénisme et le polygénisme sur le pied de l'égalité.

CHAPITRE VI

ENTRECROISEMENT ET FUSION DES CARACTÈRES DANS LES RACES ANIMALES ; APPLICATION A L'HOMME.

Sans même quitter le terrain de la morphologie, on peut déjà montrer de quel côté se trouve le plus de probabilité d'être dans le vrai.

On sait que tous les naturalistes regardent comme appartenant à la même espèce tout ensemble d'individus passant de l'un à l'autre par nuances insensibles, quelque différents que soient les extrêmes. Toutes les grandes collections publiques renferment des exemples de ce fait.

A plus forte raison concluent-ils de même lorsqu'il y a *entrecroisement de caractères*. Cet entrecroisement existe lorsqu'un caractère très-tranché et de nature à paraître exclusif se retrouve dans un ou plusieurs individus fort différents sous les autres rapports et appartenant incontestablement à des groupes bien distincts. Il y a encore entrecroisement lorsque le même caractère varie de manière à ce que, considéré isolément, il conduirait à fractionner un groupe naturel et à en disséminer les fractions dans des groupes très-différents.

Eh bien, aucune espèce animale ne présente à un plus haut degré que l'homme, ces diverses particularités essentiellement morphologiques. Lorsqu'on étudie avec quelque détail les groupes humains, la difficulté n'est pas de trouver les ressemblances, mais bien de préciser les différences. Plus on y regarde de près plus on voit celles-ci s'effacer et disparaître. On comprend alors ce que les voyageurs les plus dignes de foi comme d'Abbadie nous disent des contrées où vivent à côté l'un de l'autre le Nègre et le Blanc. Dans leurs extrêmes ces deux types sont certes bien distincts. Mais en Abyssinie, par exemple, où ils se sont rencontrés et mêlés depuis longtemps, ce ne sont plus ni le teint, ni les traits, ni la chevelure qui caractérisent le Nègre ; c'est uniquement la saillie exagérée du talon. Mais à son tour ce caractère perd toute sa valeur sur la côte occidentale d'Afrique, où des tribus nègres entières ont le pied fait comme nous.

Voilà un exemple d'*entrecroisement* et je pourrais aisément les multiplier. J'ai déjà dit plus haut comment la couleur rapprocherait les uns des autres des Hindous aryens ou dravidiens, des Nègres africains ou mélanésiens des populations manifestement sémitiques. Voici un exemple plus frappant peut-être. Desmoulins avait regardé la perforation de la fosse olécranienne comme un des caractères les plus tranchés de son *espèce d'hommes austro-africaine*. Eh bien, cette perforation s'est retrouvée dans des momies égyptiennes et guanches, sur un assez grand nombre de squelettes européens de l'époque néolithique, dont les crânes n'ont d'ailleurs aucun rapport avec celui des Boschismans, et jusque chez certains Européens de l'époque actuelle.

L'entrecroisement des caractères entre les groupes humains ressort bien plus vivement encore de la comparaison des données numériques recueillies chez un certain nombre d'entre eux. Je me borne pour le moment à donner les résultats auxquels conduit l'étude de la taille lorsqu'on place en série les nombres qui la représentent. Plus tard nous rencontrerons bien d'autres exemples.

Je reproduis ici le tableau publié dans le *Voyage de la Novara* par le Dr Weisbach. J'ai ajouté aux chiffres du savant autrichien quelques données relatives surtout aux plus petites races. J'ai en outre inscrit les maxima et les minima quand j'ai pu me les procurer, parce qu'ils font sentir mieux encore que les moyennes l'étendue de la variation.

Taille de diverses races humaines.

Boschisman (min.) {		Juangs	
Eskimoan (min.)	1,000	Aetas (max.) {	1,561
Obongo (jeune)	1,360	Aymaras (moy.)	1,563
Boschismans (moy.) {		Allemands (min.)	
Mincopie (min.)	1,370	Tartares d'Orotsch {	1,570
Lapons (min.)	1,380	Kamschadales	
Aetas (min.)	1,390	Malais de Malacca	
Sémangs (min.)	1,420	Dayaks (min.) {	1,574
Mincopies (moy.)	1,430	Australiens (min.)	
Boschisman (max.)	1,445	Néocalédoniens (min.)	
Guanches	1,447	Cochinchinois (moy.) {	1,575
Sémangs (moy.)	1,448	Transgangiens (moy.)	
Sémangs (max.)	1,473	Vanikoriens	1,583
Mincopies (max.)	1,480	Timoriens	1,586
Aetas (moy.)	1,482	Amboiniens	
Fuégiens (min.)	1,483	Péruviens {	1,595
Papouas	1,489	Battas	
Chinois (min.)	1,520	Malais (moy.) {	1,597
Patagons (min.)	1,530	Nicobariens	1,599
Lapons (moy.)	1,532	Australiens (moy.)	
Aymaras (min.)	1,537	Quichuas	
Slaves (min.)	1,540	Anglais (min.) {	1,600
Français (min.)	1,543	Pouleyers (moy.)	1,610
Javanais (min.)	1,549	Lapons (max.)	1,613
Nègres (?)	1,555	Tahitiens (moy.)	1,614

Australiens (moy.)	1,617
Touléous } Guaranis	1,620
Papous de Vaigiou	1,624
Mincopies (max.) } Fuégiens (moy.) } Californiens } Madurais } Cingalais	1,625
Ando-Péruviens	1,627
Français du Midi } Chinois (moy.)	1,630
Nicobariens	1,631
Belges (min.)	1,632
Slaves d'Autriche (min.)	1,634
Roumains d'Autriche } Magyars	1,635
Juifs	1,637
Dravidas (moy.)	1,640
Araucans	1,641
Bavarois	1,643
Antisiens	1,645
Fuégiens (max.) } Crées } Dayaks (max.)	1,650
Bugis	1,653
Nègres (?)	1,655
Français (classes ouvr. moy.)	1,657
Allemands d'Autriche	1,658
Eskimaux de l'île Melville	1,659
Roumains (min.)	1,660
Fuégiens (max.) } Chiquitos } Hottentots	1,663
Français du Nord } Arabes d'Algérie	1,665
Néocalédoniens } Moxos	1,670
Pampéens (moy.)	1,673
Eskimaux de Savage-Island } Hawaïens } Néocaliforniens } Malais de Soolo	1,676
Slaves d'Autriche (moy.) } Russes	1,678
Javanais	1,679
Allemands } Nègres } Charruas	1,680
Français (classes aisées moy.)	1,681
Ojibbeways (min.) } Natifs de Madras	1,682
Fijiens	1,684
Nègres de Sokoto	1,685
Belges (moy.)	1,686
Anglais (moy.)	1,687
Indiens des Pampas	1,688
Insulaire des Marquises } Eskimau de Boothiasund	1,689

Somalis	1,690
Néozélandais	1,695
Puelches } Nègre Gomma } Tahitiens (min.)	1,700
Lettes } Insulaires de Rotuma } Courouglis (moy.)	1,701
Roumains d'Autriche	1,702
Kabyles (moy.)	1,703
Carolins	1,705
Mariannais	1,708
Anglais (max.) } Eskimaux du détroit de Kotzebue } Australiens (max.) } Pottowatomis	1,714
Caraïbes } Barakaïens	1,727
Tschuwaches	1,728
Patagons (moy. d'orb.)	1,730
Tscherkesses	1,731
Patagons (moy. d'uav.)	1,732
Sepoys du Bengale	1,733
Chinois (max.)	1,744
Niquallis	1,752
Hawaïens	1,755
Néozélandais	1,757
Patagons (moy. mustr.) } Allemands (max.)	1,770
Polynésiens (moy.)	1,776
Pitcairniens	1,777
Roumains (max.)	1,780
Ojibbeways (moy.) } Agacès des Pampas	1,784
Néocalédoniens (max.)	1,785
Tahitiens (moy.) } Insulaires des Marquises	1,786
Insulaires de l'île Stewart } Cafres	1,789
Hollandais } Belges (max.) } Slaves (max.) } Aymaras (max.) } Insulaires des Mar-quises (max.)	1,800
Tahitiens (max.)	1,803
Néozélandais	1,815
Mbaya	1,841
Caraïbes	1,868
Ojibbeways (max.)	1,875
Insulaires de Schiffer	1,895
Néozélandais (max.)	1,904
Patagons du Nord (max. d'orb.)	1,915
Patagons du Sud (max. mus-ters.)	1,924
Insulaires de Schiffer } Insulaires de Tongatabou	1,930

On voit à quels étranges rapprochements, à quel singulier mélange conduit la considération de la taille. Les nombres qui représentent la capacité du crâne, les indices céphaliques, le poids du cerveau distribués de même en série font ressortir le même résultat, comme on le verra plus loin.

Il faut remarquer en outre que les moyennes sont en très-grande majorité dans ce tableau. Or, on voit que les écarts entre ces moyennes sont moindres que les écarts entre le maximum et le minimum d'une même race, si bien que des races parfois très-éloignées viennent s'intercaler entre eux.

Et maintenant que l'on compare par la pensée, non plus ces groupes, mais les individus qui les composent. N'est-il pas évident que, si on les rangeait par rang de taille, on passerait de l'un à l'autre avec des différences moindres d'un millimètre et n'est-il pas évident aussi que la confusion deviendrait encore bien plus grande qu'elle ne le paraît dans le tableau ?

Eh bien, je le demande à quiconque s'est quelque peu occupé de zoologie et de zootechnie, est-ce dans un ensemble d'*espèces* que les affinités les plus évidentes seraient rompues par l'application de ce procédé ? N'est-ce pas au contraire dans les ensembles *de races* qu'on retrouve des faits tout pareils, comme chez le chien par exemple où le grand dogue et le doguin, le lévrier de Saintonge et la levrette de salon, le grand et le petit danois se trouveraient également séparés les uns des autres par une foule d'autres races, si on ne tenait compte que de la taille.

L'entrecroisement et la fusion des caractères si marqués entre groupes humains sont inexplicables si on considère ces groupes comme des espèces, à moins d'admettre que les rapports morphologiques entre ces *espèces humaines* sont d'une nature tout autre que celle des rapports établis entre les *espèces animales*. Mais cette *hypothèse* fait de l'homme *une exception*. Nous avons donc le droit de la regarder comme *fausse*.

Au contraire si l'on ne voit dans ces groupes que des *races d'une seule espèce*, tous ces faits d'entrecroisement, de fusion, concordent avec ce que nous montrent les animaux et font rentrer l'homme dans les lois générales. C'est donc là qu'est la vérité.

Ainsi sans sortir des *considérations morphologiques*, qui répondent à la *notion de ressemblance* contenue dans la définition de l'espèce, nous serions en droit de conclure en faveur du monogénisme. Mais, pour confirmer ce résultat et arriver à la certitude, il faut recourir à d'autres faits, répondant à la *notion de filiation*, et chercher ce que nous apprend la *physiologie* dans les phénomènes de la *génération*.

CHAPITRE VII

I. — Les unions sexuelles chez les plantes comme chez les
animaux peuvent avoir lieu entre individus de *même espèce* et de
même race, ou bien de *même espèce* mais de *races différentes*, ou
bien enfin d'*espèces différentes*. Dans les deux derniers cas il y a
ce qu'on appelle un *croisement*. Ce croisement lui-même prend
des noms différents selon qu'il a lieu entre *races* ou entre *espèces*
différentes. Dans le premier cas il constitue un *métissage ;* dans
le second cas, une *hybridation*. Quand ces *unions croisées* sont
fertiles, le produit du métissage porte le nom de *métis ;* le produit de l'hybridation, celui d'*hybride*.

Si l'on a bien compris la différence des rapports existant
entre la *race* et l'*espèce*, on doit être porté à admettre que le
métissage et l'hybridation ne sauraient présenter les mêmes
phénomènes. L'expérience et l'observation confirment cette vue
de l'esprit.

Nous avons donc dans le croisement un moyen de reconnaître si les groupes humains ne sont que des *races d'une même
espèce* ou bien des *espèces distinctes*. Il suffit pour cela d'étudier
chez les autres êtres organisés et vivants les phénomènes du
métissage et ceux de l'hybridation ; puis de comparer aux uns
et aux autres ceux qui accompagnent le croisement opéré entre
groupes humains. Si dans ce dernier cas les phénomènes sont
ceux qui caractérisent l'*hybridation*, on doit conclure que les
groupes sont spécifiquement distincts et admettre la *multiplicité*
des espèces humaines. Si le croisement entre hommes, morphologiquement différents, s'accompagne des phénomènes propres
au *métissage*, on ne peut voir dans ces groupes qu'autant de *races*
d'une même espèce ; on doit se rallier à la doctrine de l'*unité
spécifique* de tous les hommes.

La question qui nous occupe devient donc toute physiologique et relève uniquement de l'observation et de l'expérience. Pour la résoudre nous nous adresserons plus que jamais aux végétaux aussi bien qu'aux animaux. C'est par les phénomènes de la reproduction que les deux règnes se touchent de plus près. Ici il n'y a plus *analogie* seulement, il y a presque *identité*. Et ce n'est pas le supérieur qui s'abaisse ; c'est l'inférieur qui s'élève. On dirait qu'ennobli par l'importance de la fonction, la plante pour se reproduire devient temporairement animal.

II. — Dans les deux règnes, les unions entre *races de même espèce*, c'est à dire le *métissage*, peut s'accomplir en dehors de toute intervention de l'homme ou être dirigé par lui. Il est par conséquent naturel ou artificiel.

Le métissage entre végétaux n'a pu être reconnu qu'à la suite de la distinction des sexes, faite en 1744. C'est à Linné que revient l'honneur de cette grande découverte. Il en comprit sur-le-champ toute la portée et se l'exagéra même, comme nous le verrons tout à l'heure. Linné admit que les unions croisées, observées depuis des siècles chez les animaux, devaient se reproduire entre les plantes et il expliqua ainsi l'apparition de tulipes flambées au milieu de plates-bandes primitivement composées de fleurs unicolores. L'observation, l'expérience ont mille fois confirmé les premières vues du fondateur des sciences naturelles. On a reconnu de plus que le croisement peut s'accuser dans toutes les parties du végétal par un mélange de caractères semblable à celui qu'avait trahi la coloration des tulipes. M. Naudin entre autres, qui dans une seule année a suivi le développement de plus de douze cents courges, a vu les graines d'un même fruit reproduire toutes les races que renfermait le jardin livré à ses études. Il y avait eu *superfétation*. C'est un fait d'une haute importance, car il démontre l'égalité d'action dont jouissait le pollen de toutes ces races, si différentes l'une de l'autre morphologiquement. Rien n'accuse mieux la facilité du croisement *entre races*.

Le métissage naturel et spontané des animaux présente les mêmes caractères. Facilité par la locomotion, il s'accomplit chaque jour dans nos maisons, dans nos basses cours, dans nos fermes. La difficulté n'est pas de croiser les races, mais bien d'empêcher leurs mélanges et de les conserver pures. Des expériences précises faites au Muséum par Isidore Geoffroy ont montré que chez les moutons, les chiens, les porcs et les poules, le métissage entre les races les plus différentes était toujours et certainement fécond. Ici, aussi, on constate souvent le phénomène de la superfétation. Des chiennes successivement courtisées par des mâles de races diverses ont mis bas des petits qui accusaient jusqu'à trois et quatre souches distinctes. — Les choses s'étaient passées chez elles comme dans les courges de M. Naudin.

On voit que l'homme n'a dû éprouver aucune difficulté à provoquer le métissage et que, lorsqu'il a jugé bon d'y recourir dans un but quelconque, il n'a eu qu'à le régler en choisissant les reproducteurs animaux ou végétaux. Aussi ce genre d'union est-il depuis longtemps entré dans la pratique journalière pour améliorer, modifier, diversifier de toute façon les êtres vivants sur lesquels s'exerce l'industrie humaine. — Il est inutile d'insister sur des faits connus de tous les jardiniers comme de tous les éleveurs, et je me borne à faire une remarque dont on sentira plus tard l'importance.

On a vu plus haut qu'à force de *perfectionner* une race animale ou végétale, on arrivait parfois à rompre l'équilibre physiologique aux dépens de la faculté de reproduction. En pareil cas, le croisement avec une autre race moins modifiée réveille d'ordinaire la fécondité éteinte. Par exemple des porcs anglais importés dans le midi de la France par M. de Ginestous cessèrent de se reproduire après quelques générations. On les croisa avec la race locale plus maigre, moins précoce, et la fécondité reparut.

Tous ces faits et leurs conséquences inévitables ont été admis par tous les naturalistes qui se sont occupés de ces questions. Darwin lui-même en avait reconnu la vérité dans son bel ouvrage sur la *Variation des animaux et des plantes*. Il se bornait alors à conclure que le croisement entre certaines races de plantes est moins fécond que celui qui s'opère entre certaines autres, proposition que personne n'aura l'idée de combattre. Il est allé plus loin dans les dernières éditions de son livre sur l'origine des espèces. Sans apporter de faits précis dont la signification allât au-delà des sages conclusions précédemment admises par lui, il invoque l'ignorance où nous sommes relativement à ce qui se passe entre *variétés* sauvages; il conclut que l'on ne peut soutenir que le croisement entre variétés soit toujours tout à fait fertile. — C'est un de ces appels à l'inconnu, un de ces arguments où notre ignorance même est invoquée comme preuve, que l'on retrouve trop souvent chez ce penseur emporté par ses convictions. J'aurai à revenir sur ce point. Mais je constate ici que, de l'aveu même de Darwin, tous les faits *connus* attestent la *parfaite fertilité* des métis.

En résumé, le croisement *entre races*, le *métissage*, est un fait qui s'accomplit spontanément et que l'homme provoque sans la moindre difficulté; les résultats en sont aussi certains que ceux de l'union entre individus de même race; bien plus, dans certains cas la fécondité s'accroît ou reparaît sous l'influence de *ce croisement*. — Le croisement *entre espèces*, l'*hybridation*, va nous montrer des faits absolument contraires.

III. — Comme le métissage, l'hybridation peut être naturelle ou artificielle.

La première est tellement rare que des naturalistes éminents ont mis en doute sa réalité. Toutefois on en connaît, selon M. Decaisne, *une vingtaine* d'exemples bien avérés chez les végétaux. — Qu'est ce chiffre comparé à celui des milliers de métis qui naissent chaque jour sous nos yeux ! — Et pourtant les conditions matérielles de fécondation sont identiquement les mêmes pour les races et pour les espèces, et nos jardins de botanique, groupant à côté les unes des autres une multitude de ces dernières, facilitent encore le croisement.

Entre animaux sauvages et vivant en liberté l'hybridation est plus rare encore. On n'en connaît pas d'exemple chez les mammifères au dire d'Isidore Geoffroy, dont l'expérience a ici une double autorité. La classe des oiseaux seule présente quelques faits de cette nature, rencontrés presque tous dans l'ordre des gallinacés. D'après Valenciennes on n'en connaît pas chez les poissons. — Quand la domestication et la captivité interviennent, les croisements spontanés entre espèces différentes sont un peu moins rares.

L'intervention intelligente de l'homme a multiplié d'une manière remarquable les unions de ce genre surtout chez les végétaux, mais elle n'a pu en étendre les limites. Linné avait cru possible un croisement entre espèces de *familles différentes*. Mais dès 1761 Kœlreuter montra qu'il s'était trompé. De ces études continuées pendant 27 ans, de celles de M. Naudin, son digne émule, il résulte que le croisement artificiel ne réussit *jamais* entre espèces de *familles différentes* et *très-rarement* entre espèces de *genres différents*; qu'il est toujours très-difficile et demande pour être mené à bien les plus minutieuses précautions ; qu'il échoue souvent entre espèces de même genre en apparence très-voisines, enfin qu'il est des familles entières où l'hybridation est impossible. Parmi ces dernières figure celle des cucurbitacées si bien étudiée par M. Naudin et où nous avons vu le métissage le plus absolu s'accomplir spontanément. — On ne saurait imaginer, on le voit, de contraste plus complet.

Ce contraste s'accentue jusque dans les moindres détails. Par exemple, toute fleur ayant subi même le moins possible l'action du pollen de sa propre espèce devient absolument insensible à l'action d'un pollen étranger. — Quelle différence avec l'égalité d'action que nous ont montrée les divers pollens des races les plus éloignées !

Tous les expérimentateurs s'accordent en outre à déclarer que même dans les unions entre espèces ayant le mieux réussi, la fécondité est constamment diminuée et souvent dans des proportions énormes. Une tête de pavot somnifère contient habituellement deux mille graines et plus. Dans un hybride de cette espèce Gœrtner n'en trouva que six qui fussent venues à bien. Toutes les autres avaient plus ou moins avorté. — Ici encore quel contraste avec le métissage ramenant la fécondité chez les porcs anglais de M. de Ginestous !

L'hybridation présente chez les animaux exactement les mêmes phénomènes que chez les végétaux. L'homme en détournant, en trompant des instincts impérieux, a pu multiplier les croisements entre espèces. Mais il n'a pu reculer les limites fort étroites auxquelles s'arrête ce phénomène. Pas une union féconde n'a eu lieu d'une famille à une autre ; de genre à genre elles sont extrêmement rares ; d'espèce à espèce même elles sont loin d'être nombreuses, fait d'autant plus remarquable que l'hybridation animale date de loin. Le mulet était connu des Hébreux antérieurement au temps de David, et des Grecs à l'époque d'Homère ; les *titires* et les *musmons*, produit du croisement du bouc avec la brebis et du bélier avec la chèvre, ont reçu leurs noms distinctifs des Romains.

L'incertitude des résultats est encore un point sur lequel se ressemblent l'hybridation animale et végétale. La même expérience faite avec le même soin, par des expérimentateurs également habiles, tantôt échoue et tantôt réussit sans qu'on puisse en reconnaître les causes. Buffon et Daubenton ont maintes fois tenté de reproduire les titires et les musmons. Ils y sont parvenus deux fois ; Isidore Geoffroy a toujours échoué. Le croisement du lièvre et du lapin, tenté des milliers de fois sur une foule de points du globe, paraît n'avoir été obtenu que quatre ou cinq fois au plus. Le prétendu croisement du chameau et du dromadaire admis par Buffon et invoqué par Nott est certainement une fable, d'après les détails qu'a bien voulu me donner M. de Khanikoff et que j'ai publiés ailleurs. En somme, de tous les faits connus on peut tirer cette conclusion, qu'il n'existe que deux espèces de mammifères, l'âne et le cheval, dont le croisement soit fécond à peu près partout et toujours.

En résumé le croisement *entre espèces*, l'*hybridation* est un fait extrêmement exceptionnel chez les végétaux, chez les animaux livrés à eux-mêmes ; dans les deux règnes l'homme ne le produit que difficilement et entre un nombre d'espèces très-restreint ; quand il parvient à le produire la fécondité est diminuée à peu près constamment et le plus souvent dans une proportion très-considérable.

CHAPITRE VIII

CROISEMENT DES RACES ET DES ESPÈCES VÉGÉTALES ET ANIMALES ;
MÉTIS ET HYBRIDES ; RÉALITÉ DE L'ESPÈCE.

I. — Dès le premier degré, dans l'union du père et de la mère
empruntés à deux souches différentes, la race et l'espèce nous
montrent donc des phénomènes fort distincts et caractéristiques.
Nous allons voir cette opposition s'accentuer encore chez les
produits de ces unions, chez les *métis* et les *hybrides*.

La nature mixte de ces êtres soulève plusieurs questions. Je
me borne à examiner celles qui touchent à la filiation et ont
par cela même pour nous un intérêt direct. On peut les formuler d'une manière générale dans les termes suivants : se forme-
t-il naturellement ou peut-on obtenir artificiellement des *races
métisses*, c'est-à-dire dérivant de *deux races* distinctes, et des *races
hybrides*, c'est-à-dire nées du croisement de *deux espèces* ? En
d'autres termes encore, les métis et les hybrides conservent-ils
pendant un nombre indéfini de générations, la faculté de se
reproduire et de transmettre à leurs descendants les caractères
mixtes qu'ils tiennent du premier père et de la première mère
ayant servi au croisement ?

II. — Quand il s'agit de métis il n'y a pas de doute possible.
Une expérience journalière s'accomplissant sans cesse, souvent
sans l'intervention de l'homme, parfois malgré ses précautions,
atteste que les métis de première génération sont aussi féconds
que les parents, et transmettent à leurs fils une fécondité égale.
Nos jardiniers, nos éleveurs mettent à chaque instant à profit
cette propriété du métissage pour varier, modifier ou améliorer
à leur point de vue les plantes ou les animaux sur lesquels porte
leur industrie ; les expériences précises de Buffon, des Geoffroy
Saint-Hilaire père et fils, le témoignage de Darwin, bien signi-
ficatif ici, mettent hors de doute que les unions de race en race
restent fécondes, quelques différences morphologiques qu'il existe
entre elles. Je me borne à citer un exemple emprunté à Darwin.

Le gnato s'unit indifféremment dans les deux sens au bœuf ordinaire et le produit est fécond.

Si diverses races d'une même espèce sont en contact habituel et abandonnées à elles-mêmes, elles se mêlent à tous les degrés. De là résultent des populations bâtardes, sans caractères précis, mais qui, étudiées méthodiquement, conduiraient *par nuances insensibles* aux divers types primitifs. C'est ainsi qu'ont pris naissance nos chiens de rue et nos chats de gouttières, restés parfaitement féconds en dépit des croisements cent fois répétés et dans tous les sens.

Lorsque l'industrie humaine intervient, elle peut, avec des soins, régulariser le croisement entre deux races et obtenir ainsi une *race métisse*. Après quelques oscillations du côté des types paternel et maternel, celle-ci se consolide et s'assoit. Mais, quelque constance qu'elle ait acquise dans son ensemble, il arrive presque toujours que quelques individus reproduisent à des degrés divers les caractères de l'un des types primitivement croisés.

C'est ce phénomène que l'on a désigné sous le nom d'*atavisme*. Il se produit parfois au milieu des races appelées les plus pures et à la suite d'un seul croisement remontant à plusieurs générations. Darwin cite l'exemple d'un éleveur qui avant croisé ses poules avec la race malaise, voulut ensuite les débarrasser de ce sang étranger. Après quarante ans d'efforts il n'y était pas encore parvenu ; toujours le sang malais reparaissait chez quelques individus de son poulailler.

Chez les animaux comme chez les végétaux, la fécondité universelle, facile, indéfinie, soit entre eux soit avec toutes les races de la même espèce, est un des caractères du métissage ; l'atavisme vient attester le lien physiologique qui unit tous les métis.

III. — L'hybridation va nous montrer un ensemble de phénomènes bien différents.

Constatons d'abord avec M. Godron que dans l'hybride végétal l'équilibre physiologique est rompu au profit des appareils de la *vie individuelle*, aux dépens des appareils de la *vie de l'espèce*. La tige, les feuilles se développent habituellement d'une manière exagérée relativement aux fleurs. — L'hybride animal le plus commun, le mulet, présente un fait entièrement semblable. Il est plus fort, plus robuste, plus résistant que ses père et mère ; mais il est infécond.

Cette infécondité n'est pourtant pas absolue chez tous les hybrides de première génération. Elle porte en général d'une manière toute spéciale sur les organes mâles. Kœlreuter, à qui il faut toujours remonter quand il s'agit des végétaux, avait déjà montré que, presque toujours, les antères ne renferment plus de véritable pollen, mais seulement des granulations irrégulières. Les ovaires contiennent un peu moins rarement des ovules en bon état. Guidé par ces observations, Kœlreuter féconda artificiellement des fleurs hybrides avec le pollen de l'espèce père, et obtint ainsi un *végétal quarteron*. En continuant ainsi il ramena promptement au type paternel les descendants du premier hybride, qui reprirent toutes leurs facultés génératrices, mais perdirent en même temps toute trace du sang maternel. Ces expériences ont été reprises et variées bien souvent ; le résultat a été constamment le même.

Dans un petit nombre d'hybrides du premier sang, les éléments qui caractérisent les deux sexes demeurent aptes à la reproduction. Toutefois la fécondité est toujours énormément réduite. Sur ses hybrides de datura, M. Naudin ne recueillit que cinq ou six graines fertiles par plante. Toutes les autres avaient complètement avorté ou bien étaient dépourvues d'embryon. Les capsules elles-mêmes étaient de moitié plus petites que dans l'état normal.

Si on marie entre eux deux de ces hybrides de premier sang, ils donnent des hybrides de seconde génération. Mais, dans la plupart des cas, ceux-ci ou sont inféconds, ou présentent souvent du premier coup le phénomène du *retour spontané* tantôt à l'un des types parents, tantôt à tous les deux. M. Naudin croisa la *primevère à grandes feuilles* avec la *primevère officinale ;* il obtint un hybride intermédiaire entre les deux espèces, et qui porta sept grains fertiles. Celles-ci mises en terre donnèrent trois primevères de l'espèce du père, trois primevères de l'espèce maternelle et une seule plante hybride mais parfaitement inféconde.

Dans quelques cas plus rares encore la fécondité persiste pendant plusieurs générations. Mais alors se manifeste un phénomène curieux appelé par M. Naudin, qui l'a découvert, la *variation désordonnée*. La *linaire commune* et la *linaire à fleurs pourpres* avaient donné à cet éminent expérimentateur un hybride dont il put suivre les descendants pendant sept générations. A chacune d'elles, plusieurs individus reprenaient les caractères soit du père soit de la mère. Le reste ne ressemblait ni aux types primitifs, ni à l'hybride issu de leur croisement, ni aux plantes dont ils étaient les fils immédiats et ne se ressemblaient pas davantage entre eux.

Ainsi dans les cas même où il respecte jusqu'à un certain point la fécondité, le croisement ne donne pas naissance à une *race* : il ne produit que des *variétés* incapables de transmettre leurs caractères individuels. Pour qu'il s'établisse une suite de générations présentant une certaine uniformité, il faut que l'hybride perde ses caractères mixtes et reprenne la livrée normale des espèces, comme le dit M. Naudin ; en d'autres termes, il doit revenir à l'un des types parents.

IV. — Tous les faits que nous venons de rencontrer dans les végétaux se retrouvent chez les animaux. Faisons remarquer d'abord que les deux seules espèces dont le croisement se montre à peu près régulièrement fécond, le cheval et l'âne,

n'engendrent qu'un hybride à fécondité presque absolument
nulle. Ici l'expérience date de loin. Il y a plus de deux mille ans
qu'Hérodote regardait la fécondité des mulets comme un pro-
dige, et près de dix-huit cents ans que Pline exprimait la même
opinion.

On n'en lit pas moins dans quelques ouvrages que « la fécondité des mulets est aujourd'hui démontrée ; qu'elle se produit
souvent dans les pays chauds, en Algérie en particulier. » Pour
réduire à leur juste valeur ces assertions au moins singulières,
il suffit de se rappeler l'effet que produisit en 1838, sur toutes les
populations musulmanes de notre province africaine, l'annonce
qu'une mule avait conçu près de Biskra. L'épouvante fut générale, nous dit Gratiolet. Les Arabes crurent à la fin du monde et
pour conjurer la colère céleste se livrèrent à de longs jeûnes.
Heureusement la mule avorta. Mais longtemps après les Arabes
ne parlaient encore qu'avec terreur de cet événement.

Si ce fait se répétait en Algérie, ne fût-ce que de temps à
autre, il n'aurait pas produit une impression pareille chez un
peuple aussi curieux de tout ce qui touche au cheval. Cette impression même atteste que les choses sont de nos jours ce
qu'elles étaient du temps d'Hérodote.

Les exemples de fécondité chez les hybrides de l'âne et du
cheval n'ont jamais été signalés que chez la *mule*. On n'en connaît pas un seul exemple chez le *mulet mâle*. Chez les oiseaux
où l'infécondité de certains hybrides est moins absolue on
retrouve quelque chose d'analogue. Tout est donc chez ces vertébrés comme dans les plantes ; et chez eux aussi cette inégalité entre les deux sexes s'explique par l'examen anatomique et
microscopique. Les organes mâles sont d'ordinaire peu développés et le liquide fécondateur est atteint jusque dans ses éléments essentiels. Les organes, les éléments femelles, quoique
modifiés, sont relativement épargnés.

Comme chez les végétaux, quelques hybrides échappent à la
loi générale chez les animaux. Chez les oiseaux en particulier,
on a obtenu un certain nombre — toujours d'ailleurs extrêmement restreint — d'hybrides plus ou moins féconds. Mais
chez les mâles la faculté de se reproduire est constamment
affaiblie et disparaît habituellement avant l'âge ordinaire ; chez
les femelles les pontes sont plus rares, les œufs moins nombreux
et très-souvent *clairs*. — C'est exactement l'histoire des graines
de datura que M. Naudin a vu avorter ou manquer d'embryon.

Il faut d'ailleurs rayer du nombre des hybrides féconds un
certain nombre d'exemples cités par quelques auteurs et que les
faits mieux connus ou plus sainement appréciés montrent ne reposer que sur des erreurs. Ainsi Hellenius a cru croiser le bélier de
Finlande avec une chevrette de Sardaigne ; il avait confondu le
mouflon alors mal connu avec le chevreuil. Il obtint ainsi des
métis qui, croisés pendant deux générations avec le père, revin-
rent au type de celui-ci. — Il est évident qu'il n'y a là que le

pendant des expériences de Kœlreuter, ramenant également les hybrides à l'espèce paternelle par des croisements dirigés dans le même sens.

On a pourtant chez les oiseaux et chez les mammifères eux-mêmes quelques exemples d'hybrides se reproduisant *inter se* pendant quelques générations, quatre ou cinq au plus. C'est à cet ordre de faits que se rattache en particulier la célèbre expérience de Buffon sur le croisement du chien et du loup. Elle fut malheureusement interrompue par la mort de notre grand naturaliste à la quatrième génération. — Il n'y a là rien, on le voit, qui ne s'accorde pleinement avec ce que nous avons vu chez les végétaux hybrides, qui bien que dépassant ce chiffre n'ont pas donné de races hybrides.

La fécondité et le nombre des générations qui se succèdent s'accroissent lorsque l'on donne au sang de l'une des espèces croisées la supériorité sur l'autre. Ce fait a été reconnu chez les végétaux ; il se retrouve chez les mammifères. En croisant et recroisant dans un ordre déterminé le bouc et la brebis, on obtient des hybrides appelés *chabins* qui possèdent $\frac{3}{8}$ du sang du père et $\frac{5}{8}$ du sang de la mère. Ces animaux produisent une toison recherchée dans l'Amérique du sud et sont l'objet d'une véritable industrie. Ils se maintiennent pendant quelques générations. Mais un moment vient où il faut recommencer tous les croisements qui leur donnent naissance, parce qu'ils retournent aux types des parents, « comme les végétaux », me disait M. Gay.

Cette proportion des sangs — $\frac{3}{8} + \frac{5}{8}$ — paraît être très-favorable au maintien des races hybrides, car c'est elle qui caractérise les fameux *léporides*, issus du lièvre et du lapin. Ces hybrides dont on a tant parlé se maintiennent-ils sans présenter le phénomène de retour ? M. Roux l'a évidemment cru et M. Gayot l'affirme encore. Mais les témoignages de ceux qui ont constaté et combattu leurs dires, ne laisse guère place au doute. Isidore Geoffroy, qui avait d'abord cru à leur fixité et en avait parlé comme d'une conquête, n'a pas hésité plus tard à admettre le retour ; le fait a été constaté au Jardin d'acclimatation et M. Roux lui-même, au dire de M. Faivre, semble être revenu sur ses premières affirmations. Les observations et les expériences faites à la Société d'agriculture de Paris démontrent clairement que les léporides, envoyés ou présentés par les éleveurs eux-mêmes, étaient entièrement revenus au type lapin. Enfin M. Sanson, discutant la question anatomique, est arrivé aux mêmes conclusions. Au reste quiconque tiendra compte des observations faites par M. Naudin sur ses hybrides de Linaires reconnaîtra facilement que le *retour* et la *variation désordonnée* se sont montrés chez les léporides de l'abbé Cagliari, le premier qui ait obtenu un croisement fécond entre le lièvre et le lapin.

Ces phénomènes ont également apparu d'une manière bien marquée à la suite du croisement du ver à soie de l'ailante (*Bombyx cynthia*) et du ver à soie du ricin (*Bombyx arrindia*), obtenus par M. Guérin Méneville. Les hybrides de première génération furent presque exactement intermédiaires entre les deux espèces et semblables entre eux. Dès la seconde génération, cette uniformité disparut ; à la troisième les dissemblances s'étaient accrues et une partie des animaux avaient repris tous les caractères soit de l'espèce paternelle, soit de l'espèce maternelle. A la septième génération, cette éducation curieuse fut détruite par les ichneumons. Mais, me disait son intelligent éleveur, M. Vallée, à peu près tous les vers étaient revenus au type de l'arrindia. — Ici la similitude avec ce qui s'était passé chez les Linaires de M. Naudin est complète.

V. — Le phénomène du *retour* ramenant les descendants d'un hybride au type paternel ou maternel, la *variation désordonnée* ont donné lieu à quelques interprétations qu'il est utile de rectifier et soulèvent des questions importantes.

On a voulu assimiler la dernière aux *oscillations* que les métis présentent pendant quelques générations. Mais la pratique journalière suffirait pour réfuter cette opinion. Chaque jour des éleveurs croisent des *races* dans un but quelconque. Agiraient-ils ainsi si ce croisement avait pour résultat de produire un désordre comparable, même de bien loin, à celui qu'ont montré les linaires de M. Naudin, les vers à soie de Guérin Méneville ? Non ; ils s'attendent à quelques irrégularités plus ou moins accentuées pendant les premières générations ; mais ils savent que bientôt la race métisse *s'assoira*, tandis que le désordre ne ferait que croître si le croisement avait eu lieu entre *espèces*.

On a voulu encore regarder comme identiques les faits d'*atavisme* et ceux de *retour*. Il y a entre eux une différence fondamentale. Le métis qui par atavisme reprend les caractères d'un de ses ancêtres paternels, par exemple, n'en conserve pas moins sa nature mixte. La preuve, c'est qu'il peut avoir des fils ou des petits-fils reproduisant au contraire les traits essentiels de ses propres ancêtres maternels. Darwin rapporte bien des exemples de faits de cette nature empruntés à l'histoire agricole de son pays. Mais un des meilleurs à citer est celui que nous fournit la généalogie d'une famille de chiens observés par Girou de Buzareingues. Ces chiens étaient des métis de braque et d'épagneul. Or un mâle, braque par tous ses caractères, uni à une femelle de race braque pure, engendra des épagneuls. On voit que ce dernier sang n'avait nullement été annihilé et que le retour au type braque n'était qu'apparent.

Il en est autrement dans les cas de *retour* se manifestant chez les hybrides. Ici l'un des deux sangs est irrévocablement expulsé. C'est là ce que permet d'affirmer, pour les mammifères, une expérience remontant jusqu'à l'époque romaine, ou tout au moins jusqu'au XVIIe siècle. Les titires et les musmons de ces temps-là n'ont jamais eu de *descendant atavique*. Jamais on n'a vu naître un chevreau de l'union d'un bélier et d'une brebis, jamais un agneau n'a été fils d'un bouc et d'une chèvre. Il en est de même chez les végétaux, d'après le témoignage formel qu'a bien voulu me donner M. Naudin.

Bien loin d'être assimilables, les phénomènes d'*atavisme* et de *retour* sont absolument différents et caractérisent l'un le croisement entre *races*, l'autre le croisement entre *espèces*. Le premier annonce la persistance des liens physiologiques entre tous les représentants plus ou moins modifiés d'une même espèce ; le second atteste la rupture complète des mêmes liens entre les descendants de deux espèces accidentellement rapprochées par l'hybridateur.

VI. — Dans aucun des cas précédents, l'hybridation à n'importe quel degré n'a donné naissance à une série d'individus descendant les uns des autres et conservant les mêmes caractères. On connaît pourtant une exception à ce fait général. Elle est unique et s'est produite dans le règne végétal à la suite du croisement du blé avec l'*Ægilops ovata*.

L'hybride de premier sang de ces deux espèces se produit parfois naturellement et avait été regardé par Requien comme une espèce. Fabre, qui le rencontra également dans les champs, y vit un commencement de transformation de l'ægilops en blé. Plus tard un hybride quarteron, accidentellement obtenu et cultivé pendant quelques années, lui donna des descendants semblables au *blé touselle* du Midi. C'était le résultat du *retour* ; mais Fabre, qui avait méconnu l'hybridation, crut à une transformation et se flatta d'avoir découvert le blé sauvage dans l'ægilops.

M. Godron comprit au contraire la nature du phénomène et la démontra expérimentalement. Il croisa l'ægilops et le blé et obtint la première plante de Requien, l'*ægilops triticoïdes* de Fabre. Il croisa de nouveau cet hybride avec le froment et reproduisit le prétendu *blé artificiel* du botaniste montpellerin. Il lui donna le nom d'*ægilops speltæformis*.

C'est cette dernière forme ayant, comme on voit, $\frac{3}{4}$ de sang de froment et $\frac{1}{4}$ de sang d'ægilops que M. Godron cultive à Nancy depuis 1857. L'habile naturaliste qui l'a produite croit ne pas avoir eu chez lui de cas de retour comme il s'en était montré à Montpellier et chez Fabre. Mais il déclare en même temps que des soins minutieux et spéciaux peuvent seuls conserver cette plante artificielle. Le terrain doit être préparé avec le plus grand soin et chaque grain disposé à la main dans la position voulue. Mises en terre sans soin ou jetées sur la couche, ces graines ne germent jamais. M. Godron estime que l'ægilops speltæformis disparaîtrait totalement, peut-être en une seule année, si on l'abandonnait à lui-même.

VII. — En résumé l'infécondité comme cas général et dans les exceptions une fécondité très-restreinte ; des séries brusquement coupées soit par l'infécondité, soit par la variation désordonnée, soit par le retour sans atavisme, tels sont les caractères de l'hybridation.

Seul l'ægilops triticoïdes semble venir à l'encontre de tous les autres faits connus. Cette exception est sans doute bien remarquable. Elle n'enlève pourtant rien à ce que nos conclusions ont de général. Produit de l'industrie humaine, cette plante hybride ne dure que grâce à la même industrie et ne saurait à aucun point de vue être assimilée à ces suites d'individus métis qui naissent et se propagent à chaque instant sans nous et malgré nous, au milieu de nos races animales ou végétales.

« Mais, disent les écrivains qui nient la réalité de la distinction entre l'espèce et la race, ce que l'homme a fait la nature a bien pu le faire, car elle dispose de l'espace et du temps et par conséquent est plus puissante que l'homme. » Cette argumentation repose sur une confusion d'idées et un singulier oubli de faits bien vulgaires pourtant.

Oui certes, la nature est plus puissante que l'homme dans certains cas et pour certaines œuvres ; mais l'homme a aussi son domaine où il est de beaucoup supérieur à la nature. Les forces naturelles agissent en vertu de lois aveugles et nécessaires dont la résultante est constante. Or l'homme a conquis la connaissance de ces lois ; il s'en est servi pour combattre et maîtriser les forces naturelles les unes par les autres ; il sait aujourd'hui exagérer les unes, affaiblir les autres ; il change ainsi leurs résultantes et par cela même il obtient des produits que la nature ne saurait réaliser. Donnez à cette dernière tout le temps, tout l'espace que vous voudrez, tant qu'il y aura sur notre globe de l'eau et de l'air, elle ne pourra ni produire ni conserver le potassium, le sodium à l'état métallique ; malgré les forces physico-chimiques, ou plutôt en les dirigeant, l'homme a obtenu et conserve ces deux métaux, comme il a obtenu et conserve l'ægilops triticoïdes que l'inflexibilité des forces naturelles détruit, dès qu'on le livre à leur action.

VIII. — L'infécondité, ou si l'on veut la fécondité restreinte et très-rapidement bornée entre espèces, l'impossibilité pour les forces naturelles livrées à elles-mêmes de produire des séries d'êtres intermédiaires entre deux types spécifiques donnés, est un de ces faits généraux que nous appelons une *loi*. Ce fait a dans le monde organique une valeur égale à celle qu'on attribue avec raison à l'attraction dans le monde sidéral. C'est grâce à cette dernière que les corps célestes gardent leurs distances respectives et suivent leurs orbites dans l'ordre admirable qu'a révélé l'astronomie. La *loi d'infécondité des espèces* produit le même résultat et maintient entre les espèces, entre les groupes divers, chez les animaux et les plantes, tous ces rapports qui, aux âges paléontologiques aussi bien qu'à notre époque, font un si merveilleux ensemble de l'*Empire organique*.

Supprimez par la pensée dans le ciel les lois qui régissent l'attraction et voyez aussitôt quel chaos ! Supprimez sur la terre les lois du croisement et voyez quelle confusion ! Je ne sais guère où elle s'arrêterait. Après quelques générations, les groupes que nous appelons genres, familles, ordres et classes auraient à coup sûr disparu ; les embranchements ne sauraient tarder à être atteints. Il ne faudrait certainement pas un grand nombre de siècles pour que le règne animal, le règne végétal présentassent le plus complet désordre. — Or l'ordre existe dans l'un et dans l'autre depuis l'époque où les premiers êtres organisés sont venus peupler les solitudes de notre globe ; il n'a pu s'établir et durer que grâce à l'impossibilité où sont les espèces de se fusionner les unes dans les autres, par des croisements indifféremment et indéfiniment féconds.

IX. — Sous l'empire de préoccupations très-diverses et surtout en exagérant les doctrines transformistes que j'examinerai plus loin, un certain nombre d'écrivains, bien souvent étrangers aux sciences naturelles, ont nié la *réalité de l'espèce* ; ils ont affirmé qu'il n'y avait pas de barrières sérieuses entre les groupes désignés par ce mot et l'ont assimilée d'une manière plus ou moins formelle aux groupes toujours un peu arbitraires appelés genres, tribus, familles, ordres... Quoique bien succinctement résumés, les faits qui précèdent pourraient suffire pour leur répondre. Il est pourtant nécessaire de mentionner les principales objections qu'on leur oppose et d'indiquer comment on peut réfuter celles-ci.

1° Il est inutile de s'arrêter aux plaisanteries bonnes ou mauvaises, aux railleries, aux sarcasmes trop souvent adressés par certains écrivains à quiconque admet la réalité de l'espèce. Évidemment ceux qui emploient de pareilles armes ne s'adressent pas aux hommes de science et font surtout appel aux passions. On n'en doit regretter que plus vivement de voir des hommes d'un incontestable mérite recourir à de semblables moyens.

2° En ce moment, plus que jamais peut-être, un des reproches que l'on adresse à la croyance à l'espèce est d'être *orthodoxe*. Je ne comprendrai jamais quant à moi ce mélange des discussions scientifiques et de polémique dogmatique ou antidogmatique.

3° Je n'ai pas davantage à discuter avec les hommes qui, rejetant de leur autorité privée tout un siècle de travaux accomplis par les plus grands naturalistes, par une multitude d'hommes éminents en botanique et en zoologie, déclarent qu'il est inutile de rechercher ce que sont l'espèce et la race et se moquent de ceux qui prennent cette peine. A plus forte raison dois-je en dire autant de ceux qui regardent l'espèce et la race comme des groupes plus ou moins arbitraires, comparables au genre, à la famille, à l'ordre. Contentons-nous de remarquer qu'eux-mêmes emploient à chaque instant les mots d'*espèce* et de *race*, et ne soyons pas surpris s'il leur arrive souvent de prendre une chose pour l'autre.

4° Après ce que nous avons vu, il est inutile d'entrer en discussion avec les naturalistes qui ne basent la distinction des espèces que sur les caractères extérieurs. Eux aussi oublient toutes les expériences faites depuis Buffon jusqu'aux deux Geoffroy, depuis Kœlreuter jusqu'à M. Naudin ; ils oublient les milliers d'observations recueillies dans nos vergers, nos jardins, nos étables. Évidemment ne pas sortir des considérations morphologiques, négliger les données de la physiologie et les enseignements de la filiation, c'est reculer au delà de Ray et de Tournefort, et toute discussion devient impossible.

5° Quelques-uns de nos contradicteurs nous accordent que les choses sont bien aujourd'hui comme nous le pensons. « Mais, disent-ils, il est possible qu'il en ait été autrefois autrement. » — Que répondre à qui fonde son argumentation sur des *possibilités* ? Est-ce donc avec des possibilités que s'est faite la science moderne ?

6° On a souvent reproché aux naturalistes la multiplicité des définitions de l'espèce. De la variété des termes employés par eux pour traduire les idées on a tiré la conséquence qu'ils n'étaient pas d'accord sur les idées elles-mêmes. — C'est une erreur dont il est facile de se convaincre en relisant avec soin ces définitions. On reconnaîtra que chacun de leurs auteurs a seulement cherché à rendre d'une manière plus précise et plus claire la double notion résultant des faits de ressemblance et de filiation. En réalité les divergences ne commencent que là où s'arrêtent l'expérience et l'observation. C'est ce qui a fait dire à Isidore Geoffroy, quelque intéressé qu'il fût dans les discussions de cette nature : « Telle est l'espèce et telle est la race, non-seulement pour une des écoles entre lesquelles se partagent les naturalistes, mais pour toutes. »

7° On prétend que la distinction de l'espèce et de la race repose sur un cercle vicieux. Les naturalistes auraient décidé *à priori* qu'on nommerait *espèces* tous les groupes incapables de se croiser et *races* tous ceux entre lesquels le croisement serait possible. Invoquer la différence des phénomènes que présentent l'hybridation et le métissage est donc résoudre la question par la question. — Il y a là une erreur historique. Les naturalistes avaient rencontré l'espèce, la race, la variété avant de leur donner des noms. Ce sont l'expérience et l'observation qui leur ont appris à les distinguer. La *connaissance des choses* avait précédé la *terminologie*.

8° On ajoute que les discussions qui s'élèvent à chaque instant entre les naturalistes pour savoir si une espèce doit être conservée ou regardée comme une race, pour décider du genre, de la famille, de l'ordre et parfois de la classe où on doit la placer, témoignent du peu de certitude des idées générales. — Ceux qui parlent ainsi oublient le nombre immense des espèces acceptées et classées sans discussion. Ils ne veulent voir que les quelques cas où se manifestent des divergences d'opinion. Mais si des faits de ce genre prouvaient quoi que ce soit contre une science et ses données fondamentales, les théorèmes mathématiques eux-mêmes devraient être regardés comme n'offrant que bien peu de certitude, car on discute entre mathématiciens.

9° J'ai répondu d'avance aux arguments tirés de la fécondité de certains hybrides en montrant à quoi elle se réduit. Les écrivains qui ont insisté sur ce point ont habituellement oublié ce que nous enseignent la variation désordonnée et le retour sans atavisme. J'ai le regret d'avoir à placer parmi eux Darwin qui, dans ses derniers écrits, s'est montré bien moins réservé que dans ses premières publications. Dans la dernière édition de son livre, il cite ce que j'ai dit du croisement du bombyx de l'ailante et du ricin ; il parle du nombre des générations obtenues ; mais il oublie de dire que la variation désordonnée s'était montrée dès la seconde génération et que le retour à l'un des types parents était à peu près complet à la fin de l'expérience.

X. — L'espèce est donc une réalité.

Eh bien, prenons un de ces ensembles d'individus plus ou moins semblables, mais toujours capables de contracter entre eux des unions fécondes ; avec M. Chevreul remontons par la pensée jusqu'à son origine. Nous le verrons se décomposer en *familles* dont chacune provient médiatement ou immédiatement d'un père et d'une mère ; à *chaque génération* nous verrons décroître le nombre de ces familles ; et, remontant toujours plus haut, nous arriverons à trouver pour terme initial *une paire primitive unique.*

En a-t-il été réellement ainsi ? N'y a-t-il eu en effet au début pour chaque espèce qu'une seule et unique paire ? Ou bien plusieurs paires, entièrement semblables morphologiquement et physiologiquement, ont-elles apparu simultanément ou successivement ? — Ce sont là des *questions de fait* que la science ne peut ni ne doit aborder, car ni l'expérience ni l'observation ne lui apportent la moindre donnée pour les résoudre.

Mais ce que la science peut affirmer, c'est que *les choses sont comme si* chaque espèce avait eu pour point de départ une paire primitive unique.

CHAPITRE IX

CROISEMENT ENTRE GROUPES HUMAINS, UNITÉ DE L'ESPÈCE HUMAINE.

I. — Nous savons ce que sont l'espèce et la race ; les phénomènes du métissage et de l'hybridation nous donnent un moyen expérimental de les distinguer. Maintenant nous pouvons répondre à la question qui a nécessité cette étude : existe-t-il une ou plusieurs espèces d'hommes ? Les groupes humains sont-ils des races ou des espèces ?

A moins de prétendre que l'homme seul entre tous les êtres organisés échappe aux lois qui partout ailleurs commandent et régularisent les phénomènes de la reproduction, par conséquent à moins de faire de lui une exception unique précisément dans l'ordre des faits qui rapprochent le plus intimement tous les autres êtres, il faut bien admettre que lui aussi obéit aux lois du croisement.

Donc, si les groupes humains représentent un nombre plus ou moins considérable d'*espèces*, nous devrons constater dans le croisement de ces espèces les phénomènes caractéristiques de *l'hybridation*. Si ces groupes ne sont que les *races d'une même espèce*, nous devrons retrouver dans leur croisement les phénomènes du métissage.

II. — Eh bien, est-il nécessaire de rappeler ce que nous ont appris près de quatre siècles d'expérience et d'observation ? On peut le résumer en bien peu de mots.

Depuis que Colomb a ouvert l'ère des grandes découvertes géographiques, le Blanc, ce terme supérieur extrême de l'humanité, a pénétré à peu près sur tous les points du globe. Partout il a rencontré des groupes humains qui différaient considérablement de lui par leurs caractères de toute sorte ; partout il a mêlé son sang au leur ; partout sur son passage on a vu naître des races métisses.

Il y a plus. Grâce à une institution détestable, mais dont les résultats sont heureux pour l'anthropologie, l'expérience s'est complétée. Le Blanc a asservi le Nègre, il l'a transporté presque partout avec lui ; et, là où les races locales ont consenti à s'unir à la race esclave, elles ont engendré partout des métis de ce terme inférieur. En Amérique le *zambo* est né à côté du *mulâtre* et du *mamaluco*.

Ce croisement a commencé il y a moins de quatre siècles, et déjà M. d'Omalius estimait, il y a quelques années, que les métis comptent pour $\frac{1}{80}$ au moins, dans la population totale du globe, et l'illustre vieillard avait soin de dire qu'il ne s'agit ici que des métis de races extrêmes.

Dans l'Amérique méridionale, où les Blancs, les Noirs et les indigènes sont en contact depuis longtemps et se sont plus rapprochés, il est des États entiers où les métis sont en majorité, et où il est surtout difficile de trouver un indigène de race pure.

A-t-il fallu user de subterfuges et de précaution pour amener ces unions et assurer la fécondité des produits ? Bien au contraire. La tyrannie des Blancs, les méfaits de l'esclavage, prouvent au delà de toute exigence, que la fécondité ne dépend ici nullement des circonstances, mais uniquement des liens physiologiques existant entre tous les hommes depuis le dernier des Nègres jusqu'au premier des Blancs.

Est-ce avec cette facilité, cette sûreté, que l'on obtient les chabins et les léporides ?

S'il fallait une preuve de plus pour attester la facilité avec laquelle les groupes humains se mêlent et se confondent, je la trouverais dans un de ces témoignages dont on ne saurait contester la valeur, parce qu'ils attestent le résultat d'une expérience journalière. En 1861, la législature californienne a déclaré déchu de ses droits et soumis à toutes les incapacités constitutionnelles imposées aux hommes de couleur, tout individu blanc convaincu d'avoir logé, cohabité ou vécu maritalement avec un individu nègre, mulâtre, chinois ou indien. La presse locale a proclamé bien haut, que cette mesure avait pour but de prévenir la fusion, l'amalgamation des races.

La législature californienne s'est conduite ici, comme le propriétaire d'un troupeau de race pure qu'il veut soustraire à tout mélange. Elle se montre même plus sévère, puisqu'elle rejette hors de la société légale, non-seulement les produits du croisement, mais encore le père et la mère de race blanche, qui ont failli.

Est-ce d'espèce à espèce, que nos éleveurs d'animaux sont obligés de prendre de semblables précautions ? n'est-ce pas uniquement de race à race ?

Loin d'être stériles, les unions entre les groupes humains les plus distincts en apparence, sont parfois plus fécondes qu'entre individus pris dans le même groupe. « Les Hottentotes, nous dit Le Vaillant, obtiennent de leurs maris, trois ou quatre enfants.

Avec les Nègres, elles triplent ce nombre et plus encore avec les Blancs. » Pendant quatre années passées au Brésil, au Chili et au Pérou, M. Hombron a étudié ce phénomène, dans un grand nombre de familles. « Je puis affirmer, dit-il, que les unions des Blancs avec les Américaines, m'ont présenté la moyenne de naissances la plus élevée. Venaient ensuite le Nègre et la Négresse, puis le Nègre et l'Américaine. » Les unions entre Américains et Américaines venaient au dernier rang.

Ainsi, le maximum de fécondité se présente ici dans un cas qui constituerait une hybridation pour les polygénistes ; le minimum se montre entre individus du même groupe, et c'est avec la femme empruntée à ce dernier que, grâce au croisement, le maximum est obtenu.

Ces faits sont significatifs. Dans aucun croisement entre espèces, on ne voit la fécondité s'accroître. Elle diminue, au contraire, à peu près constamment et souvent, avons-nous vu, dans une énorme proportion. Le croisement entre races nous a seul montré des faits analogues à ceux que signalent Hombron et Le Vaillant.

III. — Ainsi, en tout et partout, le croisement entre groupes humains montre les phénomènes du métissage, et jamais ceux de l'hybridation.

Donc, ces groupes humains, quelque différents qu'ils puissent être ou nous paraître, ne sont que *les races d'une seule et même espèce*, et non *des espèces distinctes*.

Donc il n'existe qu'*une seule espèce humaine*, en prenant ce mot *espèce* dans l'acception que nous lui avons reconnue en parlant des animaux et des végétaux.

IV. — Pour se refuser à cette conclusion, il faut ou nier tous les faits dont elle est la conséquence obligée, ou bien repousser la méthode suivie dans l'examen et l'appréciation de ces faits.

Mais ces faits sont empruntés uniquement, ou à des expériences scientifiques exécutées en dehors de toute discussion, de toute controverse, par les hommes les plus autorisés ; ou tirés de ces grandes expériences journalières qui constituent la pratique de l'agriculture, de l'horticulture, de l'élevage. Les nier est donc bien difficile.

Quant à la méthode, on a vu qu'elle repose en entier sur l'identité des lois générales régissant tous les êtres organisés et vivants. — Peu de vrais savants, à coup sûr, refuseront d'admettre ce point de départ.

Eh bien, que les hommes de bonne foi, sans parti pris, *sans préjugés*, veuillent bien me suivre dans cette voie et étudier par eux-mêmes l'ensemble de faits dont j'ai à peine indiqué quelques-uns ; et, j'en ai la ferme conviction, ils concluront avec les grands hommes dont je ne suis que le disciple, avec les Linné, les Buffon, les Lamarck, les Cuvier, les Geoffroy, les Humboldt, les Muller, que *tous les hommes sont de même espèce*, qu'il n'existe qu'*une seule espèce d'hommes*.

LIVRE II

ORIGINE DE L'ESPÈCE HUMAINE

CHAPITRE X

ORIGINE DES ESPÈCES; HYPOTHÈSES TRANSFORMISTES; DARWINISME.

1. — L'unité de l'espèce humaine soulève des questions générales et entraîne des conséquences qu'il nous faut maintenant examiner.

La première question qui se présente à l'esprit est évidemment celle de l'*origine*. Sans sortir du domaine exclusivement scientifique, c'est-à-dire en s'en tenant à ce qu'enseignent l'expérience et l'observation, est-il possible d'expliquer l'apparition sur notre globe, de l'être qui forme un règne à lui seul ? Je n'hésite pas à répondre non.

Reconnaissons d'abord qu'on ne saurait isoler la question de l'origine de l'homme. Quelles que soient la cause ou les causes qui ont présidé à la naissance et au développement de l'empire organique, c'est à elles que remonte l'origine de tous les êtres organisés et vivants. La similitude de tous les phénomènes essentiels qu'ils présentent, l'identité des lois générales qui les régissent, ne permettent pas de supposer qu'il puisse en être autrement. Le problème des origines humaines devient donc celui de toutes les espèces animales et végétales.

II. — Ce problème a été abordé bien souvent et de bien des manières. Mais, nous ne devons tenir compte ici que des tentatives faites au nom de la science. Celles-ci même n'ont d'intérêt pour nous qu'à partir du moment où on a pu au moins poser nettement la question, chose impossible quand on ne s'était pas encore rendu compte de ce qu'est l'*espèce organique*. Dans un exposé historique des efforts tentés pour arriver à une solution, il est donc inutile de remonter au delà de Ray et de Tournefort.

Ce n'est même que de 1748 et de la publication faite par de Maillet, que date le premier essai méritant d'arrêter un instant l'attention.

Je n'ai pas à recommencer, ici, l'exposé que j'ai fait ailleurs des diverses théories proposées par cet ingénieux écrivain, par Buffon, Lamarck, Et. Geoffroy St-Hilaire, Bory de St-Vincent, et MM. Naudin, Gaudry, Wallace, Owen, Gubler, Kölliker, Haeckel, Filippi, Vogt, Huxley, Mme Royer. Elles ont toutes cela de commun, qu'elles rattachent l'origine des espèces les plus élevées à des transformations subies par des espèces inférieures. Mais là s'arrête la ressemblance, et ces conceptions diffèrent souvent du tout au tout sur tous les autres points. En somme, on peut les partager en deux groupes principaux, selon que leurs auteurs préconisent la *transformation brusque* ou la *transformation lente*. Les premiers admettent l'apparition subite d'un type nouveau engendré par un être tout différent; pour eux, le premier oiseau est sorti de l'œuf pondu par un reptile. Les seconds déclarent que les modifications sont toujours graduées, et que d'une espèce à l'autre il a existé de nombreux intermédiaires, reliant les deux points extrêmes; pour eux, les types ne se sont multipliés que lentement et par la différenciation progressive des êtres.

En réalité, la première de ces deux conceptions n'a jamais été formulée de manière à présenter un véritable corps de doctrine; elle n'a jamais fait école. Les savants qui s'en sont fait les promoteurs, se bornent le plus souvent à indiquer d'une manière générale, la *possibilité* du phénomène, en l'attribuant à quelque accident. Tout au plus, invoquent-ils à l'appui de cette possibilité, quelques analogies empruntées à l'histoire du développement individuel ordinaire, à celle de la *génération alternante*, ou de l'hyper-métamorphose; ils ne justifient leurs assertions par aucun fait précis.

Sauf, peut-être, l'hypothèse de M. Naudin dont il sera question plus tard, toutes les théories partant de la transformation brusque, méritent un reproche plus grave encore, celui de laisser en dehors les grands faits généraux que présente l'empire organique. Il ne suffit pas d'expliquer par une hypothèse quelconque, la multiplication et la succession des types principaux ou secondaires. Il faut surtout rendre compte des rapports qui relient ces types, de l'ordre qui règne dans tout cet ensemble et qui s'est maintenu depuis les temps paléontologiques, à travers les révolutions du globe, en dépit des changements de faunes et de flores.

L'accident, sans règle, sans loi, invoqué comme cause immédiate des transformations spécifiques, est évidemment incapable d'interpréter ce grand fait; il n'explique pas davantage la généralité des types fondamentaux et les affinités directes ou latérales existant entre leurs dérivés.

Il en est autrement des théories se rattachant à la transfor-

mation lente. Celles-ci touchent à toutes ces grandes questions
et en donnent une solution plus ou moins plausible. Elles partent d'un certain nombre de principes dont les conséquences
se déroulent de manière à rendre plus ou moins compte de
l'ensemble et d'un grand nombre de détails. Elles constituent,
en un mot, de véritables doctrines, et l'on comprend sans peine
qu'elles aient rallié un certain nombre de disciples.

Malheureusement, ces théories ont toutes le même défaut
radical. Elles concordent avec un certain nombre de grands
faits, se rattachant essentiellement à la morphologie des êtres;
mais elles sont en contradiction flagrante avec les phénomènes
fondamentaux de la physiologie générale, non moins généraux,
non moins certains que les premiers. Cette contradiction ne se
révèle pas d'emblée et au premier coup d'œil. Voilà pourquoi
ces doctrines ont entraîné, non pas seulement des esprits vulgaires, mais encore des hommes de la plus haute valeur dont
le seul tort est de se laisser aller à ne considérer qu'un des
côtés de la question.

On sait que toutes ces théories sont venues se fondre dans la
doctrine qui porte, avec raison, le nom de Darwin. Entre les
mains de ce naturaliste éminent à tant de titres, l'hypothèse de
la transformation lente a pris une force et une apparence de
vérité qu'elle n'avait jamais eue. Sans doute, bien avant Darwin,
Lamarck avait formulé sa *loi d'hérédité* et sa *loi de développement des organes*, auxquelles le naturaliste anglais n'a rien
ajouté; M. Naudin avait assimilé la *sélection naturelle* à la
sélection artificielle; Étienne Geoffroy St-Hilaire avait posé le
principe du *balancement des organes*; Serres et Agassiz avaient
vu dans les phénomènes embryogéniques, la représentation de
la genèse des êtres. Mais en prenant pour point de départ, la
lutte pour l'existence; en expliquant ainsi la *sélection*; en précisant les résultats de l'*hérédité*; en remplaçant les *lois préétablies*
de Lamarck, par les *lois de divergence*, de *continuité*, de *caractérisation permanente* et d'*hérédité à terme*; en expliquant ainsi
l'*adaptation* des êtres à toutes les conditions d'existence, la *puissance expansive* des uns, la *localisation* des autres, les *modifications* successives de tous, sous l'empire des *lois de compensation,
d'économie* et de *corrélation de croissance*; en appliquant ces
données au passé, au présent, à l'avenir de la création animée
toute entière, le savant anglais a formulé un corps de doctrine
complet, dont il est impossible de ne pas admirer l'ensemble
et souvent les détails.

Je comprends la fascination exercée par cette conception
tour à tour profonde ou ingénieuse, appuyée sur un immense
savoir, anoblie par une loyale bonne foi. J'aurais sans doute
cédé comme tant d'autres, si je n'avais depuis longtemps compris que toutes les questions de cette nature relèvent avant tout
de la physiologie. Or, une fois l'attention éveillée, il ne m'était
pas difficile de reconnaître le point où l'éminent auteur quitte

le terrain de la réalité, pour entrer dans celui des hypothèses inadmissibles.

Ce que j'avais trouvé dans le transformisme en général, dans le darwinisme en particulier, j'ai cru devoir le dire publiquement. J'y étais autorisé par les nombreuses attaques trop souvent formulées dans les termes les moins mesurés contre ce que je crois être le vrai et contre quiconque n'admet pas la théorie nouvelle. Mais en réfutant les doctrines j'ai toujours respecté les hommes et rendu justice à leurs travaux. J'ai dit le bien comme le mal et suis resté constamment en dehors des polémiques aussi ardentes que regrettables soulevées par le transformisme.

J'ai été heureux de me faire à l'occasion l'avocat des belles recherches faites par Darwin dans les sciences naturelles. Par cela même et au risque de me faire traiter d'esprit étroit rempli de préjugés, de vieillard attardé dans la routine, etc., etc., je crois avoir le droit de combattre le *darwinisme* en n'employant que les armes de la science.

III. — Il y a des points parfaitement inattaquables dans le darwinisme. En première ligne je citerai ce qu'il dit de la *lutte pour l'existence*, de la *sélection* qui en résulte. Certes, ce n'est pas la première fois que l'on a constaté la première et compris au moins une partie du rôle important qui lui revient dans les harmonies générales de ce monde. Il suffit de rappeler ici les fables de La Fontaine. Mais personne n'avait insisté comme l'a fait Darwin sur la disproportion énorme qui existe entre le chiffre des naissances et celui des individus vivants, personne n'avait recherché comme lui les causes générales de mort ou de survie produisant le résultat final. En rappelant que chaque espèce tend à se multiplier en suivant une progression géométrique, dont la raison est exprimée par le nombre d'enfants qu'une mère peut engendrer dans le cours de sa vie entière, le savant anglais a fait comprendre l'intensité des luttes directes ou indirectes soutenues par les animaux et les végétaux entre eux et contre le monde ambiant. A coup sûr, si la terre entière n'est pas envahie en quelques années par certaines espèces, si les fleuves et les océans ne sont pas comblés de même, c'est à ces luttes qu'on le doit.

Il est non moins évident à mes yeux que les survivants ne peuvent devoir constamment la conservation de leur existence à une suite de hasards heureux. Chez l'immense majorité, la victoire ne peut être attribuée qu'à certains avantages spéciaux dont manquaient ceux qui ont succombé. La *lutte pour l'existence* a donc pour résultat de tuer tous les individus inférieurs, de conserver seulement les individus supérieurs n'importe à quel titre. C'est là ce que Darwin a appelé la *sélection naturelle*.

J'ai peine à comprendre que ces deux phénomènes aient pu être mis en doute ou même niés. Ce n'est pas là de la théorie, ce sont des faits. Bien loin de répugner à l'esprit, ils se présentent comme inévitables et leurs conséquences se déroulent avec

quelque chose de nécessaire et de fatal qui rappelle les lois du
monde inorganique.

Le terme de *sélection* prête peut-être à la critique et le langage, parfois trop figuré de Darwin, a pu donner une apparence
de raison à ceux qui lui ont reproché d'attribuer à *la nature* le
rôle d'un être intelligent. Le mot d'*élimination* eût été plus exact.
Mais les explications données par l'auteur auraient dû prévenir
certains reproches. Et d'ailleurs il est évident que la lutte pour
l'existence entraînant l'élimination des individus les moins bien
doués pour la soutenir, le résultat ressemble exactement à celui
que produit la *sélection humaine inconsciente*. L'*hérédité* intervient alors chez les êtres libres comme chez ceux que nous élevons en captivité. Elle conserve et accumule les progrès faits à
chaque génération dans une direction quelconque, et le résultat
final est de produire dans les organismes certaines modifications
anatomiques et physiologiques appréciables.

Les mots de *supérieur, inférieur* ne doivent être pris ici que
dans un sens relatif aux conditions d'existence dans lesquelles se
trouvent placés les animaux ou les végétaux. En d'autres termes
celui-là sera supérieur et vaincra dans la lutte pour l'existence
qui sera le mieux adapté à ces conditions. Par exemple le rat
noir et la souris ont eu également à combattre contre le surmulot arrivé en France dans le siècle dernier des rives du
Volga. Le rat noir était à peu près aussi grand et aussi fort que
son adversaire, mais moins féroce et moins fécond. Il a été à
peu près exterminé, faute de refuges inaccessibles à l'ennemi.
La souris bien plus faible, mais en même temps beaucoup plus
petite, a pu se retirer dans des retraites trop étroites pour que le
surmulot pût y pénétrer ; elle a survécu au rat noir.

Peut-on admettre que la sélection et l'hérédité agissent également sur ce *je ne sais quoi* auquel se rattachent l'intelligence
rudimentaire des animaux et leurs instincts ? Avec Darwin je
n'hésite pas à répondre que oui. Chez les animaux, comme chez
l'homme, tous les individus de même espèce ne sont pas également intelligents et n'ont pas rigoureusement les mêmes aptitudes ; certains instincts sont modifiables aussi bien que les
formes. Nos animaux domestiques fournissent une foule d'exemples de ces faits. Certainement les ancêtres sauvages de nos
chiens ne s'amusaient pas à arrêter le gibier. Livrés à eux-
mêmes et placés sous l'empire de conditions d'existence nouvelles, les animaux changent parfois du tout au tout leur genre
de vie. Les castors, troublés par les chasseurs, se sont dispersés ; aujourd'hui ils ont cessé de construire des cabanes et
creusent de longs boyaux dans la berge des fleuves. La lutte
pour l'existence n'a pu qu'être favorable à ceux qui les premiers
trouvèrent ce moyen nouveau d'échapper à leurs persécuteurs,
et la sélection naturelle, en les conservant eux-mêmes et leurs
descendants, a fait d'un être sociable et bâtisseur un animal so-
litaire et terrier.

Jusqu'ici, on le voit, j'accepte comme fondé tout ce que Darwin nous dit de la lutte pour l'existence et de la sélection naturelle. Où je me sépare de lui, c'est quand il leur attribue la puissance de modifier indéfiniment les organismes dans une direction donnée, de manière à ce que les descendants directs d'une *espèce* constituent *une autre espèce* distincte de la première.

IV. — La cause fondamentale de ce désaccord vient évidemment de ce que Darwin ne s'est pas nettement formulé à lui-même le sens qu'il attachait au mot *espèce*. Nulle part je n'ai pu découvrir dans ses ouvrages quelque chose de précis à cet égard. Ce n'est pas le moindre reproche que l'on soit en droit d'adresser à un auteur qui déclare avoir découvert le secret de *l'origine des espèces*.

Le plus souvent Darwin semble s'en tenir à une notion purement morphologique assez peu arrêtée. Il oppose assez souvent l'*espèce* à la *race*, qu'il appelle aussi *variété*, mais sans jamais préciser ce qu'il entend par l'une ou par l'autre. Il s'efforce d'ailleurs de les rapprocher autant que possible, tout en reconnaissant parfois une partie de ce qui les sépare. « Il faut, dit-il dans ses conclusions, traiter l'espèce comme une combinaison artificielle nécessaire pour la commodité. » Ses disciples l'ont fidèlement suivi dans cette voie, et ceux qui tiennent à ce sujet le langage le plus explicite, déclarent avec le maître que l'*espèce* n'est qu'une sorte de groupe conventionnel analogue à ceux dont on fait usage dans la classification. Quant aux races, elles ne sont que des espèces en voie de transformation. Or, après l'étude que nous avons faite, quelque courte qu'elle ait été, le lecteur sait, j'espère, à quoi s'en tenir et comprend à quelles confusions doivent inévitablement conduire un pareil vague et ce genre de conception.

Malgré ce qu'a inévitablement d'ingrat une discussion de cette nature, suivons nos adversaires sur ce terrain mouvant et voyons d'abord si les faits *morphologiques* donnent à leur doctrine la moindre probabilité.

Darwin admet lui-même et proclame à diverses reprises que le résultat de la sélection est essentiellement d'adapter les animaux et les plantes aux conditions d'existence dans lesquelles ils sont appelés à vivre. Sur ce point encore je partage entièrement sa manière de voir. Mais, une fois l'harmonie établie entre les organismes et le milieu, la lutte et la sélection ne peuvent avoir pour effet que de la consolider et par conséquent leur action devient stabilisatrice.

Si le milieu change, elles rentreront en jeu pour établir un nouvel équilibre et des modifications plus ou moins marquées seront le résultat de leur action. Mais ces modifications seront-elles assez considérables pour enfanter une nouvelle espèce? Voici un fait qui peut servir de réponse.

On trouve de nos jours en Corse un cerf que ses formes ont fait comparer au basset et dont le bois diffère de celui de nos cerfs d'Europe. Pour qui s'en tient aux caractères morphologiques, c'est bien là une espèce distincte et on l'a souvent considérée comme telle. Or Buffon s'étant procuré un faon de cette prétendue espèce et l'ayant placé dans son parc, le vit en quatre ans devenir plus grand et plus beau que les cerfs de France plus âgés et regardés comme de belle taille. Ajoutons que les témoignages formels d'Hérodote, d'Aristote, de Polybe et de Pline attestent que du vivant de ces auteurs il n'existait de cerfs ni en Corse ni en Afrique. N'est-il pas évident que le cerf a été transporté du continent dans l'île; que sous l'empire de conditions nouvelles, l'espèce s'était momentanément modifiée morphologiquement, sans perdre l'aptitude à reprendre dans son milieu natal ses caractères primitifs?

Dira-t-on qu'avec le temps *la nature* aurait pu compléter l'expérience et détacher complétement le cerf corse de sa souche première? Non, pouvons-nous répondre, si tant est que l'expérience et l'observation soient de quelque poids en pareille matière.

Les espèces partiellement soumises à l'empire de l'homme fournissent une foule de faits qui permettent de comparer la puissance des forces naturelles livrées à elles-mêmes avec celle de l'homme, quand il s'agit de modifier un type spécifique. Dans toutes les races, les variétés artificielles sont infiniment plus nombreuses, plus variées, plus tranchées, que les races et variétés sauvages. Or nous avons eu beau pétrir et transformer ces organismes, nous n'avons jamais obtenu que des *races*, jamais une *espèce* nouvelle. Darwin lui-même accepte implicitement cette conclusion dans son magnifique travail sur les pigeons; car il ne parle que des *races colombines* tout en disant que la différence des formes est telle que, si on les eût trouvées à l'état sauvage, on aurait dû en faire au moins trois ou quatre genres. — Les bisets sauvages, souche première de tous nos pigeons domestiques, ne diffèrent au contraire que par des nuances.

Le résultat est toujours le même, toutes les fois que nous pouvons comparer l'œuvre de la nature à la nôtre. Partout, lorsqu'il a mis la main sur une espèce animale ou végétale, l'*homme* en a changé les caractères, parfois en quelques années, beaucoup plus que *la nature* ne l'a fait depuis que cette espèce existe. Les *actions de milieu* dont il sera question plus tard, la *lutte pour l'existence* et la *sélection naturelle* comprises comme je viens de le dire, le pouvoir qu'a l'homme de diriger les forces naturelles et de changer leur résultante, rendent facilement compte de cette supériorité d'action.

Par conséquent, à rester sur le terrain des faits, à ne juger que par ce qui nous est connu, on peut dire que la morphologie elle-même autorise à penser que jamais une espèce n'en a enfanté une autre par voie de dérivation. Admettre le contraire c'est en appeler à l'*inconnu* et substituer une *possibilité* aux résultats de l'expérience.

La physiologie permet d'être encore plus affirmatif. — Sur ce terrain-là aussi, l'homme s'est montré bien autrement puissant que la nature et par les mêmes raisons. Dans nos végétaux cultivés, dans nos animaux domestiques, ce n'est pas seulement la forme primitive qui a changé, ce sont aussi et surtout certaines fonctions. Si nous n'avions fait que grossir et déformer la carotte ou le raifort sauvages, ils n'en seraient pas moins restés immangeables. Il a fallu pour les approprier à notre goût réduire la production de certains éléments, en multiplier d'autres, c'est-à-dire modifier la nutrition, la sécrétion. Si les mêmes fonctions étaient restées ce qu'elles sont dans les souches sauvages animales, nous n'aurions aucune de ces races que distingue la différence du pelage, de la production du lait, de l'aptitude aux travaux de force ou à la production de la viande. Si les instincts eux-mêmes n'avaient obéi à l'action de l'homme, nous n'aurions pas dans le même chenil des chiens d'arrêt et des chiens courants, des truffiers et des ratiers.

Rien de pareil ne s'est encore produit dans la nature. Admettre que des faits analogues résulteront un jour du jeu des forces naturelles, c'est encore en appeler à l'*inconnu*, à la *possibilité*, à l'encontre de toutes les lois de l'analogie, de tous les résultats fournis par l'expérience et l'observation.

La supériorité de l'homme sur la nature ressort tout aussi vivement dans le groupe des phénomènes qui touche de plus près aux questions qui nous occupent.

Nous avons vu combien sont rares les cas d'hybridation naturelle chez les végétaux eux-mêmes ; nous avons vu qu'on n'en connaît pas d'exemple chez les mammifères. Or, dès que l'homme est entré dans cette voie d'expérimentation, il a multiplié les hybridations chez les plantes ; il en a produit chez les mammifères. Bien plus il a conservé pendant plus de vingt générations une suite hybride qu'il a su garantir du retour et de la variation désordonnée. Mais nous savons au prix de quels soins dure l'œgilops speltæformis ; abandonnée à l'action des forces naturelles, cette plante aurait bientôt disparu.

La seule exception connue confirme donc *la loi d'infécondité* entre espèces livrées à elles-mêmes. Or cette loi est en opposition complète avec toutes les théories qui, comme le darwinisme, tendent à confondre l'espèce et la race. C'est ce qu'a fort bien compris Huxley et ce qui lui fait dire : « J'adopte la théorie de M. Darwin sous la réserve qu'on fournira la preuve que des espèces physiologiques peuvent être produites par le croisement sélectif. »

Cette preuve n'a pas encore été fournie, car c'est par un étrange abus de mots que l'on a appelé *espèces* les suites hybrides dont j'ai plus haut indiqué l'histoire, les léporides et les chabins. Mais le desideratum formulé par Huxley fût-il rempli, l'objection la plus forte aux doctrines darwinistes ne serait pas levée pour cela.

En effet, dans cette théorie comme dans toutes celles qui reposent sur la *transformation lente*, la nouvelle espèce commence toujours par une *variété*, possédant à l'état d'abord rudimentaire un caractère qui va s'accentuant *très-lentement*, de plus en plus, à chaque génération. Il en résulte qu'entre tous les individus qui se succèdent il n'existe jamais que des *différences de race*. Or, nous l'avons vu, entre races de même espèce la fécondité reste constante ; et par conséquent, dans l'hypothèse de Darwin comme dans celle de Lamarck, etc., les croisements féconds en tout sens et à tout degré confondraient constamment l'espèce souche et l'espèce dérivée tendant à se former. La même cause ayant produit les mêmes effets depuis le commencement des choses, le monde organique présenterait la plus extrême confusion au lieu de l'ordre que chacun sait.

Il faut donc que Darwin lui-même et ses disciples les plus exagérés admettent qu'à un moment donné une de ces *races* devient subitement incapable de se croiser avec celles qui l'ont précédée. D'où viendra donc cette *infécondité* qui sépare les *espèces* ? Où et à quel moment sera rompu le *lien* physiologique, qui unit l'espèce souche à ses descendants modifiés, même quand la modification est portée aussi loin que du bœuf ordinaire au bœuf gnato ? Quelle cause déterminera ce grand fait auquel tient toute l'économie de l'empire organique ?

Dans son livre sur la *variation des animaux et des plantes* Darwin répondait : « Les espèces ne devant pas leur stérilité mutuelle à l'action accumulatrice de la sélection naturelle et un grand nombre de considérations nous montrant qu'elles ne la doivent pas davantage à un acte de création, nous devons admettre qu'elle a dû naître incidemment pendant leur lente formation et se trouver liée à quelques modifications inconnues de leur organisation. »

Nous avons vu que, dans les dernières éditions de l'*Origine des espèces*, il refuse d'admettre comme générale la fécondité entre métis se fondant sur ce que *l'on ne sait rien* au sujet du croisement entre *variétés* (*races*) sauvages.

Ainsi, pour admettre la transformation physiologique de la race en espèce, fait contraire à toutes nos connaissances positives, Darwin et ses disciples repoussent les résultats séculaires de l'expérience, de l'observation et leur substituent un *accident possible* et l'*inconnu*.

La théorie darwiniste roule tout entière sur la possibilité de cette transformation. On voit sur quelles données repose l'hypothèse de cette possibilité. Eh bien, je le demande à tout esprit *vraiment libre*, à tout homme *sans préjugés* s'étant quelque peu occupé de sciences, est-ce sur de pareils fondements que l'on assoirait une théorie générale en physique ou en chimie ?

V. — Au reste l'argumentation dont on vient de voir un exemple se retrouve à chaque page des écrits Darwinistes. Qu'il s'agisse d'une question fondamentale, comme celle que nous venous d'examiner, ou d'un problème de détail tel que la transformation de la mésange en casse-noix, on voit constamment apportés comme autant de raisons convaincantes la *possibilité*, le *hasard*, la *conviction personnelle* Est-ce sur des données pareilles que repose la science moderne ?

Darwin et ses disciples vont jusqu'à considérer, comme démonstrative en leur faveur, l'ignorance même où nous sommes au sujet de certains phénomènes. On les a souvent combattus au nom de la paléontologie en leur demandant de montrer une seule de ces *séries* qui doivent selon eux relier l'espèce parente à ses dérivés. Ils reconnaissent ne pouvoir le faire ; mais, ils répondent que les faunes et les flores éteintes ont laissé fort peu de restes ; que nous connaissons seulement la moindre partie de ces antiques archives ; que les faits témoignant en faveur de leur doctrine sont sans doute ensevelis sous les flots avec les continents submergés ; etc. « Cette manière de voir, conclut Darwin, atténue beaucoup, si elle ne les fait pas disparaître, les difficultés. » — Mais, je le demande encore, dans quelle branche des connaissances humaines, autre que ces questions obscures, regarderait-on les problèmes comme résolus, précisément parce qu'on ne sait rien de ce qu'il faudrait savoir pour les résoudre ?

VI. — Je n'ai pas à reproduire ici en entier l'examen que j'ai fait ailleurs des doctrines transformistes en général, du darwinisme en particulier. Ce qui précède suffira, j'espère, pour faire comprendre pourquoi je ne saurais accepter même la plus séduisante de toutes ces théories. A des degrés divers elles concordent avec certains faits généraux et rendent compte d'un certain nombre de phénomènes. Mais toutes sans exception n'atteignent ce résultat qu'à l'aide d'hypothèses en contradiction flagrante avec d'autres faits généraux, tout aussi fondamentaux que ceux qu'elles expliquent. En particulier, toutes ces doctrines reposent sur une dérivation progressive et lente, sur la confusion de la race et de l'espèce. Par conséquent elles méconnaissent un fait physiologique inniable ; elles sont en opposition complète avec un autre fait, conséquence du premier et qui éclate à tous les regards, l'isolement des groupes spécifiques remontant aux premiers âges du monde, le maintien du cadre organique général à travers toutes les révolutions du globe.

Voilà pourquoi je ne saurais être darwiniste.

VII. — La théorie du savant anglais est certainement l'effort le plus vigoureux qui ait été fait pour remonter aux origines du monde organique par des procédés analogues à ceux qui nous ont éclairés sur la genèse du monde inorganique, c'est-à-dire en ne recourant qu'à l'intervention des causes secondes. Nous venons de voir qu'il a échoué comme Lamarck. Ces hommes éminents auront des successeurs que tentera le même problème. Ceux-ci seront-ils plus heureux ?

Personne n'est enclin moins que moi à fixer des bornes à l'extension du savoir humain. Toutefois le progrès de nos connaissances scientifiques, en tout ce qui tombe sous les sens, est subordonné à certaines conditions. Jamais l'examen le plus attentif, même d'une œuvre humaine, n'apprendra rien sur les *procédés* qui ont permis de la réaliser. Le plus habile horloger, s'il n'a fait des études parfaitement étrangères à sa profession, ne sait pas d'où vient le fer, comment on le transforme en acier, comment on lamine et l'on trempe un grand ressort. L'étude la plus minutieuse de ce ruban métallique qu'il connaît si bien ne lui dit rien sur l'origine, rien sur les procédés de fabrication. Pour en savoir davantage, il lui faut quitter son établi et visiter les hauts fourneaux, les ateliers de cémentation et les laminoirs.

Il en est de même des œuvres de la nature. Pour elle comme pour nous les phénomènes qui *produisent* sont fort différents des phénomènes qui *conservent* et de ceux qui se manifestent dans l'*objet produit*.

L'étude anatomique et physiologique la plus complète d'un animal, d'un végétal adulte ne nous aurait certes rien appris sur les métamorphoses de la cellule microscopique par laquelle commencent également le chien, l'éléphant et l'homme lui-même.

Or jusqu'ici nous n'avons eu sous les yeux que des espèces *toutes faites*. Nous ne pouvons donc rien connaître encore relativement à leur mode de production.

Mais nous savons que la *cause inconnue* qui a donné naissances aux espèces éteintes et vivantes, s'est manifestée à diverses reprises et par intermittence à la surface du globe. Rien ne permet de supposer qu'elle soit épuisée. Bien qu'elle paraisse avoir agi d'ordinaire à des moments qui correspondaient à de grands mouvements géologiques, il n'est pas impossible qu'elle ne soit à l'œuvre sur quelque point de notre terre, même à cette époque de calme relativement profond. S'il en est ainsi, peut-être quelque hasard heureux viendra jeter un peu de jour sur le grand mystère des origines organiques. Mais jusqu'au moment où l'expérience et l'observation nous auront appris quelque chose, quiconque voudra rester fidèle à la science sérieuse, acceptera l'existence et la succession des espèces comme un fait primordial. Il appliquera à toutes ce que Darwin applique à son *prototype* seul; et, pour expliquer ce qui est encore inexplicable, il ne sacrifiera pas aux hypothèses, quelque ingénieuses qu'elles soient, le savoir précis, positif, conquis par près de deux siècles de travaux.

CHAPITRE XI

I. — Le chapitre précédent pourrait me dispenser de parler des applications qu'on a faites du darwinisme à l'histoire de l'homme. Toutefois, à part ce que le sujet a par lui-même de curieux, il est utile d'en dire quelques mots, car là aussi on trouve des enseignements.

Lamarck avait cherché à montrer comment, en vertu de sa *théorie de l'habitude*, on pouvait concevoir la transformation directe du chimpanzé en homme. Les darwinistes s'accordent aussi pour rattacher l'homme aux singes. Pourtant aucun d'eux ne nous donne pour ancêtre immédiat une des espèces actuellement existantes; en cela ils s'éloignent de leur illustre précurseur. On pourrait croire que Vogt s'est arrêté à cette donnée, si l'on prenait à la lettre quelques passages de ses *Leçons sur l'homme*. Mais le savant genevois a nettement exprimé sa pensée dans son *Mémoire sur les microcéphales*. C'est à un *ancêtre antérieur*, qu'il reporte le point de départ commun des deux types. Darwin, Wallace, Filippi, Lubbock, Haeckel, etc., rapprochent davantage l'homme et les singes. Le dernier formule ses conclusions dans les termes suivants : « Le genre humain est un ramuscule du groupe des catarrhiniens; il s'est développé dans l'ancien monde et provient de singes de ce groupe depuis longtemps éteints. »

II. — Vogt se sépare de ses coreligionnaires scientifiques sur un point important. Il admet que diverses souches simiennes ont dû donner naissance aux divers groupes humains. Les populations de l'ancien et du nouveau monde seraient ainsi descendues de formes différentes propres aux deux continents. — Dans cette hypothèse, l'Australie, la Polynésie où il n'y a jamais eu de singes, auraient dû se peupler par voie de migration.

L'éminent professeur de Genève s'est d'ailleurs toujours borné à indiquer d'une manière assez vague ses conceptions relativement aux généalogies qu'il semble attribuer aux divers groupes humains.

III. — Darwin et Haeckel ont été plus hardis. Le premier a publié un ouvrage considérable sur *La descendance de l'homme*; le second, dans son *Histoire de la création des êtres organisés*, a traité le même sujet avec détail et donné le tableau généalogique de nos ancêtres supposés, à partir des animaux les plus simples connus. Le maître et le disciple sont à peu près toujours d'accord, et c'est même à Haeckel que Darwin renvoie le lecteur curieux de connaître avec détail la généalogie humaine. Voyons donc rapidement d'où nous fait venir le savant allemand.

Haeckel donne pour premier ancêtre à tous les êtres vivants les *monères*, qui ne sont autre chose que des *amibes* tels que les comprenait Dujardin. De cette forme initiale, l'homme est arrivé à celle que nous lui voyons en traversant vingt et une formes typiques transitoires. Dans l'état actuel des choses, ses plus proches voisins sont les *anthropoïdes* ou singes *catarrhiniens sans queue*, tels que l'orang, le gorille, le chimpanzé,... etc. Les uns et les autres remontent à la même souche, au type des singes *catarrhiniens à queue*; ceux-ci descendent eux-mêmes des *prosimiens*, type représenté de nos jours par les makis, les loris, etc. Au-delà viennent les marsupiaux, qui forment le 17ᵉ degré de notre évolution, et il est inutile de remonter plus haut.

Bien que la distance des anthropomorphes à l'homme paraisse peu considérable à Haeckel, il n'en a pas moins cru nécessaire d'admettre un intermédiaire entre nous et les singes les plus élevés. Cet être tout hypothétique, dont on n'a nulle part trouvé le moindre vestige, se serait détaché de la souche des catarrhiniens sans queue et constituerait le 21ᵉ degré des modifications qui ont conduit à la forme humaine. Haeckel l'appelle l'*homme singe* ou *pithécoïde*. Il lui refuse le langage articulé ainsi que le développement de l'intelligence et la conscience du moi.

Darwin admet aussi ce chaînon entre l'homme et les singes. Il ne dit rien de ses facultés intellectuelles. En revanche il en trace le portrait physique en s'appuyant sur un certain nombre de particularités exceptionnelles observées dans l'espèce humaine et qu'il regarde comme autant de phénomènes d'*atavisme partiel*. « Les premiers ancêtres de l'homme, dit-il, étaient sans doute couverts de poils; les deux sexes portaient la barbe; leurs oreilles étaient pointues et mobiles; ils avaient une queue desservie par des muscles propres. Leurs membres et leur corps étaient sous l'action de muscles nombreux, qui ne reparaissant aujourd'hui qu'accidentellement chez l'homme, sont encore normaux chez les quadrumanes. L'artère et le nerf de l'humérus passaient par un trou supracondyloïde. A cette période ou à une période antérieure, l'intestin émit un diverticulum ou cæcum plus grand que celui existant actuellement. Le pied, à en juger par l'état du gros orteil dans le fœtus, devait être alors préhensile et nos ancêtres vivaient sans doute habituellement sur les arbres dans quelque pays chaud, couvert de forêts ; les mâles avaient de grandes dents canines qui leur servaient d'armes formidables. »

IV. — En accordant une queue à notre premier ancêtre direct, Darwin le rattache au type des catarrhiniens pourvus de cet appendice et par conséquent le recule d'un degré dans l'échelle des évolutions. A se placer sur le terrain de ses propres doctrines, ce n'est pas encore assez et le savant anglais se met ici en contradiction aussi bien qu'Haeckel avec une des lois fondamentales qui prêtent le plus au darwinisme des séductions que je suis loin de nier.

En effet, dans la théorie de Darwin les transformations n'ont lieu ni au hasard ni en tout sens. Elles sont commandées par certaines nécessités qu'entraîne l'organisation elle-même. Une fois l'organisme modifié dans un sens déterminé, il pourra bien subir des transformations secondaires, tertiaires, etc., mais il n'en conservera pas moins à jamais l'empreinte du type originel. C'est la *loi de caractérisation permanente*, qui *seule* permet à Darwin de rendre compte de la filiation des groupes, de leur caractérisation, de leurs rapports multiples. C'est en vertu de cette loi que *tous* les descendants du premier mollusque ont été des mollusques ; *tous* les descendants du premier vertébré, des vertébrés. On voit qu'elle constitue un des fondements de la doctrine.

Il suit de là que deux êtres appartenant à deux types distincts peuvent bien remonter à un *ancêtre commun*, qui n'était pas encore nettement caractérisé, mais qu'ils ne peuvent descendre l'un de l'autre.

Or l'homme et les singes en général présentent *au point de vue du type* un contraste très-accusé. Les organes qui les constituent se répondent, avons-nous déjà dit, presque rigoureusement terme à terme. Mais ces organes sont disposés d'après un plan fort différent. Chez l'homme ils sont coordonnés de telle sorte qu'il est nécessairement *marcheur* ; chez les singes, d'une façon telle qu'ils sont non moins impérieusement *grimpeurs*.

C'est là une distinction anatomique et mécanique qu'avaient déjà fait ressortir pour les singes inférieurs les travaux de Vicq d'Azyr, de Lawrence, de Serres, etc. Les études de Duvernoy sur le Gorille, de Gratiolet et de M. Alix sur le Chimpanzé ont mis hors de doute que les anthropomorphes présentaient de tout point le même caractère fondamental. Il suffit d'ailleurs de jeter les yeux sur la planche où Huxley a figuré à côté les uns des autres un squelette humain et les squelettes des singes les plus élevés pour se convaincre qu'il en est bien ainsi.

La conséquence de ces faits, au point de vue de l'application logique de la *loi de caractérisation permanente*, est que l'homme ne peut descendre d'un ancêtre déjà caractérisé comme singe, pas plus d'un catarrhinien sans queue que d'un catarrhinien à queue. — Un animal *marcheur ne peut* pas descendre d'un animal *grimpeur*. C'est ce qu'a très-bien compris Vogt. Tout en plaçant l'homme au nombre des *primates*, il n'hésite pas à déclarer que les singes les plus inférieurs ont dépassé le jalon (ancêtre commun) d'où sont sortis en divergeant les différents types de cette famille.

Il faut donc rejeter l'origine de l'homme au-delà du dernier singe, si l'on veut conserver une des lois les plus impérieusement nécessaires à l'édifice doctrinal darwiniste. On arrive ainsi aux *prosimiens* de Haeckel, les loris, les indris, etc. Mais ces animaux sont aussi des grimpeurs; il faut donc aller chercher encore plus loin notre premier ancêtre direct. Mais au-delà, la généalogie tracée par Haeckel nous présente les *didelphes*.

De l'homme au Kangouroo la distance est grande, on en conviendra. Or, ni la nature vivante ni les reste fossiles des animaux éteints ne présentent les types intermédiaires qui devraient au moins la jalonner. Cette difficulté embarrasse fort peu Darwin ; nous savons qu'il y répond en disant que l'absence de renseignements sur de pareilles questions est une preuve en sa faveur; Haeckel sera sans doute tout aussi peu embarrassé. Nous l'avons vu admettre un *homme pithécoïde* absolument théorique et ce n'est pas la seule fois où il use de ce procédé en dressant son tableau généalogique. Voici entre autres ce qu'il dit des *sozoures* (14ᵉ degré), amphibies également inconnus à la science : « La preuve de leur existence ressort de la nécessité de ce type intermédiaire entre le 13ᵉ et le 15ᵉ degré. »

Eh bien, comme il est maintenant démontré que, de par le darwinisme même, il faut renvoyer les origines humaines au-delà du 18ᵉ degré, comme il devient par conséquent *nécessaire* de combler la lacune des marsupiaux à l'homme, Haeckel admettra-t-il *quatre groupes intermédiaires inconnus* au lieu *d'un?* Complétera-t-il ainsi sa généalogie? — Ce n'est pas à moi de répondre.

V. — Darwin et Haeckel trouveront à coup sûr fort étrange qu'un représentant des vieilles écoles, qu'un homme qui croit à la réalité de l'espèce ait la prétention de connaître mieux qu'eux la portée réelle des lois du darwinisme et de signaler de graves oublis dans les applications qu'ils en ont faites. Plaçons-nous donc sur le terrain des *faits*. Là nous allons trouver d'abord la preuve que toute cette généalogie pèche par la base et repose sur une erreur anatomique matérielle.

Darwin et Haeckel rattachent tous deux la série simienne à un type qui serait représenté aujourd'hui par les *lémuriens* que le savant allemand désigne sous le nom de *prosimiens*. Darwin ne motive guère cette opinion que sur quelques caractères tirés en particulier de la dentition. Haeckel remonte à l'embryogénie.

On sait que chez tous les mammifères à l'exception des marsupiaux (kangouroo, sarrigue) et des monotrèmes (ornithorynque, échidné), il existe un *placenta*, organe essentiellement composé par un lacis de vaisseaux sanguins qui unit la mère au fœtus et sert à la nutrition de ce dernier. Chez les ongulés, les édentés et les cétacés, ce placenta *est simple et diffus*, c'est-à-dire que les villosités sanguines naissent sur toute la surface des enveloppes du fœtus et sont en rapport direct avec la surface interne de la matrice. Chez tous les autres mammifères et chez l'homme, le placenta est *double ;* la mère et le fœtus ou mieux l'enveloppe externe de celui-ci en fournissent chacun la moitié. Une membrane spéciale appelée la *caduque* tapisse l'intérieur de la matrice et relie les placentas. Haeckel, attachant avec raison une grande importance à ces différences anatomiques, partage les mammifères en deux grands groupes : les *indéciduates*, qui manquent de caduque, et les *déciduates*, qui en ont une.

Chez ces derniers le placenta peut entourer l'œuf mammalogique comme une ceinture (*zonoplacentaires*) ou bien former une sorte de gâteau circulaire plus ou moins développé (*discoplacentaires*). L'homme, les singes, les chauves-souris, les insectivores et les rongeurs présentent cette dernière disposition et forment ainsi un groupe naturel auquel ne peut se rattacher aucun mammifère *zonoplacentaire* et, à plus forte raison, aucun *indéciduate*.

Haeckel ajoute sans la moindre hésitation ses *prosimiens* aux groupes que je viens d'énumérer, c'est-à-dire qu'il leur attribue une caduque et un placenta discoïdal. Or les recherches anatomiques de MM. Alphonse Milne Edwards et Grandidier, faites sur des animaux rapportés de Madagascar par ce dernier, ont mis hors de doute que les prosimiens du savant allemand manquent de caduque et ont un placenta diffus. — Ce sont des *indéciduates*. Loin de pouvoir être les ancêtres des singes, d'après les principes posés par Haeckel lui-même, ils ne peuvent pas même être regardés comme les ancêtres des mammifères zonoplacentaires, des carnassiers par exemple, et doivent être rattachés aux ongulés, aux édentés ou aux cétacés.

Darwin et Haeckel répondront peut-être que lorsqu'ils ont dressé leurs généalogies, l'embryogénie des prosimiens n'était pas connue. Soit. Mais alors pourquoi les faire figurer dans le tableau comme un de ces intermédiaires auxquels on attache tant d'importance ? N'est-ce pas toujours le même procédé, consistant à considérer *l'inconnu* comme une *preuve* en faveur de la théorie ?

VI. — La nécessité bien démontrée, je pense, d'aller chercher ailleurs que chez les prosimiens l'intermédiaire obligé entre les marsupiaux et les singes n'infirmerait pas la parenté entre ces derniers et l'homme. Mais il est d'autres faits inconciliables avec cette hypothèse.

M. Pruner-Bey résumant les travaux descriptifs et anatomiques faits jusqu'à ces dernières années, a montré que la comparaison de l'homme aux anthropomorphes met en lumière un fait général, sujet à fort peu d'exceptions, savoir : l'existence *d'un ordre inverse* dans le développement des principaux appareils organiques. Les recherches de Welker sur l'angle sphénoïdal de Virchow conduisent à la même conclusion; car cet angle diminue chez l'homme à partir de la naissance, tandis que chez le singe il grandit sans cesse, au point parfois de s'effacer. C'est sur la base du crâne que le savant allemand a constaté cette marche inverse et l'importance de ce fait ne peut échapper à personne.

Un contraste tout pareil a été reconnu par Gratiolet sur le cerveau lui-même. Voici comment il résume ses observations à ce sujet. Chez le singe, les circonvolutions temporo-sphénoïdales, qui forment le lobe moyen, paraissent et s'achèvent avant les circonvolutions antérieures qui forment le lobe frontal. Chez l'homme au contraire, les circonvolutions frontales apparaissent les premières, et celles du lobe moyen se dessinent en dernier lieu.

Il est évident, surtout d'après les principes les plus fondamentaux de la doctrine darwiniste, qu'un être organisé ne peut descendre d'un autre être dont le développement suit une marche inverse de la sienne propre. Par conséquent l'homme ne peut, d'après ces mêmes principes, compter parmi ses ancêtres un type simien quelconque.

VII. — J'ai dit plus haut que la paléontologie n'a rien présenté qui rappelât de près ou de loin le prétendu *homme pithécoïde* de Haeckel. Ce qu'on n'a pas rencontré dans la nature morte, on a espéré le trouver parmi les êtres vivants. Vogt a comparé le cerveau des hommes microcéphales à celui des singes anthropomorphes, et Haeckel fait figurer dans son tableau généalogique les idiots, les crétins et les microcéphales comme représentants actuels de son *homme privé de la parole*. Ces êtres à cerveau réduit, à facultés incomplètes, sont pour ces deux savants des cas d'*atavisme*, rappelant l'état normal de nos ancêtres directs les plus éloignés.

Ici encore apparaît clairement un des caractères frappants de l'argumentation familière aux darwinistes. La microcéphalie, l'idiotie, le crétinisme constituent autant d'états tératologiques ou pathologiques. Ils appartiennent par conséquent à des groupes de faits très-nombreux depuis longtemps étudiés. Si quelques-uns de ces faits peuvent être regardés comme des *phénomènes d'atavisme*, pourquoi en serait-il autrement des autres? Pourquoi dans les crétins, les microcéphales eux-mêmes, ne prendre *qu'un seul* caractère en lui attribuant cette qualité et renvoyer les autres à la tératologie, à la pathologie? Il y a là évidemment une façon d'agir *tout arbitraire*, aussi opposée que possible à la véritable méthode scientifique.

Après les travaux des tératologistes, après les expériences de Geoffroy si habilement reprises et complétées par M. Dareste, le rôle des causes pathogéniques, même des causes extérieures, sur la production des *arrêts de développement* ne saurait être

nié. Or la microcéphalie n'est autre chose qu'un arrêt de développement portant sur le crâne et son contenu. — Mais cet *arrêt*
n'est pas isolé. D'autres organes, d'autres fonctions ont souffert
chez les microcéphales. Tous ils se sont toujours montrés inféconds; et certes, ce n'est pas l'infécondité que l'on peut considérer comme un phénomène atavique.

Ainsi, chez les microcéphales, une cause tératogénique se
montre manifestement en jeu sur un point de l'organisme, dans
l'appareil reproducteur. Quelle raison peut-on invoquer pour
attribuer à une cause toute différente, les altérations du crâne et
du cerveau? En vertu de quel principe sépare-t-on deux faits,
que l'observation a montré être si intimement liés l'un à l'autre?
À quel titre invoque-t-on le premier comme un argument, tandis
qu'on ne dit rien du second? N'est-il pas évident que cette façon
d'agir est purement arbitraire et motivée uniquement par les
besoins de la théorie?

Le plan général du cerveau se montre au fond le même chez
tous les mammifères et chez l'homme. Sur ce point comme sur
tout le reste, la ressemblance est plus grande quand on compare ce dernier aux anthropomorphes. Quand par une cause
quelconque son cerveau s'altère et se réduit comme chez les microcéphales, y a-t-il quoi que ce soit de surprenant à ce qu'il se
manifeste de nouveaux rapprochements? C'est le contraire que
l'on ne comprendrait pas.

C'est sur ce fait que Vogt a particulièrement insisté, et il a
fait connaître dans ce sens plusieurs détails intéressants qui
enlèvent à quelques-uns des résultats de Gratiolet, ce qu'ils
avaient de trop général. Mais, circonstance bien remarquable,
ce n'est pas avec les singes les plus élevés que s'établissent ces
nouveaux rapports. C'est avec les singes à queue prenante du
nouveau monde, avec ces *Platyrrhiniens* exclus par Hæckel et
Darwin de la série ancestrale humaine. Ainsi, la doctrine darwiniste elle-même proteste contre le rapprochement entre les
microcéphales et nos prétendus ancêtres pithécoïdes.

Les rapports dont il s'agit ne vont pas d'ailleurs jusqu'à une
similitude autorisant les conclusions du savant genevois. Souvent moins volumineux et moins plissés que ceux des singes
anthropoïdes, a dit Gratiolet, les cerveaux de microcéphales ne
leur deviennent point semblables. Cette proposition reste vraie
après le travail de Vogt.

Il en est du squelette comme du cerveau. Ici j'invoquerai
une autorité que ne peut récuser aucun de mes adversaires, celle
de Huxley. Après avoir protesté contre les dires de ceux qui
déclarent « petites et insignifiantes les différences structurales
existant entre l'homme et le singe, » l'éminent anatomiste
ajoute que « chaque os de gorille porte une empreinte par laquelle on peut le distinguer de l'os humain correspondant et
que, dans la création actuelle tout au moins, aucun être intermédiaire ne comble la brèche qui sépare l'homme du troglo-

dyte. » Dans la conclusion générale de son livre, Huxley reconnaît en outre que les ossements humains fossiles découverts jusqu'ici n'indiquent encore aucun rapprochement vers la forme pithécoïde.

VIII. — Après ces déclarations formelles d'un savant que ses convictions darwinistes mettent au-dessus de tout soupçon de partialité, comment se fait-il que l'on trouve à chaque instant l'expression de *caractère simien* employée à propos des plus insignifiantes modifications de je ne sais quel type humain que personne ne précise ? Il y a là tout au moins un abus de mots contre lequel j'ai souvent protesté. On vient de voir que cette manière de s'exprimer suppose un fait anatomique qui n'existe pas et par conséquent constitue une erreur. Elle a de plus l'inconvénient d'être prise à la lettre par les ignorants, parfois de faire illusion même aux hommes instruits, et de faire croire à des dégradations, à des rapprochements imaginaires.

En fait, l'homme et les autres vertébrés sont construits sur un même plan fondamental. Entre lui et les autres êtres compris dans ce cadre il existe des rapports multiples. Or les êtres organisés ne sont pas des cristaux mathématiquement définis dans leurs formes ; chez eux l'ensemble du corps et chacune des parties de cet ensemble oscillent dans des limites dont l'étendue n'a pas encore été précisée, mais est parfois considérable. Par ces oscillations mêmes les rapports habituels sont à chaque instant modifiés, non pas seulement entre l'homme et les singes, mais entre lui et tous les autres vertébrés. Que l'on compare l'homme à un autre type animal quelconque, que l'on applique à cette comparaison la même méthode, les mêmes façons de dire et l'on verra à quelles singulières conclusions on arrivera. Je me borne à citer un exemple.

Ce qui importe le plus dans le cerveau, ce n'est certainement pas son développement absolu. C'est le rapport de ce développement à celui du reste du corps. On est généralement d'accord sur ce point quand il s'agit des animaux. On ne saurait en juger autrement quand il s'agit de l'homme. Incontestablement sur ce terrain de supériorité et d'infériorité relative, où se placent si facilement certains anthropologistes à propos des races ou des individus, le rapport dont je parle constitue un des caractères les plus frappants et des plus essentiels.

Eh bien, voici quelques-uns de ces rapports que j'emprunte au tableau donné par Duvernoy et dans lesquels le poids du cerveau est pris pour unité.

Homme	enfant	1 : 22
	jeune	1 : 23
	adulte	1 : 30
	vieux	1 : 35
Singes	saïmiri	1 : 22
	saï	1 : 23
	ouistiti	1 : 28
	gibbon	1 : 48

Rongeurs	mulot..		1 : 31
	souris...		1 : 43
Carnassiers	taupe...		1 : 36
	chiens............................... 1 : 47	1 : 365
Oiseaux	mésange à tête bleue....................		1 : 12
	serin..		1 : 14
	mésange nonette.........................		1 : 14
	moineau		1 : 25
	pinson...		1 : 27

L'homme dont il est ici question est le Blanc européen. Or de ce tableau il résulte que de l'enfance à la vieillesse le rapport du cerveau au reste du corps va en diminuant. Dira-t-on pour cela que le jeune homme est *dégradé* relativement à l'enfant et que l'homme adulte ou le vieillard ont pris un *caractère simien*?

On voit d'ailleurs qu'il faudrait s'entendre quant au mot *simien* lui-même. Si le gibbon, qui appartient au type de nos ancêtres supposés, a un cerveau relativement plus petit que nous, il en est autrement des trois cébiens portés au tableau. Ceux-ci sont bien supérieurs à l'anthropomorphe; les deux premiers présentent exactement le même rapport que l'enfant et le jeune homme ; le troisième l'emporte encore sur l'homme adulte. Mais tous les trois sont battus par les deux mésanges et le serin.

Par conséquent, si l'on a le droit de regarder comme tournant au singe anthropomorphe la race humaine, ou l'individu humain dont le cerveau descend de quelques grammes au-dessous de la moyenne, on doit considérer la race, l'individu dont le cerveau s'élève au-dessus de cette moyenne comme se rapprochant des cébiens, ou même des passereaux, des conirostres. Si ce dernier rapprochement est inadmissible, le premier l'est également.

Nous pouvons donc répéter avec le savant anatomiste dont j'ai tant de fois invoqué l'autorité : « le microcéphale, si réduit qu'il soit, n'est pas une bête ; ce n'est qu'un homme amoindri. » Ou bien encore avec M. Bert, dont le témoignage ne saurait être suspect en pareille matière, nous pouvons dire qu'en se perfectionnant les singes ne se rapprochent pas de l'homme ; et, réciproquement, qu'en se dégradant le type humain ne se rapproche pas des singes.

IX. — De l'homme pithécoïde de Darwin et de Haeckel, de l'homme privé de la parole et se défendant à coups de dents, à l'homme de nos jours, la distance est encore bien grande. Comment s'est-elle comblée ? Comment surtout s'est développée et a grandi cette intelligence qui devait asservir dans bien des cas la nature elle-même ? C'est Wallace qui va surtout nous répondre au nom de la théorie dont il est un des fondateurs. Nous le verrons en même temps confesser l'impuissance de cette doctrine, lorsqu'il s'agit des attributs propres à l'espèce humaine.

On sait que ce naturaliste partage avec Darwin et M. Naudin, l'honneur d'avoir cherché dans la sélection naturelle, l'explication des origines organiques. Mais notre compatriote s'est borné à une esquisse, dont il a récemment complétement modifié le caractère fondamental. Darwin a embrassé le problème dans l'ensemble et dans les détails ; il a ajouté à son premier ouvrage plusieurs publications sur des sujets en apparence très-divers, mais qui toutes n'en concourent pas moins au même but. Il est à juste titre considéré comme le chef de l'école.

Wallace, qui faillit devancer Darwin dans la publication d'idées qui leur étaient communes à l'insu de tous deux, reconnaît partout Darwin pour maître. Il a traité un petit nombre de points dans des mémoires spéciaux qui n'ont jamais une grande étendue. Ne cherchant pas à résoudre toutes les questions posées par la théorie, il n'a rencontré ni autant ni d'aussi sérieuses difficultés que son éminent émule. Cela même explique peut-être pourquoi il se montre habituellement plus précis et plus logique. Aussi a-t-il joui auprès des partisans du darwinisme d'une haute autorité jusqu'au moment où il a publié ses vues particulières sur l'homme.

Aux yeux de Wallace, l'*utilité immédiate* et *personnelle* est la seule cause qui mette en jeu la *sélection*. C'est bien là, au fond, la doctrine de Darwin ; mais celui-ci se laisse parfois entraîner à des comparaisons ou à des métaphores, qui ont soulevé de vives critiques, qui lui ont peut-être fait illusion à lui-même, dont il use tout au moins pour tourner les difficultés. On ne rencontre jamais rien de semblable chez Wallace, qui accepte toutes les conséquences auxquelles le conduit ce principe absolu.

Selon Wallace, l'*utilité seule* est suffisante, pour expliquer comment les formes animales inférieures ont pu engendrer les singes, et plus tard un être ayant à peu près tous les caractères physiques de l'homme actuel. Cette *race* vivait par troupeaux répandus dans les régions chaudes de l'ancien continent. Elle n'en manquait pas moins de sociabilité réelle ; elle percevait des sensations, mais était incapable de réflexion ; le sens moral, les sentiments sympathiques, lui étaient inconnus. Ce n'était encore qu'une *ébauche toute matérielle* de l'être humain, mais supérieure néanmoins à l'*homme à queue* de Darwin, et à l'homme pithécoïde de Haeckel.

Vers les premiers temps de l'époque tertiaire, ajoute Wallace, dans cet être anthropomorphe *une cause inconnue* vint accélérer le développement de l'intelligence. Bientôt, celle-ci joua un rôle prépondérant dans l'existence de l'homme. Le perfectionnement de cette faculté devint incomparablement *plus utile* que n'importe quelle modification organique. Dès lors, la puissance modificatrice de la sélection se porta nécessairement à peu près en entier de ce côté. Les caractères physiques déjà acquis restèrent presque inaltérés, tandis que les organes de l'intelligence et l'intelligence elle-même se perfectionnèrent de génération en génération. Les animaux, sur lesquels n'avait pas agi la *cause inconnue* qui commença à nous séparer d'eux, continuèrent à se transformer morphologiquement, si bien que de l'époque miocène à nos jours, la faune terrestre s'est renouvelée. Chez l'homme seul, le corps resta ce qu'il était. Nous ne devons donc pas être surpris de trouver à l'époque quaternaire, des crânes comme ceux de Denise et d'Engis, semblables à ceux des hommes de nos jours.

La supériorité acquise par l'intelligence a d'ailleurs soustrait pour toujours notre espèce à la loi des *transformations morphologiques*. Seuls, ses attributs intellectuels et moraux sont désormais soumis au pouvoir de la sélection, qui fera disparaître les races inférieures et les remplacera par une race nouvelle, dont le moindre individu serait, de nos jours, un homme supérieur.

Après avoir lu les pages que je viens de résumer, on ne peut qu'être surpris de voir Wallace, déclarer que la sélection naturelle agissant seule, aurait été incapable de faire d'un *animal anthropoïde*, l'homme tel que nous le montrent les peuples les plus sauvages eux-mêmes. Il fait ainsi de l'espèce humaine, une exception aux lois qui, selon lui, régissent tous les autres êtres vivants. Il y a un double intérêt à suivre l'émule de Darwin dans cette nouvelle voie.

Wallace commence par rappeler que la sélection naturelle repose *en entier* sur le principe de l'*utilité immédiate*, relative uniquement aux conditions de la lutte *actuellement* soutenue par les *individus* qui composent une espèce. Darwin, dans tous ses ouvrages, proclame à diverses reprises, ce même principe sur lequel repose, en effet, tout ce qu'il dit de l'*adaptation*, de la possibilité des *transformations régressives*,... etc.

De ce principe, il résulte nécessairement, que la sélection ne peut produire des *variations nuisibles en quoi que ce soit*, à un être quelconque. Darwin a souvent déclaré qu'un seul cas de cette nature bien avéré renverserait toute sa théorie.

Mais il est évident, ajoute Wallace, que la sélection ne peut pas davantage produire une *variation inutile*; elle ne peut donc pas développer un organe dans des proportions qui dépasseraient son degré d'*utilité actuelle*.

Or, Wallace montre fort bien qu'il y a, dans l'homme sauvage, des organes dont le développement est hors de toutes proportions avec leur *utilité actuelle*, et même des facultés, des caractères physiques, qui sont ou *inutiles* ou *nuisibles*, au moins à l'individu. « Mais, dit-il, s'il nous est démontré que ces modifications, dangereuses ou inutiles au moment de leur première apparition, ont présenté la plus haute utilité et sont maintenant indispensables au développement complet de la nature intellectuelle et morale de l'homme, nous devrons conclure à une action intelligente, prévoyant et préparant l'avenir, exactement comme nous le faisons, quand nous voyons l'éleveur se mettre à l'œuvre dans le but de produire une amélioration déterminée dans quelque plante cultivée ou quelque animal domestique. »

Le développement relatif du corps et du cerveau, organe de

l'intelligence, est un des points sur lequel insiste le plus notre auteur. La taille de l'orang, dit-il, égale à peu près celle d'un homme de taille moyenne ; le gorille est bien plus grand et plus gros. Néanmoins, si nous représentons par 10 le volume moyen du cerveau chez les singes anthropomorphes, ce même volume sera représenté par 26 chez les sauvages, et par 32 chez les hommes civilisés. Le savant anglais fait remarquer d'ailleurs, que chez les sauvages, chez les Esquimaux, par exemple, on trouve des individus chez lesquels la capacité du crâne atteint presque le maximum constaté chez les populations les plus développées.

En définitive, Wallace se fondant sur les expériences et les chiffres de Galton, admet que le cerveau des sauvages étant à celui de l'homme civilisé dans le rapport de 5 à 6, les manifestations intellectuelles sont au moins dans celui de 1 à 1000. — Le développement matériel est donc hors de toute proportion avec la fonction. Aux yeux de l'éminent voyageur, un cerveau un peu plus volumineux que celui du gorille, aurait parfaitement suffi aux habitants des îles Andaman, de l'Australie, de la Tasmanie ou de la Terre-de-Feu.

Wallace explique le développement des idées de justice et de bienveillance par les avantages qui en résultent pour la tribu et pour les individus. Mais les facultés essentiellement *individuelles* et sans utilité *immédiate* pour autrui, échappent selon lui à la sélection. « Comment, dit-il, la lutte pour l'existence, la victoire des mieux adaptés et la sélection naturelle, auraient-elles pu venir en aide au développement de facultés mentales » telles que les conceptions idéales d'espace et de temps, d'éternité et d'infini, le sentiment artistique, les notions abstraites de nombre et de forme qui rendent possibles l'arithmétique et la géométrie ?

A plus forte raison, ne peut-on rendre compte du développement du sens moral chez le sauvage par des considérations tirées de l'*utilité*, soit *individuelle*, soit *collective*. Wallace insiste assez longuement sur ce point ; il cite des exemples qui prouvent que ce sentiment, dans ce qu'il a de plus délicat et de plus opposé aux notions utilitaires, existe chez les tribus les plus barbares de l'Inde centrale. Il aurait pu multiplier ici ses citations. On sait, entre autres, jusqu'où les Peaux-Rouges poussaient le respect de la parole donnée, dût-il les conduire à la torture et à la mort.

L'examen physique de l'homme fournit aussi de nombreux arguments à notre auteur. « Il est parfaitement certain, dit-il, que la sélection naturelle ne peut avoir tiré d'un ancêtre couvert de poils le corps nu de l'homme actuel, car une modification pareille, loin d'être utile, aurait été nuisible au moins à certains égards ; » chez l'homme civilisé, la main exécute une multitude de mouvements dont les sauvages n'ont aucune idée, quoiqu'il n'existe aucune différence anatomique dans la structure des membres supérieurs; le larynx de nos chanteurs est construit comme celui des sauvages, et pourtant, quel contraste dans les sons qui sortent de l'un ou de l'autre!...

De tous ces faits, Wallace conclut que le cerveau, la main, le larynx du sauvage, possèdent des *aptitudes latentes*, qui, étant temporairement *inutiles*, ne sauraient être attribuées à l'action de la *sélection naturelle*. L'homme n'a pu d'ailleurs se les donner à lui-même. Une intervention étrangère est donc nécessaire pour en expliquer l'existence. Wallace attribue cette intervention à une *intelligence supérieure*, qui agirait sur l'espèce humaine comme celle-ci a agi sur le biset pour en tirer le pigeon grosse-gorge ou le messager, et qui emploierait des procédés analogues.

En résumé, la *sélection naturelle* réglée par les seules lois de la nature, suffirait pour donner naissance aux espèces sauvages; la *sélection artificielle* ou *humaine* produirait les races animales et végétales perfectionnées; une sorte de *sélection divine* aurait fait l'homme actuel et peut seule le conduire à son maximum de développement intellectuel et moral.

En avançant cette dernière hypothèse, Wallace déclare qu'elle ne porte aucune atteinte à la doctrine de la sélection naturelle, pas plus que celle-ci n'est infirmée par le fait de la sélection artificielle. Peu de personnes, croyons-nous, accepteront cette proposition. La raison d'être du darwinisme aux yeux des hommes de science, sa grande séduction auprès de tous ses partisans, c'est la prétention qu'il affiche de rattacher les origines organiques, celle de l'homme comme celle des plantes, à la seule action des causes secondes; d'expliquer l'état actuel des êtres vivants par des lois physiques et physiologiques, comme la géologie et l'astronomie expliquent l'état actuel du monde matériel par les lois seules de la matière. En faisant intervenir une *volonté intelligente*, comme nécessaire à la réalisation de l'être humain, Wallace s'est mis en opposition avec l'essence même de la doctrine. Ainsi en ont jugé la plupart des darwinistes qui l'ont un peu traité comme un transfuge.

Je n'ai donc pas à examiner la dernière hypothèse de Wallace. Toutefois il m'est permis de constater que la plupart des faits qui ont conduit un des fondateurs du darwinisme à se séparer de son chef sur un point aussi capital conservent toute leur valeur comme objections. Le tort de Wallace a été de ne pas comprendre que ce qu'il dit au sujet de l'homme, s'applique également aux animaux, et Claparède lui a justement adressé le reproche de manquer en cela de logique. Il a été moins heureux dans les réponses qu'il a faites à son ancien allié. Sans doute, pour qui se place exclusivement au point de vue darwiniste et accepte comme vrai tout ce dont j'ai essayé de montrer la fausseté, plusieurs des difficultés soulevées par Wallace se résolvent assez aisément. Mais ce qu'il dit des *aptitudes latentes* en général, des facultés supérieures de l'esprit humain, du sens

moral, est bien difficile à réfuter. Claparède n'a parlé que des
premières. Darwin a voulu aller plus loin ; mais ses théories,
ses hypothèses sur ces hautes questions, me semblent avoir peu
satisfait ses disciples les plus dévoués. — Je ne saurais entrer
ici dans une discussion qui, pour avoir quelque valeur, devrait
être assez détaillée, et je renvoie le lecteur à l'ouvrage sur *La
descendance de l'homme* et à mes articles du Journal des savants.

X. — Je ne puis clore ce rapide exposé des origines attribuées
à l'homme dans ces dernières années, sans parler de la nouvelle
théorie proposée tout récemment par un botaniste éminent,
dont j'ai eu bien souvent à rappeler les travaux. M. Naudin a
été un des plus sérieux précurseurs de Darwin. Six ans avant le
savant anglais, il assimilait l'action exercée par les forces naturelles pour produire les *espèces* aux procédés mis en œuvre par
l'homme pour obtenir des *races* ; il admettait la *dérivation*, la
filiation des espèces ; il comparait le règne végétal à un arbre
« dont les racines mystérieusement cachées dans les profon-
deurs des temps cosmogoniques, auraient donné naissance à un
nombre limité de tiges successivement divisées et subdivisées.
Ces premières tiges représenteraient les types primordiaux du
règne ; les dernières ramifications seraient les espèces actuelles. » On ne saurait méconnaître, dans ces paroles, une conception générale fort semblable au darwinisme.

Aujourd'hui, M. Naudin propose une *théorie évolutive* fort
différente. Il « exclut totalement l'hypothèse de la sélection
naturelle, à moins qu'on ne change le sens de ce mot pour en
faire le synonyme de *survivance*. » Il ne repousse pas moins
énergiquement la pensée des *modifications lentes* qui exigent des
millions d'années pour transformer une seule plante. Il insiste,
au contraire, sur la *brusquerie* avec laquelle se sont manifestées
la plupart des variations observées chez les végétaux, et y voit
une image de ce qui a dû se passer dans la genèse successive
des êtres vivants. — Constatons en passant que, dans la dernière édition de son livre, Darwin reconnaît la réalité de ces
sauts brusques se manifestant sans intermédiaires d'une génération à l'autre, et reconnaît ne pas en avoir tenu un compte
suffisant dans ses premiers écrits.

M. Naudin admet un *protoplasma* ou *blastème primordial*, dont
il ne prétend expliquer ni l'origine, ni l'entrée en action. Sous
l'impulsion de la *force organo-plastique* ou *évolutive*, se sont
formés des *proto-organismes* fort simples de structure, asexués
et doués de la propriété de produire par bourgeonnement et
avec une grande activité des *méso-organismes* semblables aux
premiers, quoique déjà plus complexes. De génération en génération les formes se sont multipliées, se sont accusées, et la
nature a marché rapidement vers l'*état adulte*. Mais les êtres
dont il s'agit ici n'étaient pas des *espèces*. Ce n'était pas des
êtres achevés, ce n'était que des sortes de *larves* dont l'unique rôle était de servir d'intermédiaires entre le blastème pri-

mitif et les formes définitives. Dispersés dans diverses régions
du globe, ils ont transporté partout les germes des formes
futures que l'*évolution* devait en faire sortir. De *créatrice* qu'elle
était d'abord, la force évolutive en s'épuisant par son action
même est devenue *conservatrice*. Les formes se sont alors *inté-
grées*. Toutefois, elles conservent un reste de *plasticité*; elles
varient sous l'influence de certaines conditions, et de là, résulte
la multitude de formes que peut parfois présenter la même
espèce.

Les proto et meso-organismes portaient en eux-mêmes,
chacun suivant son rang dans l'ordre évolutif, les rudiments
des règnes, des embranchements, des classes, des ordres, des
familles, des genres. Les points où ils se sont fixés sont devenus
autant de *centres de création*. Ils n'ont pas d'ailleurs engendré
simultanément toutes les formes qu'ils renfermaient en puissance. Il y a eu des intervalles considérables entre les émissions
successives des êtres vivants, ce qui explique pourquoi les
groupes de même ordre n'ont pas été contemporains.

Les types organiques, même peu caractérisés, n'ont pu
passer des uns aux autres. Les voies suivies par la force évolutive ont toujours divergé. « Imaginons, dit M. Naudin, le méso-
organisme qui a été la souche des mammifères; dès son apparition, tous les ordres de mammifères, y compris l'ordre humain,
fermentaient en lui. Avant d'apparaître ils étaient virtuellement
distincts, en ce sens que les forces évolutives étaient déjà distri-
buées et particularisées de manière à amener, chacune à son
heure, l'éclosion de ces divers ordres. C'est le même phénomène
que celui du déroulement des organes dans un embryon en voie
de croissance, où l'on voit sortir d'une gangue commune et uniforme des parties d'abord semblables, mais que leur *devenir*
propre entraînera chacune dans une direction déterminée. »

M. Naudin invoque, on le voit, à l'appui de sa conception les
phénomènes embryogéniques où les darwinistes vont également
chercher des témoignages en faveur de leur théorie. Mais le
savant botaniste attache plus d'importance encore aux métamorphoses qui s'accomplissent en dehors de l'œuf. Il voit de
véritables proto-organismes dans le pro-embryon des mousses,
dans les larves des insectes, et de tant d'autres animaux inférieurs; il insiste plus particulièrement sur les phénomènes de la
génération alternante, comme présentant l'image de ce qui s'est
passé jadis, ou, mieux, comme reproduisant en partie « le procédé ancien et général de la création. »

Selon M. Naudin, l'homme a subi la loi commune, et le récit
mosaïque est à la fois très-vrai et rempli d'enseignements. Dans
sa première phase, l'humanité couve au fond d'un organisme
temporaire, déjà nettement distinct de tous les autres et qui ne
peut contracter d'alliance avec aucun d'eux. C'est Adam, sorti
du blastème primordial appelé *limon* dans la Bible. A cette époque il n'est, à proprement parler, ni mâle ni femelle; les deux

sexes ne se sont pas différenciés. » C'est de cette humanité larvée que la force évolutive va faire sortir le complément de l'espèce. Mais pour que ce grand phénomène s'accomplisse, il faut qu'Adam traverse une phase d'immobilité et d'inconscience très-analogue à l'état de nymphe des animaux à métamorphoses. » C'est le sommeil dont parle la Bible, pendant lequel le travail de différenciation s'est accompli, au dire de M. Naudin, par un procédé de gemmation analogue à celui des méduses et des ascidies. L'humanité, ainsi constituée physiologiquement, aurait conservé assez de force évolutive pour produire rapidement les diverses grandes races humaines.

Sans m'arrêter aux rapprochements établis par M. Naudin, je me bornerai à présenter au sujet de cet ensemble d'idées une seule observation : c'est qu'à proprement parler, il n'y a pas là une *théorie scientifique*.

Lorsque nous fécondons artificiellement un œuf de grenouille, nous savons que nous déterminons toute une série de phénomènes ayant pour résultat la formation d'un germe, puis celle d'un embryon qui se constituera par une succession de métamorphoses, d'un têtard qui en subira également et d'un animal définitif qui revêtira tous les caractères de l'espèce. — En tant que l'homme peut *faire un être*, nous *faisons une grenouille* en fécondant un œuf.

Si la *cause première*, à laquelle M. Naudin rattache immédiatement son blastème primordial, a mis en puissance dans ce blastème tous les êtres passés, présents et futurs, en même temps que la faculté de les manifester en temps convenable avec tous les caractères qui distinguent chacun d'eux, *Elle a*, en réalité, *créé en bloc* tous ces êtres. On ne voit plus quelle part d'action est réservée aux *causes secondes*, si ce n'est peut-être le pouvoir d'activer ou de retarder, de gêner ou de favoriser l'apparition des types de valeur diverse, dont le nombre et les rapports ont été immuablement arrêtés d'avance. Mais M. Naudin ne nous parle même pas de leur rôle dans cette *évolution* du monde organique. — La science qui ne s'occupe que des causes secondes n'a donc rien à dire de la conception de M. Naudin. Elle ne peut lui adresser ni éloges ni critiques.

XI. — Expliquer les origines du monde où nous vivons, celles des êtres qui nous entourent et la nôtre propre, est évidemment une des aspirations les plus générales de l'esprit humain. Les peuples les plus civilisés, comme les tribus les plus sauvages, ont satisfait d'une manière ou d'une autre à ce besoin. Les Australiens eux-mêmes, quoi qu'on en ait dit, ont leur cosmogonie rudimentaire, qu'ont su se faire raconter ceux qui ont pris quelque peine dans ce but.

Partout l'homme a rattaché d'abord ses conceptions cosmogoniques à ses croyances religieuses. Puis chez les anciennes nations les plus avancées, des esprits indépendants ont cherché dans les phénomènes naturels, l'explication de la nature. Mais

faute de connaissances précises, leurs conceptions toutes hypo-
thétiques n'ont au fond aucune valeur.

Chez nous aussi la cosmogonie purement religieuse a longtemps été acceptée comme article de foi. Ce que l'on appelait la
science se confondait avec le dogme, appuyé lui-même sur des
interprétations de la Bible en harmonie avec le savoir du
moment.

La science proprement dite est chose toute moderne. La rapidité, la grandeur de ses développements, remplissent une des
plus magnifiques pages de l'histoire humaine. Reposant en entier
sur l'expérience et l'observation, il était impossible qu'elle n'eût
pas à contredire certaines croyances, tirées d'un livre écrit
dans un tout autre sens que le sien, et commenté à l'aide de
données incomplètes ou fausses. Entre les représentants du passé
et ceux de l'ère nouvelle, la lutte était inévitable. Elle devait être
vive et le fut. Elle a repris aujourd'hui plus que jamais.

Des circonstances de toute nature ont ébranlé dans bien des
âmes la vieille foi de nos ancêtres. Emportés par le courant
général, bien des esprits en sont arrivés, en fait de croyances
religieuses, à la négation absolue. Le besoin d'expliquer l'univers n'en persiste pas moins dans ces intelligences tourmen-
tées; et, ne croyant plus à la Bible, elles se sont adressées à la
science.

Celle-ci leur a déjà fait de magnifiques réponses en astronomie, en géologie. Devant des faits irréfutables, les derniers
soutiens des anciennes interprétations bibliques ont dû reculer
et se taire. Personne ne croit plus à l'immobilité de la terre, à
la création en six jours de vingt-quatre heures, à l'apparition
simultanée de tous les animaux ou de toutes les plantes. L'astronomie nous a fait assister à la genèse des mondes; la géologie nous a appris comment se sont formés les continents et les
mers, les vallées et les montagnes, dévoilant ainsi quelques-uns
des plus grands résultats dus à l'action des causes secondes
dans l'empire inorganique.

Reste l'empire organique, les plantes, les animaux et l'homme
lui-même. Ici la curiosité s'exalte, le besoin d'explication devient plus pressant; mais malheureusement l'observation, l'expérience font également défaut.

Quelques hommes, éminents par la science et riches d'imagination, ont cru pouvoir s'en passer. Faisant revivre les procédés
des philosophes grecs, ils ont cru possible d'expliquer la nature
vivante et l'univers entier en reliant quelques faits par des conceptions à peu près exclusivement intellectuelles. Une fois sur
cette pente, ils se sont aisément enivrés de leur propre pensée.
Lorsque le savoir positif accumulé par le travail séculaire des
plus illustres devanciers, a gêné leurs spéculations, ils l'ont pour
ainsi dire jeté par-dessus bord; ils ont poussé jusqu'au bout le
développement plus ou moins logique de leurs *à priori* et n'ont
eu qu'ironie et dédain pour quiconque hésitait à les suivre.

Ces hommes ne pouvaient qu'être applaudis. Ils parlaient au nom de la science seule ; ils répondaient par là à des aspirations parfaitement justifiées en pareille matière ; ils apportaient des théories séduisantes par leur ampleur, par la précision apparente des explications. Ils devaient, par conséquent, entraîner même les hommes de science qui n'allaient pas au fond des choses ; à plus forte raison la foule, qui ne demande qu'à croire sur parole.

La nature des résistances qu'ils ont parfois rencontrées devait ajouter à l'éclat de ce triomphe. Des hommes aussi imprudents que mal inspirés les ont attaqués au nom du dogme. La discussion scientifique a dégénéré en controverse ; les esprits se sont exaltés : dans les deux camps on s'est cru obligé de nier tout ce qu'affirmaient les adversaires ; on a fait assaut de violence, et les *savants*, qui prétendaient parler au nom de la libre pensée, ne se sont pas montrés les moins intolérants.

Il est permis de rappeler aux uns le procès de Galilée, aux autres les théories de Voltaire niant l'existence des fossiles.

D'autres hommes ont résisté à l'entraînement du jour ; ils sont restés fidèles à la méthode, mère de la science moderne ; ils ont soigneusement conservé l'héritage de savoir sérieux et précis, légué par les siècles passés. On n'a pas pour cela le droit de les accuser de routine, de voir en eux des esprits rétrogrades. Autant que les plus fougueux partisans des doctrines soi-disant avancées, ils ont applaudi à tout progrès véritable ; ils ont accueilli avec autant de faveur des conceptions nouvelles, à la condition pour elles de reposer sur l'expérience et l'observation. Mais lorsqu'on leur a posé des questions aujourd'hui insolubles et qui le seront peut-être à jamais, ils n'ont pas hésité à répondre : — Nous NE SAVONS PAS ; — lorsqu'on a voulu leur imposer des doctrines purement métaphysiques, ils ont protesté au nom de l'expérience et de l'observation.

J'ose dire que je suis toujours resté dans les rangs de cette phalange à laquelle, en définitive, appartient l'avenir. Voilà pourquoi à ceux qui m'interrogent sur le problème de nos origines, je n'hésite pas à répondre au nom de la science : — JE NE SAIS PAS.

Je n'anathématise pas pour cela ceux qui croient devoir agir autrement ; je ne blâme pas outre mesure leurs hardiesses. L'étude des causes secondes a conduit l'homme à expliquer scientifiquement la constitution actuelle du monde inorganique ; il n'y a rien que de très-légitime dans les tentatives faites pour rendre compte de l'état actuel du monde organique par des causes de même nature. Peut-être le succès couronnera-t-il un jour ces efforts ; et, dussent-ils rester à jamais infructueux comme ils l'ont été jusqu'ici, ils n'en ont pas moins une certaine utilité. Ces élans de l'imagination provoquent des recherches nouvelles, ouvrent des aperçus nouveaux, et servent ainsi la vraie science dans le monde des faits, comme dans celui des idées. Si Darwin n'avait pas été inspiré par ses préoccupations, il n'aurait probablement pas fait son excellent travail sur l'origine des 150 races de pigeons, ni développé sa théorie de la lutte pour l'existence et de la sélection naturelle qui rend compte de tant de faits.

Malheureusement, pour avoir oublié les travaux de leurs devanciers, Darwin et ses disciples ont tiré de ces prémisses vraies des conséquences erronées; ils ont cru avoir expliqué ce qui ne l'était pas. Voilà ce que j'ai voulu montrer. Je me suis efforcé de résumer le débat : c'est au lecteur impartial et sans préjugés à choisir entre nous.

LIVRE III

ANTIQUITÉ DE L'ESPÉCE HUMAINE

CHAPITRE XII

AGE DE L'ESPÉCE HUMAINE; ÉPOQUE GÉOLOGIQUE ACTUELLE.

I. — Sans rien préjuger de l'avenir nous avons dû reconnaître que le problème de l'origine spécifique de l'homme ne peut être résolu ni même abordé avec les données de la science du moment. Il n'en est pas tout à fait de même pour certaines questions qui se présentent naturellement à l'esprit après la précédente.

Nous savons que notre globe a traversé plusieurs époques géologiques et paléontologiques ; nous savons que les êtres vivants n'ont pas apparu simultanément et que les faunes, les flores contemporaines ont été précédées par des faunes et des flores fort différentes. Il est naturel de se demander depuis quand l'homme habite cette terre et de chercher à déterminer le moment où se montre cet être si semblable aux autres sous tant de rapports, si exceptionnel par ses facultés les plus nobles et qui domine tout ce qui l'entoure.

Cette question de temps demande à être précisée ; il faut s'entendre sur le sens qu'on peut lui attribuer.

Disons d'abord qu'il ne saurait s'agir ici de dates proprement dites. Celles-ci n'existent que dans l'histoire. Or l'humanité primitive ne pouvait avoir d'histoire dans le sens scientifique du mot. La plupart des grandes religions ont cherché à combler cette lacune. Mais on sait que je m'interdis absolument toute considération puisée à cette source et que j'entends n'apporter ici que les résultats de l'expérience ou de l'observation. Je vais donc chercher jusqu'où l'on peut remonter avec l'aide de ces seuls guides et citerai d'abord quelques dates historiques comme termes de comparaison.

II. — Les Grecs et les Romains, auxquels s'arrête trop souvent l'éducation classique, ne nous conduisent pas bien loin. Les premiers avaient les souvenirs beaucoup plus anciens que les seconds et pourtant l'ère des Olympiades nous reporte seulement à l'an 776 avant notre ère ; d'après Hécatée de Milet, c'est du ix⁰ au x⁰ siècle avant notre ère que les dieux ont cessé de s'unir aux mortels et la guerre de Troie est approximativement regardée comme ayant eu lieu au xi⁰ ou au xii⁰ siècle. On le voit, dès cette époque la Grèce nous transporte en pleine mythologie ou mieux à ces temps légendaires qui mêlent la fable et la vérité.

Les traditions aryanes vont plus loin. M. Vivien de Saint-Martin, résumant les travaux dont il est si bon juge, reporte vers le xvi⁰ ou le xviii⁰ siècle avant notre ère, l'arrivée des Hindous sur la rivière de Kaboul. Ces tribus n'étaient qu'un démembrement de la grande émigration que le Zend Avesta ramène jusque vers le Bolor. On peut donc reculer celle-ci jusqu'au xx⁰ ou xxv⁰ siècle avant notre ère.

L'histoire juive, en la commençant à Abraham, remonte à peu près à la même époque (2296 ans) ; le déluge de Noé d'après l'estimation généralement reçue remonterait à l'an 3308. Soit environ 30 siècles.

En Chine, le Chou-King place le règne de Hoang-Ti à l'an 2698 et celui d'Yao à l'an 2357 avant notre ère. Ce serait, à un siècle près, la date de la migration d'Abraham.

L'Egypte n'a pas de Chou-King ; mais ses monuments sont le plus magnifique des livres. Champollion nous a appris à le lire et nous le déchiffrons page à page. Or Lepsius et Bunsen placent la 5⁰ dynastie vers le xi⁰ siècle, et d'après Mariette-bey les listes de Manéthon, au sujet desquelles l'éminent égyptologue fait d'ailleurs des réserves formelles, remonteraient jusqu'à l'an 5004 avant notre ère. Ainsi nous serions séparés des premiers temps historiques de l'Egypte par un intervalle d'environ 70 siècles. Si au lieu de compter par années, l'on compte par vies d'hommes en ne les estimant qu'à 25 ans, on trouve que 280 générations seulement nous séparent de ces temps qui sont pour l'histoire l'extrême du passé.

Ces chiffres sont intéressants sans doute. Ils tendent à modifier quelques-unes des impressions reçues dans notre enfance ; mais ils ne nous disent rien sur l'antiquité de l'espèce humaine. Tout au plus, en nous montrant à cette époque dans la vallée du Nil des peuples assez civilisés pour posséder l'écriture et élever des monuments dignes de notre admiration, ils rejettent la première apparition de l'homme bien au-delà des limites qu'ils atteignent.

III. — Les Egyptiens eux-mêmes ont donc un passé antérieur à toute histoire. A plus forte raison en est-il de même pour les Chinois, les Hindous, les Grecs, et plus encore pour les peuples moins bien doués ou accidentellement retardés dans leur évolution. Plonger dans cette obscurité avec l'espoir d'y trouver des points de repère certains et de découvrir ce dont les légendes elles-mêmes ne parlaient pas, eût paru il y a moins de trente ans une entreprise insensée. C'est pourtant l'œuvre qu'a accomplie une science née d'hier, l'*Archéologie préhistorique*. Aussi doit-on regarder comme une date mémorable l'année 1847 où trois savants danois, un géologue, un zoologiste et un archéologue, furent chargés par la Société des antiquaires du Nord de faire les études qui lui ont servi de fondement. En étudiant les kjœkkenmœddings et les marais tourbeux de leur patrie, Forchammer, Steenstrup et Worsaae ont fait pour l'histoire de l'homme ce que de Buch, Elie de Beaumont et Cuvier ont fait pour l'histoire du globe.

Les *Kjœkkenmœddings*, littéralement *débris de cuisine*, sont essentiellement formés par des accumulations de coquilles placées sur le bord de la mer et atteignant parfois des dimensions considérables. A ces coquilles sont mêlés des restes de poissons, des ossements d'oiseaux et de mammifères. L'homme seul a pu former ces amas et révèle d'ailleurs sa présence par les ustensiles, les outils, les armes qu'il a jadis égarés autour de lui et que l'on retrouve mêlés aux restes de ses repas. La pierre, presque toujours grossièrement taillée, en constitue la matière. Dans quelques-unes de ces collines artificielles on rencontre, au milieu de ces traces d'une industrie toute rudimentaire, quelques objets également en pierre, mais dont le travail accuse un perfectionnement des plus remarquables.

Les kjœkkenmœddings révèlent donc l'existence d'une population aujourd'hui oubliée, vivant d'abord à l'état tout à fait sauvage, ayant acquis plus tard une certaine civilisation. Mais au point de vue chronologique ces renseignements sont bien incomplets. Le mélange d'instruments tantôt presque informes, tantôt merveilleusement travaillés, prête à des interprétations diverses qui se sont en effet produites.

Il en est autrement des trouvailles faites dans les marais tourbeux et surtout dans ceux que les Danois appellent *skovmoses*, c'est-à-dire *marais à forêts*. Ceux-ci occupent des espèces d'entonnoirs de forme irrégulière, creusés dans les limons quaternaires, atteignant parfois une profondeur de dix mètres et plus. L'étude détaillée qu'en a faite surtout Steenstrup a conduit à y distinguer la *région centrale* ou *marécage* et la *région extérieure* ou *région forestière*.

La première est formée par la cavité même de l'entonnoir. C'est le marais proprement dit, formé par des couches de tourbe qui remplissent la cavité et se sont superposées depuis sa formation. Une maigre végétation avait poussé à la surface et partage en zones distinctes cette masse de débris végétaux. Ce sont, en procédant du haut en bas : 1° quelques arbres tels que le bouleau, l'aulne, le noisetier, etc., mêlés à des bruyères ; 2° des pins (*Pinus sylvestris*) petits, rabougris, mais robustes, qui avaient poussé sur une tourbe où se reconnaissent des mousses à organisation élevée, telles que les hypnum ; 3° une tourbe compacte, amorphe, dont on a cru longtemps ne pouvoir déterminer les éléments, mais où MM. Steenstrup et Nathorst ont découvert, en 1872, les restes incontestables de cinq espèces de plantes confinées aujourd'hui sous le cercle polaire, savoir : *Salix herbacea*, *S. polaris*, *S. reticulata*, *Betula nana*, *Dryas octopetala* ; 4° une couche argileuse résultant évidemment de matériaux enlevés par les pluies aux parois de la cavité, alors que celles-ci étaient encore à nu.

La région forestière occupe les parois elles-mêmes. Là, abrités contre les vents, enfonçant leurs racines dans un limon fertile, les arbres ont pris un magnifique développement. Or, on constate tout d'abord un fait bien remarquable. Le hêtre manque aux skovmoses. Aujourd'hui c'est lui qui constitue essentiellement les forêts danoises ; c'est l'arbre national et les plus lointaines traditions ne peuvent faire soupçonner qu'il ait jamais manqué au Danemark. A sa place, les marais tourbeux ne montrent d'abord que des chênes (*Quercus robur sessilifolia*), qui ont disparu de ce pays à une époque antérieure à l'histoire et ne se retrouvent plus que sur quelques points du Jutland. Puis à mesure que l'on creuse le marais, on voit les chênes se mélanger de pins. A leur tour ceux-ci prennent le dessus et occupent seuls les parties les plus profondes de la région.

Chênes et pins, quand ils étaient abattus par la vieillesse, par un accident ou par l'homme, tombaient d'ordinaire vers l'intérieur du marais. Là leurs branches entrelacées maintenaient et consolidaient la tourbe, qui se trouvait ainsi dans les conditions les meilleures pour garder en place tout corps solide tombé ou jeté dans le marécage.

L'homme fréquentait les skovmoses et l'on sait qu'il ne saurait habiter quelque part sans égarer autour de lui une foule d'objets, ceux-là même souvent auxquels il tient le plus. Il a perdu dans ces marais des armes, des outils, des instruments de toute sorte et tous sont restés où ils étaient tombés. Les skovmoses sont devenus ainsi des espèces de musées chronologiquement stratifiés, où chaque génération a laissé sa trace dans la tourbe contemporaine. On n'a eu qu'à les exploiter couche par couche pour acquérir une foule de notions précises sur les prédécesseurs des Danois actuels, pour trouver dans ce passé sans histoire des *dates relatives* ou *époques*. C'est ainsi que les savants scandinaves sont arrivés à la belle conception des *âges du fer*, *du bronze* et *de la pierre* aujourd'hui universellement adoptée. Je n'ai pas à suivre ici le développement qu'ont reçu ces notions fondamentales, non plus que les applications qu'on en a fait aux *cités lacustres* de la Suisse et ailleurs. Je n'ai pas davantage à insister sur les divers degrés de civilisation que trahit l'emploi des deux métaux et de la pierre polie ou taillée. Je me borne à faire remarquer qu'en Danemark l'âge du fer est tout entier compris dans la période de végétation du hêtre, tandis que l'âge du bronze embrasse toute la période qui a vu croître le chêne et la fin de celle que caractérise le pin. Enfin que le pin est l'arbre de l'âge de la pierre.

La présence d'objets fabriqués de main d'homme atteste l'existence de celui-ci. Grâce à ces témoins irrécusables, on le suit aisément à travers les zones du chêne et du pin. Le nombre immense des objets abandonnés par lui dans la tourbe indique même l'existence de populations assez denses. Ces objets deviennent au contraire fort rares en même temps que plus grossiers dans la couche de tourbe amorphe. On a même cru longtemps qu'ils y manquaient et c'est encore Steenstrup qui les y a découverts associés à quelques débris de rennes.

L'homme a donc vécu en Danemark alors que végétaient au fond des skovmoses les plantes polaires, comme la *Betula nana*, la *salix polaris*, etc.; il s'y montre accompagné du renne, ce qui complète la ressemblance entre l'état passé de ce pays et l'état actuel de la Laponie. Or, nous savons qu'un pareil état de choses n'a pu exister dans les îles danoises qu'aux derniers temps de l'époque quaternaire, alors que les glaces, reculant du midi vers le nord, étaient encore bien loin d'être arrivées aux barrières que nous leur connaissons aujourd'hui. Nous pouvons donc affirmer que l'homme existait et vivait en Europe à l'aube même de l'époque géologique moderne.

Ce fait est encore démontré par la découverte d'une station humaine faite par M. Fraas à Schüssenried en Wurtemberg. Ici l'homme, dont la présence est attestée par des silex taillés de diverses façons, par des armes et des instruments en os, par des phalanges de renne transformées en sifflet, vivait avec le renne, le glouton, le renard polaire et cueillait des mousses aujourd'hui confinées au nord de l'Europe, les *Hypnum sarmentosum*, *fluitans* et *aduncum* var. *Groënlandicum*. Comme en Danemark, il semble avoir suivi pas à pas les glaciers, à mesure que ceux-ci en fondant livraient de nouvelles terres à son activité.

IV. — Sans prétendre à la rigueur des dates historiques ni même à une approximation comme celle que permettent les traditions aryanes ou les plus anciens monuments de l'Egypte, est-il possible d'évaluer le nombre d'années qui nous sépare des temps dont nous venons de parler ?

Cette question a souvent préoccupé les géologues, les anthropologistes et diverses tentatives ont été faites pour y répondre. Mais les résultats sont encore loin d'être satisfaisants. Ils n'en sont pas moins dignes d'intérêt et propres jusqu'à un certain point à encourager des recherches nouvelles. La méthode est bonne ; il n'a manqué jusqu'ici que des données suffisamment précises, et il est permis d'espérer qu'on les rencontrera tôt ou tard.

Cette méthode est facile à comprendre. Admettons par exemple que la tourbe se forme régulièrement dans les skovmoses ; supposons, en outre, qu'une médaille reconnue pour être du XIIe siècle ait été trouvée à 1ᵐ,50 de profondeur ; nous en conclurons que la couche de tourbe a mis environ 600 ans à se former. Pour connaître l'âge d'une hache de bronze rencontrée plus profondément, à 8^m par exemple, il suffira d'établir la proportion $1^m,50 : 600 :: 8^m : x$; la hache serait vieille de 3200 ans et daterait du xive siècle avant notre ère.

Plusieurs phénomènes naturels se prêtent à des calculs de ce genre. Tels sont les alluvions d'un fleuve, les atterrissements d'un lac, les érosions d'une berge ou d'un plateau, etc. Mais pour que les résultats de ces calculs aient une valeur réelle, il faut que le phénomène qui lui sert de base et les observations qui complètent les données satisfassent à trois conditions que M. Forel a fort bien précisées.

1° A la rigueur le phénomène devrait être continu et régulier, ce qui ne se présente jamais. Tout au moins, son action doit-elle pouvoir être regardée comme donnant une moyenne annuelle ou séculaire constante, par suite des compensations qui se produisent naturellement.

2° Lorsque l'on prend pour chronomètre des couches superposées, l'âge des couches servant de terme de comparaison doit être rigoureusement déterminé ; la nature des objets comparés ne doit laisser aucun doute.

3° On doit avoir la certitude que les objets trouvés dans une couche lui appartiennent réellement, qu'ils n'ont pas été déplacés par quelque remaniement ou par leur seule pesanteur (*tourbe*).

Qu'une seule de ces conditions ne soit pas remplie, le résultat du calcul est nécessairement faux. Or jusqu'à ce jour on n'a pu satisfaire au programme posé par M. Forel avec une juste sévérité. Néanmoins, je le répète, il est intéressant de connaître les résultats fournis par ces essais de chronométrie préhistorique.

Au premier abord les skovmoses sembleraient devoir se prêter utilement à des recherches de ce genre. Il n'en est rien. Steenstrup, si bon juge en pareille matière, après avoir estimé à 40 siècles le temps nécessaire pour la formation de la tourbe accumulée dans quelques-uns de ces marais, déclare qu'il en faut peut-être deux fois et même quatre fois autant.

En réalité, l'incertitude des résultats tirés de l'accroissement des couches tourbeuses est bien plus grande que ne l'admet le savant danois. En ajoutant aux données recueillies par Brandt celles qu'a bien voulu me fournir mon confrère M. Résal, je trouve que pour une période de 443 ans l'accroissement annuel moyen de la tourbe est de $0^m,032$. Mais cette moyenne résulte de nombres dont les extrêmes sont $0^m,065$ et $0^m,0065$. C'est-à-dire que les moyennes trouvées par divers observateurs pour l'accroissement annuel de la tourbe varient de 1 à 10.

Les calculs de MM. Gillieron et Troyon reposant sur les atterrissements qui ont produit la retraite des lacs de Bienne et de Neuchâtel, n'ont que peu de rapport avec la question qui nous occupe. L'un et l'autre ont cherché l'âge de cités lacustres qui sont probablement bien postérieures à l'époque qu'il s'agirait pour nous de déterminer. Notons toutefois les nombres de 6,000 ans et de 3,300 ans trouvés par ces observateurs.

Les résultats chronologiques tirés de l'étude d'atterrissements littoraux tels que ceux dont je viens de parler présentent des chances d'erreur que Vogt a justement signalées. On a cru pendant quelque temps pouvoir accepter avec plus de confiance ceux qui avaient pour base les recherches faites par M. Morlot sur le cône de déjection de la Tinière. Ce cône, coupé par le chemin de fer sur une longueur de 133ᵐ et une profondeur de 7ᵐ7, avait présenté au milieu de sa masse de cailloux trois sols non remaniés présentant, le plus superficiel des tuiles et des monnaies romaines, le second des poteries de l'âge du bronze et le troisième des ossement concassés, des charbons et divers objets qu'on peut rapporter à la fin de l'âge de la pierre. En fixant le commencement de l'époque romaine en Suisse au premier siècle de notre ère et la fin de la même période à l'an 563, en faisant quelques corrections dont le détail ne saurait trouver place ici, M. Morlot a cru pouvoir proposer les chiffres suivants comme autant de dates approximatives.

Age de la couche romaine............	16 à 15	siècles.
— de la couche de bronze.........	29	42
— de la couche de la pierre......	47	70
— du cône entier................	74	110

Ces chiffres sont peu élevés. Le nombre donné par M. Morlot comme indiquant la date de l'âge de la pierre en Suisse nous ramène à une antiquité qui ne dépasse pas celle que donnaient les monuments de l'Egypte ; et il est impossible de ne pas être frappé du contraste présenté dans les deux pays au point de vue de la civilisation. Pourtant il n'y aurait pas dans ce fait une raison pour mettre en doute les résultats annoncés par le savant suisse. Nous savons bien que l'homme ne s'élève pas partout en même temps et que les Esquimaux en sont encore à l'âge de la pierre taillée.

Mais on a adressé à M. Morlot bien d'autres critiques, d'où il résulte que les nombres fournis par le cône de la Tinière sont loin de pouvoir être acceptés comme donnant une approximation réelle de la date que nous cherchons.

V. — M. Forel, qui a pris une part active à cette discussion, a cherché à se rapprocher du but par une voie détournée. Au lieu de chercher directement l'âge d'un fait antéhistorique, il a proposé de recourir à la règle de fausse position qui permet de déterminer soit un maximum que les chiffres ne peuvent certainement pas dépasser, soit un minimum au-dessous duquel ils ne peuvent descendre. Il a appliqué cette idée aussi juste qu'ingénieuse au lac Léman.

On sait que l'eau du Rhône, surtout à l'époque des crues causées par la fonte des neiges, entre fort trouble dans le lac et en sort remarquablement limpide. Le limon ainsi déposé tend évidemment à combler le lac et a déjà remblayé une partie de la grande cavité que remplissaient les glaces de l'époque quaternaire. M. Forel a déterminé d'abord le volume annuel du dépôt limoneux. Il a cherché ensuite, en prenant pour point de départ les sondages effectués par de La Bèche, le volume du lac actuel. Il a pu évaluer ainsi le temps nécessaire pour que le limon du Rhône arrive à remblayer ce lac. Puis, admettant que la partie déjà comblée du Léman primitif avait une profondeur moyenne égale à celle du Léman actuel, il a comparé la surface des plaines alluviales déjà formées à la surface du lac lui-même. Le rapport est à peu près de un à trois. Ces plaines ont donc été déposées dans un temps égal au tiers de celui qui sera nécessaire pour combler le lac actuel. Or elles ont commencé à se former immédiatement après la retraite des glaciers. La date ainsi obtenue est donc celle de l'époque géologique moderne.

Telle est la voie par laquelle M. Forel arrive au chiffre de cent mille ans. C'est là un maximum probablement fort exagéré. M. Forel l'a fort bien montré lui-même. Il a toujours pris des nombres minima pour évaluer l'apport alluvial; il n'a compté dans toute l'année que 90 jours comme contribuant à cet apport; il n'a fait entrer dans son évaluation que le Rhône seul et n'a tenu aucun compte des autres rivières, ruisseaux, etc.; il n'a pas fait entrer en ligne de compte les inondations, les pluies extraordinaires, les éboulements, etc.; il a supposé que les crues du Rhône ont toujours été ce que nous les voyons aujourd'hui, tandis qu'elles ont dû être à l'origine beaucoup plus considérables et devaient enlever bien plus de matériaux aux montagnes tout récemment débarrassées de leur manteau de glaces; il n'a rien dit des galets, du sable qu'entraîne nécessairement une rivière torrentueuse comme le Rhône; etc.

Le chiffre trouvé par M. Forel devrait donc subir une sérieuse réduction pour se rapprocher de la vérité. Sans chercher à rien préciser, nous pouvons admettre au moins, avec une certitude presque absolue, que la période géologique actuelle a commencé il y a moins de cent mille ans.

D'autre part M. Arcelin a demandé aux terrains déposés par la Saône la solution du même problème. La rivière actuelle coule dans un lit creusé dans les alluvions de la Saône des temps quaternaires, mais dont elle a exhaussé les rives par les couches de limons déposées à chacune de ses crues. Les deux terrains se distinguent très-aisément l'un de l'autre. L'homogénéité des alluvions modernes indique d'ailleurs un phénomène remarquablement régulier. Les rives de la Saône présentent sur divers points des berges plus ou moins abruptes constituant autant de coupes géologiques naturelles. Les érosions du fleuve mettent à nu dans ces coupes des objets qu'il a été facile de reconnaître pour appartenir à l'époque romaine, à l'âge du bronze et à celui de la pierre polie. Ces objets se présentent à une hauteur constante attestant qu'ils sont bien en place. — Les berges de la Saône constituent donc un de ces chronomètres antéhistoriques si précieux pour nous.

MM. Arcelin et de Ferry ont cherché d'abord à déterminer directement l'âge de ces diverses couches. Les nombres ainsi obtenus présentent une certaine discordance, due sans doute à ce que M. de Ferry a basé ses calculs sur une seule coupe, tandis que ceux de M. Arcelin représentent les moyennes de chiffres relevés dans 33 stations. Quoi qu'il en soit, ce dernier a eu plus tard recours au procédé de M. Forel et à la règle de fausse position. Mais au lieu de chercher un *maximum*, c'est un *minimum* qu'il a tâché de déterminer. Ses calculs ont donné le résultat suivant :

```
Age de la couche romaine ................   1500 ans.
 —        —     du bronze................   2250
 —        —     de la pierre polie........   3000
 —        —     des marnes quaternaires.    6750
```

Ce serait là une antiquité fort modeste et qui nous ramènerait à peu près exactement aux chiffres de Manéthon. Mais le minimum de M. Arcelin me paraît être exagéré en moins, plus encore que ne l'est en sens contraire le maximum de M. Forel. Je me borne à indiquer la plus forte des causes qui ont dû amener ce résultat. Le calcul de l'auteur repose sur l'hypothèse de l'égalité des crues et du dépôt limoneux pendant la période qui nous sépare de l'époque romaine et dans tous les temps antérieurs. Il confond ainsi des époques où le bassin de la Saône était abandonné à la seule nature et d'autres où ce même bassin a été déboisé, défriché et cultivé comme il l'est aujourd'hui. Or qui ne sait combien l'action des agents atmosphériques, des pluies en particulier, est plus puissante sur un pays en culture que sur des champs en friches? Les couches supérieures ayant fourni à M. Arcelin la base de ses calculs ont dû amoindrir dans une proportion très-considérable le chiffre final, parce qu'elles se sont nécessairement formées beaucoup plus vite qu'une grande part des couches profondes.

Je dirai donc du minimum de M. Arcelin ce que j'ai dit du maximum de M. Forel. Il nous laisse la certitude que la période géologique actuelle remonte à bien plus de sept ou huit mille ans.

VI. — Quelles corrections devraient subir les chiffres extrêmes que je viens de citer pour se rapprocher de la vérité? C'est ce qu'il est encore impossible de dire. Mais on voit désormais la marche à suivre pour diminuer l'intervalle qui les sépare. Toutefois les alluvions de la Saône me paraissent présenter des conditions d'incertitude qu'il sera difficile de surmonter et le meilleur des chronomètres préhistoriques qui ait encore été découvert pour déterminer l'âge de la période actuelle me paraît être le lac Léman.

Pour perfectionner les premiers résultats atteints par M. Forel, il y aurait à tenir compte de toutes les circonstances indiquées plus haut et de quelques autres encore. Il faudrait surtout à différentes époques de l'année, en temps sec, comme en temps de pluie, et sur tout le pourtour du lac, jauger le moindre ruisseau, le moindre ravin, mesurer le limon que ses eaux renferment, la masse des galets ou de sable qu'elles charrient. Cette tâche est au-dessus des forces d'un seul homme ; elle ne dépasse pas ce que pourrait faire une *Association* formée dans ce but. Le problème en vaudrait la peine, et les savants suisses, si justement fiers de leur beau lac, pourraient assez aisément s'entendre pour lui en demander la solution.

Tels qu'ils sont, les travaux de MM. Arcelin et Forel conduisent à quelques conclusions importantes. Naguère on restreignait à un peu plus de six mille ans la durée totale de notre globe ; les alluvions de la Saône démontrent qu'à elle seule l'époque géologique actuelle compte plusieurs siècles de plus. D'autre part, sous l'empire des préoccupations darwinistes, on s'est mis à user du temps avec une facilité étrange et l'on a affirmé que des millions d'années nous séparaient des temps glaciaires. Les atterrissements du lac Léman nous enseignent que ces temps finissaient il y a moins de cent mille ans. Comme le dit fort bien M. Forel, « ce n'est pas encore là de la chronologie historique ; c'est cependant un peu plus que de la simple chronologie géologique » ; et l'on voit une fois de plus l'expérience, l'observation faire justice des conceptions purement théoriques.

CHAPITRE XIII

I. — Les skovmoses, la station de Schussenried, nous ont montré l'homme existant en Europe à la fin de l'époque glaciaire. Mais a-t-il traversé cette époque? L'a-t-il précédée? A-t-il été par cela même contemporain d'espèces végétales et animales placées de tout temps au rang des fossiles? Nous pouvons, on le sait, répondre affirmativement avec certitude à ces questions. On sait aussi que la démonstration de ce grand fait, une des plus belles conquêtes scientifiques des temps modernes, date pour ainsi dire d'hier.

Cette démonstration repose sur des preuves aujourd'hui si bien acceptées qu'il suffit de les énumérer. Il est évident que des ossements humains, ensevelis dans une couche terrestre non remaniée, attestent l'existence de l'homme au moment où se formait cette couche. Il est non moins évident que des silex taillés de main d'homme et transformés en haches, en scies, etc., que des bois d'animaux, façonnés en harpons ou en flèches sont autant de témoins irrécusables de l'existence des ouvriers. Enfin, lorsque des ossements humains se trouvent associés à des ossements d'animaux dans la même couche non remaniée, il est encore hors de doute que l'homme et ces espèces animales ont été contemporains.

Bien des faits rentrant dans ces trois catégories avaient été constatés dès les premières années et dans le courant du siècle dernier. Dès 1700, les fouilles exécutées par ordre du duc Eberhard Louis de Wurtemberg, à Canstadt, près de Stuttgard, mirent au jour un grand nombre d'ossements d'animaux éteints parmi lesquels se trouvait un crâne humain. Mais la nature de cette précieuse relique n'a été reconnue par Jœger qu'en 1835. A peu près à la même époque un Anglais, Kemp, recueillait dans Londres même, à côté de dents d'éléphants, une hache de pierre semblable à celles de Saint-Acheul. Plus tard Esper en Allemagne, John Frère en Angleterre signalèrent des faits plus ou moins analogues. Mais ni l'un ni l'autre ne pouvait en comprendre la signification : car la géologie était absolument dans l'enfance et la paléontologie n'existait pas.

II. — C'est en 1823 seulement qu'Amy Boué présenta à Cuvier des ossements humains trouvés par lui dans le *loess* du Rhin, aux environs de Lahr, dans le pays de Bade. Boué regardait ces ossements comme fossiles; Cuvier se refusa à admettre cette conclusion. On le lui a bien souvent reproché; on a été injuste. Cuvier avait vu trop souvent de prétendus *hommes fossiles* se transformer soit en mastodontes, soit en salamandres, soit même en simples blocs de grès bizarrement contournés, pour ne pas se tenir sur ses gardes; et, en présence d'un fait jusque-là unique, il crut plus sage d'admettre un remaniement qui aurait transporté dans le loess des ossements bien postérieurs à la formation de cette couche.

Mais jamais Cuvier, quoi qu'on en ait dit, n'a nié la possibilité de trouver l'*homme fossile*. Il a au contraire formellement admis l'existence de notre espèce comme antérieure aux dernières révolutions du globe. « L'homme pouvait, dit-il, habiter quelque contrée peu étendue, d'où il a repeuplé la Terre après ces événements terribles. » On voit que les éloges et les reproches adressés à notre grand naturaliste à propos d'une opinion qu'il n'a jamais eue, sont également immérités.

La réserve, exagérée peut-être, que s'imposait Cuvier, la croyance qu'on lui prêtait n'en pesèrent pas moins sur la science en ce qu'elles empêchèrent de comprendre la valeur des observations recueillies par Tournal (1828-1829) dans l'Aude, par Christol (1829) dans le Gard, par Schmerling (1833) en Belgique, par Joly (1835) dans la Lozère, par Marcel de Serres (1839) dans l'Aude, par Lund (1844) au Brésil. En 1843 la presque totalité des savants vraiment autorisés partageait l'opinion si bien motivée par M. Desnoyers. Sans regarder comme impossible l'existence de l'homme fossile, ils ne pensaient pas qu'on l'eût encore découvert.

C'est aux efforts persévérants d'un archéologue distingué, Boucher de Perthes, qu'est due la démonstration du fait si longtemps nié et aujourd'hui universellement admis. Sous l'empire de certaines idées philosophiques, fort peu propres d'ailleurs à lui faire des disciples, il avait admis à *priori* l'existence d'êtres humains ayant précédé l'homme actuel dont ils devaient différer beaucoup. Il espérait retrouver soit leurs restes eux-mêmes, soit les produits de leur industrie dans les terrains d'alluvion supérieurs. Surveillant, soit par lui-même, soit par ses *agents*, l'exploitation des carrières de gravier situées près d'Abbeville, il y recueillait une foule de silex plus ou moins grossièrement travaillés, mais portant l'empreinte irrécusable de la main de l'homme. Quelques-unes de ses publications (1847) amenèrent

chez lui des visiteurs qui à leur tour se mirent en quête. Bientôt
M. Rigollot (1855), M. Gaudry (1856), retirèrent des carrières de
Saint-Acheul des haches semblables à celles d'Abbeville et se
déclarèrent convaincus. Les savants anglais Falconer, Prest-
wich, Lyell, après avoir visité la collection de Boucher de Perthes, en firent autant et eurent de nombreux imitateurs.

III. — Toutefois et malgré les découvertes qui se multipliaient
dans les cavernes et dans les sablonnières, aux environs mêmes
de Paris, on faisait aux partisans de l'homme fossile l'objection que Cuvier avait opposée à Amy Boué. On attribuait à un
remaniement opéré par les eaux la juxtaposition de restes d'animaux éteints et d'ossements humains ou d'objets fabriqués par
l'homme. La haute autorité de M. de Beaumont prêtait une force
nouvelle à cet argument. Il rapportait les alluvions des environs
d'Abbeville à ses *terrains des pentes*, formés, disait-il, par des
orages d'une violence exceptionnelle qui n'éclataient qu'une fois
en mille ans et qui mélangeaient les matériaux arrachés à
diverses couches. Quant aux trouvailles faites dans les cavernes,
elles inspiraient encore moins de confiance que les autres, à
raison de la facilité des affouillements causés par les remous,
qui pouvaient fort bien aller déposer au cœur d'une couche
sous-jacente des objets enlevés aux couches supérieures sans
détruire ni les unes ni les autres.

Beaucoup de bons esprits hésitaient donc encore, lorsque
M. Lartet publia son remarquable travail sur la grotte d'Aurignac (1861). Ici le doute n'était plus possible. Cette grotte,
ou mieux cet *abri*, était fermée au moment de la découverte
par une dalle de pierre apportée de loin; M. Lartet découvrit, soit à l'intérieur, soit sur le seuil, les ossements de huit
espèces animales sur neuf qui caractérisent le plus essentiellement les terrains quaternaires. Dans son mémoire il donna des
détails sur les restes de chacune d'elles. Quelques-uns de ces
animaux avaient été évidemment mangés sur place; leurs os, en
partie carbonisés, portaient encore la trace du feu dont on retrouvait les charbons et les cendres; ceux d'un jeune rhinocéros tichorhinus présentaient des entailles faites par des outils
de silex, et leurs extrémités spongieuses avaient été rongées par
un carnassier; celui-ci révélait son espèce par ses coprolithes,
reconnaissables pour être ceux de la *hyena spelæa*.

La grotte ou abri d'Aurignac est creusée dans un petit massif
montagneux, dépendant du plateau de Lanémézan, que n'a
jamais atteint le diluvium pyrénéen. Elle échappait donc à
toute objection tirée de l'intervention des courants d'eau. Aussi,
les faits annoncés par M. Lartet furent-ils généralement acceptés
d'emblée avec toute leur signification. Ces faits montraient
l'homme vivant au milieu de la faune quaternaire, utilisant
pour sa nourriture jusqu'au rhinocéros et suivi par la hyène de
cette époque qui profitait des débris du repas. La coexistence de
l'homme et de ces espèces fossiles était démontrée.

Quelques retours offensifs des savants, fort rares d'ailleurs, qui refusaient de se rendre à ces témoignages eurent encore lieu, entre autres à propos de la découverte d'une mâchoire humaine faite à Moulin Quignon par Boucher de Perthes. Mais les trouvailles devinrent si nombreuses que le dernier d'entre eux fut bientôt réduit à se taire et à laisser parler devant lui d'*homme fossile* sans élever la moindre protestation.

IV. — Il serait trop long et vraiment inutile d'énumérer ici toutes ces découvertes. Je me borne à signaler quelques-unes des plus frappantes auxquelles se rattachent les noms de Lartet et de Christy, son dévoué collaborateur. Aux Eyzies, ces deux infatigables chercheurs mirent à découvert un plancher stalagmitique, formé par une véritable brèche dont la pâte emprisonnait à la fois des silex taillés, des cendres, des charbons et des ossements de divers animaux quaternaires. De larges tables de cette brèche figurent aujourd'hui dans plusieurs collections. Dans cette même grotte ils découvrirent une vertèbre de jeune renne traversée par une lance en silex, qui s'était rompue dans l'os en donnant la mort à l'animal. Enfin M. Lartet eut la joie, en 1864, d'assister à la trouvaille d'une lame d'ivoire de mammouth, sur laquelle un artiste de la Madeleine avait tracé avec un poinçon de silex le dessin de l'animal lui-même. Sur cette antique gravure on retrouve tous les traits du mammouth, tel qu'on le rencontre encore parfois, conservé *avec son épaisse fourrure et ses longues soies*, dans les glaces de la Sibérie.

Pour que l'homme ait pu tracer le portrait d'une espèce animale, il faut bien qu'il ait vécu à côté d'elle. Or les preuves de cette nature sont devenues rapidement plus nombreuses et plus frappantes. Dans l'Ariége, M. Garrigou a trouvé le dessin de l'ours des cavernes tracé sur un galet. M. de Vibraye a retiré de la grotte de Langerie Basse le croquis d'un combat de rennes remarquablement gravé sur une plaque de schiste. Le même animal a été rencontré reproduit en sculpture dans le même abri et encore dans l'abri de Montastruc, d'où M. Peccadeau de l'Isle a extrait ses merveilleux manches de poignards.

Je n'ai pas à parler ici de ces armes, outils, instruments de toute nature, depuis le simple couteau jusqu'à ces flèches et harpons barbelés, à ces lances en feuilles de laurier, à ces poignards dentelés et guillochés qui égalent tout ce que le Danemark a de plus beau. Il me suffit de constater que toutes ces œuvres attestent l'existence de l'homme et que l'on compterait aujourd'hui par milliers les objets fabriqués par lui pendant l'âge géologique qui a précédé le nôtre.

Sans être à beaucoup près aussi abondants, les restes des ouvriers eux-mêmes ont été retrouvés à tous les étages des formations quaternaires. Bien que plusieurs États de l'Europe aient apporté leur contingent dans cet ensemble de découvertes, la France et la Belgique tiennent de beaucoup le premier rang.

Je ne saurais entrer ici dans des détails dont quelques-uns

seront mieux à leur place dans une autre partie de ce livre. Je
me borne à mentionner la sépulture de Cro Magnon, mise à
découvert par les ingénieurs du chemin de fer en 1866 non loin
de la station des Eyzies et qui nous a procuré le type d'une des
races fossiles les mieux caractérisées. Je ne puis non plus passer
sous silence les recherches aussi heureuses que patientes faites
de 1867 à 1873 par M. Martin, dans les carrières des environs
de Paris, recherches dont les résultats ont permis à M. Hamy
de fixer la succession des types dans nos environs immédiats.
Enfin je rappellerai les études de M. Dupont dans la vallée de la
Lesse. Commencées en 1864, continuées pendant sept années
avec une activité sans égale, elles ont accumulé dans le Musée
de Bruxelles environ 80 000 silex taillés de main d'homme,
40 000 ossements d'animaux aujourd'hui déterminés, les crânes
de Furfooz et une vingtaine de mâchoires parmi lesquelles figure
celle qui est devenue si célèbre sous le nom de *mâchoire de la
Naulette*.

Ce n'est pas seulement en Europe que l'existence de l'homme
fossile a été constatée. Déjà Lund avait annoncé en 1844 qu'il
avait trouvé dans certaines cavernes du Brésil des ossements
humains associés à des restes d'animaux disparus. Plus tard il
a rétracté ces dires, sans doute sous le coup des méfiances
qu'inspirait à cette époque toute annonce de cette nature. Mais
ses observations, qui n'ont malheureusement pas été publiées
avec détail, étaient probablement justes. En 1867 M. W. Blake
annonça au Congrès de Paris que, dans les dépôts aurifères de
la Californie et surtout près du village de Sonora, on trouvait
fréquemment des armes, des ustensiles et même des objets de
parure en pierre associés à des ossements de mammouth et de
mastodonte. Le Dr Snell, qui habite cette localité, en possède
une grande et riche collection. Le Dr Wilson avait publié quelques faits de même nature dès 1865.

V. — Il fallait pour se retrouver au milieu de ces richesses de
tout genre les répartir d'une manière méthodique et les éche-
lonner dans le temps. La prépondérance numérique des armes,
outils, sculptures, gravures, etc., a conduit les archéologues à
proposer diverses classifications essentiellement fondées sur la
différence des types présentés par ces objets et sur la matière
ayant servi à les façonner. Telle est celle que M. de Mortillet
a appliquée au Musée de Saint-Germain. Mais les classifications
de cette nature, très-commodes pour l'arrangement d'une collection publique, ont l'inconvénient d'être quelque peu artificielles. Le naturaliste, l'anthropologiste, doivent se rallier de
préférence aux données paléontologiques ou géologiques.

Lartet avait préféré les premières. Il rattachait la division des
temps quaternaires à la prédominance et à l'extinction des
grands mammifères. L'ours des cavernes, qui disparut le premier, lui a servi à désigner la période la plus ancienne; le mammouth et le *rhinocéras tichorhinus*, qui lui ont survécu, ont carac-

térisé la seconde ; le renne et l'aurochs ont donné leurs noms à la troisième et à la quatrième.

Cette classification a l'inconvénient d'être purement locale, parce que la disparition des espèces quaternaires n'a pas eu lieu partout en même temps et n'a pas été générale. En réalité l'âge du renne dure encore pour la Laponie et celui de l'aurochs se prolonge, un peu artificiellement il est vrai, dans les forêts de la Lithuanie. Mais, la méthode de Lartet rattache les groupes humains à des types animaux ; elle caractérise les époques par un événement paléontologique important ; elle conserve les rapports entre la succession des âges et les événements biologiques ; elle présente donc de sérieux avantages, à la condition d'être prise pour ce qu'elle est. C'est ce qu'avait fort bien compris l'homme éminent qui l'a proposée ; il ne l'appliquait qu'à la France.

Depuis le moment où M. Lartet faisait ses belles études, de nouveaux faits ont été acquis ; et, comme il est arrivé bien souvent, les distinctions, d'abord en apparence les mieux accusées, se sont en partie effacées. Aussi M. Dupont a-t-il proposé de réduire à deux les quatre âges de M. Lartet, ce qui est peut-être excessif, même pour la Belgique. M. Hamy de son côté a admis trois âges répondant aux niveaux fluviatiles moyens et nouveaux de M. Belgrand. Cette répartition des temps quaternaires a l'avantage de se rattacher aux phénomènes géologiques ; elle perd au moins en partie le caractère trop exclusivement local ; elle doit par cela même être préférée.

Plaçons-nous néanmoins pour le moment au point de vue de Lartet qui permet un rapprochement intéressant. Nous avons vu en Danemark la succession de trois espèces végétales : le hêtre, le chêne et le pin, nous conduire aux débuts de l'époque moderne actuelle. En France la disparition successive de quatre espèces animales, l'ours, le mammouth, le renne et l'aurochs, qui existaient d'abord ensemble sur notre sol, caractérise de même autant d'époques embrassant toute la période quaternaire. L'homme les a vus vivre chez nous à côté les uns des autres ; il s'est nourri de leur chair ; il nous en a laissé des représentations dessinées et sculptées.

VI. — Pouvons-nous le suivre plus loin et retrouver ses traces jusque dans les temps tertiaires ? Falconer, l'éminent paléontologiste anglais prématurément enlevé à la science, n'hésitait pas à répondre affirmativement. Mais il n'espérait rencontrer l'homme tertiaire que dans l'Inde, et M. Desnoyers l'a découvert en France.

C'est en 1863, dans la sablonnière de Saint-Prest, aux environs de Chartres, que M. Desnoyers recueillit lui-même un tibia de rhinocéros portant des incisions, des entailles semblables à celles qu'il avait vues bien souvent sur des ossements d'ours ou de rennes mangés par l'homme quaternaire. Une comparaison attentive et des faits nombreux de même nature constatés dans diverses collections l'autorisèrent à annoncer que l'homme remontait au-delà des temps glaciaires et avait vécu à l'époque pliocène.

Mais M. Desnoyers n'apportait de preuves que d'une seule nature et qui, pour être appréciées à toute leur valeur, exigeaient une certaine habitude. Aussi son travail fut-il accueilli d'abord avec un peu de méfiance. On lui demandait de montrer, sinon l'homme pliocène lui-même, au moins des objets de son industrie et en particulier les armes qui avaient pu abattre, les couteaux qui avaient dépecé ces éléphants, ces rhinocéros, ces grands cerfs dont les ossements portaient les stries plus ou moins profondes qu'il attribuait à l'homme. M. l'abbé Bourgeois répondit bientôt à ces exigences; et, en présence des silex taillés mis par lui sous les yeux des juges compétents, tous les doutes se dissipèrent.

Malheureusement le sable de Saint-Prest est considéré par d'assez nombreux géologues comme appartenant plutôt aux terrains quaternaires tout à fait inférieurs qu'aux formations franchement tertiaires. Il faut probablement le ranger dans ces produits d'une période de transition qui séparent deux époques bien tranchées. Peut-être est-il contemporain du dépôt de la caverne de Victoria, dans l'Yorkshire, d'où M. Tiddeman a retiré un péroné humain et que ce naturaliste regarde comme formé peu avant le grand refroidissement glaciaire. En somme les découvertes de MM. Desnoyers et Tiddeman repoussent l'existence de l'homme tout au moins jusqu'aux confins des temps tertiaires.

Les découvertes faites en Italie nous conduisent plus loin. A diverses reprises, et dès 1863, quelques savants de ce pays avaient cru avoir trouvé dans des terrains incontestablement pliocènes des traces de l'action humaine et même des ossements humains. Toutefois, pour des raisons diverses, ces résultats furent successivement mis en doute et repoussés par les hommes les plus compétents. Mais M. Capellini vient de découvrir en 1876, des preuves plus sérieuses de l'existence de l'homme aux temps pliocènes dans les argiles de Monte Aperto, près de Sienne, et sur deux autres points. L'éminent professeur de Bologne a rencontré dans ces trois localités, dont l'âge est incontesté, des os de balœnotus portant de nombreuses et fortes entailles qui me paraissent ne pouvoir s'expliquer que par l'action d'un instrument tranchant. Dans plusieurs cas, l'os a éclaté sur une des faces de l'incision, tandis que l'autre est lisse et nettement délimitée. A en juger par les planches et les moulages, il est impossible de ne pas admettre que les coups ont été portés sur des os frais. Ces entailles diffèrent complétement de celles que présentaient les os d'halitherium extraits des faluns miocènes de Pouancé. Autant celles-ci m'ont toujours paru ne pouvoir être attribuées à l'homme, autant celles dont il s'agit aujourd'hui me semblent ne pouvoir être que l'œuvre de sa main. L'existence de l'homme pliocène en Toscane est donc à mes yeux un fait acquis à la science. Toutefois je dois dire que cette conclusion n'est pas encore unanimement acceptée et que M. Magitot entre autres la conteste en se fondant sur ses expériences.

VII. — Les recherches de M. l'abbé Bourgeois nous font remonter bien plus haut encore. Cet habile et persévérant observateur a découvert dans le département de Loir-et-Cher, dans la commune de Thénay, des silex dont la taille lui a paru ne pouvoir être attribuée qu'à l'homme. Or les géologues sont unanimes pour placer les couches dont il s'agit ici parmi les terrains miocènes, en plein âge tertiaire moyen.

Mais les silex de Thénay, généralement de petite taille, sont presque tous fort grossièrement taillés et bien des paléontologistes, bien des archéologues n'ont vu dans leurs cassures que le résultat de chocs accidentels. En 1872, au Congrès de Bruxelles, la question fut soumise à une commission composée des hommes les plus compétents d'Allemagne, d'Angleterre, de Belgique, de Danemark, de France, d'Italie, et les juges se partagèrent. Les uns acceptèrent, d'autres repoussèrent tous les silex présentés par M. l'abbé Bourgeois. Quelques-uns déclarèrent qu'à leurs yeux un petit nombre de pièces seulement pouvaient être attribuées à l'industrie humaine. Quelques autres enfin crurent devoir réserver leur jugement et attendre de nouveaux faits.

J'étais au nombre de ces derniers. Mais depuis lors, de nouvelles pièces découvertes par M. l'abbé Bourgeois ont levé mes derniers doutes. Une petite hache ou grattoir entre autres, présentant de fines retouches régulières, ne peut, à mon avis, avoir été façonnée que par l'homme. Je ne blâme pourtant pas ceux de mes confrères qui nient ou doutent encore. En pareille matière il n'y a rien de bien pressant; et sans doute, l'existence de l'homme miocène sera démontrée, comme l'a été celle des hommes glaciaire et pliocène, — par des faits.

VIII. — Ainsi l'homme existait à coup sûr pendant l'époque quaternaire et pendant l'âge de transition auquel appartiennent les sables de Saint-Prest et les dépôts de Victoria; il a vu, selon toute probabilité, les temps miocènes et par conséquent l'époque pliocène en entier. Y a-t-il des raisons pour croire qu'on le trouvera plus loin encore? La date de son apparition est-elle nécessairement attachée à une époque quelconque? Pour répondre à ces questions je ne vois qu'un seul ordre de faits que l'on puisse interroger.

Nous savons que, par son corps, l'homme est un mammifère, rien de plus et rien de moins. Les conditions d'existence qui ont suffi à ces animaux ont dû lui suffire de même : là où ils ont vécu, il a pu vivre. Il peut donc avoir été le contemporain des premiers mammifères et remonter jusqu'à l'époque secondaire.

Des paléontologistes d'un grand mérite reculent devant cette proposition. Ils n'admettent pas même la possibilité de l'existence de l'homme aux temps miocènes. Toute la faune mammalogique de cette époque, disent-ils, a disparu; comment l'homme seul aurait-il résisté aux causes assez puissantes pour amener le renouvellement complet de tous les êtres avec lesquels il a le plus de rapports?

Je reconnais la force de l'objection; mais je tiens compte aussi de l'intelligence humaine, qu'elle semble oublier. C'est évidemment grâce à cette intelligence que l'homme de Saint-Prest, de Victoria, de Monte Aperto a pu traverser deux grandes époques géologiques. Il s'est défendu par le feu contre le refroidissement; il a survécu au retour d'une température plus douce. Eh bien, n'est-il pas permis de penser que des hommes venus plutôt auraient trouvé dans leur industrie les ressources nécessaires pour lutter contre les conditions que leur aurait imposées même le passage des derniers temps secondaires aux premiers âges tertiaires?

En fait, de l'aveu des juges les plus exigeants, l'homme a vu un des grands changements accomplis à la surface du globe; il a vécu dans une de ces époques géologiques auxquelles on le croyait naguère absolument étranger; il a été le contemporain d'espèces mammalogiques qui n'ont pas même vu l'aurore de l'époque actuelle. Il n'y a donc rien d'impossible à ce qu'il ait survécu à d'autres espèces de la même classe, à ce qu'il ait assisté à d'autres révolutions géologiques, à ce qu'il ait paru sur le globe avec les premiers représentants du type auquel il appartient par son organisation.

Mais c'est là une question de fait. Avant même de supposer qu'il en ait été ainsi, il faut attendre d'avoir été renseigné par l'observation.

LIVRE IV

CANTONNEMENT PRIMITIF DE L'ESPÈCE HUMAINE

CHAPITRE XIV

THÉORIE D'AGASSIZ ; — CENTRES DE CRÉATION.

I. — A l'exception des Terres Australes, à peine entrevues, à l'exception de quelques îlots et de quelques déserts dont nous n'avons pas à tenir compte, toutes les régions abordées depuis que s'est ouverte l'ère des découvertes modernes, se sont montrées plus ou moins peuplées. En parcourant le globe dont il prenait possession, l'homme européen a rencontré l'homme partout, et la paléontologie quaternaire vient de nous le montrer sur les rivages les plus éloignés des deux continents.

Ces populations si diverses sont-elles toutes filles du sol qu'elles habitent ? l'homme a-t-il pris naissance là où nous le montre l'histoire, là où les voyageurs l'ont rencontré ? ou bien, parti d'un certain nombre de points ou d'un seul, a-t-il envahi peu à peu la surface du globe ? En d'autres termes, l'homme aujourd'hui *cosmopolite*, a-t-il été primitivement plus ou moins *cantonné*.

Ces questions ont été tout à tour résolues dans les sens divers qu'elles comportent. Malheureusement ces solutions ont été trop souvent influencées par des considérations absolument étrangères à la science. On s'est cru obligé d'adopter soit l'une soit l'autre, au nom du dogme ou de la philosophie ; on a confondu cette question avec celle du monogénisme et du polygénisme, sans s'apercevoir que, sur ce point spécial, les deux doctrines doivent conduire au même résultat quiconque reste fidèle aux données de la science. On sait que celle-ci est notre seule guide ; voyons donc ce qu'elle nous apprend à ce sujet.

II. — La doctrine qui admet la multiplicité des origines géographiques de l'homme, a été plus souvent affirmée que soutenue par des arguments plus ou moins sérieux. Agassiz est le seul naturaliste qui l'ait développée et précisée, en l'appuyant sur des données générales. Il est donc nécessaire d'examiner d'abord ces données. Un exposé même très-succinct fera comprendre comment j'ai le regret de combattre ici un des hommes dont j'ai de tout temps estimé le plus le savoir et le caractère.

Il y a de singuliers rapports et des contrastes non moins frappants entre Agassiz et les disciples les plus exagérés de Darwin. L'illustre auteur de l'*Essai sur la classification* est aussi exclusivement morphologiste que ceux-ci ; pas plus pour lui que pour eux, la notion de *filiation* ne fait partie de l'idée d'*espèce* ; comme eux, il déclare que les questions de croisement, de fécondité continue ou restreinte n'ont au fond aucun intérêt. Il est permis d'attribuer ces opinions, si étranges chez un zoologiste aussi éminent qu'Agassiz, à la nature de ses premiers travaux. On sait qu'il débuta par ses célèbres recherches sur les poissons fossiles. Or, nous avons dit plus haut quelle influence exerce presque inévitablement l'étude des fossiles, chez lesquels on n'a à apprécier que des formes, où rien n'appelle l'attention sur l'enchaînement généalogique des êtres, où l'on ne rencontre jamais de père, de mère et d'enfants.

Mais tandis que les darwinistes admettent l'*instabilité* perpétuelle des formes spécifiques et leur *transmutation*, l'illustre professeur de Cambridge croit à leur *immutabilité absolue*. Sur ce point fondamental, il est l'antipode de Darwin. Dès 1840, tout en proclamant l'unité de l'espèce humaine, il admet que la diversité qu'elle présente tient à des *différences physiques primitives*. Ce n'est là au fond qu'un polygénisme mitigé ; et, comme toute doctrine polygéniste, celle-ci devait entraîner son auteur à mettre l'homme en contradiction avec les lois générales. En 1845, Agassiz acceptait lui-même cette conséquence, dans un mémoire sur la distribution géographique des animaux et des hommes. Il attribuait aux mêmes causes la diversité des uns et des autres. « Mais, ajoutait-il, tandis que dans chaque province zoologique les animaux sont d'*espèces différentes*, l'homme, malgré la diversité de ses *races*, forme toujours une seule et même espèce. » L'année suivante il déclarait croire à « un nombre indéfini de races d'hommes primordiales et créées séparément ».

Agassiz a réuni et développé toutes ses idées dans un mémoire inséré en tête du grand ouvrage polygéniste intitulé *Types of mankind*. On voit que Nott et Gliddon, les auteurs de ce livre, ne se sont nullement mépris sur la signification réelle d'une doctrine qui proclame l'unité spécifique de l'homme, tout en admettant que les races humaines ont été créées isolément avec tous les caractères qui les distinguent. Nous ne nous y tromperons pas davantage et nous verrons en Agassiz un véritable polygéniste.

À ce titre j'aurais à faire aux idées de l'éminent naturaliste toutes les objections que l'on a déjà vues. Mais de plus, l'association singulière qu'il a tenté d'établir entre l'*unité d'espèce* et la *caractérisation primordiale des races*, l'a conduit à des contradictions et à des conséquences qui lui sont propres et qu'il n'est guère possible de passer sous silence.

Pas plus que la plupart des polygénistes, Agassiz ne dit nulle part ce qu'il entend par le mot *race*. Il s'en sert néanmoins à chaque instant et, par exemple, il déclare être prêt à montrer que « les différences existant entre les races humaines sont de même nature que celles qui séparent les familles, genres et espèces de singes ou autres animaux... » « Le chimpanzé et le gorille, ajoute-t-il, ne diffèrent pas plus l'un de l'autre que le Mandingue du Nègre de Guinée ; l'un et l'autre ne diffèrent pas plus de l'orang que le Malais ou le Blanc ne diffèrent du Nègre. »

La conséquence logique d'un langage aussi affirmatif n'est-elle pas que les hommes forment une *famille zoologique* comprenant plusieurs genres et plusieurs espèces, tout aussi bien que la *famille* des singes anthropomorphes ? Eh bien, non. Agassiz consacre un alinéa à déclarer que cette appréciation si nette s'accorde parfaitement avec l'idée de l'unité et ne met nullement en question la fraternité humaine. Dans un de ses premiers mémoires sur les questions de cette nature, il avait déclaré que *l'homme est un être exceptionnel*, et l'on voit jusqu'où il poussait cette conséquence forcée de ses conceptions.

Dans une lettre adressée aux mêmes auteurs et imprimée dans les *Indigenous races of the Earth*, Agassiz revient sur le même sujet. Ici il insiste sur des considérations indiquées seulement dans son premier travail et que l'on est vraiment surpris de trouver sous sa plume. Pour démontrer que les mêmes causes locales ont agi sur l'homme et les animaux, il invoque la ressemblance de couleur existant selon lui entre le teint du Malais et le pelage de l'orang ; il compare au même point de vue les Négrittos et les Télingas aux gibbons.

S'il était possible de prendre au sérieux ce rapprochement entre la peau d'un groupe humain et le pelage d'un animal, on ne manquerait pas d'arguments à opposer à l'auteur. Je me borne à rappeler que les gibbons noirs habitent Sumatra, précisément une de ces îles où vivent les hommes regardés par Agassiz comme étant de couleur d'orang.

Entraîné par l'ardeur de la polémique contre les savants qui admettent pour l'homme l'unité d'origine géographique, Agassiz va bien plus loin encore. Il regarde les divers langages comme étant d'origine première aussi bien que tous les autres caractères. Les hommes, affirme-t-il, ont été créés par nations, qui toutes ont paru sur le globe avec leur langue propre. Il assimile ces langues aux voix des animaux ; il raille les linguistes d'avoir cru trouver de l'une à l'autre une filiation quelconque. Pour lui, d'une langue humaine à une autre, il n'y a pas plus de rapport qu'entre le grondement des diverses espèces d'ours, le miaulement des chats des deux continents, le cancanage des canards, le chant des grives, qui toutes « lancent leurs notes harmonieuses et gaies, chacune dans son dialecte, qui n'est ni l'héritier ni le dérivé d'un autre. »

À coup sûr, les linguistes n'accepteront pas l'arrêt porté par Agassiz. Mais je dois aussi protester contre l'assimilation admise par cet illustre confrère. Si j'attribue un *langage* aux animaux, je n'oublie pas combien il est rudimentaire ; je me souviens que jamais un animal n'a appris la langue d'un autre. Je sais trop la distance qu'il y a des *interjections animales*, à la *parole articulée*, et je comprends autant que personne, que pour manier un pareil instrument, pour en tirer de *véritables langues*, il fallait avant tout l'intelligence supérieure de l'homme.

Arrivé à ce point, Agassiz a dû sentir lui-même qu'il s'était fourvoyé et, qu'en essayant de fondre la notion d'une espèce humaine unique avec celle de plusieurs races d'origine distincte, il aboutissait à une impasse. Son dernier ouvrage ne porte que trop la trace de cet embarras. C'est probablement pour en sortir que l'auteur a fini par nier l'existence même de l'espèce. Après avoir repoussé une fois de plus le critérium tiré du croisement et des degrés de fécondité, il ajoute : « Avec lui disparaît à son tour la prétendue réalité de l'espèce opposée au mode d'existence des genres, des familles, des ordres, des classes, des embranchements. Ce qui en effet possède la réalité de l'existence, ce sont les individus. »

Ainsi, pour s'en être tenus à la morphologie, pour avoir méconnu le côté physiologique de la question, pour s'être laissés guider par une logique, n'ayant pour point de départ que des données incomplètes, Agassiz et Darwin arrivent à un résultat analogue. Tous les deux méconnaissent ce grand fait, compris par le bon sens vulgaire, démontré par la science et qui domine tout en zoologie comme en botanique, savoir : la division des êtres organisés en groupes élémentaires, fondamentaux, qui se propagent dans l'espace et dans le temps. Mais Darwin, partant des *phénomènes* de *variations* que présentent ces êtres, ne voit que des *races* dans les *espèces*. Agassiz, uniquement préoccupé des *phénomènes de fixité*, arrive à ne voir que des *individus* dans la nature vivante. Tous les deux oublient, que notre grand Buffon était allé successivement à ces deux extrêmes pour en revenir à la doctrine qui comprend et explique l'ensemble des faits, et qui se résume en ces mots : distinction de *la race* et de *l'espèce*.

III. — En dépit de ces affirmations dogmatiques et lorsqu'il en vient à une application quelconque, Agassiz comme Lamarck autrefois, comme Darwin de nos jours, est bien obligé d'employer le mot *espèce* dans le sens que tant d'autres lui donnent. Dans le mémoire dont je m'occupe, il est à chaque instant question des *espèces* animales et végétales. Leur distribution géographique sert de base à la théorie des origines humaines. L'auteur admet qu'elles n'ont pu prendre naissance sur un seul et même point du globe : que la création a eu lieu par places et que les espèces, rayonnant autour de ces centres, ont donné à la flore, à la faune actuelles tous leurs traits caractéristiques.

Jusque-là, Agassiz ne fait qu'adopter la doctrine des *centres de création*, doctrine toute française, que Desmoulins a formulée, que M. Edwards a développée.

Ce qui appartient à Agassiz, c'est d'avoir reproduit au nom de la science une idée émise d'abord au nom de la théologie par La Peyrère; c'est d'avoir donné à l'homme pour patrie première le globe tout entier; c'est d'avoir admis que les races humaines avaient les mêmes lieux d'origine que les groupes d'espèces animales ou végétales, et d'avoir attaché une de ces races à chacun des centres de création ; c'est d'avoir multiplié le nombre des créations humaines au point de professer que « l'homme a été créé par nations, » douées dès le début de tous leurs caractères distinctifs et parlant chacune sa langue propre.

Au premier abord cette conception n'a rien d'absurde en elle-même, rien qui soit en contradiction avec ce que nous avons vu jusqu'ici. Nous avons dit plus haut que la physiologie conduit à dire : « tout est *comme si* les groupes humains descendaient d'une paire primitive unique. » Elle ne va pas au-delà. Pour qui s'en tient aux considérations tirées de cet ordre de faits, la théorie d'Agassiz pourrait donc être acceptée comme une hypothèse fort gratuite, il est vrai, mais commode pour rendre compte de la répartition et de la diversité actuelles des types humains.

Il n'en est plus de même lorsqu'on interroge une autre branche des sciences naturelles, la *géographie zoologique et botanique*. Alors, il est facile de constater que les idées d'Agassiz conduisent à faire de l'homme une exception, à le mettre en désaccord avec les lois générales de la distribution géographique de tous les autres êtres organisés, et que par conséquent elles sont fausses.

IV. — Je partage complétement la croyance d'Agassiz, en ce qui concerne les *centres de création*, ou mieux les *centres d'apparition*.

Pour qui s'en tient aux données de l'observation et de l'expérience, il est évident que toutes les espèces animales et végétales n'ont pu prendre naissance sur un même point quelconque du globe. La première nous montre, dans les diverses régions, des espèces, des types différents, vivant naturellement dans des contrées qui présentent à très peu près les mêmes conditions d'existence. La seconde nous apprend que l'on peut transporter la plupart des espèces d'une région à l'autre et qu'elles y prospèrent, quand les conditions d'existence sont équivalentes; qu'au contraire les espèces boréales et tropicales ne sauraient, même temporairement, être soumises à l'action des mêmes milieux; que ni les unes ni les autres ne résistent à l'action d'un climat tempéré. De tous ces faits il est impossible de ne pas conclure que les animaux et les plantes ont eu plusieurs points d'apparition.

Mais si j'accepte cette doctrine seule conciliable avec les faits, c'est à la condition de la prendre tout entière et telle qu'elle ressort des études faites sur la répartition géographique de tous les êtres vivants. Or, les travaux de cette nature sont aujourd'hui nombreux.

Pour l'ensemble des végétaux phanérogames, nous avons l'ouvrage de M. Ad. de Candolle, devenu classique dès son apparition.

Les animaux n'ont pas encore eu leur de Candolle. Le grand ouvrage de M. Alphonse Edwards comblera en partie cette lacune pour les régions les plus méridionales du globe. En attendant, des études importantes ont eu lieu sur quelques-unes des principales classes. Buffon par ses belles recherches sur la géographie des mammifères a ouvert la voie où l'ont suivi les deux Geoffroy Saint-Hilaire, Fr. Cuvier, Andrew Murray ; Duméril et Bibron ont étudié les reptiles au même point de vue ; Fabricius, Latreille, Macley, Spence, Kirby, Lacordaire, ont fait de même pour les insectes ; M. Milne Edwards a fait connaître la distribution des crustacés ; j'ai tâché d'en faire autant pour les annélides. Enfin de très-nombreux travaux, portant sur des groupes moins élevés, sont depuis longtemps dans la science et Agassiz lui-même a largement contribué à accroître nos connaissances sous ce rapport.

De cet ensemble de recherches se dégagent un certain nombre de ces faits généraux que nous appelons des *lois*. Si la conception d'Agassiz est vraie, elle doit concorder avec ces lois. Or, le désaccord se manifeste dès le début.

Constatons d'abord que cette conception renferme deux idées très-distinctes : celle du cosmopolitisme originaire de l'espèce humaine ; puis celle d'un lien géographique entre la race humaine et les groupes animaux ou végétaux, rencontrés dans un centre commun. Voyons ce que cette dernière peut avoir de vrai ou de faux.

Pour Agassiz l'influence du centre d'apparition est générale et absolue. Elle s'étend à tous les produits du sol comme à ceux des eaux douces ou salées. Une contrée est caractérisée aussi bien par ses végétaux que par ses animaux et par son homme. A ses yeux, une force essentiellement locale semble avoir produit tous les êtres, ou du moins leur avoir imprimé un cachet commun.

Cette généralisation était inévitable. Quiconque veut rattacher une race humaine à chaque centre d'apparition doit à plus forte raison localiser dans chacun d'eux la cause originelle de toutes les formes animales ou végétales qui le peuplent. Pour tous les êtres vivants la coïncidence géographique doit être absolue.

Or, le plus souvent cette coïncidence n'existe pas. Des eaux d'un fleuve aux berges qui l'enferment le contraste peut être frappant. C'est ce que montrent les découvertes d'Agassiz lui-même sur la faune ichtiologique de l'Amazone. Pour qui accepte les résultats publiés par l'illustre voyageur, il est évident que cette faune se divise en groupes bien plus cantonnés que ceux des faunes terrestres. Le même fait se montre sur les rivages de deux mers séparées par une terre même fort étroite. La faune, la flore terrestres de l'isthme de Suez sont les mêmes dans toute son étendue, tandis que M. Edwards n'a pas trouvé une seule espèce de crustacés commune à la Méditerranée et à la mer Rouge, et que l'étude des annélides m'a conduit au même résultat.

Il y a plus, la même région peut être centre d'apparition pour une classe d'animaux et nullement pour une autre. L'Australie, par exemple, est un centre des plus caractérisés pour les mammifères et s'isole à ce point de vue de toutes les terres voisines. Quand il s'agit des insectes, elle se confond au contraire avec la Nouvelle-Zélande, la Nouvelle-Calédonie, et les îles qui s'y rattachent. J'emprunte ce dernier fait à Lacordaire. Il a d'autant plus de valeur que cet entomologiste a multiplié les centres d'apparition bien plus qu'Agassiz, et en a rendu ainsi la caractérisation plus aisée.

Ainsi la coïncidence admise par Agassiz, loin de s'étendre à tous les êtres organisés d'une région, n'existe même pas dans certains cas d'une classe à l'autre pour les animaux seuls.

V. — Agassiz partage la surface entière du globe en neuf grandes régions ou *Royaumes*. Je ne puis ici exposer avec détail les nombreuses critiques auxquelles prêtent la délimitation et la caractérisation de ces centres. Je me borne à quelques courtes remarques sur chacun d'eux.

1° *Royaume polynésien*. — Nous verrons plus loin qu'il est impossible de considérer la Polynésie comme un centre d'apparition humain. Cette région a été en entier peuplée par des migrations venant de l'archipel indien, et dont l'histoire peut être en partie reconstituée. Le premier royaume d'Agassiz doit être rayé en ce qui nous concerne ; c'est un centre exclusivement animal et végétal. Au reste Agassiz, tout en le maintenant dans le texte et sur la carte, ne le fait pas figurer dans le tableau illustré qui résume ses idées.

2° *Royaume australien*. — Agassiz englobe la Nouvelle-Guinée dans ce royaume. Il détruit par là l'homogénéité de la faune mammalogique. En même temps il réunit les diverses races humaines d'Australie aux Négritos et aux Papouas. Toute unité de type disparaît par cela même.

3° *Royaume malais* ou *indien*. — Ce royaume comprend l'Inde, les archipels malais et les îles Andaman. Or, dans l'Inde, antérieurement à la conquête aryane, vivaient des Jaunes et des Noirs. Ces derniers se retrouvent encore à l'état pur dans les Andaman, dans la presqu'île de Malacca ; la Malaisie présente un véritable fouillis de races très-diverses, allant du Blanc au Nègre ; quant aux Malais proprement dits, ils sont bien plutôt une population uniformisée par l'action de l'islamisme qu'une race proprement dite ; ils présentent à un haut degré des caractères de métissage. Tous ces faits protestent contre la pensée de faire de ces régions un centre d'apparition humain.

4° *Faune hottentote.* — Agassiz abandonne l'expression de royaume, quand il s'agit du sud de l'Afrique, sans motiver ce changement. Quoi qu'il en soit, c'est là une des régions qui se prêteraient le moins mal à l'application de sa théorie. Au point de vue zoologique et botanique, l'Afrique méridionale constitue un véritable centre. Le Boschisman et le Hottentot pourraient être considérés comme en étant le type humain caractéristique. Mais les Nègres de Delagoa et les Cafres viennent encore protester contre cette coïncidence partielle.

5° *Royaume africain.* — Cette région comprend pour Agassiz le reste de l'Afrique, sauf le littoral méditerranéen. Il y ajoute Madagascar et la moitié méridionale de la péninsule arabique. Or, au point de vue mammalogique, Madagascar constitue un petit centre à part, tandis que la population humaine y est très-mélangée. Les Hovas sont des Malais à peine modifiés, et chez les Sacalaves eux-mêmes les langues indiquent des rapports avec les Malayo-Polynésiens. Quant à la portion continentale de ce royaume, il suffit de remarquer qu'elle réunit des Nègres, des Abyssins, des Arabes, etc. L'histoire et l'état de choses actuel protestent également contre le rapprochement fait ici par l'auteur.

6° *Royaume européen.* — Cette division comprend pour Agassiz tout le pourtour de la Méditerranée, la Perse et le Bélouchistan. Elle embrasse par conséquent des faunes et des flores fort diverses ; elle mêle les populations aryanes, sémitiques et chamitiques ; elle ne tient pas compte de l'histoire. Agassiz le reconnaît lui-même et déclare n'avoir pris en considération que les temps préhistoriques. Mais dès l'époque quaternaire, à elle seule la France nourrissait des races grandes et dolychocéphales, d'autres petites et brachycéphales. Enfin si Agassiz réunit les Persans aux Européens, il laisse en dehors les Hindous qui sont ethnologiquement leurs frères et les place dans un tout autre royaume.

7° *Royaume mongol* ou *asiatique.* — Celui-ci renfermerait toute la partie centrale de l'Asie, à partir du Bolor et de l'Himalaya et s'étendrait jusqu'au Japon. Le Mongol est pris pour type humain de cette vaste étendue. Mais Agassiz oublie les Aryans du Bolor, les Yutchis blancs, les Japonais du même type, les Aïnos, etc. Il réunit donc tout au moins des populations se rattachant à deux des types extrêmes de l'humanité.

8° *Royaume américain.* — Agassiz ne fait qu'un seul royaume de l'Amérique entière, tandis que tous les zoologistes, tous les botanistes s'accordent pour la partager au moins en deux grands centres bien caractérisés. Il adopte l'opinion de Morton qui n'admet qu'une race humaine en Amérique, en dehors des Esquimaux. Or, depuis la publication de l'*Homme américain* de d'Orbigny, il n'est plus permis de croire à cette uniformité. Toutes les études faites sur cette question ont d'ailleurs de plus en plus démontré la multiplicité des races admise par ce voyageur. De plus lorsqu'on compare les races humaines de l'Amérique à celles de l'ancien continent, on constate que, à part quelques exceptions, des rapports assez étroits s'établissent avec l'Asie surtout par certaines populations de l'Amérique méridionale; lorsque l'on compare les faunes et les flores, c'est au contraire par l'Amérique septentrionale. Ces faits sont en opposition directe avec la théorie d'Agassiz.

9° *Royaume arctique.* — Celui-ci mérite de nous arrêter un peu plus longtemps que les autres. Il comprend toutes les régions boréales des deux continents. La limite méridionale, un peu arbitrairement fixée par Agassiz, s'arrête à la zone des forêts. Nulle région au monde ne présente à l'homme des conditions d'existence aussi identiques, parce que le froid les domine toutes. Aucune par conséquent ne semble pouvoir mieux se prêter à la justification des idées de l'auteur. Et pourtant les faits concordent aussi peu que possible avec sa théorie.

Agassiz caractérise ce royaume par l'existence d'une plante et de six espèces animales, cinq mammifères et un oiseau. La plante est le lichen d'Islande (*cenomyce rangiferina*). Or, ce lichen est si peu caractéristique des régions polaires qu'on le trouve en France sur bien des points et jusqu'aux environs de Paris à Fontainebleau. M. Decaisne pense qu'il est mangé pendant l'hiver par nos lièvres et nos lapins, comme il l'est par les rennes en Laponie. Au reste les observations récemment faites en Groenland par l'expédition polaire allemande montrent que cette contrée qui, dans le *royaume boréal*, se prêterait le mieux aux conceptions d'Agassiz et qu'habitent les Esquimaux pur sang, ne possède presque aucune espèce végétale qui lui soit propre et que bon nombre d'entre elles se retrouvent dans les Alpes et au sommet des Vosges. C'est une conséquence du retour de la chaleur après l'époque glaciaire, les espèces qui la redoutaient ayant émigré en altitude aussi bien qu'en latitude.

Parmi les espèces animales, l'ours blanc et le morse sont vraiment boréaux. On peut en dire autant du phoque groenlandais considéré comme espèce. Mais comme type on le retrouve partout; comme genre, il habite toutes les mers d'Europe. Le renne habitait en France à l'époque quaternaire; il vivait en Allemagne au temps de César; il descendait tous les ans jusqu'à la mer Caspienne du vivant de Pallas. La baleine franche visitait nos côtes avant d'avoir été chassée par l'homme. Enfin aujourd'hui encore l'eider niche tous les ans en Danemark à 10-15 degrés au sud du cercle polaire. Ainsi sur six espèces données par Agassiz comme propres à son royaume arctique, trois au moins appartiennent tout autant à son royaume européen.

Certes, Agassiz mieux que personne était capable de caractériser nettement la région dont il s'agit par des espèces animales, si la chose eût été possible. Il a échoué parce qu'il n'existe pas en réalité de faune vraiment boréale. Celle-ci résulte de l'extension des faunes plus méridionales qui vont en s'appauvrissant à mesure qu'elles avancent vers le nord, mais qui changent fort peu de caractère. En réalité, ce prétendu royaume se morcelle en provinces indépendantes, ou mieux se rattachant aux régions placées plus au sud et par suite mieux partagées. « La région polaire, dit Lacordaire en parlant des insectes, est caractérisée, moins par la spécialité de ses produits que par leur petit nombre. » Tous ces faits sont encore la conséquence du peuplement des régions boréales à la suite de l'époque glaciaire.

L'homme du moins présente-t-il, sous le pôle, l'homogénéité que suppose la théorie? Pas davantage, quoi que prétende Agassiz à ce sujet. « Là, dit-il, vit une race d'hommes particulière, connue en Amérique sous le nom d'Esquimaux et ailleurs sous ceux de Lapons, de Samoyèdes et de Tchouktchis.... L'uniformité de leurs caractères tout le long des mers arctiques les rapproche d'une manière frappante de la faune à laquelle ils sont étroitement liés. »

Il y a dans ces paroles d'Agassiz de graves erreurs anthropologiques et ethnologiques. L'uniformité de caractères dont il parle n'existe nullement. Il me suffit de rappeler que les Lapons sont une des races les plus brachycéphales et les Esquimaux une des plus dolichocéphales que l'on connaisse. En réalité ce sont deux races tellement distinctes qu'aucun anthropologiste n'a jamais eu la pensée de les réunir.

Quant aux Samoyèdes et aux Tchouktchis, ils ne sont pas originaires des pays glacés où nous les trouvons aujourd'hui. Les premiers se rappellent être venus du midi et M. de Tchiatchef a retrouvé leur souche originelle sur les confins de la Chine. Les seconds ne sont arrivés au détroit de Behring que depuis peu de temps, pour se soustraire à la conquête russe contre laquelle ils ont bravement lutté ; ils ont subjugué et absorbé les Yukagires qui les avaient précédés. Ils diffèrent en outre également des Esquimaux et des Lapons.

Ainsi dans ce royaume arctique, où se trouvent réunies les conditions les plus favorables pour mettre en lumière ce qu'il peut y avoir de vrai dans les idées d'Agassiz, tout proteste contre ces idées. Malgré ses vastes connaissances, l'auteur n'a pu le caractériser zoologiquement d'une manière précise ; la faune spéciale qu'il admet n'existe pas ; l'identité des populations proclamée par lui disparaît devant le plus léger examen.

En résumé la théorie qui rattache une race humaine à chaque centre d'apparition comme un produit local de ce centre, doit être rejetée par quiconque tient quelque peu compte des résultats de l'observation.

CHAPITRE XV

I. — Un homme éminent peut tirer des conséquences inexactes de l'existence des centres d'apparition sans que cette existence soit pour cela moins certaine. Sans être liées aux centres animaux ou végétaux, les races humaines pourraient avoir les leurs ; l'homme pourrait même avoir pris naissance partout où nous le rencontrons. Mais pour admettre ce cosmopolitisme initial, il faudrait s'être assuré qu'il fait rentrer l'homme dans les lois générales. Or, nous allons voir que cette hypothèse est au contraire en désaccord avec tous les faits généraux présentés par les plantes aussi bien que par les animaux.

II. — Constatons d'abord qu'aucune espèce animale ou végétale n'habite comme l'homme le globe à peu près tout entier.

La déclaration d'Ad. de Candolle est on ne peut plus précise en ce qui concerne les végétaux. « Aucune plante phanérogame, dit-il, ne s'étend sur la totalité de la surface terrestre. Il n'en existe guère que 18 dont l'aire atteigne la moitié des terres. Aucun arbre ou arbuste ne figure parmi ces plantes d'une extension si considérable. » — Cette dernière remarque se rattache à un ordre de considérations que nous retrouverons plus tard.

Ne pouvant entrer ici dans l'examen de tous les faits que présentent à ce point de vue les diverses classes du règne animal, je me borne à donner quelques détails sur les oiseaux et les mammifères.

On doit s'attendre à voir les premiers présenter des aires d'habitat fort étendues à raison de leur mode de locomotion. En effet, nous trouvons parmi eux quelques-unes des espèces qui méritent le mieux l'épithète de cosmopolite. Elles n'égalent pourtant pas l'homme sous ce rapport.

Le biset, la souche de nos pigeons domestiques, s'étend du sud de la Norwége à Madère et à l'Abyssinie, des îles Schetland à

Bornéo et au Japon ; mais il n'atteint ni l'équateur ni le cercle polaire ; il manque à l'Amérique et à la Polynésie.

Le vautour fauve occupe les régions tempérées de tout l'ancien continent, traverse l'équateur en Afrique et descend jusqu'au Cap. Mais on ne le rencontre ni dans nos régions boréales, ni en Amérique, ni en Polynésie.

Le faucon pèlerin est peut-être l'animal dont l'aire est la plus étendue. On le trouve en Amérique comme dans toutes les régions chaudes ou tempérées de l'Ancien-Monde. On croit qu'il atteint l'Australie ; mais il ne se rencontre ni en Polynésie ni dans les régions polaires.

Parmi les mammifères, les cétacés, grâce à leur énorme puissance de locomotion et à la continuité des mers, sembleraient se prêter à un véritable cosmopolitisme. Il n'en est rien pourtant. Ils sont presque tous cantonnés dans des aires relativement assez restreintes et ne font que rarement des excursions en dehors de leurs limites habituelles. Le commodore Maury regardait la mer équatoriale comme apportant un obstacle invincible à leur passage d'un hémisphère à l'autre. On a cependant signalé deux exceptions à cette règle. Un rorqual à grandes mains (*Megaptera longimana*) et un *Sibaldius laticeps* auraient franchi cette barrière et seraient passé de nos mers boréales dans celles du Cap et de Java. Ces exceptions pourraient s'expliquer aisément par diverses circonstances accidentelles. Acceptons-les néanmoins comme trahissant un cosmopolitisme relatif exceptionnel ; il reste acquis que ces deux espèces même n'ont jamais été rencontrées dans l'océan Pacifique.

Au-dessus des cétacés, nous ne trouvons plus rien qui ressemble au cosmopolitisme. Laissant même de côté l'Océanie entière, nous ne trouvons plus comme espèces communes à l'ancien et au nouveau continent que deux ou trois ruminants, peut-être un ours, un renard, un loup. Toutes ces espèces sont d'ailleurs plus ou moins boréales et manquent dans les régions méridionales des deux mondes. Enfin, pas une seule espèce de chéiroptères ou de quadrumanes n'habite à la fois l'Amérique et l'ancien continent.

A part les espèces que l'homme a disséminées en les faisant voyager avec lui, les animaux et les plantes occupent évidemment leur aire naturelle, dans laquelle est compris le centre autour duquel ils ont irradié. Nous voyons que, même après cette expansion, aucun d'eux n'a atteint une aire d'habitat comparable à celle de l'homme.

Admettre que l'espèce humaine est apparue partout où nous la trouvons, lui attribuer un cosmopolitisme initial, serait donc faire d'elle une exception unique, en contradiction avec les faits que présentent toutes les autres. L'hypothèse qui conduit à une pareille conséquence, doit être repoussée comme étant inconciliable avec les résultats de l'observation. Si l'homme est aujourd'hui partout, c'est grâce à son intelligence et à son industrie.

III. — Cette conclusion s'impose aux polygénistes eux-mêmes, à moins qu'ils ne veuillent repousser comme inapplicables à l'homme les lois de la géographie zoologique et botanique.

En effet, pour tant qu'ils aient multiplié leurs espèces humaines, ils n'ont pu, quand ils s'étaient quelque peu occupés d'histoire naturelle, que les réunir dans un même *genre*. Or, tout ce que nous venons de dire des *espèces*, s'applique également aux *genres*. L'aire d'habitat s'agrandit sans doute ; et, par exemple, quelques genres de cétacés, les dauphins et les rorquals, se rencontrent dans toutes les mers ; parmi les mammifères terrestres, chez les ruminants et les carnassiers, certains genres occupent plus ou moins l'ancien comme le nouveau continent. Mais ils manquent tous à la portion la plus étendue de l'Océanie.

En outre, à mesure que les types s'élèvent, le nombre de ces genres à aires très-étendues va en diminuant. Les cheiroptères à nez découvert ont quelques genres communs à l'ancien et au nouveau monde. Il n'en est plus de même chez les cheiroptères à nez portant une membrane. Chez eux, pas plus que chez les quadrumanes, il n'y a plus un seul genre qui habite à la fois l'Amérique et l'ancien continent.

Par conséquent, les polygénistes doivent admettre que les espèces dont ils composent leur *genre humain*, n'ont pu prendre naissance partout où l'on trouve des hommes aujourd'hui, à moins de vouloir faire de ce *genre humain* une exception frappante.

IV. — Voulût-on considérer les races humaines comme formant une *famille* composée de plusieurs *genres* et même un *ordre* comprenant plusieurs *familles*, on se heurterait aux mêmes difficultés.

Laissons de côté les marsupiaux et les édentés, sur lesquels nous reviendrons. Il est vrai que les grands ordres normaux de mammifères terrestres, les ruminants, les rongeurs, les insectivores, les carnassiers, sont presque aussi cosmopolites que l'homme. Mais il n'en est déjà plus de même des cheiroptères dont pas un ne dépasse le cercle polaire. Quant aux quadrumanes, chacun sait qu'ils manquent à l'Europe, le rocher de Gibraltar excepté, à l'Amérique du nord, à la plus grande partie de l'Asie et de l'Océanie. Si bien que, même dans l'hypothèse extrême que j'indique ici, ce serait encore en dehors des types animaux les plus rapprochés de l'homme, et jusque chez les carnassiers ou les ruminants, qu'il faudrait aller chercher des analogies géographiques, en faveur du prétendu cosmopolitisme initial de l'*ordre humain*.

V. — Ce resserrement des aires d'habitat des groupes animaux, manifestement en rapport avec leur degré d'élévation dans l'échelle des êtres, est un fait général qui se retrouve chez les végétaux. Écoutons encore sur ce point, ce que dit Ad. de Candolle : « L'aire moyenne des espèces est d'autant plus petite que la classe à laquelle elles appartiennent a une organisation plus complète, plus développée, autrement dit plus parfaite. »

Le *cantonnement progressif* des êtres organisés, croissant à mesure qu'ils se perfectionnent, est donc une loi générale. — La physiologie rend aisément compte de ce fait.

Le perfectionnement des organismes s'accomplit par la division du travail ; et celle-ci exige la multiplication des appareils fonctionnels. A mesure que les instruments anatomiques deviennent plus nombreux et plus spéciaux, les fonctions se spécialisent. Par cela même, les conditions d'harmonie entre l'être vivant et le milieu qui l'entoure, se précisent de plus en plus. Par suite, l'animal ou le végétal ne trouve plus ses vraies conditions de bien-être que dans une aire progressivement restreinte. Au delà le milieu change, la lutte pour l'existence devient plus meurtrière et l'expansion de l'espèce, du genre, de la famille ou de l'ordre lui-même se trouve arrêtée. L'homme seul, armé contre le milieu de son *intelligence* et de son *industrie*, est aussi seul capable de surmonter des conditions d'existence qui seraient une barrière infranchissable *pour son organisme matériel*.

La loi de cantonnement progressif est en opposition absolue avec la doctrine du cosmopolitisme initial de l'espèce humaine. En la laissant de côté, les polygénistes proprement dits pourraient invoquer la diffusion des genres dauphin et rorqual ; les monogénistes-polygénistes de l'École d'Agassiz pourraient arguer des faits indiqués plus haut dans les genres megaptera et sibaldius ; les uns et les autres pourraient dire : la loi générale de cantonnement présente deux exceptions ; pourquoi l'homme n'en serait-il pas une troisième?

L'analogie, on le voit, pécherait par la base. Les dauphins, les rorquals, les sibaldius appartiennent au dernier ordre des mammifères ; l'homme, à ne tenir compte que de son corps, appartient incontestablement à l'ordre le plus élevé. A moins de constituer une exception unique, c'est aux lois des groupes supérieurs qu'il a dû obéir et non point à celles du groupe inférieur.

Nous pouvons donc affirmer dès à présent que l'homme n'a pu être originairement cosmopolite. Mais nous pouvons aller encore plus loin.

VI. — Sans avoir pris naissance sur tous les points où nous le rencontrons aujourd'hui, l'homme pourrait avoir eu plusieurs centres d'apparition. Examinons cette dernière question. Les lois du cantonnement progressif et de la caractérisation des centres permettent de la poser et de la résoudre.

Reprenons à ce point de vue l'examen des groupes animaux, laissons de côté tous les types inférieurs et ne tenons compte que des anthropomorphes. Dans cette famille, la plus rapprochée de l'homme par son organisation, il y a aussi des degrés. La loi du cantonnement progressif s'applique à ce groupe restreint, tout comme à l'ensemble du règne.

L'ensemble de la famille se rencontre en Asie, dans la presqu'île de Malacca, dans l'Assam jusqu'au 26° N., à Sumatra, à Java, à Bornéo et aux Philippines ; dans l'Afrique occidentale, du 10° S. jusqu'à 15° N. Mais le genre gibbon, le plus inférieur, occupe seul l'aire asiatique entière ; le genre orang est confiné à Bornéo et à Sumatra. En Afrique, le genre chimpanzé va à peu près du Zaïre au Sénégal ; le gorille n'a été trouvé qu'au Gabon et peut-être chez les Aschantis. Occupât-il tout l'espace que les voyageurs ont encore laissé en blanc sur cette partie de nos cartes, son aire d'habitat n'en serait pas moins bien restreinte. Ainsi, à mesure que le type anthropomorphe s'élève, l'aire d'habitat se restreint.

A ne tenir compte que de l'organisme matériel, le type humain est incontestablement supérieur à celui de l'orang et du gorille. Il a donc dû être primitivement cantonné tout autant que ces types animaux. On objectera peut-être que les grands singes sont en voie de disparition et que les quelques survivants ne sont que les *témoins* d'une population jadis plus nombreuse. Ce serait là une hypothèse absolument gratuite, qui ne reposerait sur aucun fait ; et il est permis de répondre tout au moins, que le gorille et l'orang auraient bien pu durer là où vivent encore le chimpanzé et le gibbon. Or, que sont les aires occupées par eux comparées à l'aire humaine ?

VII. — Jusqu'ici, j'ai laissé de côté les types exceptionnels, tels que les marsupiaux, les édentés, les makis, etc. Je ne voulais pas arguer des formes aberrantes ; je tenais à montrer les *lois* en action dans les espèces à organisme pour ainsi dire normal. Mais les types aberrants ont une haute valeur et nous apportent de nouveaux enseignements.

Ces types caractérisent presque toujours, soit les grands centres d'apparition, soit les centres secondaires ou régions géographiques. Pour ne parler que des mammifères, je rappellerai que l'Australie a ses marsupiaux ; l'Australie méridionale, l'ornithorinque ; l'Amérique boréale, le bœuf musqué ; l'Amérique centrale, les édentés ; l'Afrique, la girafe ; l'Asie, le yack ; le Cap, le gnou ; Madagascar, les makis et l'aye-aye ; le Gabon, le gorille, etc.

L'homme aussi est évidemment un type exceptionnel ou aberrant parmi les mammifères. Seul il est construit pour la station verticale ; seul il a de vrais pieds et de vraies mains ; seul il présente un développement cérébral porté au plus haut degré ; seul il possède cette supériorité d'intelligence qui fait de lui le maître de tout ce qui l'entoure.

Admettre que le type humain, ce type le plus perfectionné, ce genre exceptionnel entre tous, a pris naissance dans plusieurs centres d'apparition et n'en a caractérisé aucun, serait faire de lui une exception unique.

Pour si polygéniste que l'on soit, et quelque nombre d'espèces d'hommes que l'on admette, il faut reconnaître que le cantonnement primitif du *genre* humain dans un seul centre d'apparition et la caractérisation de ce centre par lui sont la conséquence logique de tous les faits attestés par la géographie zoologique.

A plus forte raison, tout monogéniste verra dans l'espèce privilégiée qui domine toutes les autres, un de ces types spéciaux qui caractérisent le centre, la région où ils ont paru, comme l'ornithorinque, l'aye-aye, le gnou, caractérisent l'Australie méridionale, Madagascar, le Cap.

En résumé, les lois de la géographie zoologique conduisent à voir avec certitude dans l'espèce humaine, le trait caractéristique d'un centre d'apparition unique. Elles permettent d'ajouter que ce centre n'a pas dû être plus étendu que celui du gorille et de l'orang.

VIII. — Est-il possible d'aller plus loin encore et de chercher à déterminer la position géographique du centre d'apparition humain? Je ne saurais aborder ici ce problème dans ses détails; je me bornerai à en préciser le sens et à indiquer les solutions probables d'après les données de la science actuelle.

Remarquons d'abord que, lorsqu'il s'agit d'une espèce animale ou végétale, de celles même dont l'aire est la plus circonscrite, personne ne demande le point précis où elle a pu se montrer pour la première fois. La détermination dont il s'agit a toujours quelque chose de très-vague et est forcément approximative. L'on ne saurait en demander davantage, quand il s'agit de l'espèce répandue aujourd'hui partout. Dans ces limites, il est permis de former au moins des conjectures ayant pour elles une certaine probabilité.

La question se présente avec des caractères assez différents, selon que l'on s'arrête aux temps présents ou que l'on tient compte de l'ancienneté géologique de l'homme. Toutefois, les faits ramènent dans les mêmes régions et semblent indiquer deux extrêmes. La vérité est peut-être entre eux deux.

On sait qu'il existe en Asie une vaste région entourée au sud et au sud-ouest par l'Himalaya, à l'ouest par le Bolor, au nord-ouest par l'Ala-Tau, au nord par l'Altaï et ses dérivés, à l'est par le Kingkhan, au sud et au sud-est par le Félina et le Kuen-Lonn. A en juger par ce qui existe aujourd'hui, ce grand massif central pourrait être regardé comme ayant renfermé le berceau de l'espèce humaine.

En effet, les trois types fondamentaux de toutes les races humaines sont représentés dans les populations groupées autour de ce massif. Les races nègres en sont les plus éloignées, mais ont pourtant des stations marines où on les trouve pures ou métisses depuis les îles Kioussiou jusqu'aux Andaman. Sur les continent elles ont mêlé leur sang à presque toutes les castes et classes inférieures des deux presqu'îles gangétiques; elle se retrouvent encore pures dans toutes deux, remontent jusq   au Nepal et s'étendent à l'ouest jusqu'au golfe Persique et au lac Zareh, d'après Elphinstone.

La race jaune pure ou mélangée par places d'éléments blancs paraît occuper seule l'aire dont il s'agit; elle en peuple le pourtour au nord, à l'est, au sud-est et à l'ouest. Au sud elle se mélange davantage, mais elle n'en forme pas moins un élément important de la population.

La race blanche, par ses représentants allophyles, semble avoir disputé l'aire centrale elle-même à la race jaune. Dans le passé nous trouvons les Yu-Tchi, les Ou-soun au nord du Hoang-Ho; de nos jours dans le petit Thibet, dans le Thibet oriental, on a signalé des ilots de populations blanches. Les Miao-Tsé occupent les régions montagneuses de la Chine; les Siaputh résistent à toutes les attaques dans les gorges du Bolor. Sur les confins de l'aire nous rencontrons à l'est les Aïnos et les Japonais des hautes castes, les Tinguianes des Philippines; au sud les Hindous. Au sud-ouest et à l'ouest l'élément blanc, pur ou mélangé, domine entièrement.

Aucune autre région sur le globe ne présente une semblable réunion des types humains extrêmes distribués autour d'un centre commun. A lui seul, ce fait pourrait inspirer au naturaliste la conjecture que j'ai exprimée plus haut; mais on peut invoquer d'autres considérations.

Une des plus sérieuses se tire de la linguistique. Les trois formes fondamentales du langage humain se retrouvent dans les mêmes contrées et dans des rapports analogues. Au centre et au sud-est de notre aire, les langues monosyllabiques sont représentées par le chinois, le cochinchinois, le siamois, le thibétain. Comme langues agglutinatives, nous trouvons du nord-est au nord-ouest le groupe des ougro-japonaises, au sud celui des dravidiennes et des malaises, à l'ouest les langues turques. Enfin le sanscrit avec ses dérivés, et les langues iraniennes représentent au sud et au sud-ouest les langues à flexion.

C'est aux types linguistiques accumulés autour du massif central de l'Asie que se rattachent tous les langages humains; soit par le vocabulaire soit par la grammaire, quelques-unes de ces langues asiatiques touchent de très-près à des langages parlés dans des régions fort éloignées, ou séparées de l'aire dont il s'agit par des langues fort différentes. On sait que divers linguistes, M. Maury entre autres, rattachent intimement les langues dravidiennes aux idiomes de l'Australie, et que M. Pictet a retrouvé une foule de mots aryans dans nos plus vieilles langues européennes.

Enfin c'est encore d'Asie que nous sont venus nos animaux domestiques les plus anciennement soumis. Isidore Geoffroy s'accorde entièrement sur ce point avec Dureau de la Malle.

Ainsi, à ne tenir compte que de l'époque actuelle, tout nous ramène à ce plateau central ou mieux à cette grande enceinte. Là, est-on tenté de se dire, ont apparu et se sont multipliés les premiers hommes, jusqu'au moment où les populations ont débordé comme d'une coupe trop pleine et se sont épanchées en flots humains dans toutes les directions.

IX. — Mais les études paléontologiques ont conduit assez récemment à des résultats qui peuvent modifier ces premières conclusions. MM. Heer et de Saporta nous ont appris qu'à l'époque tertiaire la Sibérie et le Spitzberg étaient couverts de plantes attestant un climat tempéré. A la même époque, nous disent MM. Murchisson, Keyserlink, de Verneuil, d'Archiac les *barenlands* de nos jours nourrissaient de grands herbivores, le renne, le mammout, le rhinocéros à narines cloisonnées. Tous ces animaux se montrent chez nous au début de l'époque quaternaire. Ils me semblent ne pas être arrivés seuls.

J'ai dit plus haut que les trouvailles de M. l'abbé Bourgeois démontrent à mes yeux l'existence en France de l'*homme tertiaire*. Mais tout semble annoncer qu'il ne comptait encore chez nous que de rares représentants. Les populations quaternaires au contraire étaient, au moins par places, aussi nombreuses que le permet la vie de chasseur. N'est-il pas permis de penser que, pendant l'époque tertiaire, l'homme vivait dans l'Asie boréale à côté des espèces que je viens de nommer et qu'il les chassait pour s'en nourrir, comme il les a plus tard chassées en France? Le refroidissement força les animaux à émigrer vers le sud; l'homme dut les suivre pour chercher un climat plus doux et pour ne pas perdre de vue son gibier habituel. Leur arrivée simultanée dans nos climats, l'apparente multiplication subite de l'homme s'expliqueraient ainsi aisément.

On pourrait donc reporter bien au nord de l'enceinte dont je parlais tout à l'heure et au moins jusqu'en Sibérie le centre d'apparition humain. Peut-être l'archéologie préhistorique et la paléontologie confirmeront-elles ou infirmeront-elles un jour cette conjecture.

Quoi qu'il en soit, aucun des faits recueillis jusqu'à ce jour n'autorise à placer ailleurs qu'en Asie le berceau de l'espèce humaine. Aucun non plus ne conduit à chercher notre patrie originelle dans les régions chaudes soit des continents actuels soit d'un continent disparu. Cette pensée, bien souvent exprimée, repose uniquement sur la croyance que le climat du globe au moment de l'apparition de l'homme, était ce qu'il est aujourd'hui. La science moderne nous a appris que c'est là une erreur. Dès lors rien ne s'oppose à ce que nos premiers ancêtres aient trouvé des conditions d'existence favorables jusque dans le nord de l'Asie, où nous ramènent tant de faits empruntés à l'histoire de l'homme, à celle des animaux et des plantes.

LIVRE V

CHAPITRE XVI

MIGRATIONS PAR TERRE ; — EXODE DES KALMOUKS DU VOLGA.

I. — Au point où nous sommes parvenus, la filiation des faits et de leurs conséquences pose un nouveau problème. La physiologie nous a démontré qu'il n'existe qu'*une espèce* d'homme dont les groupes humains sont les *races*. La géographie zoologique nous a appris que cette espèce avait été primitivement cantonnée dans un espace relativement très-restreint. Puisque nous la voyons aujourd'hui partout, c'est qu'elle s'est répandue en irradiant en tout sens à partir de ce centre. Le *peuplement du globe par migrations* est la conséquence forcée de ce qui précède.

Les polygénistes, les partisans de l'autocthonie des peuples ont déclaré ces migrations *impossibles* pour un certain nombre de cas et ont présenté cette impossibilité prétendue comme une objection à la doctrine que je défends. Ici encore c'est par des faits que je répondrai.

II. — J'avoue n'avoir jamais compris qu'on ait attribué quelque valeur à cet argument. Les migrations se montrent à peu près partout dans l'histoire, dans les traditions et les légendes du nouveau comme de l'ancien monde. Nous les constatons chez les peuples les plus civilisés de nos jours et chez les tribus encore arrêtées aux plus bas échelons de la vie sauvage. A mesure que nos connaissances grandissent et dans quelques sens qu'elles s'étendent, elles nous font de plus en plus connaître les instincts voyageurs de l'homme. La paléontologie humaine, l'archéologie préhistorique ajoutent chaque jour leurs témoignages à ceux des sciences historiques.

A ne juger que par cette sorte de renseignements, le peuple-

ment du globe entier par voie de migrations, de colonisations
apparaît comme plus que probable. L'immobilité primordiale et
ininterrompue d'une race humaine quelconque serait un fait en
désaccord avec toutes les analogies. Sans doute, une fois constituée, elle laissera en place, à moins d'événements exceptionnels,
un nombre plus ou moins considérable et d'ordinaire la très-
grande majorité de ses représentants ; mais, à coup sûr, dans le
cours des âges elle aura essaimé.

III. — Les partisans de l'autochthonie insistent d'une manière
spéciale sur deux ordres de considérations tirées les unes de l'état
social des peuples dans l'enfance et dépourvus des moyens d'action que nous possédons, les autres des obstacles qu'une nature
jusque-là indomptée devait opposer à leur marche.

La première objection repose évidemment sur une appréciation inexacte des aptitudes et des tendances développées chez
l'homme par ses divers genres de vie. L'imperfection même de
l'état social, loin d'arrêter la dissémination de l'espèce humaine,
ne pouvait que la favoriser. Les peuples cultivateurs sont forcément sédentaires ; les pasteurs, moins attachés au sol, ont besoin
de rencontrer des conditions spéciales. Les chasseurs au contraire, entraînés par leur genre de vie, par les nécessités qu'il
impose et les instincts qu'il développe ne peuvent que se disséminer en tout sens. Il leur faut pour vivre de vastes espaces ;
dès que les populations s'accroissent, même dans d'assez faibles
proportions, elles sont forcées de se séparer ou de s'entre-détruire,
comme le montre si bien l'histoire des Peaux-Rouges. Les peuples chasseurs ou pasteurs sont donc seuls propres aux grandes
et lointaines migrations. Les peuples cultivateurs seront plutôt
colonisateurs.

L'histoire classique elle-même confirme de tout point ces
inductions théoriques. On sait ce qu'étaient les envahisseurs du
monde romain, les destructeurs du Bas-Empire, les conquérants
arabes. Le même fait s'est produit au Mexique. Les Chichi-
mèques représentent ici les Goths et les Vandales de l'ancien
monde. Si l'Asie a tant de fois débordé sur l'Europe, si le nord
américain a envoyé tant de hordes dévastatrices dans les régions
plus méridionales, c'est que dans ces deux contrées l'homme
était resté barbare ou sauvage.

IV. — Les obstacles naturels étaient-ils vraiment infranchissables pour les populations dénuées de nos moyens perfectionnés
de locomotion ? Cette question doit être examinée à deux points
de vue, selon qu'il s'agit de migrations par terre ou par mer.

Le premier cas nous arrêtera peu. On a vraiment trop exagéré la faiblesse de l'homme et la puissance des barrières
que pouvaient lui opposer les accidents du terrain, la végétation ou les faunes. L'homme a toujours su vaincre les bêtes
féroces ; dès les temps quaternaires il mangeait le rhinocéros.
Il n'a jamais été arrêté par les montagnes lors même qu'il
traînait à sa suite ce qui pouvait rendre le passage le plus dif-

ficile; Annibal a franchi les Alpes avec ses éléphants et Bonaparte avec ses canons. Les hordes asiatiques n'ont pas été arrêtées par le Palus Méotides, pas plus que Fernand de Soto par les marais de la Floride. Les déserts sont chaque jour sillonnés par des caravanes; et quant aux fleuves, il n'est pas de sauvage qui ne sache les traverser sur un radeau ou une outre.

En réalité, — l'histoire des voyages ne le prouve que trop — l'homme seul arrête l'homme. Quand celui-ci n'existait pas, rien ne s'opposait à l'expansion de tribus ou de nations avançant lentement, à leur heure, se poussant ou se dépassant tour à tour, constituant des centres secondaires d'où partaient plus tard de nouvelles migrations. Même sur une terre peuplée, une race supérieure envahissante ne procède pas autrement. C'est ainsi que les Aryas ont conquis l'Inde, c'est ainsi qu'avancent les Paouins qui, partis d'un centre encore inconnu, arrivent au Gabon sur un front de bandière d'environ quatre cents kilomètres.

V. — Je pourrais m'en tenir à ces observations générales. Mais il peut être bon de rappeler succinctement un fait trop oublié quoique récent et qui montre comment une population entière peut effectuer une grande migration en dépit des obstacles de tout genre accumulés sur un espace immense.

Vers l'an 1616, une horde de Kalmouks, poussée par des motifs que nous ignorons, abandonna les confins de la Chine, traversa l'Asie et vint s'établir dans le kahanat de Kazan sur les deux rives du Volga. Elle se plaçait ainsi sous la domination de la Russie qui accueillit volontiers ces colons et respecta leur gouvernement patriarcal. En revanche les Kalmouks se montrèrent sujets fidèles et fournirent à diverses reprises de nombreux et braves corps de cavalerie à l'armée russe. Ce bon accord dura jusqu'au moment où l'impératrice Catherine, ayant à choisir entre deux prétendants nommés Oubacha et Zébeck-Dorchi, appela le premier au commandement de la horde. Zébeck, furieux, imagina de se venger de la Russie en ramenant ses compatriotes en Chine. Secondé par le principal Lama, il entraîna Oubacha lui-même, et la conspiration, bien qu'englobant un peuple entier, fut conduite avec un tel mystère qu'elle échappa à la surveillance intéressée de la Russie.

Le 5 janvier 1771, on vit les Kalmouks se réunir sur la rive gauche du Volga. De demi-heure en demi-heure, des groupes de femmes, d'enfants, de vieillards au nombre de 15 à 20 000 portés sur des chariots ou des chameaux, partaient escortés par des corps de 10 000 cavaliers. Une arrière-garde forte de 80 000 hommes d'élite couvrait les derrières des émigrants. Un officier russe, gardé comme prisonnier pendant une partie du voyage et qui nous a conservé ces détails, estime cet ensemble de populations à plus de 600 000 âmes.

Les Kalmouks sentaient la nécessité de se hâter afin d'échapper aux efforts que devait inévitablement faire la Russie pour les retenir. En sept jours, ils avaient franchi plus de 100 lieues par un temps sec mais froid. Bien des bestiaux avaient succombé et le lait commença à manquer, même pour les enfants. On était arrivé sur les bords de la Djem. Ici commencèrent les premières épreuves sérieuses. Un clan entier comptant 9 000 cavaliers fut massacré par les Cosaques.

Cependant au premier avis de ce départ, qui transformait en désert une partie de son empire, Catherine avait envoyé une armée avec ordre de ramener les fugitifs. Ceux-ci avaient à traverser, à 80 lieues de la Djem, un défilé dont il fallait s'emparer à tout prix. On avança à marches forcées. Malheureusement la neige survint; il fallut s'arrêter pendant dix jours. Arrivés au défilé on le trouva occupé par les Cosaques; toutefois ceux-ci furent tournés, défaits et massacrés par Zébeck.

On passa; mais il fallait redoubler de vitesse, car l'armée russe approchait. On tua et on sala ce qui restait de bestiaux; on abandonna sur la route tout invalide femme, enfant, vieillard ou malade; l'hiver redoublait de rigueur, on brûla les bâts et les chariots, et néanmoins chaque campement était marqué par des centaines de cadavres gelés. Enfin le printemps vint alléger ces souffrances et aux premiers jours de juin on traversa la Torgaï qui se jette dans le petit lac d'Aksakal, au N. N. E. du lac Aral. — En cinq mois les émigrants avaient fait 700 lieues; ils avaient perdu plus de 250 000 âmes; de toutes leurs bêtes de somme il ne restait que les chameaux. L'officier russe, Weseloff, mis un peu plus tard en liberté, put regagner le Volga guidé uniquement par la traînée de cadavres laissés sur la route.

Les malheureux fugitifs avaient cru pouvoir se reposer au-delà de la Torgaï. Mais l'armée russe suivait toujours et s'était même renforcée d'auxiliaires redoutables. C'étaient les Baskirs et les Kirghises, ennemis héréditaires des Kalmouks. Cette cavalerie légère prit l'avance et il fallut bientôt la combattre tout en continuant à fuir. Il fallut aussi tourner les déserts, où on aurait péri de faim, et se faire jour à travers les populations qui se levaient en armes pour protéger leur territoire contre des envahisseurs affamés. L'été avait fait place à l'hiver; les émigrants souffraient de la chaleur autant qu'ils avaient souffert du froid; la mortalité restait la même.

Enfin au mois de septembre la horde arriva sur les frontières de la Chine. Depuis plusieurs jours on manquait d'eau. A la vue d'un petit lac, chacun s'élança pour se désaltérer; la débandade devint générale. Les Baskirs et les Kirghises, qui n'avaient pas cessé un instant de harceler les fugitifs, s'élancèrent sur cette foule affolée et l'auraient peut-être exterminée. Heureusement, l'empereur Kien-Long chassait dans les environs accompagné comme à l'ordinaire d'une petite armée. Prévenu de l'arrivée de Kalmouks, il les avait reconnus de loin; et, les voyant attaqués, il se hâta de leur porter secours. Le bruit de son artillerie réveilla le courage de ceux qui se laissaient massacrer et leurs persécuteurs essuyèrent une sanglante défaite. Ajoutons que Kien-Long distribua à ceux qu'il avait sauvés des terres où leurs descendants vivent encore.

L'*Exode des Kalmouks* répond à tout ce que l'on pourrait avancer au sujet de l'impossibilité des migrations primitives par terre. En huit mois, malgré les rigueurs extrêmes du froid et du chaud, malgré les attaques incessantes d'ennemis implacables, malgré la famine et la soif, cette population a franchi un espace égal en ligne droite au huitième environ de la circonférence terrestre. En tenant compte des détours obligés, il faut peut-être doubler ce chiffre. Après un fait pareil, comment mettre en doute la possibilité de voyages plus longs encore pour une tribu marchant tranquillement, par étapes, et n'ayant à lutter que contre les difficultés du sol ou contre des bêtes fauves ?

CHAPITRE XVII

I. — La plupart des défenseurs de l'autochthonie reconnaissent
que les migrations par terre n'ont au fond rien d'impossible ;
mais il en est autrement, affirment-ils, des migrations par mer.
Le peuplement de l'Amérique , surtout celui de la Polynésie
par des immigrants venus de notre grand continent, est selon
eux au-dessus de tout ce que pouvaient entreprendre et accomplir des peuples dépourvus de connaissances astronomiques et
de moyens perfectionnés de navigation. A les en croire, les conditions géographiques, le régime des vents et des courants devaient
opposer une barrière insurmontable à toute entreprise de cette
nature.

Voyons, en commençant par la Polynésie, ce qu'il y a de vrai
dans ces assertions. Ce sera pour ainsi dire prendre le taureau
par les cornes, car aucune autre contrée du globe ne semble justifier au même degré les dires des autochthonistes.

II. — La Polynésie n'est pas précisément aussi isolée que l'on
se plaît à le dire. La seule inspection des cartes eût suffi pour
autoriser à penser qu'une population maritime, habituée à parcourir l'archipel malais, a dû plus d'une fois pousser jusqu'à la
Nouvelle-Guinée. Ce fait est aujourd'hui au-dessus de toute contestation. Au delà, les archipels de la Nouvelle-Bretagne et des
îles Salomon mettent pour ainsi dire des navigateurs quelque
peu aventureux sur la route des Fijis : une fois parvenus à cet
archipel, pour peu qu'ils aient été poussés par l'esprit des découvertes, ils ont dû gagner assez facilement la Polynésie proprement dite. La Nouvelle-Zélande au sud, les Sandwich au nord
restent toutefois en dehors de cet itinéraire indiqué par la géographie.

Pour que des marins hardis fussent arrêtés dans cette voie, il aurait fallu que les vents et les courants fussent toujours contraires et irrésistibles. Tant que l'on a cru à l'universalité dans ces régions et à la constance absolue des *vents alizés*, on a pu leur attribuer ce rôle. Mais les études faites dans l'intérêt du commerce, les écrits du commandant Maury, les cartes du capitaine Kerhallet nous ont appris que le *cloud-ring* promène ses vents variables sur près de 20 degrés dans l'aire maritime dont il s'agit. Nous savons surtout que chaque année, la *mousson* renverse les alizés et souffle jusqu'au delà des Sandwich et de Taïti ; si bien, qu'au lieu d'avoir le vent contraire, les navires marchant à l'est l'ont des plus favorables pendant plusieurs mois.

Les considérations tirées des courants conduisent à peu près aux mêmes conclusions. Dans le Pacifique, le courant équatorial portant de l'est à l'ouest forme en réalité deux grands fleuves océaniques distincts séparés par un large contre-courant coulant en sens inverse. Celui-ci longe au nord presque toute l'aire polynésienne ; il s'ouvre pour ainsi dire au débouché de l'archipel indien. Tout indique qu'il a joué un certain rôle dans les faits de dispersion des races constatés dans toutes les provinces de l'Océanie et à l'est de la Malaisie.

Enfin on sait que les phénomènes atmosphériques n'ont rien d'absolument régulier, pas plus dans les régions du Pacifique qu'ailleurs. Cette mer a comme les autres ses typhons, ses tempêtes, qui changent momentanément la direction des vents, qui entraînent les navires en dépit des courants. Les îles, les îlots dont elle est semée ont dû bien des fois recevoir des marins égarés, et nous en citerons des exemples.

Loin d'être *impossible*, le peuplement de la Polynésie, par des navigateurs partis de l'archipel indien, est relativement *facile* à certains moments de l'année, à la seule condition que ces navigateurs soient hardis et ne craignent pas de perdre la terre de vue. Or on sait combien les populations malaises répondent à cette condition.

Aussi les hommes qui ont tenu compte de toutes ces circonstances, Malte-Brun, Homme, Lesson, Rienzi, Beechey, Wilkes,... n'ont-ils pas hésité à regarder la Polynésie comme ayant été peuplée par des migrations avançant de l'ouest à l'est.

III. — Au contraire, les écrivains qui se sont arrêtés aux connaissances naguère imparfaites que nous avions de ces mers et à la direction ordinaire des vents, ou bien ont cru à l'autochthonie, ou bien ont imaginé diverses théories pour expliquer la présence de l'homme dans cette multitude d'îles et d'îlots isolés.

Ellis a cru que les Polynésiens avaient été portés d'Amérique en Océanie par les vents et les courants ; mais cette hypothèse n'a guère rallié d'adhérents. Elle est en contradiction trop évidente avec tous les caractères physiques, linguistiques et sociaux, qui rattachent les Polynésiens aux races malaises autant qu'ils les éloignent des Américains.

Dumont d'Urville a proposé une théorie plus satisfaisante au premier abord et qui compte encore quelques partisans. A ses yeux la Polynésie serait le reste d'un grand continent qui se rattachait primitivement à l'Asie. Cette terre se serait affaissée à la suite de quelque révolution géologique ; la mer aurait couvert les plaines et les collines ; les sommets les plus élevés émergeraient seuls aujourd'hui, formant les archipels actuels. Les Polynésiens seraient les descendants des individus échappés à la catastrophe.

Cette hypothèse a l'avantage de conserver les rapports brisés par celle d'Ellis. Et, circonstance curieuse, elle concorde avec la tradition du déluge telle que l'ont conservée les Tahitiens. Ceux-ci racontent que la grande inondation eut lieu sans pluies ni tempête. Ce fut la mer qui s'éleva et recouvrit la terre entière à l'exception d'un rocher plat qu'ils montrent encore et où se réfugièrent un homme et une femme. On pourrait croire qu'il n'y a dans ce récit qu'une méprise facile à comprendre. La mer ne monte jamais ; mais la terre peut s'enfoncer et l'on s'y est trompé ailleurs qu'à Taïti.

Toutefois on ne peut accepter la théorie de Dumont d'Urville. Elle est en contradiction avec les faits zoologiques, si bien étudiés par Darwin et par Dana. Si l'Océanie montre dans les atols des traces d'affaissement, un grand nombre d'îles présentent les preuves incontestables de soulèvement, et Taïti est précisément une de ces dernières.

Mais l'argument le plus sérieux à opposer à d'Urville se trouve dans la population. S'il est un fait sur lequel s'accordent tous les voyageurs, c'est que des Sandwich à la Nouvelle-Zélande et des Tongas à l'île de Pâques, tous les Polynésiens appartiennent à la même race et parlent la même langue avec de simples variantes de dialecte.

Or l'aire Polynésienne dont je viens d'indiquer les limites extrêmes est plus étendue que l'Asie entière. Que l'on songe à ce que serait une *Polynésie Asiatique*, si ce continent s'enfonçait sous les eaux ne laissant à découvert que le sommet de ses montagnes, où se réfugieraient quelques représentants des populations actuelles! N'est-il pas évident que chaque archipel et souvent chaque île aurait sa race et sa langue particulières?

A elles seules, les considérations tirées de l'identité des populations et des langages en Polynésie permettent d'affirmer que tous les insulaires ont une origine commune ; et par conséquent, que venus d'un point quelconque, ils ont peuplé successivement, en avançant d'archipel en archipel, le monde maritime où nous les avons découverts.

M. Horatio Hale, l'éminent anthropologiste de l'expédition scientifique des États-Unis, a le premier abordé le problème dans sa généralité ; il l'a résolu autant que le permettaient les données recueillies avant lui et par lui-même ; il a tracé une première carte des migrations polynésiennes. De nouveaux faits ont été acquis depuis lors. Sir George Grey a publié les chants his-

toriques des Maoris; Thomson, Shortland, Hochstetter ont fait
connaître des traditions nouvelles ; M. Remy a publié l'histoire
d'Hawaii rédigée par un indigène ; M. Gaussin a remporté le
prix de linguistique pour sa belle étude sur la langue polynésienne ; le Dépôt de la marine française a reçu des documents
précis recueillis à Taïti, auxquels M. le général Ribourt, l'amiral
Lavaud, l'amiral Bruat ont ajouté le fruit de leurs recherches
personnelles. Ces matériaux inédits ont été libéralement mis à
ma disposition et j'y ai joint quelques faits oubliés. J'ai pu ainsi
confirmer, dans ce qu'elles ont de général, les conclusions de
Hale, tout en y apportant quelques modifications importantes,
et compléter, en la modifiant sur certains points, sa carte des
migrations. On comprend que je ne pourrais ici entrer dans
une discussion détaillée et je me permets de renvoyer le lecteur
à mon livre sur *les Polynésiens et leurs migrations*. Je me borne à
un court résumé des résultats dont il présente, je crois, la démonstration.

IV. — Les caractères physiques et linguistiques attestent également que les Polynésiens sont un rameau détaché de ces races
malaises que des nuances, parfois assez accusées, partagent en
groupes nombreux. C'est à quelqu'un de ces groupes les moins
éloignés du type blanc que se rattachent les populations dont il
s'agit.

Le point de départ des migrations qui devaient s'étendre si
loin dans l'est, a été l'île Bouro ou Bourou, figurée sur toutes les
cartes entre Célèbes et Céram. Cette détermination, déjà proposée avec quelques doutes par Hale, me semble mise hors de doute
par l'ensemble des traditions recueillies à Tonga par Mariner,
dont le savant américain paraît ne pas avoir connu l'ouvrage.

En sortant des mers malaises, les émigrants durent suivre à
peu près l'itinéraire indiqué plus haut. Repoussés sans doute
par les races noires qui alors comme aujourd'hui occupaient la
Nouvelle-Guinée, ils franchirent la Mélanésie. Pourtant quelques
canots, probablement isolés, poussèrent jusqu'à l'extrémité orientale de cette grande île et y fondèrent une colonie récemment
découverte par le commandant Moresby. C'est elle qui a sans
doute fourni aux petits archipels de la Mélanésie au moins une
partie des éléments polynésiens qu'y ont signalés plusieurs
voyageurs. Nous savons toutefois, grâce aux recherches de M. de
Rochas, que l'élément polynésien du petit archipel des Loyalty
provient d'une émigration venue vers 1730 des îles Wallis à la
Nouvelle-Calédonie.

Le grand courant de l'émigration dut laisser au sud toute la
Mélanésie et on le voit se partager en trois branches. L'une
arrive aux Samoas, une autre aux Tongas, une troisième aux
Fijis. Les deux premiers archipels étaient évidemment déserts ;
le dernier avait déjà une population noire. Pourtant il y eut d'a-
bord alliance entre elle et les émigrants. Mais plus tard la *guerre
de race* éclata ; les Malais furent chassés, laissant probablement

derrière eux une partie de leurs femmes. Ainsi se constitua aux Fijis la population dont les caractères mixtes ont frappé tous les voyageurs.

Les Malais expulsés gagnèrent les îles Tongas. Les trouvant occupées par des compatriotes, ils les attaquèrent et les vainquirent. Au lieu de les massacrer ou d'en faire des esclaves, ils inventèrent le *sercage*, institution qu'on n'a rencontrée que dans cet archipel.

Pendant que les colonies malaises fondées aux Fijis et à Tonga étaient dispersées ou désolées par une guerre fratricide, celles de l'archipel Samoa prospéraient. La population devenait de plus en plus dense ; l'esprit d'aventure n'était pas encore éteint ; de nouvelles émigrations prirent la mer, marchant dans la direction qui avait conduit aux premières découvertes. A ce moment l'île Savaï a joué un rôle prépondérant attesté par toutes les traditions polynésiennes. On retrouve son nom à peine modifié par les dialectes locaux dans presque tous les archipels, aux Sandwich comme à la Nouvelle-Zélande, aux Marquises comme à Taïti et aux îles Manaïa. Enfin Tupaïa, en traçant la curieuse carte que Forster nous a conservée, désigne l'île Savaï comme *la mère de toutes les autres* et la figure comme bien plus grande que Taïti. C'est là une erreur ; mais cette erreur même met hors de doute l'importance de cette localité au point de vue qui nous occupe.

A l'exception d'une seule émigration qui de Tonga s'est portée directement aux Marquises, c'est de l'archipel Samoa et de l'île de Savaï en particulier que paraissent être parties toutes les grandes expéditions qui ont formé ailleurs des centres secondaires. Taïti et les îles Manaïa sont les deux principaux. La première a peuplé le nord des Pomotous et en partie les Marquises, qui à leur tour ont envoyé des colons aux Sandwich, où les avaient pourtant précédés des Taïtiens. Les secondes, où s'étaient rencontré des Taïtiens et des Samoans, ont poussé leurs colonies jusqu'à Rapa, aux Gambiers, à l'extrémité sud-est de la Polynésie et jusqu'à la Nouvelle-Zélande au sud-ouest.

V. — Nous n'avons guère que des renseignements isolés et fort incomplets sur la plupart de ces migrations. Suffisants pour mettre le fait hors de doute, ils ne nous disent rien sur les circonstances qui l'ont accompagné ou suivi. Il en est tout autrement quand il s'agit de la Nouvelle-Zélande. Grâce aux chants recueillis par sir Georges Grey, nous avons l'histoire détaillée de cette colonisation. Cette exception est doublement heureuse en ce qu'elle nous renseigne sur une foule de points importants, et cela précisément au sujet de ces îles qui, rejetées bien loin du monde polynésien proprement dit, se prêtaient encore mieux que tout le reste de cette aire aux hypothèses autochthonistes. Aussi me semble-t-il utile d'entrer ici dans quelques détails.

Ce sont les habitants de Rarotonga, une des principales îles Manaïa, qui ont eu l'honneur de découvrir et de coloniser la

Nouvelle-Zélande. Peut-être pourtant une émigration tongane est-elle venue se joindre à eux à une époque indéterminée.

Le Christophe Colomb de ce petit monde fut un certain Ngahué, forcé de fuir sa patrie pour échapper aux persécutions d'une reine qui voulait lui enlever une *pierre de jade*. Le hasard sans doute le conduisit à la Nouvelle-Zélande. Il y découvrit plusieurs morceaux de jade qui lui permirent probablement de rentrer en grâce auprès de la *femme chef*, car on ne voit pas qu'il ait été inquiété après son retour à Rarotonga.

Pendant l'absence de Ngahué, une guerre générale était née dans son île. Les vaincus suivirent les conseils du voyageur qui les engageait à aller occuper avec lui la terre récemment découverte. Plusieurs chefs se réunirent et construisirent six canots dont les noms ont été conservés. Le chant traduit par sir Georges Grey nous apprend que l'un d'eux, l'*Arawa*, fut fait avec un arbre abattu à Rarotonga, qui est située de l'autre côté d'Hawaïki. Nous rencontrons ici une de ces *Savai secondaires* dont j'ai parlé plus haut. C'est de là que partirent les émigrants. « Autrefois, dit un des chants déjà cités, nos ancêtres se séparèrent : les uns furent laissés à Hawaïki, les autres vinrent ici dans des canots. »

Ces mêmes chants racontent les accidents de la traversée, les tempêtes qu'eurent à supporter les navigateurs, les soins donnés aux premières cultures, les voyages d'exploration tentés sur cette terre nouvelle, les discussions qui s'élevèrent entre les divers équipages. Ils montrent que les liens avec la mère patrie subsistèrent pendant quelque temps, si bien qu'une jeune fille fit la traversée avec quelques compagnes et que des expéditions guerrières partirent tantôt d'Hawaïki, tantôt de la colonie, pour venger quelques-uns de ces outrages regardés par cette race sauvage comme exigeant du sang.

Ces traversées n'ont rien qui doive étonner. Les Polynésiens savaient fort bien se diriger en mer en se guidant sur les étoiles; et, la route d'un point à un autre une fois reconnue, était inscrite, si l'on peut s'exprimer ainsi, dans un chant qui ne s'oubliait plus. Ils avaient de l'ensemble de leur monde maritime une idée générale très-juste. La carte dessinée par Tupaïa, et que j'ai reproduite dans mon livre, vaut celles que dressaient nos savants du moyen-âge et embrasse une aire autrement étendue. Tupaïa avait vu par lui-même plusieurs des îles qu'il a figurées. D'après les calculs de Cook il s'était avancé dans l'ouest à près de quatre cents lieues marines (2700 kilomètres). Mais c'est par les *chants sacrés* de sa patrie qu'il connaissait le reste de la Polynésie et qu'il a pu en tracer le croquis très-suffisamment exact.

Quant aux *canots* dont il est ici question, ce n'était rien moins que ces doubles pirogues dont tous les voyageurs ont parlé avec admiration et que Cook déclarait être très-propres aux voyages de long cours. C'est là un fait qui ressort à diverses reprises de détails très-précis contenus dans quelques-uns des chants traduits par sir Georges Grey. Nous voyons par exemple un des chefs émigrants, Ngatoro-i-Rangi, « monter sur le toit de la maison construite sur la plate-forme qui joignait les deux canots. » Ajoutons que l'*Arawa* et les autres navires pareils portaient habituellement 140 guerriers, et l'on comprendra combien est dénuée de fondement l'assertion des écrivains qui déclarent ces trajets impossibles, faute de moyens de transport suffisants.

VI. — Les documents de diverses natures que nous possédons aujourd'hui n'ont pas seulement permis de mettre hors de doute le fait général des migrations et de reconnaître les circonstances qui ont accompagné plusieurs d'entre elles. Ils nous mettent encore à même d'indiquer avec une approximation très-suffisante la date de quelques-unes des plus importantes.

C'est d'ordinaire par les généalogies des familles princières que l'on arrive à ce résultat. Chacune d'elles forme une sorte de litanie qui se chante sur un rhythme précis et dont chaque verset comprend le nom d'un chef, celui de sa femme et celui de son fils. Tout individu capable de retenir une chanson de cent vers peut donc apprendre aisément la plus longue de ces généalogies. Confiées à la mémoire des *arépos* ou *hommes archives*, elles étaient conservées avec un soin jaloux. Thomson nous apprend qu'on a fait à la Nouvelle-Zélande une véritable enquête au sujet de ces documents verbaux, et leur authenticité a été si bien reconnue qu'ils font foi en justice comme nos parchemins.

Or, aux Marquises, Gattanéwa, l'ami de Porter, descendant des premiers colons dans la partie tongane de l'archipel, ne comptait que quatre-vingt-huit prédécesseurs. A Hawaï la généalogie des Taméhaméha, d'après M. Remy, comprend soixante-quinze versets. En 1840, selon Williams, Rarotonga était gouvernée par le vingt-neuvième descendant de Karika, le fondateur de la colonie. Aux Gambiers, M. Maigret a vu le vingt-septième chef régnant depuis l'arrivée des premiers colons de Rarotonga.

Hale a fort bien montré que la généalogie Hawaïenne renferme au début, comme bien d'autres même en Europe, des personnages fabuleux. Il a cru devoir retrancher les vingt-deux premiers versets. On doit bien probablement faire une correction analogue à celle des Marquises. Quant à celles de Rarotonga et des Gambiers, elles sont trop récentes pour que la fable ait eu le temps de les vicier.

Hale, guidé par quelques considérations que je ne saurais discuter ici, a attribué à chaque verset de ces généalogies la valeur d'une *génération*, soit 25-30 ans. Mais Thomson et M. Remy, qui ont eu le temps de se renseigner d'une manière plus exacte, les regardent comme indiquant seulement les *règnes*. En calculant la durée moyenne de ces règnes d'après celle que donne la liste des rois de France depuis Clovis jusqu'à Louis XVI, on arrive au chiffre de 21 ans, 13.

D'après ces données, l'arrivée des Tongans aux Marquises aurait eu lieu vers l'an 419 de notre ère; celle des Taïtiens aux

Sandwich vers 701 ; Karika aurait colonisé Rarotonga en 1207 ; les Gambiers auraient été peuplées en 1270.

Pour la Nouvelle-Zélande, nous avons une double source d'informations et les résultats obtenus par ces deux voies concordent si bien qu'on ne saurait douter de leur exactitude. Les généalogies de la plupart des chefs Maoris remontent à ces hardis pionniers dont j'ai indiqué l'histoire. Thomson, qui en a examiné plusieurs, estime que l'on peut porter en moyenne à vingt le nombre des chefs qui se sont succédé dans chaque famille depuis la colonisation. Prenant pour base la liste des rois d'Angleterre, il attribue à chaque *règne de chef* une durée de 22 ans ½. Ces données le conduisent à l'an 1419. La liste des rois de France donnerait seulement l'an 1457.

D'autre part, parmi les chants conservés par sir Georges Grey, il en est un qui raconte l'histoire du fils de Hotunui, un des chefs colonisateurs de la Nouvelle-Zélande et de ses descendants immédiats. A la quatrième *génération*, on voit naître une fille, « de laquelle, ajoute la légende, sont descendus, en onze *générations*, tous les principaux chefs aujourd'hui vivants de la tribu des Ngatipaoa. » En comptant 30 ans par génération, on trouve que la migration d'Hotunui avait eu lieu 450 ans avant le moment où sir Georges Grey recueillait le document (1850 environ), ce qui reporte à l'an 1400.

Ainsi, c'est au plus tôt dans les premières années du XVe siècle qu'ont pris terre à la Nouvelle-Zélande ces Maoris, dont les autochthonistes veulent faire des enfants du sol.

VII. — Je n'ai parlé jusqu'ici que des migrations plus ou moins volontaires, telles que peuvent en déterminer l'esprit d'aventure, des troubles civils ou l'autorité d'un prêtre envoyant à la recherche de terres nouvelles un excédant de population. Mais lorsqu'il s'agit de la Polynésie, il faut, ai-je dit plus haut, tenir compte aussi des accidents de mer. On en connaît plusieurs exemples. C'est de cette manière qu'a été peuplée Toubouaï qui, vers la fin du siècle dernier, à quelques années d'intervalle, reçut trois canots partis d'îles différentes et dont l'un venait de Taïti. Tous les trois emportés par la tempête vinrent successivement aborder à cette île restée jusque-là déserte.

Telle est encore l'histoire du chef Touwari et de ses compagnons, hommes, femmes et enfants, découverts par le capitaine Beechey à l'île Byam-Martin qu'ils étaient en train de coloniser. Partis d'Anaa, île située à 400 kilomètres à l'est de Taïti, pour aller rendre hommage à Pomaré, ils furent surpris près de Maïatea par *la mousson venue plus tôt que d'ordinaire*. Rejetés au sud-est, au milieu des Pomotous, ils abordèrent d'abord à l'île Barrow. Mais n'y trouvant aucun moyen d'existence, ils reprirent la mer et rencontrèrent l'île où les trouva le navigateur anglais.

Cet exemple est complet en ce qu'il réalise toutes les circonstances indiquées par la théorie. Il constate des rapports réguliers entre îles placées à de grandes distances ; il précise une des cir-

constances qui ont dû plus d'une fois écarter de la route connue
ces hardis navigateurs ; il montre comment un îlot isolé a pu
recevoir tous les éléments d'une colonie ; il met hors de doute
la possibilité de la dissémination s'opérant dans une direction
exactement opposée à celle des vents alizés. Ajoutons que le
trajet total de Maïatea aux îles Barrow et Byam-Martin est de
plus de mille kilomètres, et l'on comprendra sans peine que la
Polynésie se soit peuplée par colonisation volontaire ou accidentelle.

VIII. — Une dernière circonstance importante à signaler et qui
est en désaccord complet avec toute hypothèse d'autochthonie,
c'est qu'en abordant dans les îles où nous les avons découverts,
les Polynésiens les trouvaient inhabitées.

Les chants que nous devons à sir George Grey, montrent qu'à
la Nouvelle-Zélande, la plupart des premiers immigrants ne rencontrèrent aucune trace de population les ayant précédés. Un
seul, nommé Manaïa, trouva sur un point la terre occupée par des
indigènes. Cette exception, précisément parce qu'elle est unique,
atteste qu'il s'agit d'une population peu nombreuse. Confinée
dans les derniers rangs de la société maorie, elle en a quelque
peu altéré le type. Le portrait publié par Hamilton Smith, et
l'un des crânes que possède le Muséum, nous apprennent que
ces prétendus *indigènes* étaient des Papous. Il est évident qu'ils
étaient arrivés à la Nouvelle-Zélande par suite de quelque accident analogue à ceux que je rappelais tout à l'heure, et n'avaient
pas même eu le temps de se multiplier assez pour occuper tous
les rivages de l'île du nord.

Les traditions des Sandwich rapportent un fait à peu près de
même nature. Elles disent que les premiers colons venant de
Taïti, trouvèrent dans ces îles des *dieux* et des *esprits*, qui habitaient les cavernes et avec lesquels ils firent alliance. Il s'agit
évidemment d'une population de troglodytes que la légende
s'est plu à grandir et dont l'origine n'est pas difficile à trouver.
Si Kadou, dont Kotzebue a conservé l'histoire, au lieu de partir des Carolines pour arriver aux îles Radak, était parti de ces
dernières, s'il avait fait à peu près le même trajet dans la même
direction, c'est aux Sandwich qu'il aurait pris terre.

Le mélange des races polynésienne et micronésienne explique
aisément le teint plus foncé et les traits moins purs des
Hawaïens. Peut-être la même cause rendrait-elle compte des
différences de traits, de mœurs, d'industrie, que présentent
quelques tribus des Iles Basses.

A part ces exceptions bien peu nombreuses et bien faibles, on
le voit, toutes les îles de la Polynésie paraissent avoir été désertes au moment où y abordèrent les navigateurs partis de
Bourou ou leurs descendants. Ce fait est formellement attesté
par les traditions pour les Kingsmill, Rarotonga, Mangarewa, les
îles Tonbouai, etc. La pureté de la race atteste qu'il en a été
de même pour les Tongas, les Samoas, les Marquises, etc.

IX. — En résumé, les faits que j'ai dû me borner à indiquer contredisent en tout les théories des autochthonistes et conduisent aux conclusions suivantes : La Polynésie, cette région que les conditions géographiques semblent au premier abord isoler du reste du monde, a été peuplée par voie de migration volontaire, et de dissémination accidentelle, procédant de l'ouest à l'est, au moins pour l'ensemble. Les Polynésiens, venus de la Malaisie, et de l'île Bouro en particulier, se sont établis et constitués d'abord dans les archipels de Samoa et de Tonga ; de là ils ont successivement envahi le monde maritime ouvert devant eux ; ils ont trouvé désertes, à bien peu près, toutes les terres où ils ont abordé et n'ont rencontré que sur trois ou quatre points quelques tribus peu nombreuses de sang plus ou moins noir.

CHAPITRE XVIII

I. — Le problème du peuplement se présente avec des conditions pour ainsi dire inverses en Polynésie et en Amérique. Relativement à cette dernière, il n'existe en réalité aucune difficulté géographique. Le voisinage des deux continents au détroit de Behring ; l'existence dans ce passage des îles Saint-Diomède dont la principale est placée presque exactement entre les deux terres opposées ; la chaîne formée du Kamchatka à la presqu'île d'Alaska par les îles Aléoutiennes ; les habitudes maritimes de toutes ces populations ; la présence sur les deux rivages opposés de populations Tchouktchis ; les voyages qu'elles font d'un continent à l'autre pour de simples affaires de commerce, ne peuvent laisser de doute sur les facilités offertes aux races asiatiques pour passer dans l'Amérique du nord, par les régions boréales.

Plus au sud, le courant de Tessan, le *Kouro-Sivo* ou *fleuve Noir* des Japonais, ouvre une large route aux navigateurs. Ce courant a fréquemment jeté sur les côtes de la Californie des corps flottants, des jonques désemparées. Des faits de cette nature ont eu lieu de nos jours. Il est impossible qu'ils ne se soient pas produits avant les découvertes européennes. De tout temps les populations asiatiques maritimes ont dû être amenées en Amérique de tous les points que baigne le fleuve Noir.

Le courant équatorial de l'Atlantique ouvre une route pareille conduisant d'Afrique en Amérique ; et quelques faits, plus rares il est vrai, montrent que des épaves ont suivi cette voie. L'homme a donc pu lui aussi être entraîné dans cette direction.

II. — On ne saurait donc être surpris en rencontrant dans le Nouveau-Monde des représentants des races qui semblent appartenir originairement à l'ancien continent ; on comprend facilement la multiplicité des races américaines, contestée encore peut-être par quelques disciples de Morton, mais que le témoignage de Humboldt et l'ouvrage classique sur l'*Homme américain* de d'Orbigny ont mis hors de doute pour tout esprit non prévenu.

On n'a rencontré en Amérique d'hommes à teint noir qu'en très-petit nombre, et par tribus isolées au milieu de populations tout autres. Tels sont les Charruas du Brésil, les Caraïbes noirs de l'île Saint-Vincent dans le golfe du Mexique, les Yamassis de la Floride, les Californiens à teint foncé, qui sont peut-être les hommes noirs dont parlent les traditions quichés et quelques vieux voyageurs espagnols.

Telle est encore la tribu dont Balboa vit quelques représentants lors de sa traversée de l'isthme de Darien, en 1513. Toutefois il résulte des expressions de Gomara qu'il s'agit ici de *véritables Nègres*. Ce type était bien connu des Espagnols et s'ils avaient rencontré des hommes noirs à cheveux lisses, comme les Charruas, ils en auraient été certainement très-frappés et auraient signalé le fait.

Le type blanc est plus largement représenté que le noir en Amérique. Le long de la côte Nord-Ouest, Meares, Marchand, La Pérouse, Dixon, Maurelle, ont signalé des populations qui sembleraient être de race blanche pure à en juger par quelques-unes de leurs descriptions. Sur le haut Missouri, les Kiáwas, les Kaskaïas, les Lee Panis ont, assure-t-on, jusqu'à des cheveux blonds, attribut des races blanches les plus élevées. Au point de vue où nous sommes placés, les Mandans ont de tout temps appelé l'attention. De son côté, le capitaine Graa a trouvé au Groenland des hommes parlant esquimau, mais grands, élancés et blonds. Dans l'Amérique méridionale, Fernand Colomb, racontant les voyages de son père, compare les habitants de Guanaani aux Canariens, et signale la population d'Espagnola (Saint-Domingue) comme plus belle et plus blanche encore. Au Pérou, les Charazanis étudiés par M. Angrand, ressemblent de même aux Canariens et se distinguent de toutes les tribus environnantes. L'abbé Brasseur de Bourbourg se croyait entouré d'Arabes quand il avait autour de lui ses Indiens de Rabinal. Ils en avaient, dit-il, le teint, les traits, la barbe. Enfin Gomara et Pierre Martyr apportent des témoignages analogues et le dernier parle des Indiens du golfe de Paria comme ayant les cheveux blonds (*capillis flavis*).

Il est inutile d'insister sur les rapports anthropologiques de l'Amérique et de l'Asie. La plupart des voyageurs ont insisté sur ce point. J'ai entendu M. de Castelnau, dire : « Quand j'étais entouré de mes serviteurs Siamois, je me croyais en Amérique ; » et M. Vavasseur assistant à la visite des ambassadeurs Siamois me disait : « Mais voilà mes Botocudos. » Je dois toutefois faire observer que les crânes de la collection du Muséum indiquent moins de ressemblance que les caractères extérieurs.

L'Amérique a d'ailleurs ses races distinctes, avec lesquelles se sont plus ou moins fondus les éléments étrangers. Elle a en aussi son *homme quaternaire*. C'est là un fait que nous ne pouvons oublier, et qui complique singulièrement le problème. Nous verrons plus tard que les révolutions géologiques n'entraînent pas la disparition des races humaines existantes. A coup sûr, en Amérique, l'homme contemporain des Mastodontes a des descendants, comme nous avons, en Europe, des représentants de l'homme contemporain du mammout. Malheureusement nous connaissons encore à peine les caractères physiques de l'homme fossile américain.

III. — Mais les éléments ethnologiques bien caractérisés comme blancs, jaunes et noirs que l'on rencontre de nos jours en Amérique ne m'en semblent pas moins avoir dû pénétrer dans ce continent par voie de migration. L'histoire atteste le fait pour un certain nombre de cas ; quelques considérations fort simples me semblent non moins probantes pour d'autres.

Par exemple, nous ne trouvons d'hommes noirs en Amérique que sur des points où viennent aboutir soit le Kouro-Sivo, soit le courant équatorial de l'Atlantique ou ses divisions. Un coup d'œil jeté sur les cartes du capitaine Kérhallet fait vite comprendre la rareté et la distribution de ces tribus. Il est évident que des éléments nègres plus ou moins purs ont été amenés des archipels asiatiques et de l'Afrique sur les côtes du Nouveau-Monde par quelques accidents de mer ; là ils se sont mêlés aux races locales et ont formé ces groupes isolés, peu nombreux, que leur teint distingue de toutes les races environnantes.

La présence de types sémitiques en Amérique, certaines traditions de la Guyane et l'usage dans ce pays d'une arme toute caractéristique des anciens Canariens s'expliquent aisément de la même manière et l'explication repose sur des faits positifs. Deux fois dans le siècle dernier, en 1731 et 1764, de petits navires allant d'un point des Canaries à un autre ont été poussés par la tempête dans la région des vents alizés et du courant équatorial ; ils ont été entraînés jusqu'en Amérique. Ce qui s'est passé de nos jours a dû se passer bien d'autres fois. Nous ne pouvons donc être surpris de rencontrer, aux environs du golfe du Mexique, des populations plus ou moins voisines des Blancs africains par leurs caractères physiques.

IV. — La disposition géographique des continents explique aisément pourquoi le type jaune a des représentants nombreux en Amérique. En supposant, ce qui paraît contredit par quelques témoignages, que les côtes aient gardé leur configuration actuelle depuis les derniers temps géologiques, les facilités du passage sont bien suffisantes et les races asiatiques en ont largement profité. L'Amérique leur était connue bien avant que les Européens eussent sur ce point autre chose que des légendes, dont la signification est encore vivement discutée aujourd'hui.

C'est à de Guignes qu'est due la découverte de ce fait dont l'importance ne peut échapper à personne. Il révéla à l'Europe

ce que lui avaient appris les livres chinois. Ces livres parlent
d'un pays, appelé Fou-Sang, situé à l'est de la Chine, à des distances allant bien au-delà des limites de l'Asie. De Guignes
n'hésita pas à l'identifier avec l'Amérique. Aux raisons tirées
des livres chinois, il ajouta quelques faits isolés et jusque-là
inaperçus, empruntés à des Européens, à George Horne, à
Gomara, etc.

Le travail de l'orientaliste français fut accueilli avec une sorte
de répugnance assez singulière, mais qui s'explique. A part la
méfiance que soulève toute découverte inattendue, certains esprits voyaient avec peine les Européens devancés par les Asiatiques dans le Nouveau-Monde ; il leur semblait qu'on détrônait
Christophe Colomb. Un Prussien naturalisé Français prêta
l'appui de son savoir incontestable à tous ceux qui ne demandaient qu'à nier, et il fut presque unanimement convenu que
de Guignes s'était trompé. On lui rend aujourd'hui plus de justice et quiconque étudiera la question sans parti pris lui donnera raison à coup sûr.

Klaproth voulait que le Fou-Sang ne fût autre chose que le
Japon. Il oubliait que le pays dont parlent les auteurs chinois
renferme du cuivre, de l'or, de l'argent, mais pas de fer. Cette
caractéristique, inapplicable au Japon, convient au contraire à
tous égards à l'Amérique. Pour soutenir son dire, il déclarait
que les Chinois n'avaient pu ni reconnaître leur direction, ni
mesurer exactement les distances dans leurs voyages. Il oubliait
que la boussole était connue chez ces peuples deux mille ans
avant notre ère et qu'ils possédaient des cartes géographiques
fort supérieures à nos informes essais du moyen âge.

Quant à la prétendue erreur de distance dont parlait Klaproth,
elle n'existe pas. Paravey nous a appris que le Fou-Sang est
placé à vingt mille *Li* de distance de la Chine. Or le *Li*, selon
M. Pothier, est égal à 444^m,5. En suivant le cours du Kouro-Sivo,
ces données nous transportent précisément en Californie, là où
vont s'échouer les jonques abandonnées ; elles démontrent ce
qu'indiquait la théorie, que ce courant avait servi de route pour
aller d'Asie en Amérique.

Paravey a publié le fac-simile d'une gravure chinoise représentant un lama. C'était à la fois répondre à une des objections de
Klaproth et nous reporter bien au sud de la Californie. Parmi
les productions du Fou-Sang, les auteurs chinois mentionnaient
le *cheval*, qui n'existait pas, on le sait, en Amérique. Il est évident
qu'ils désignaient par ce nom l'animal qui jouait au Pérou le
rôle de bête de somme. Cette habitude d'appeler d'un nom
commun les espèces que l'on connaît et les espèces nouvelles
qui s'en rapprochent à certains égards, se constate ailleurs
qu'en Chine. C'est ainsi que les conquistadores désignaient le
pouma sous le nom de *lion* et le bison sous celui de *vache*.

Mais les Chinois ont-ils donc étendu leurs voyages jusqu'au
Pérou ? C'est ce dont il est difficile de douter après le témoi-

gnage précédent, après celui que renferme la *Geografia del Peru* de Paz Soldan. Voici la traduction d'un passage que je dois à M. Pinart : « Les habitants du village d'Eten dans la province de Lambayèque, département de la Libertad, semblent appartenir à une race différente de celles des contrées environnantes. Ils vivent et s'allient seulement entre eux, et parlent une langue que les Chinois, amenés au Pérou pendant les dernières années, entendent parfaitement. »

Les livres chinois étudiés par de Guignes et Paravey parlent des missions religieuses qui, vers le milieu du v⁵ siècle, partirent du pays de *Ki-Pin* pour porter au Fou-Sang les doctrines du Boudha. Les recherches de M. G. d'Eichthal ont pleinement confirmé ces récits. Elles ont montré, entre les monuments, les figures boudhiques de l'Asie et les mêmes produits de l'art américain, des ressemblances incontestables. La comparaison des légendes a conduit l'auteur au même résultat.

Au reste, d'après une encyclopédie dont M. de Rosny a traduit un passage, les Japonais ont eu connaissance du Fou-Sang qu'ils appellent Fou-So et des missions parties du pays de *Ki-Pin* pour cette contrée. Quoique restant dans le doute sur sa situation réelle, ils déclarent que le Fou-So et le Japon sont deux pays différents.

A ces témoignages formels pris chez les Chinois et les Japonais, ajoutons ceux de deux Européens. Le premier est Gomara, témoin de la conquête du Mexique et contemporain des expéditions qui la suivirent. Il raconte que les compagnons de François-Vasquez de Coronado, en remontant le long de la mer occidentale jusqu'au 40ᵉ degré, rencontrèrent des navires chargés de marchandises dont les matelots donnèrent à entendre qu'ils étaient en mer depuis un mois. Les Espagnols en conclurent qu'ils venaient du *Catay* ou de la *Sina*.

Les navires dont il vient d'être question s'occupaient évidemment avant tout du commerce. Mais les relations n'étaient pas toujours aussi pacifiques entre les indigènes américains et ces hommes venus de l'occident. C'est ce qui résulte du témoignage d'un voyageur indien recueilli par Le Page du Prat. Moncacht-Apé (*celui qui tue la peine*) était certainement un homme remarquable. Mû par le désir qui poussa Cosma de Körös au Thibet, voulant découvrir la première patrie de sa tribu, il alla d'abord au nord-est jusqu'à l'embouchure du Saint-Laurent, revint en Louisiane et repartit pour le nord-ouest. Après avoir remonté le Missouri jusqu'à sa source, il traversa les montagnes Rocheuses et gagna l'Océan Pacifique en descendant un fleuve appelé par lui la *Belle Rivière* et qui ne peut être que l'Orégon.

Là, on lui parla d'hommes blancs, barbus, pourvus d'armes lançant le tonnerre, qui venaient chaque année dans un grand bateau chercher du bois propre à la teinture et enlever des indigènes pour les réduire en esclavage. Moncacht-Apé, qui connaissait les armes à feu, conseilla à ses amis de préparer une embuscade. Les dispositions qu'il suggéra eurent un succès complet. Plusieurs agresseurs furent tués. L'Américain reconnut sans peine que ce n'était pas des Européens. Leurs vêtements étaient tout autres, leurs fusils plus lourds ; leur poudre était plus grossière et ne portait pas aussi loin. Tout indique qu'il s'agissait de Japonais, habitués à faire sur ce rivage d'Amérique des expéditions parfaitement semblables à celles de certains navires, qui vont chercher du bois de santal en Mélanésie et enlèvent des Noirs quand ils le peuvent, pour les céder aux planteurs de coton sous le nom d'engagés.

Le récit de Moncacht-Apé a été recueilli vers 1725, trois ou quatre ans avant la découverte du détroit de Behring, plus de trente ans avant les voyages qui ont fait connaître aux Européens la côte nord-ouest de l'Amérique. La précision des détails qu'il donne sur la direction générale des côtes, sur l'inflexion qu'elles présentent à la presqu'île d'Alaska sont une preuve certaine de l'exactitude et de la véracité de son récit.

En résumé, quoi qu'il en puisse coûter à l'orgueil européen, nous devons reconnaître que les Asiatiques Chinois et Japonais ont connu l'Amérique et l'ont exploitée de diverses façons longtemps avant les Européens.

V. — Toutefois, ces nations civilisées dont les navires visitaient l'Amérique, ne paraissent pas avoir fondé de grands établissements capables de devenir le point de départ d'une population nouvelle. S'il en eût été ainsi, ils auraient laissé dans les langues plus de traces de leur passage. Or, à part la petite colonie chinoise dont j'ai parlé plus haut, on n'a guère de fait de ce genre qui puisse être regardé comme prouvé. On a mentionné parfois quelques tribus californiennes comme parlant un dialecte japonais. M. Guillemin Taraire a reproduit ce renseignement à propos d'une tribu du comté de Santa-Barbara ; il ajoute que la langue de quelques autres renferme des mots japonais et chinois. Malheureusement les recherches de M. Pinart, loin de confirmer ces résultats, tendraient à les contredire et on ne peut que garder sur ce point une grande réserve.

C'est surtout par le nord que me semblent avoir eu lieu les grandes migrations, et elles ont été accomplies par des populations sauvages. Les traditions tirées par l'abbé Brasseur de Bourbourg des livres sacrés des Quichés, celles des Delawares, que nous a conservées Heckewelder, me paraissent bien instructives à cet égard. En comparant les récits du missionnaire avec quelques-uns des faits de l'histoire mexicaine antérieure à la conquête, j'ai pu déterminer approximativement la date de l'arrivée des Peaux Rouges dans le bassin du Mississipi. Il ne me paraît pas qu'on puisse la faire remonter au-delà du IXe ou du VIIIe siècle au plus.

Ces mêmes traditions mettent en lumière un fait non moins important : c'est que les tribus Algonquines et Iroquoises, après avoir traversé la vallée du Mississipi, d'où elles chassèrent le peuple dont on étudie aujourd'hui les singuliers monuments, n'eurent plus à combattre et trouvèrent le pays inhabité jusqu'à la côte et bien loin vers le sud. Une conclusion analogue ressort, quoique moins clairement, des traditions de quelques peuplades de l'Amérique méridionale. Ainsi, dans les deux moitiés du Nouveau-Monde peut-être, dans la portion septentrionale à coup sûr, on retrouve ces *terres désertes* que nous a déjà montrées la Polynésie, et le prétendu *autochthone américain* d'Agassiz, de Morton, de Nott, de Gliddon, est au contraire un des derniers venus sur ce continent.

En rapprochant ces faits du peu de densité des populations, de leur état social si peu avancé, partout ailleurs que dans les centres où étaient apparus des législateurs peut-être tous étrangers au sol, on est involontairement conduit à penser que le peuplement général de l'Amérique par la plupart des races actuelles, quoique remontant plus haut que celui de la Polynésie, est pourtant bien plus récent que celui de l'ancien monde.

VI. — Ce n'est pas de l'Asie seule que l'Amérique a reçu ses habitants. L'Europe lui en a envoyé bien avant l'ère des grandes découvertes. En parlant ainsi je ne fais allusion ni à l'histoire de l'Atlantide, qui prête encore à tant d'interprétations, ni aux traditions phéniciennes et carthaginoises, non plus qu'aux prétentions des Basques et des Dieppois, quoiqu'elles paraissent s'appuyer sur quelques faits au moins curieux, ou aux traditions Irlandaises et Galloises, bien que Humboldt les ait regardées comme fort dignes de fixer l'attention. Je ne veux parler que des voyages accomplis par les Scandinaves, tels que Rafn les a fait connaître d'après les sagas irlandaises et que M. Gravier vient de les exposer de nouveau avec détail.

Il ne s'agit plus ici de faits isolés apparaissant dans la nuit des temps qu'ils éclairent seulement par place. C'est une histoire détaillée, embrassant plusieurs générations et donnant parfois des détails circonstanciés, qui expliquent certaines découvertes modernes en même temps qu'ils sont confirmés par elles.

En 877 selon M. Gravier, peut-être dès 770 selon M. Lacroix, Gunnbjorn découvrait le Groënland. En 886, Erik le Rouge ou le Roux doublait le cap Farewell et bâtissait au fond d'un fiord sa maison de Brattahlida, dont les ruines retrouvées de nos jours ont été comparées à celles d'une ville. En 986, Bjarn Mériulfson, se rendant en Groënland, était emporté par la tempête jusqu'aux côtes de la Nouvelle-Angleterre. En 1000, Leif, fils d'Eric le Rouge, partait pour la terre découverte par Bjarn. Accompagné de 35 hommes, il descendait jusqu'à Rhode-Island, y découvrait la vigne et donnait le nom de *Vinland* à la contrée dont il prenait possession ; il construisait *Leifsbudir*, y passait l'hiver et constatait que le jour le plus court commençait à sept heures et demie pour finir à quatre heures et demie. Cette observation, qui concorde avec tous les autres détails, place

Leifsbudir près de la ville actuelle de Providence par 41°, 24′, 10″ de latitude nord.

Thorvald succède à son frère Leif. Suivi de 30 guerriers, il gagne le Vinland et passe l'hiver à Leifsbudir. Au printemps de 1003, il descend au sud jusqu'à Long-Island, explore les terres voisines et revient en automne à son point de départ. L'été suivant il se tourne vers le nord. Près du cap Alderton, ses compagnons surprennent trois barques d'osier couvertes de cuir et massacrent huit des hommes qui les montaient. Le neuvième leur échappe ; il revient bientôt accompagné d'une foule de compatriotes qui lancent aux Scandinaves une nuée de flèches et s'enfuient. Mais Thorvald, blessé mortellement, est enterré dans cette terre où il avait exprimé le désir d'habiter. Peut-être est-ce son tombeau que l'on a découvert à la fin du dernier siècle dans l'île de Rainsford, près de Hull et du cap Alderston, car cette tombe en maçonnerie contenait un squelette et une épée à poignée *de fer* indiquant une époque antérieure au XV° siècle.

En 1007, Thorfinn, accompagné de sa femme Gudrida, part avec trois navires portant 160 hommes, quelques femmes et des bestiaux. Il s'agissait cette fois de fonder une colonie. On s'établit non loin de Leifsbudir à Mount-Hope-Bay. Bientôt les voyageurs furent visités par quelques indigènes, qu'il est facile de reconnaître pour des Esquimaux, à la description qu'en donne la Saga. Les rapports avec ces *Skrellings* furent d'abord pacifiques. Mais l'année suivante un acte de brutalité de la part d'un Scandinave amena la guerre et Thorfinn, quoique vainqueur, ne se croyant pas en sûreté, résolut de regagner sa patrie avec ses compagnons, sa femme et son fils Snorre, le premier Scandinave né en Vinland.

Avant de quitter son établissement, ce chef voulut laisser une trace de sa présence. Telle est du moins l'opinion adoptée par les savants scandinaves et par M. Gravier au sujet du fameux *Dighton Writing Rock*. Ce bloc de gneiss, placé sur la rive droite du Tauton-River, tour à tour couvert et laissé à sec par la marée, porte un certain nombre de traits gravés sur une profondeur d'environ huit millimètres Cette *inscription*, qui a donné lieu à de nombreuses discussions, a probablement une double origine. Schoolcraft nous apprend qu'un vieil indien, familier avec la pictographie américaine, a reconnu la main de ses compatriotes dans un certain nombre de signes qu'il a pu expliquer, tout en avouant que d'autres lui étaient étrangers. En revanche Magnusen et ses émules n'ont également pu interpréter qu'une partie de ces mêmes signes. Ces derniers seraient pour eux un mélange de runes, de signes cryptographiques, et de figures se rapportant aux aventures de Thorfinn. On croit y reconnaître Gudrida avec son fils Snorre, et la partie phonétique pourrait, paraît-il, se traduire de la manière suivante : CXXXI HOMMES DU NORD — ONT OCCUPÉ CE PAYS — AVEC THORFINN. Je dois ajouter toutefois que M. Whittlesey n'admet pas qu'il existe aux États-Unis une seule inscription alphabétique. On comprend d'ailleurs que l'opinion de l'antiquaire américain ne touche en rien à l'authenticité des Sagas qui racontent l'histoire de Thorfinn.

Je ne puis reproduire ici toutes les aventures de Thorvard et de Freydisa, d'Ari Marson, de Bjorn Asbrandson, de Gudleif, de Hervador... Rappelons toutefois, à propos de ce dernier, que grâce aux indications contenues dans la Skalholt Saga, les savants américains ont pu retrouver sur les bords du Potomac le tombeau d'une femme tombée sous les flèches des Skrellings en 1051.

VII. — Les colonies fondées dans le Groënland par Erik et ses imitateurs s'étaient rapidement multipliées ; les deux côtes est et ouest s'étaient peuplées. Ces deux centres portaient les noms d'*Osterbygd* et de *Vesterbygd*. Des documents consultés par M. F. Lacroix, il résulte que le premier possédait une cathédrale, onze églises, trois ou quatre monastères, deux villes nommées Garda et Alba, cent quatre-vingt-dix *gaards* ou villages norvégiens ; dans le second il y avait quatre églises et 90 ou 110 *gaards*. Ces chiffres accusent évidemment une population assez nombreuse. Ce qui le démontre encore mieux, c'est que dès 1121, un Irlandais, Erik-Upsi, fut nommé évêque du Groënland et eut dix-huit successeurs. Le Vinland relevait de ce diocèse. Les dîmes de cette contrée figuraient au XIVe siècle parmi les revenus de l'église et s'acquittaient en nature.

Cette prospérité et des rapports réguliers entre l'Europe, le Groënland et le Vinland, semblent avoir duré jusque vers le milieu du XIVe siècle. A cette époque, les Skrellings attaquèrent le Vesterbygd ; les secours envoyés par les autres établissements arrivèrent trop tard, et la colonie occidentale fut détruite. L'Osterbydg subsista plus longtemps. En 1418, il payait encore au Saint-Siége à titre de dîme et de denier de Saint-Pierre 3600 livres de dents de Morse. Mais dès avant cette époque la reine Marguerite, souveraine des trois royaumes scandinaves, poussée par des motifs diversement interprétés, avait défendu tout commerce avec les colonies groënlandaises ; un peu plus tard, des flottes de pirates, sorties on ne sait d'où, vinrent les ravager ; la terre et la mer se refroidirent progressivement ; les voyages devinrent plus difficiles et cessèrent entièrement. Puis lorsqu'en 1721 le pasteur norvégien Hans Eggède amena sur ces terres glacées la première colonie moderne, il ne découvrit que des ruines et pas un seul descendant des compagnons d'Erik et de Thorfinn. Qu'étaient-ils devenus ?

Une lettre adressée au pape Nicolas V, et citée par M. F. Lacroix, jette quelque jour sur leur destinée. Elle est datée de 1448 et nous apprend que trente ans auparavant des étrangers, *venus des côtes américaines*, avaient ravagé la colonie et massacré ou emmené en esclavage la plupart des habitants des deux sexes. Un grand nombre étaient pourtant rentrés dans leurs anciennes demeures et demandaient des secours.

Il est bien difficile de ne pas rattacher à ces derniers la population blanche, aux formes élevées et aux cheveux blonds, que le capitaine Graa a rencontrée sur la côte orientale du Groënland, dans son expédition à la recherche de l'Osterbygd. Bien qu'elle ait adopté la langue des Esquimaux, elle n'est certainement pas de leur race.

Mais, tous les descendants des hardis navigateurs qui avaient découvert l'Amérique se sont-ils résignés à vivre comme des Skrellings, à côté des ruines qui rappelaient la grandeur relative de leurs pères? Cette hypothèse me paraît inadmissible. Il me paraît évident que la majeure partie des survivants a dû émigrer et aller demander un asile à ce *Vinland* dont ils connaissaient l'existence. Peut-être ont-ils été repoussés par les populations métisses de Scandinaves et d'Esquimaux qui semblent avoir pris naissance d'assez bonne heure, qui étaient peut-être les envahisseurs dont parle la lettre citée par M. Lacroix ; peut-être aussi ont-ils rencontré des populations guerrières et inhospitalières comme celles dont parle la Saga de Gudleif. Mais ces fils des Normands auront alors poussé plus loin ; et, à coup sûr, ils auront fini par rencontrer quelque plage hospitalière où ils se seront arrêtés.

VIII. — Quoi qu'il en soit, l'histoire des voyages scandinaves suffit pour expliquer l'apparition du type blanc, même du type blond, au milieu de populations américaines. Je n'hésite pas à rattacher à cette souche aryane les Esquimaux blancs de Charlevoix, les hommes à cheveux blonds de Pierre Martyr, les individus blonds dont parlent quelques traditions mexicaines, le chef sauvage blanc que rencontrèrent les Espagnols dans leur expédition de Cibola, etc.

Par-dessus tout, cette découverte et ces invasions répétées des côtes américaines par les Scandinaves montrent ce qu'il faut penser de la prétendue impossibilité du peuplement de l'Amérique. Nous n'avons plus ici les doubles pirogues des Polynésiens portant cent cinquante guerriers. C'est dans des *barques* montées par trente ou quarante hommes que Leif et Thorwald affrontent la mer Groënlandaise, atteignent le Vinland et en reviennent. En présence de pareils faits, peut-on regarder encore nos moyens perfectionnés de navigation comme *indispensables* à de longs voyages sur mer ?

La civilisation moderne a mis entre nos mains d'immenses moyens d'action inconnus à nos pères. Elle nous permet d'accomplir des œuvres qu'ils auraient cru ne pouvoir demander qu'à des puissances surnaturelles. La science a mis en nos mains la baguette des fées, et nous avons si bien pris l'habitude de l'employer à la satisfaction de nos moindres besoins, qu'il nous semble impossible de s'en passer. Nous oublions trop les ressources que l'homme porte en lui-même et qui font partie de sa nature originelle. Voilà pourquoi nous regardons les races moins avancées, *moins savantes*, comme incapables de faire ce que nous n'oserions entreprendre sans l'aide que nous avons su nous créer.

On vient de voir quel magnifique démenti l'histoire des Polynésiens et des Scandinaves donne à ces idées fausses, et combien elle justifie ces paroles de Lyell : « En supposant que le genre humain disparût en entier, à l'exception d'une seule famille, fût-elle placée sur l'Océan ou sur le nouveau Continent, en Australie ou sur quelque îlot madréporique de l'Océan Pacifique, nous pouvons être certains que ses descendants finiraient dans le cours des âges par envahir la terre entière, alors même qu'ils n'atteindraient pas un degré de civilisation plus élevé que les Esquimaux ou les insulaires de la mer du Sud. »

LIVRE VI

CHAPITRE XIX

INFLUENCE DU MILIEU ET DE LA RACE.

I. — L'espèce humaine, partie d'un centre d'apparition unique, est aujourd'hui partout. Dans leurs innombrables voyages, ses représentants ont rencontré les climats les plus divers, les milieux les plus opposés et occupent aujourd'hui les régions polaires aussi bien que l'équateur. Il a donc fallu qu'elle possédât les aptitudes nécessaires pour se plier à toutes les conditions d'existence naturelles; en d'autres termes, qu'elle fût capable de *s'acclimater* et de *se naturaliser* là où nous la rencontrons.

La possibilité pour l'homme de vivre et de prospérer dans des régions autres que celles où ont vécu ses pères a été niée d'une manière plus ou moins absolue par la plupart des polygénistes. Sans aller aussi loin, certains monogénistes ont admis qu'une race humaine, constituée dans un milieu donné, y était pour ainsi dire emprisonnée et ne pouvait en changer sans périr. D'autres écrivains ont soutenu des opinions absolument contraires et ont admis qu'un groupe humain quelconque pouvait s'acclimater d'emblée n'importe où.

Il y a des exagérations et des erreurs dans toutes ces doctrines extrêmes.

II. — En dépit des assertions de Knox, le Français vit parfaitement en Corse, à la condition d'éviter les marais du versant oriental inhabitables pour les insulaires eux-mêmes; à la suite de la révocation de l'édit de Nantes, les fugitifs de la Provence et du Languedoc fondèrent des villages dans la vallée du Danube, donnant ainsi d'avance un démenti à l'une des assertions du docteur anglais; les races anglaises et françaises transportées aux États-Unis et au Canada, n'ont pas dégénéré, quoi qu'en ait dit le même auteur. Pour s'être modifiés parfois d'une manière assez marquée, comme nous le verrons plus tard, les *squatters* yankees et les *coureurs de bois* canadiens, ne sont certainement pas inférieurs aux premiers colons qui vinrent planter les drapeaux de l'Europe au milieu des Peaux-Rouges.

Knox et les anthropologistes qui se rattachent à lui de près ou de loin, attribuent à l'émigration seule le maintien et l'accroissement des populations blanches en Amérique et ailleurs. A les en croire, l'Européen, transporté hors de sa patrie, perd, au bout de quelques générations, la faculté de se reproduire. Si le courant humain qui se dirige d'Europe vers les colonies venait à s'arrêter, on verrait, disent-ils, la population décroître rapidement; et, les races locales reprenant le dessus, les États-Unis reviendraient aux Peaux-Rouges, le Mexique aux petits-fils de Montézuma.

Quelques chiffres répondront aisément à ces assertions. Je les emprunterai à l'histoire des races françaises qui, depuis le traité de Paris de 1763, n'ont que bien peu contribué directement au peuplement du Canada. On comptait dans cette contrée :

<pre>
En 1814,   275 000 habitants d'origine française.
En 1831,   695 945   —
En 1861, 1,037 770   —
</pre>

Dans l'État d'Ottawa, on comptait :

<pre>
En 1851, population totale. 15 000
   —   française. 5 000
En 1863, population totale. 25 000
   —   française. 15 000
</pre>

L'histoire des Acadiens fournit des chiffres tout aussi rassurants. Des renseignements recueillis par M. Rameau il résulte que cette population descendait tout entière de 47 familles, représentant 400 âmes, en 1671. En 1755, elle comptait 18 000 âmes. Dispersée et chassée par les Anglais, elle fut réduite au chiffre de 8 000 seulement. En 1861, elle était remontée à celui de 95 000 âmes.

Si l'on calcule, d'après les nombres précédents, l'accroissement annuel des populations françaises en Amérique, on trouve des chiffres égaux ou supérieurs à ceux que fournissent en Europe les populations les plus favorisées. On voit que la race française ne présente aucun symptôme de disparition, dans le pays même choisi comme exemple par Knox.

Sans entrer dans autant de détails, rappelons que des Français vivent et se sont propagés à Constance, non loin du Cap, depuis la révocation de l'édit de Nantes ; que cette même région a reçu des colonies hollandaises, dont les descendants, les Boers, ont émigré et forment aujourd'hui la république de

Transvaal; qu'ils ont été suivis au Cap par les Anglais qui envahissent progressivement la contrée entière; n'oublions pas le rapide accroissement des colonies Anglo-Australiennes; etc. Rappelons-nous, enfin, ces neuf familles de missionnaires visitées par M. de Delapelin en Polynésie, qui comptaient en tout soixante-neuf enfants, c'est-à-dire plus de sept et demi en moyenne, et il faudra bien reconnaître que l'Européen blanc le mieux caractérisé, vit et se propage dans les deux hémisphères, aux antipodes et sur les terres natales des races les plus différentes.

Au reste, la grande race à laquelle il appartient lui-même, n'est pas originaire d'Europe. Elle est partie bien probablement des massifs du Bolor et de l'Hindou-Koh, où les Mamogis représentent encore la souche originelle. En tout cas, le Zend-Avesta nous apprend qu'elle est sortie d'une région où l'été ne durait que deux mois, ce qui correspond à peu près au climat de la Finlande. D'étapes en étapes, elle est arrivée, d'un côté jusqu'à l'extrémité de la presqu'île gangétique et à Ceylan, de l'autre jusqu'en Islande et au Groënland. Puis, l'ère des grandes découvertes venue, elle a semé ses colonies dans l'univers entier, peuplant des continents, remplaçant des races indigènes.

Certes, à ne considérer que les faits généraux et le résultat de cette activité séculaire, nul ne peut refuser à la race aryane, la faculté de s'acclimater en dépit des conditions d'existence les plus diverses. Toutes les assertions de Knox et de ses disciples plus ou moins avoués tombent devant ces faits.

Ce qui est vrai pour la race aryane l'est également pour la race nègre. Le Blanc a transporté le Noir à peu près partout; et, sur les points du globe les plus éloignés, le Nègre vit à côté de son maître. Quant aux races jaunes, l'expérience commence à peine et déjà l'on peut prévoir qu'elle donnera les mêmes résultats. Les Chinois, les coolies sont passés d'Asie en Amérique; peut-être les verrons-nous bientôt en Afrique et en Europe.

Certains rameaux détachés des grands troncs ethniques ont déjà fait leurs preuves dans le même sens. Les Gypsies, aryans peut-être mélangés de Dravidiens, ont gagné l'Europe entière et sont aujourd'hui partout. Quant aux Juifs, on sait qu'ils sont vraiment cosmopolites, et que presque partout, en Prusse comme en Algérie, leur fécondité dépasse celle des races locales.

III. — Est-ce à dire qu'à mes yeux les races aryanes ou des races quelconques puissent s'acclimater toujours et d'emblée dans n'importe quelle localité? Non. Il est des régions funestes pour l'homme, à quelque groupe qu'il appartienne et pour si préparé qu'il semble être à en braver les influences. Tel est le vaste estuaire du Gabon. Le Nègre lui-même y dépérit. La constitution générale des habitants y est sensiblement affaiblie; les fonctions de la reproduction paraissent atteintes d'une manière toute spéciale, et le nombre des femmes dépasse de beaucoup celui des hommes. On sait combien le climat de cette contrée

est dangereux pour l'Européen ; et il sera curieux de voir si les
Paouins subiront à leur tour l'influence délétère de ces côtes,
dont ils approchent de plus en plus.

Il n'est pas d'ailleurs nécessaire d'aller au loin chercher des
exemples. Qui ne connaît de réputation les Maremmes et les
marais de la Corse? Naguère en France, les étangs de la Dombe,
la Charente vers son embouchure, n'étaient guère moins dangereux.

Là même où les conditions sont beaucoup moins sévères, l'acclimatation exige à peu près toujours de nombreux et douloureux sacrifices, qu'ont oublié à tort quelques anthropologistes. Ce fait n'est que trop naturel. Une race, qui s'est assise
sous l'influence de certaines conditions d'existence, ne saurait
en changer sans se modifier et par suite sans souffrir. C'est ce
que nous verrons avec quelques détails dans le chapitre consacré à la formation de ces groupes dérivés de l'espèce. Ici je
ne puis qu'indiquer la loi générale.

IV. — En somme toute colonisation d'une contrée lointaine
est avant tout une conquête tentée par la race immigrante. Or
qu'il faille combattre l'homme ou le milieu, la victoire ne
s'achète qu'au prix de vies humaines. Mais il ne faut pas s'exagérer l'étendue de pertes inévitables et nier la possibilité de l'acclimatation. Il faut poser nettement le problème, et en rechercher les données expérimentales ; la solution en ressortira tout
naturellement.

Toute question d'acclimatation comprend deux termes, qui sont
pour ainsi dire les *composantes* de la *résultante* que l'on cherche
ou que l'on étudie. Ces deux termes sont la *race* et le *milieu*. —
Nous connaissons déjà la signification précise du premier de ces
deux mots ; nous reviendrons plus loin avec quelques détails
sur ce qu'il faut entendre par le second. Prenons-le simplement
ici comme représentant l'ensemble des conditions d'existence
que présente un lieu donné et montrons sa part d'influence dans
l'acclimatation.

Nous avons vu que certains milieux paraissent mortels pour
toutes les races. Dans les cas de ce genre, on doit distinguer ce
qui, dans cette insalubrité, tient à la région et ce qui est le
résultat de circonstances accidentelles, provoquées parfois par
l'homme lui-même. Le plateau de la Dombe, en France, était
jadis aussi salubre que les contrées voisines. L'industrie exagérée
des étangs l'avait transformé en une région pestilentielle, dont
le séjour était aussi meurtrier pour les populations venues du
dehors qu'auraient pu l'être les marigots du Sénégal. Aujour-
d'hui des travaux d'assainissement tendent à lui rendre ses conditions premières. Il est évident qu'on ne peut reprocher à la
Dombe une influence délétère que l'intelligence humaine semblait avoir pris à tâche de développer.

Lors même que celle-ci n'intervient pas pour vicier le milieu,
on ne peut imputer à une contrée les conditions défavorables

qu'elle oppose à l'habitation d'une race indigène ou étrangère, quand ces conditions tiennent à l'incurie des habitants ou à quelque circonstance spéciale que la main de l'homme peut modifier. Privée des soins qui l'assainissaient et l'enrichissaient, la campagne de Rome est devenue une succursale des marais Pontins. En revanche, les environs de Rochefort se sont assainis ; Bouffarik, autrefois un des points les plus dangereux de l'Algérie, est devenu un centre de population florissant. Ce n'était donc pas les conditions naturelles générales qui rendaient ces localités dangereuses, surtout pour les étrangers ; c'étaient de simples *accidents*. En les faisant disparaître, on a rendu l'acclimatation non-seulement possible, mais facile.

Considérées à ce point de vue, une foule de contrées qui semblent repousser toute immigration seront peut-être un jour très-favorables au développement des races colonisatrices. Dans tous les cas de cette nature, il faut évidemment distinguer le *milieu normal* du *milieu accidentellement vicié*.

Je ne saurais entrer dans tous les détails que comporterait cette distinction et me borne à citer quelques faits.

Les progrès mêmes de la civilisation ont parfois pour conséquence la viciation d'un milieu donné. L'agglomération des populations humaines dans un espace relativement restreint, entraîne presque inévitablement ce résultat. C'est un des points que M. Boudin a le mieux mis en lumière par ses recherches statistiques sur la mortalité comparée des campagnes et des casernes, par exemple. Nos grandes villes opposées aux habitations rurales présentent le même contraste et accusent en outre une action spéciale sur les fonctions de reproduction. M. Boudin n'a pu trouver un Parisien pur sang remontant à trois générations. A Besançon, les familles urbaines s'éteignent en général en moins d'un siècle et sont remplacées par des familles rurales. Londres, m'a-t-on assuré, présente un phénomène analogue.

Les navires, où vivent durant des mois entiers des hommes entassés dans des conditions d'hygiène très-imparfaites, développent-ils des principes délétères, auxquels s'habitue peu à peu l'équipage, mais qui restent capables de provoquer les affections les plus graves au sein de populations voisines jusque-là florissantes ? Est-ce à un phénomène de ce genre qu'il faut attribuer, comme le croit Darwin, l'effrayante mortalité, la stérilité croissante des races polynésiennes ? Parmi les maladies apportées par les marins européens, faut-il compter la phthisie, qui serait devenue dans ces îles épidémique aussi bien qu'héréditaire ? Les probabilités me semblent militer en faveur d'une réponse affirmative. Toujours est-il que ni la terre ni le ciel n'ont changé dans ces archipels depuis leur découverte ; et pourtant, les insulaires du Pacifique disparaissent avec une rapidité navrante, tandis que leurs métis et les Européens pur sang eux-mêmes présentent un redoublement de fertilité : double démenti donné par les faits aux doctrines autochthonistes.

Il n'est pas toujours facile de déterminer ce qui, dans l'action plus ou moins délétère d'un milieu, tient à ses conditions normales et aux éléments viciateurs accidentels. Dans une contrée le sol, le froid et le chaud, la sécheresse et l'humidité ne sont pas tout. La différence présentée au point de vue de l'acclimatation par les deux hémisphères en est un exemple frappant.

A latitudes égales, les régions chaudes de l'hémisphère austral sont généralement bien plus accessibles aux races blanches que celles de l'hémisphère boréal. Du 30e au 35e degré de latitude nord on trouve l'Algérie et surtout une partie des États-Unis du sud, où l'acclimatation présente pour nous des difficultés sérieuses. A la même latitude, dans l'hémisphère austral, sont placées la partie méridionale du Cap et la Nouvelle-Galles, où toutes les races européennes prospèrent à peu près d'emblée. Les chiffres de M. Boudin précisent ces différences. Il a trouvé que la mortalité moyenne des armées de France et d'Angleterre était environ onze fois plus forte dans notre hémisphère que dans l'hémisphère opposé.

Frappé de ce contraste, M. Boudin en a cherché la cause et l'a trouvée dans le plus ou moins de fréquence et de gravité des fièvres paludéennes. Au nord de l'équateur, ces fièvres remontent en Europe jusqu'au 59e degré de latitude. Au sud, elles ne dépassent qu'assez rarement le tropique et s'arrêtent souvent en deçà. Taïti, qui n'est qu'à 18 degrés de l'équateur géographique et presque sous l'équateur thermal, en est exempte. Dans l'hémisphère austral, les armées française et anglaise réunies comptent par année en moyenne 1,6 fiévreux sur 1000; dans l'hémisphère boréal, 224,9 sur 1000.

Ainsi les fièvres paludéennes sont près de deux cents fois plus fréquentes au nord qu'au sud de l'équateur, bien que dans l'Amérique méridionale et en Australie par exemple, de vastes espaces se couvrent d'eaux croupissantes sous un soleil brûlant. Elles sont surtout infiniment moins graves dans l'hémisphère austral. Les immenses lagunes de Corrientes n'engendrent que des fièvres légères. On sait combien sont dangereuses au contraire celles des marais Pontins, bien plus éloignés pourtant de l'équateur. Il serait beaucoup plus difficile à l'Européen de vivre en Italie sur les bords du Garigliano qu'en Amérique sur ceux du Parana.

Malgré quelques expériences et quelques théories ingénieuses, ces différences entre des localités paraissant présenter des conditions physiques générales presque identiques ne sont pas encore expliquées. Mais les recherches de M. Boudin permettent de regarder comme très-probable que les miasmes paludéens sont le plus grand, souvent l'unique obstacle qui s'oppose à l'acclimatation de l'Européen dans la plupart des localités où l'entraîne l'esprit d'entreprises. Il y a dans ce fait quelque chose d'instructif et d'encourageant. On sait quelle réunion de circonstances engendre ces miasmes pestilentiels; on sait comment il est possible de les combattre. L'homme peut donc, où qu'il aille, lutter contre la nature et améliorer au moins ses conditions d'acclimatation. Il était impossible jusqu'ici d'assainir rapidement une contrée entière. C'était là un de ces travaux que le temps semblait seul pouvoir accomplir, trop souvent au prix d'hécatombes humaines. L'introduction de l'eucalyptus paraît devoir au moins diminuer ces sacrifices dans une large proportion.

Pourtant, dût l'arbre amené d'Australie par M. Ramel justifier toutes nos espérances, on n'en devrait pas moins apporter quelque soin dans le choix de la *station*. Je montrerai tout à l'heure comment, dans les contrées les plus dangereuses en apparence, il existe souvent des points circonscrits où l'acclimatation se fait presque d'emblée. Il est clair que les nouveaux arrivants devraient rechercher avec soin ces localités privilégiées et y planter leur tente. C'est presque toujours le contraire qui s'est passé, qui se passe encore. On s'est laissé séduire avant tout par la beauté, par la fertilité des terres d'alluvion situées à l'embouchure de quelque cours d'eau, sur les rives de quelque baie propre à faciliter le commerce, sans songer à leur insalubrité. On s'y est installé, on y a bâti, sans s'inquiéter des pertes que comblaient de nouveaux arrivages ; et l'on est resté ainsi sur des plages pestilentielles comme celles de Batavia.

V. — Je ne pourrais parler ici avec quelque détail des actions du milieu sur les races humaines sans anticiper sur des considérations qui seront mieux à leur place dans un autre chapitre. Je me borne à indiquer un fait très-général et qui intéresse au plus haut degré le problème de l'acclimatation.

On sait que les races animales et végétales d'une même espèce, tout en restant au fond accessibles aux mêmes influences, ont leurs aptitudes propres; et qu'en particulier, telle affection très-fréquente chez l'une sera au contraire rare chez l'autre. Il en est exactement de même pour les races humaines.

Les miasmes paludéens agissent de la même manière sur tous les hommes. Le Nègre souffre et meurt de la fièvre sur les bords du Niger, mais beaucoup moins que le Blanc. Il y a plus : les deux races transportées dans l'Inde conservent à cet égard presque le même rapport. Comparé aux races locales, le Nègre garde encore la supériorité ; il est partout le moins atteint par les émanations paludéennes. Né dans une contrée où on les respire à peu près partout et toujours, descendant d'ancêtres qui dès les temps préhistoriques ont vécu dans cet air empoisonné, il est plus que tout autre homme acclimaté à ce milieu ; par cela même il prospérera sans peine là où le Blanc souffrira longtemps.

En revanche, le Nègre a la poitrine délicate ; et aucune race n'est aussi sujette à la phthisie, tandis que le Blanc européen et le Malais meurent bien plus rarement de cette maladie.

Des différences extrêmes présentées par le Nègre et le Blanc d'Europe il résulte que les conditions générales de l'acclimatation sont opposées pour ces deux races. Un air moyennement chaud mais imprégné d'émanations paludéennes est dangereux pour l'Européen ; un froid humide même modéré tue le Nègre.

Ces quelques faits suffisent pour faire comprendre que les conditions de l'acclimatation varient de race à race ; que le même milieu ne saurait exercer le même genre d'action sur des races différentes et que l'acclimatation complète, la *naturalisation*, ne peut résulter que de l'harmonie de ces deux termes : la race et le milieu

166   ACCLIMATATION DE L'ESPÈCE HUMAINE

d'Europe il résulte que les conditions générales de l'acclimatation sont opposées pour ces deux races. Un air moyennement chaud mais imprégné d'émanations paludéennes est dangereux pour l'Européen ; un froid humide même modéré tue le Nègre.

CHAPITRE XX

CONDITIONS DE L'ACCLIMATATION.

I. — La possibilité d'établir l'harmonie dont j'ai parlé dans le chapitre précédent a été niée. On a prétendu qu'elle devait exister d'avance; on a voulu rattacher à la simple *accoutumance* les faits d'acclimatation. Il est facile de montrer par ce qui s'est passé chez des animaux et chez des plantes, qu'il y a là quelque chose de plus et que l'organisme se modifie parfois dans ce qu'il a de plus intime, pour se plier aux exigences d'un milieu inflexible par sa nature.

Les chrysanthèmes (*Pyretrum sinense*) qui ornent nos jardins sont, comme on sait, originaires de Chine. Apportés en France en 1790, ils y fleurissaient et nouaient leurs fruits sans pouvoir les mûrir, et le commerce seul alimenta nos parterres des graines nécessaires pendant plus de 60 ans. Les serres, les châssis n'avaient que très-imparfaitement réussi à les produire. En 1852, quelques pieds fleurirent et fructifièrent plutôt que les autres; les graines mûrirent; et aujourd'hui, la France produit toute la graine dont elle a besoin. Un petit nombre de pieds accidentellement précoces ont acclimaté chez nous cette jolie fleur.

L'histoire de l'oie d'Egypte (*Anser ægyptiacus*) est plus frappante encore. Amenée en France en 1801 par Geoffroy Saint-Hilaire, cette espèce pondit d'abord au mois de décembre comme dans son pays natal. Elle élevait ses couvées en plein hiver et par conséquent dans des conditions peu favorables. On n'en éleva pas moins plusieurs générations au Museum. Or en 1844 la ponte vint en février; l'année suivante en mars, et en 1846 en avril. C'est à la même époque que pond notre oie ordinaire. N'est-il pas évident que l'organisme de l'oie d'Egypte s'est accommodé aux conditions imposées par notre climat?

Cette faculté merveilleuse des êtres vivants a même parfois ses inconvénients. Transportées à l'île Bourbon, nos vignes donnent du raisin continuellement, si bien que le mélange des grappés à tous les degrés de développement et de maturité a été un obstacle à la production du vin. Les vers à soie ont fait de même; ils ont pondu et coconné indifféremment en toute saison, et d'une manière si irrégulière qu'on a dû renoncer à les élever.

L'acclimatation, c'est-à-dire *l'adaptation physiologique* à un milieu nouveau, est un fait incontestable. Toutes nos races domestiques importées en Amérique y prospèrent aujourd'hui. Quand les conditions d'existence ont été à peu près celles de leur milieu natal, elles ont peu changé. Quand les conditions nouvelles ont été par trop différentes des anciennes, il s'est formé des races locales; et, sans que l'industrie humaine y fût pour rien, on a vu paraître sur les froids plateaux des Cordillères des *porcs à laine*, dans les chaudes vallées de la Madeleine des *moutons à poils* et dans les plaines brûlantes de Mariquita des *bœufs nus*. Encore une fois, n'est-il pas évident que ces porcs, ces moutons, ces bœufs, descendants de nos races des climats tempérés, se sont mis en harmonie avec le milieu?

II. — Mais, je le répète, cette harmonie ne s'obtient presque jamais sans luttes et sans sacrifices. A cet égard encore, l'homme ressemble aux animaux et aux plantes. Voyons d'abord ce que nous apprennent à ce sujet ces êtres organisés inférieurs.

Chacun sait que nos cultivateurs reconnaissent deux sortes de blé, dont l'un se sème au printemps, l'autre en automne, et qui ne s'en récoltent pas moins à peu près à la même époque. Il est évident que les conditions du développement sont bien différentes pour toutes deux. Semer en automne du blé de printemps, c'était le *changer de milieu* et par conséquent tenter une expérience d'acclimatation. C'est ce qu'a fait le célèbre abbé Tessier. Cent grains de froment d'automne ont été semés au printemps; ils ont tous levé et ont donné cent tiges herbacées qui ont parcouru les phases ordinaires de la végétation. Mais, dix pieds seulement ont formé des graines et celles-ci n'ont mûri que sur quatre pieds. Cent graines de cette première récolte ont donné cinquante tiges fécondes. A la troisième génération, les cent graines ont donné du blé. L'expérience inverse a reproduit des résultats analogues.

L'acclimatation du blé à Sierra Leone a présenté des particularités plus instructives encore. La première année, presque toute la semence monta en herbe; les épis furent très-rares et très-peu fournis. Les graines de cette première récolte furent semées; un grand nombre périt en terre sans germer. Les tiges survivantes se montrèrent un peu plus fécondes. Toutefois il fallut patienter et attendre plusieurs générations avant d'obtenir des récoltes normales.

On voit que dans l'expérience de Tessier tous les individus, les grains de blé et leur germe, ont vécu: mais les graines ont manqué ou avorté plus ou moins. Il y a donc eu *perte de générations*. Pareille chose s'est produite à Sierra Leone. Mais de plus, à la seconde semaille, une partie des graines ne leva pas; il y a donc en *perte d'individus* s'ajoutant à celle des générations.

L'histoire de nos oiseaux de basse-cour importés en Amérique présente des faits tout aussi significatifs. A Cuzco, les pontes sont aujourd'hui aussi fécondes qu'en Europe. Pourtant Garcilasso de la Véga nous apprend que de son temps les œufs étaient rares et que les poulets s'élevaient mal. L'espèce s'est acclimatée depuis cette époque.

Quand M. Roulin observa les oies importées à Bogota, elles étaient arrivées sur ce haut plateau depuis une vingtaine d'années, et pourtant elles n'avaient pas encore atteint leur fécondité normale. Toutefois elles en approchaient; tandis qu'au début les pontes étaient très-rares. En outre un quart des œufs au plus donnait des produits et la moitié des poulets éclos périssait dès le premier mois. Ainsi d'une part l'éleveur de Bogota n'obtenait pas à beaucoup près autant d'œufs qu'il en aurait eu en Europe; d'autre part au bout d'un temps à peine égal au deux centième de la vie de l'oie, il obtenait de ces œufs à peine le huitième de ce qu'ils auraient produit en Europe.

Cette histoire des oies de Bogota est des plus instructives. On y trouve réunies au début toutes les circonstances qui auraient pu paraître justifier la prédiction d'un insuccès. L'infécondité relative des femelles attestée par la rareté des pontes, celle des mâles accusée par la forte proportion des œufs clairs, indiquaient une lésion physiologique profonde portant sur les organes dont le jeu assure seul la durée des espèces. La mortalité énorme des jeunes poulets trahissait une altération non moins grave des appareils de la vie individuelle. Cependant, à l'époque du voyage de M. Roulin, l'acclimatation était à peu près réalisée et certainement elle est complète aujourd'hui.

Mais il avait fallu plus de vingt années pour que l'organisme de cet oiseau européen se fût mis en harmonie avec les conditions d'existence imposées par les hauts plateaux américains. Les éleveurs ont par conséquent dû subir bien des pertes portant sur les générations aussi bien que sur les individus.

On voit ce qui s'est passé chez les poules et les oies aussi bien que chez le froment. A la suite de l'émigration, le milieu a tué d'emblée les individus par trop rebelles aux exigences nouvelles. Un certain nombre de sujets ont résisté assez pour durer à peu près autant qu'ils l'eussent fait dans leur milieu natal; mais leur organisme affaibli n'a pu se reproduire ou n'a enfanté que des êtres qui ont succombé rapidement. Pourtant, au milieu de ces désastres, quelques organisations privilégiées se sont dès le début plus ou moins pliées aux exigences nouvelles. Légèrement modifiées, elles ont transmis avec leurs heureuses aptitudes ce qu'elles avaient acquis. A leur tour les descendants ont fait des pas nouveaux dans la voie ouverte par leurs pères; et d'année en année, l'adaptation s'est complétée, l'acclimatation s'est réalisée.

Mais il est facile de voir qu'ici les années représentent des *générations*. Ce n'est que du père au fils, par voie d'hérédité et d'accumulation, que l'être vivant se modifie et s'harmonise progressivement avec le milieu. Lors donc que nous étudierons, non plus une plante annuelle ou un oiseau capable de se reproduire au bout d'un an, mais des espèces ou des races à reproduction plus tardive, rappelons-nous que c'est *par générations* et non point *par années* qu'il faut compter.

III. — Telles sont les données qui permettent de juger des tentatives d'acclimatation faites par l'homme lui-même. Je ne saurais trop le redire, en tant qu'êtres organisés et vivants, nous sommes soumis à toutes les lois générales qui régissent la vie et l'organisation dans les animaux et les plantes. Sans doute notre intelligence nous vient en aide dans nos batailles contre la nature ; mais la puissance que nous lui devons a malheureusement des bornes ; et, nulle part peut-être, nous ne sommes plus désarmés que dans la lutte de tous les instants commandée par un changement prononcé de milieu. En pareil cas, les plus sages efforts ne sauraient soustraire l'homme à des vicissitudes plus ou moins analogues à celles qu'ont subies le blé à Sierra-Leone, les poules à Cuzco, les oies à Bogota.

Nous devons donc presque toujours accepter d'avance des sacrifices dont l'étendue et la gravité seront proportionnelles aux différences entre le point de départ et le point d'arrivée sous le rapport des conditions d'existence ; à peu près constamment il faut nous résigner à perdre un certain nombre d'individus et de générations. Le tout est de juger sainement les faits, de ne pas s'en exagérer la portée, de voir jusqu'à quel point ils permettent d'espérer le succès en dépit des apparences. Si les pertes sont seulement égales à celles dont je viens de parler, à plus forte raison si elles sont moindres, on peut prédire une issue heureuse ; et, si la conquête vaut ce qu'elle doit coûter, il faut s'en fier à la persévérance et au temps.

IV. — Ce qui s'est passé en Algérie confirme ces observations. Au lendemain de la conquête, on se demandait à l'étranger aussi bien qu'en France si nous pourrions coloniser la terre enlevée aux Turcs et aux Arabes. Le docteur Knox proclama bien haut que cette colonisation était impossible, et que le Français ne pourrait jamais se propager ni même vivre en Afrique. Il faut bien le dire, cet arrêt trouva de nombreux et sérieux échos. Après les premières années d'occupation, les généraux comme les médecins conclurent à peu près tous de la même manière. M. Boudin appuya de chiffres désolants les appréciations de ses confrères, celles du maréchal Bugeaud, des généraux Duvivier et Cavaignac.

Fort de ce que je savais s'être accompli sur des oiseaux, je n'hésitai pas à combattre ces prévisions décourageantes. Sans doute en 1845 la mortalité militaire et civile était bien plus considérable en Afrique qu'en France ; sans doute le chiffre des décès l'emportait sur celui des naissances. Mais l'immigration était alors abondante et continuelle. Or, si l'afflux de nouveaux arrivants comble les vides causés par le changement des conditions d'existence, il alimente aussi la mortalité en amenant sans cesse des recrues à cette bataille contre le milieu. — Les enfants mouraient en nombre presque double de celui qu'accusaient nos statistiques françaises ; mais la proportion des morts était pourtant beaucoup moins forte que chez les premières oies importées à Bogota. — Enfin, loin d'avoir faibli, la fécondité des femmes s'était accrue ; les sources de la vie étaient donc bien moins atteintes ici que sur les hauts plateaux américains.

De cet ensemble de considérations, je crus pouvoir conclure avec certitude que l'acclimatation des Français en Algérie était assurée et ne demanderait pas vingt générations. L'événement m'a donné raison bien plus tôt que je ne l'espérais. Le recensement de 1870 indiqua en Algérie dans la population de race européenne un accroissement de 25,000 âmes, dû presque en entier à l'excédant du chiffre des naissances sur celui des décès. L'action de la première génération née sur place commençait à se faire sentir. Ce résultat s'est accusé depuis lors d'une manière encore plus sensible. Encore deux ou trois générations, et le Français créole vivra en Algérie tout comme ses ancêtres ont vécu en France.

Il y a d'ailleurs des distinctions à établir, au point de vue de la facilité de l'acclimatation en Algérie, entre les diverses races européennes, entre les habitants du nord et du midi de la France. Les statistiques recueillies par MM. Boudin, Martin et Foley ont clairement démontré que les Espagnols et les Maltais résistent au climat algérien infiniment mieux que les Anglais, les Belges et les Allemands. Or nos compatriotes du nord ont avec ces dernières populations les plus grandes ressemblances de race et d'habitat. Sous ce double rapport, les Français du midi se rapprochent au contraire des habitants de Malte et de l'Espagne. On pouvait donc, sans grand danger d'erreur, prédire que ces derniers avaient plus de chance de survie, soit pour eux-mêmes, soit pour leurs descendants que les Français d'origine alsacienne ou flamande. L'expérience a encore pleinement confirmé ces déductions de la théorie.

V. — Les enseignements qui découlent de ces faits, accomplis pour ainsi dire à nos portes et chez des races fort voisines, peuvent certainement s'appliquer à des régions éloignées, à des milieux très-divers et plus tranchés, à des groupes humains bien autrement distincts l'un de l'autre que ne le sont les Français et les Belges. Néanmoins la conclusion qu'on pourrait en tirer n'aurait d'autre valeur que celle d'une formule générale dont la signification change avec les données. Quand il s'agit d'acclimatation, ces données ressortent toujours des deux éléments indiqués plus haut, la race et le milieu. Que l'un des deux vienne à varier, même en peu de chose et dans d'étroites limites, le résultat est forcément altéré et parfois d'une façon très-inattendue. Toute question d'acclimatation constitue donc en réalité un problème à part, se décomposant parfois lui-même en plusieurs cas particuliers, qui comportent chacun une solution spéciale. Sans sortir de nos colonies, nous pouvons encore citer à ce sujet un exemple des plus frappants.

Les anthropologistes comme les médecins ont souvent mis en question la possibilité pour l'Européen de s'acclimater dans les archipels du grand golfe mexicain, que la fièvre jaune et les influences générales qui la développent rendent des plus meurtriers pour lui. Au premier abord, il est vrai, un certain nombre de faits généraux semblent mettre l'affirmative hors de tout débat. Depuis la découverte de l'Amérique, ces îles ont toujours été occupées par nous ; la race blanche, traînant le Nègre à sa suite, y a remplacé partout la race caraïbe. A cela, on répond que ces îles sont un des points du globe qu'affectionne le plus l'émigration, et que cette dernière entretient seule une population qui, livrée à ses seules forces, serait bientôt anéantie. On oppose chiffre à chiffre et statistique à statistique ; et, à se placer sur ce terrain sans analyser les faits, la question peut paraître des plus obscures.

Pour la résoudre en ce qui nous touche de plus près, ne parlons que de la Guadeloupe et de la Martinique. On sait que les Français ont colonisé ces deux îles depuis deux cent trente-cinq ans seulement. Même en comptant quatre générations par siècle en forçant les nombres, on voit que dix générations au plus se sont succédé sur ces terres, dont le milieu est des plus redoutables pour l'Européen. Or il en a fallu plus de vingt pour acclimater les oies à Bogota. L'expérience n'est donc pas complète. Pourtant, en présence des faits de longévité et de fécondité attestés par M. Simonot, nous n'hésiterons pas à partager ses convictions. Si la race française n'est pas encore entièrement acclimatée à la Martinique, à la Guadeloupe, on peut affirmer qu'elle le sera bientôt.

Il n'en est pas moins vrai que les statistiques attestent un excédant des décès sur les naissances. — Sans doute, mais les renseignements qu'elles fournissent ont été présentés sans distinction. On a réuni les créoles anciens et nouveaux, aussi bien que les immigrants de la veille, dans une appréciation commune. On a confondu ainsi des éléments au fond très-différents. Pour qu'un travail de cette nature eût une valeur sérieuse, il serait absolument nécessaire de diviser la population en catégories déterminées par l'ancienneté de l'immigration ; d'évaluer cette ancienneté elle-même par le nombre des générations. En procédant ainsi, on constaterait à coup sûr, dans la mortalité des groupes, des différences tranchées plus ou moins analogues à celles qu'ont montrées les générations de végétaux et d'animaux transportés en Afrique ou en Amérique.

Les statistiques dont il s'agit sont encore viciées par un défaut que met parfaitement en lumière un travail de M. Walther, sur la Guadeloupe. Lui aussi a dressé des tableaux de mortalité,

Seulement, au lieu de prendre la population en bloc, il l'a étudiée commune par commune. Alors ont apparu des différences bien significatives. Considérée en masse, la population de la Guadeloupe présente un excédant annuel des décès sur les naissances représenté par 0,46, c'est-à-dire presque un 1/2 pour 100. En présence de ce chiffre, les statisticiens dont je combats la manière de voir n'auraient pas manqué de conclure que l'Européen n'est pas acclimaté à la Guadeloupe, et de dire qu'au bout d'un temps facile à calculer cette population coloniale s'éteindrait, si l'immigration ne venait sans cesse en combler les vides.

Cependant, lorsqu'on examine le tableau de mortalité par commune, on arrive à des conclusions bien autres. Ces communes sont au nombre de trente et une. Or dans quinze d'entre elles le nombre des naissances l'emporte sur celui des décès. Dans la petite île de Marie-Galante, deux communes sur trois sont dans ce dernier cas. Ainsi, les chiffres effrayants des moyennes sont dus uniquement à l'exagération de la mortalité dans certaines communes et l'Européen est acclimaté dans les autres.

Les tableaux de mortalité recueillis en Algérie par M. Boudin présentent des faits analogues. Sur cent soixante-neuf localités, cinquante-cinq accusaient dès 1857 un excédant des naissances sur les décès.

Le résultat général obtenu par M. Walther peut être traduit ainsi : la race française est acclimatée à la Guadeloupe dans quinze localités ; elle ne l'est pas dans les seize restantes. De ces deux propositions, la première doit être considérée comme définitivement acquise : la seconde a besoin de confirmation, car il reste à examiner de plus près la population des communes les plus frappées, à les étudier par catégories.

Quoi qu'il en soit, tout esprit juste reconnaîtra qu'on ne saurait parler désormais de l'acclimatation *à la Guadeloupe*. Il ne doit être question que de l'acclimatation *à la Basse-Terre, à la Pointe-à-Pitre, à la Pointe-Noire*, etc.

VI. — Les Antilles françaises, comme la plupart de leurs sœurs, sont le théâtre de véritables expériences sur l'aptitude des diverses races humaines à supporter ce milieu exceptionnel et l'un des plus difficiles à dominer. Le Nègre y a été traîné de force bien peu après la prise de possession par les Blancs ; il y a vécu comme esclave jusqu'à ces dernières années. Comme les fils subissaient la condition des parents, il est à peu près certain qu'au bout d'un temps donné la multiplication locale des Noirs aurait suffi à tous les besoins de l'agriculture et de l'industrie, si cette race s'était acclimatée. L'activité incessante de la traite semble démontrer que le chiffre des décès devait l'emporter de beaucoup sur celui des naissances. Le fait paraît avoir été mis hors de doute pour l'île de Cuba, pour la Jamaïque. Le général Tulloch, frappé de la mortalité des Nègres dans les Antilles anglaises, n'a pas hésité à déclarer qu'une fois la traite supprimée, la race entière disparaîtrait de ces îles au bout d'un siècle. Les recherches de M. Boudin permettent de regarder cette assertion comme exagérée, du moins pour les possessions françaises.

Pourtant, pas plus que l'auteur anglais, notre compatriote n'a tenu compte d'une circonstance dont l'importance ne saurait être méconnue. Je veux parler des conditions faites au Nègre par l'esclavage. Il est clair que la conduite et le caractère du maître entraient pour beaucoup dans les chances de vie et de mort de l'esclave. Sans se croire, sans être inhumain, on pouvait lui demander plus d'ouvrage que ne comportait sa nature, on pouvait violenter des instincts dont le jeu libre est nécessaire à la santé. Il en était certainement ainsi à Cuba, où l'on avait généralement pour principe de tirer tout le parti possible des esclaves, sauf à les renouveler plus souvent. Là est sans doute une des causes qui accroissaient outre mesure la mortalité d'une race mieux faite que la nôtre pour les climats intertropicaux. Les faits semblent justifier ces présomptions. Depuis l'abolition de l'esclavage, nous dit M. Elisée Reclus, la population nègre est en voie d'accroissement dans les îles anglaises.

Quelque singulier que puisse paraître ce fait à quelques anthropologistes, il ne serait que la répétition de ce qui s'est produit au Brésil. Là aussi, disait-on, la traite seule entretenait une population noire destinée à diminuer et à disparaître dès que cesserait l'immigration forcée. Des documents authentiques ont établi que le contraire a eu lieu. La traite a été abolie bien avant l'esclavage dans ce grand empire. Pendant plusieurs années, les propriétaires d'esclaves ne pouvant plus en acheter ont soigné ceux qu'ils possédaient ; et dès ce moment les Nègres se sont multipliés. C'est ainsi qu'à l'époque où florissaient les *Missions* des Jésuites, on voyait chez ces religieux qui s'occupaient d'elle, la race noire s'accroître d'une manière prodigieuse, tandis qu'elle dépérissait dans les riches haciendas où elle était livrée à elle-même et surmenée.

A côté des Nègres créoles viennent aujourd'hui se placer dans nos Antilles françaises des engagés plus ou moins volontaires amenés des mêmes côtes d'Afrique, des Madériens représentants de la race blanche sémitique, des Chinois de race jaune, des coulies de l'Inde, presque tous dravidiens et tenant par conséquent du Jaune et du Nègre mélanésien. Il sera curieux de constater un jour ce que chacune de ces populations aura montré de résistance au terrible milieu qu'elles vont affronter. L'expérience n'en est encore qu'à son début. Toutefois M. Walther a recueilli déjà quelques données intéressantes. A la Guadeloupe, la mortalité annuelle pour les créoles est en moyenne de 3,28 pour 100, celle des immigrants est de 9,66 pour les Chinois, de 7,68 pour les Nègres, de 7,12 pour les Hindous, de 5,80 pour les Madériens. Malheureusement ces chiffres reposent sur des éléments insuffisants et diffèrent de ceux que M. Du Hailly a donnés pour la Martinique. Les uns et les autres n'en doivent pas moins être enregistrés comme point de départ d'une étude qui commence. Ils n'ont d'ailleurs rien de désespérant. Il est clair par exemple que les Madèriens seront assez rapidement acclimatés à la Guadeloupe, comme ils le sont déjà à Cuba, et, que si les races nègres, chinoises, hindoues, ont à éprouver des pertes beaucoup plus graves, l'habitat de nos colonies ne leur est point à jamais interdit.

VII. — Le milieu, la nature de la race ne sont pas tout dans les problèmes multiples soulevés par l'acclimatation. L'homme, l'individu lui-même y apportent leurs éléments propres. Le sauvage et l'Européen moderne sont placés par le fait seul de la différence sociale qui les sépare dans des conditions parfois opposées et qui ne sont pas toutes en faveur du dernier.

Les merveilles mêmes de notre industrie, tout en facilitant l'immigration en pays lointains, la rendent plus dangereuse. Les chemins de fer et les steamers ont réduit à bien peu les plus longs voyages. Les terres que nos ancêtres ont mis des siècles à peupler, les distances que nos propres pères ne parcouraient qu'en plusieurs mois, nous les franchissons en quelques jours. Il y a là pour l'acclimatation une difficulté de plus ajoutée à toutes les autres. Qui n'a entendu quelqu'un de ses amis constater sur lui-même les effets du simple trajet d'Alger à Paris? La brusquerie de cette transition ébranle l'organisme, bien qu'ayant pour résultat de le replacer dans son milieu naturel. L'ébranlement est nécessairement plus marqué quand le voyage se fait en sens inverse et qu'on va à l'encontre de ses habitudes physiologiques au lieu d'y revenir. Et, quand après quelques jours de traversée, on aborde non plus en Algérie, mais aux Antilles ou à Rio de Janeiro, combien le choc doit être rude !

La civilisation moderne est aussi pour beaucoup dans les pertes qu'entraîne tout établissement dans un milieu par trop différent du nôtre. Par suite de la sécurité dont elle entoure le pauvre comme le riche, du bien-être au moins relatif dont jouissent toutes les classes de la société, nous sommes peu préparés à la *lutte pour l'existence*. Sans remonter à l'homme primitif ou aux Aryas, rappelons-nous seulement Balboa, Pizare, Cortez, Soto, Monbars et leurs rudes compagnons. Nos générations actuelles résisteraient-elles comme eux?

Ce n'est pas seulement par ses délicatesses que la civilisation nous rend moins propres à affronter les chances de l'acclimatation. C'est encore, et surtout, par les vices qui trop souvent l'accompagnent. M. Bûlot, commandant d'une compagnie de discipline qui construisait une jetée à Grand-Bassam, disait au capitaine Vallon : « Un dimanche me met plus d'hommes à l'hôpital que trois jours de travail en plein soleil. » — C'est que le dimanche était consacré à la débauche.

Voici du reste un fait constituant pour ainsi dire une expérience telle qu'aurait pu l'imaginer un physiologiste. L'île

Bourbon passe pour une de ces localités funestes où l'Européen ne peut s'acclimater. Les tables de mortalité portant sur la population entière accusent en effet un excédant formidable des décès sur les naissances. Mais c'est encore là un de ces résultats en bloc qu'il faut discuter, si l'on veut en comprendre la signification vraie.

Les Blancs de Bourbon forment en réalité deux classes, ou mieux deux *races* distinctes par les mœurs et les habitudes. La première comprend la population des villes et des grandes habitations qui mène la vie ordinaire des colonies et se garde surtout du travail de la terre, regardé par les créoles comme aussi déshonorant que meurtrier. L'autre comprend les *Petits Blancs*, descendants d'anciens colons qui, trop pauvres pour acheter des esclaves, avaient bien été forcés de cultiver le sol de leurs propres mains.

Eh bien, de ces deux classes de colons, c'est la première seule qui alimente la mortalité tant de fois signalée. Les Petits-Blancs font ce qu'avaient fait leurs pères ; ils habitent et cultivent les districts les moins fertiles de l'île. Loin d'en avoir souffert, leur race a gagné et les femmes surtout sont remarquables par la beauté des formes et des traits. Cette race s'entretient parfaitement par elle-même et semblerait être en voie d'accroissement. Le croisement n'y est d'ailleurs pour rien, car le Petit-Blanc, très-fier de la pureté de sang qui fait sa noblesse, ne s'allierait à aucun prix avec le Nègre ou le coolie.

C'est qu'à Bourbon, tandis que l'oisiveté et les habitudes qu'elle entraîne tuaient le riche et ceux qui cherchaient à l'imiter, le pauvre s'acclimatait grâce à la sobriété, à la pureté des mœurs et à un travail modéré. A lui seul ce fait doit être pour les anthropologistes et pour tout le monde un grave enseignement à la fois scientifique et moral.

VIII. — En résumé, l'acclimatation, la naturalisation sont partout dans l'histoire, comme la migration dont elles sont la conséquence. Nous les voyons s'accomplir journellement sous nos yeux et porter sur les races les plus diverses, mais presque toujours au prix de vies humaines. Sur bien des points elles sont obtenues à bon marché, si bien que l'étude seule peut nous apprendre que nulle part le milieu nouveau ne perd complétement ses droits ; sur certains autres, principalement dans les contrées à climats extrêmes, elles entraînent des pertes considérables. Mais rien n'autorise à les nier. Tout prouve au contraire qu'à la condition de subir les sacrifices nécessaires, toutes les races humaines pourraient vivre et prospérer à peu près dans tous les milieux non viciés par des causes accidentelles.

IX. — Sur ce point comme sur bien d'autres, le présent fait comprendre le passé, qui d'ailleurs apporte ici sa part de lumière. Forts des expériences qui s'accomplissent sous nos yeux et de faits empruntés à l'histoire, nous pouvons nous faire une idée générale de la façon dont s'est peuplé le monde.

A elle seule la race aryane nous enseigne pour ainsi dire l'histoire de l'espèce entière. Nous la voyons sortir du Bolor et de l'Hindou-Koh, de cet Eeriéné Véedjo où l'été ne durait que deux mois, descendre en Boukharie, parcourir la Perse et le Caboul avant d'arriver dans le bassin de l'Indus. Onze stations jalonnent cette route franchie par les Aryas avant d'arriver au Gauge. Là nous les retrouvons marchant pas à pas, tout en lançant en avant-garde quelques-uns de ces *héros pieux* qui tuaient les rakchassas et préparaient les conquêtes. Aujourd'hui la race est sous les tropiques dans l'Inde, sous le cercle polaire au Groënland, où les Norwégiens et les Danois modernes ont remplacé les rois de la mer; elle couvre une immense région à climat plus ou moins tempéré; elle a des colonies partout.

L'espèce humaine à ses débuts a dû procéder comme les Aryas. Au sortir de leur centre de création, c'est lentement et d'étapes en étapes que les colons primitifs, ancêtres de toutes les races actuelles, ont marché à la conquête du monde désert. Par là ils se faisaient peu à peu aux conditions d'existence diverses que leur imposait le nord ou le midi, l'est ou l'ouest, le froid ou la chaleur, la plaine ou la montagne. Divergeant en tout sens et rencontrant des milieux différents, ils se mettaient graduellement en harmonie avec chacun d'eux. L'acclimatation, marchant ainsi du même pas que les conquêtes géographiques, était moins meurtrière. Certes, pour être adoucie par la lenteur de la marche, la lutte n'en existait pas moins. A coup sûr de nombreux pionniers sont tombés en route. Mais les survivants n'avaient en face d'eux que la nature et ils ont pu aller jusqu'au bout; ils ont peuplé le monde.

LIVRE VII

CHAPITRE XXI

HOMME PRIMITIF.

I. — Le type primitif de l'espèce humaine a nécessairement dû s'effacer et disparaître. A elles seules, les migrations forcées et les actions de milieu devaient amener ce résultat. L'homme a traversé deux époques géologiques ; peut-être son centre d'apparition n'existe-t-il plus ; en tout cas, les conditions y sont tout autres qu'au moment où l'humanité débutait. Quand tout changeait autour de lui, l'homme ne pouvait rester immuable. Le métissage a certainement aussi eu sa part dans cette transformation. Je reviendrai bientôt sur ces divers points que je me borne à indiquer ici.

Mais d'autre part nous verrons que la tête osseuse de la plus ancienne race quaternaire se retrouve non-seulement en Australie dans quelques tribus, mais en Europe et chez des hommes qui ont joué un rôle considérable parmi leurs compatriotes. Les autres races de la même époque, à en juger de même par la tête osseuse, ont parmi nous de nombreux représentants. Elles ont pourtant traversé une des deux révolutions géologiques qui nous séparent de notre souche originelle. Il n'y a donc rien d'impossible à ce que celle-ci ait transmis à un certain nombre d'hommes peut-être dispersés dans le temps et dans l'espace, au moins une partie de ses caractères.

Malheureusement on ne sait où chercher ces reproductions plus ou moins ressemblantes du type primitif ; et, faute de renseignements, il serait impossible de les reconnaître pour telles si on venait à les rencontrer. Ici l'observation seule ne peut donc fournir aucune donnée. Mais, éclairée par la physiologie, elle permet quelques conjectures.

II. — On sait que chez les animaux l'atavisme fait reparaître souvent des caractères ancestraux, même après une sélection attentive portant sur des centaines de générations. Les vers à soie, à cocons blancs des Cévennes et les moutons à laine noire d'Espagne en fournissent des exemples. Chez l'homme, où la sélection n'existe pas, des faits de même nature doivent se produire à plus forte raison. Quelques caractères de nos premiers ancêtres doivent se montrer isolément ou réunis dans toutes les races humaines ; peut-être en est-il qui se sont conservés dans un ou plusieurs groupes. Par conséquent en recherchant et en groupant ceux qui apparaissent d'une manière plus ou moins erratique, chez les races les plus dissemblables sous tous les autres rapports, nous pourrons reconstituer en partie avec quelque probabilité le type humain primitif.

A ce titre il est difficile de ne pas attacher une importance réelle au prognathisme de la mâchoire supérieure. Ce trait anatomique se montre très-prononcé chez presque toutes les races nègres ; il est des plus accusé chez certaines races jaunes. Considérablement atténué chez les Blancs, il y reparaît pourtant parfois à peu près aussi marqué que dans les deux autres groupes ; il existait chez les hommes quaternaires. Tout semble indiquer qu'il devait être assez fortement développé chez nos premiers ancêtres.

Les phénomènes d'atavisme portant sur la coloration sont fréquents chez les animaux. On les constate également dans l'espèce humaine. Cette considération me fait attacher une importance réelle à l'opinion de M. de Salles, qui attribue une chevelure rousse aux premiers hommes. On a signalé, en effet, dans toutes les races humaines, des individus dont les cheveux se rapprochent plus ou moins de cette teinte.

Les expériences de Darwin sur les effets du croisement entre races très-différentes de pigeons conduisent à la même conclusion. Il a vu, à la suite de ces croisements, reparaître dans les métis des particularités de coloration propres à l'*espèce* souche et qui avaient disparu dans les deux *races* parentes. Or dans nos colonies, le *tierceron*, fils de Mulâtre et de Blanc, a souvent les cheveux rouges. En Europe même, selon la remarque de M. Hamy, il naît souvent des enfants à cheveux rouges lorsque le père et la mère sont franchement, l'un brun et l'autre blond. Dans tous les cas de cette nature, on dirait que le caractère primitif se dégage par la neutralisation réciproque des caractères ethniques opposés accidentellement acquis.

Examiné au microscope, le pigment cutané qui donne au corps humain sa teinte caractéristique présente sans doute des couleurs différentes, mais toujours le jaune y entre comme élément colorant. En appliquant à l'homme les règles qu'Isidore Geoffroy a déduites de ses observations sur les animaux, on est conduit à penser que cette teinte devait dominer primitivement. A la suite du croisement du Blanc et du Nègre, c'est l'élément colorant jaune qui se dégage d'abord et paraît habituellement prédominer. Aux colonies on désigne parfois les mulâtres par le terme général de *jaunes*. Ce résultat s'explique encore par les expériences de Darwin; et il est permis d'admettre que le teint primitif de l'homme se rapprochait plus ou moins de cette couleur.

Certains faits observés chez les Nègres semblent encore confirmer cette conclusion. Chez les populations les mieux caractérisées appartenant à ce type, on a signalé l'apparition d'individus à teint plus clair, tantôt presque semblables au Blanc sous ce rapport, tantôt tirant plus ou moins sur le jaune, sans présenter aucun des phénomènes de l'albinisme tératologique. Il est permis d'attribuer à l'atavisme ces particularités de coloration individuelles. Or chez aucune race blanche ou jaune on n'a signalé des faits pouvant être regardés comme réciproques des précédents.

Rien donc n'autorise à regarder la race Nègre comme ayant précédé les deux autres; et, au contraire, le contraste que je signale permet de lui donner pour ancêtre une race à teint plus clair.

D'autre part nous savons que la race aryane est la dernière venue. La question d'antériorité se trouve ainsi circonscrite entre les Sémites, les Allophyles et l'ensemble des races jaunes. Ce que j'ai dit plus haut de la couleur fondamentale mêlée comme élément au teint de toutes les races et les phénomènes du croisement donnent quelque probabilité en faveur des dernières.

La linguistique semble confirmer cette manière de voir. Les langues monosyllabiques, accusant les premiers balbutiements du langage humain, n'existent que chez les races jaunes. Toutes les races nègres et les Blancs allophyles parlent des langues agglutinatives, répondant à la seconde forme donnée par l'homme à l'expression de sa pensée. Les Aryans et les Sémites ont les uns et les autres des langues à flexion.

La philologie semble donc conclure dans le même sens que la physiologie et donner même quelques probabilités de plus à ces conjectures, que je ne donne d'ailleurs que pour ce qu'elles sont.

III. — Nous ne connaissons pas l'homme primitif; nous le rencontrerions que, faute de renseignements, il serait impossible de le reconnaître. Tout ce que la science actuelle permet de dire à son sujet est que, selon toute apparence, il devait présenter un certain prognathisme et n'avait ni le teint noir ni les cheveux laineux. Il est encore assez probable que son teint se rapprochait de celui des races jaunes et accompagnait une chevelure tirant sur le roux. Tout enfin conduit à penser que le langage de nos premiers ancêtres était un monosyllabisme plus ou moins accusé.

Ce ne sont là que des conjectures et qui se réduisent à bien peu, mais du moins ce peu repose sur l'expérience et l'observation.

IV. — Nous ne pouvons former que des conjectures plus vagues encore sur le degré de développement intellectuel qu'a présenté l'homme à sa naissance et pendant ses premières générations. Toutefois il est permis de penser qu'il n'est pas entré sur la scène du monde avec la science innée, avec les industries instinctives qu'y apportent les animaux. Encore moins a-t-il apparu tout civilisé, « adulte de corps et d'esprit, » comme le pense M. le comte Eusèbe de Salles. Toutes les traditions indiquent une période où le savoir humain est bien peu de chose, où l'homme ignore des industries bien élémentaires à nos yeux et que l'on voit naître successivement. Sur ce point la Bible s'accorde avec la mythologie classique. Les Hébreux ont leur Tubalcaïn, comme les Grecs leur Triptolème. Les études préhistoriques confirment de tout point pour notre Europe occidentale ce développement progressif. Les industries tertiaires sont au-dessous des quaternaires. L'ensemble de l'histoire des races me semble présenter, au moins en partie, le tableau de celle de l'espèce ; et la pensée remonte presque invinciblement à des temps où l'homme se trouvait en face de la création, armé seulement des aptitudes qui devaient prendre un si merveilleux développement.

Grâce à ces aptitudes, il a du moins de très-bonne heure satisfait aux premiers besoins de l'existence. L'homme miocène de la Beauce connaissait déjà le feu et taillait le silex. Quelque grossiers et rudimentaires que fussent ses instruments, il avait donc déjà une industrie et selon toute apparence se nourrissait en partie d'aliments cuits. A coup sûr, l'homme de Saint-Prest, avec ses petites flèches en losange taillées d'un seul côté, avec ses haches grossières, savait attaquer et vaincre les grands mammifères ses contemporains. Il possédait des *racloirs*, servant sans doute à préparer leurs peaux, des *perçoirs* qui peut-être remplaçaient les aiguilles. Dès ces temps lointains sur lesquels la science n'a encore jeté pour ainsi dire qu'un éclair, l'homme se révèle donc par deux grands faits et se montre supérieur à toute la création animale.

CHAPITRE XXII

I. — Les premiers hommes qui peuplèrent le centre d'apparition humain durent ne différer d'abord les uns des autres que par des traits individuels. Au début et pendant un laps de temps indéfini, l'humanité n'a pu qu'être homogène, comme l'est toute espèce animale ou végétale cantonnée dans une aire peu étendue.

Aujourd'hui nous la voyons composée de groupes nombreux, ayant leurs caractères propres et constituant autant de races distinctes. Comment ces races ont-elles pris naissance ? comment ont-elles grandi et se sont-elles multipliées ?

Répondre à ces questions d'une manière rigoureuse, en remontant des derniers effets aux premières causes, n'est pas encore possible, ne le sera peut-être jamais. Toutefois la science peut aujourd'hui aborder ce problème dans ce qu'il a de général. Nous connaissons bien des circonstances dans lesquelles les variétés se montrent et les races se forment chez les animaux et les plantes ; nous constatons chez l'homme un certain nombre de phénomènes identiques ou fort semblables à ceux que présentent à cet égard les deux règnes inférieurs. Nous sommes donc pleinement autorisés à conclure d'eux à nous, en rattachant les faits particuliers aux faits généraux. Cette étude est instructive à bien des égards. Malheureusement nous ne pouvons l'aborder ici avec tous les détails qu'elle comporte ; nous ne pouvons que choisir quelques faits dans l'histoire des animaux pour justifier nos conclusions.

II. — Le problème de la formation des races humaines présente deux cas fort distincts. L'homme a subi d'abord l'action seulement des *agents modificateurs naturels*. Sous cette influence se sont formées des *races pures*. Puis ces races se sont rencontrées, se sont *croisées ;* les *races métisses* ont pris naissance. Sans être en antagonisme avec les forces naturelles, le *croisement* par ses phénomènes propres en modifie et en masque parfois les manifestations. Les deux cas demandent donc à être examinés séparément. Nous commencerons par le premier.

III. — Toute espèce organique considérée dans son ensemble apparaît comme soumise à l'action de deux forces dont l'une tend à en maintenir, l'autre à en modifier les caractères. A quelle cause peut-on rattacher cette double action? C'est là une question que se sont posée les plus grands penseurs, les plus éminents physiologistes, depuis Aristote et Hippocrate jusqu'à Burdach et à J. Müller.

Ce ne sont pas les *ressemblances* existant entre les représentants d'une même espèce, entre les membres d'une même famille, qui étonnent ces esprits d'élite; ils s'accordent pour en trouver la raison dans l'*hérédité*. Le problème est pour eux dans les *différences*. Non pas seulement dans les différences considérables telles qu'on les constate de race à race; mais avant tout dans les *nuances* constituant les *traits individuels* qui distinguent le père du fils, le frère du frère. Là est en effet la difficulté fondamentale; et pour la résoudre, on a proposé bien des hypothèses. Prosper Lucas, après les avoir discutées une à une, les a toutes regardées comme insuffisantes et a cru devoir admettre à côté de l'*hérédité* qui conserve les types, une force spéciale, l'*innéité*, qui les diversifie.

Pourtant, sans recourir à une force nouvelle, on peut se rendre compte de la double tendance manifestée par les êtres vivants. Il suffit pour cela de pousser l'analyse des phénomènes un peu plus loin qu'on ne le fait d'ordinaire et de se faire une idée nette du rôle joué par le *milieu* et l'*hérédité*. En général, on attribue au premier une action partout et toujours modificatrice, à la seconde une action purement conservatrice. Or il est facile de montrer qu'il n'en est rien; et que, selon les circonstances, chacune de ces causes agit d'une manière inverse.

IV. — En vertu des lois de l'hérédité le père et la mère tendent également à transmettre à leur progéniture les caractères qu'ils possèdent eux-mêmes. Quelque semblables qu'on les suppose, il y a toujours de l'un à l'autre certaines différences; la nature du nouvel être est nécessairement un compromis entre deux tendances différentes. Le fils ne peut donc jamais ressembler entièrement à son père. Chez lui les caractères *communs* aux deux parents seront facilement exagérés; les caractères *opposés* seront neutralisés; les caractères *différents* engendreront une *résultante* distincte des deux composantes comme le vert l'est du jaune et du bleu. Ainsi en vertu de ses tendances mêmes, et par suite du concours obligé des sexes, l'*hérédité directe et immédiate* devient à certains égards une cause de variation.

L'*hérédité médiate et indirecte*, rapprochée avec raison par Burdach des phénomènes généagénétiques, l'*atavisme*, qui reproduit brusquement avec une curieuse exactitude les caractères d'un ancêtre, parfois après des centaines de générations, jouent aussi à coup sûr un rôle considérable dans la variation des traits individuels, dans les dissemblances qui séparent le père et la mère des enfants.

Leur action, ajoutée à celle de l'hérédité directe, suffit pour expliquer l'apparition de certaines *variétés*, sans qu'il soit nécessaire d'invoquer l'innéité.

V. — Mais la force héréditaire, qu'elle se manifeste d'une génération à l'autre ou à travers plusieurs générations, fonctionne toujours sous l'influence du *milieu* et le rôle de ce dernier est manifestement prépondérant.

Disons d'abord que ce mot doit être pris dans un sens beaucoup plus général qu'on ne le fait d'ordinaire. Buffon lui-même ne tenait guère compte que du climat, du plus ou moins de nourriture et des maux de l'esclavage, quand il s'agissait des animaux domestiques. Le milieu est pour moi quelque chose de bien plus complexe. Il comprend l'ensemble de toutes les conditions sous l'empire desquelles la plante, l'animal ou l'homme se constituent et grandissent à l'état de germe, d'embryon, de jeune, d'adulte. Faire un choix dans ces conditions, admettre les unes et les prendre en considération, rejeter et exclure les autres, c'est évidemment agir d'une manière tout arbitraire. Ne tenir compte que d'une certaine période de la vie, laisser par exemple en dehors toute la période intra-ovulaire ou intra-utérine, c'est mériter le même reproche. Au point de vue dont il s'agit ici l'existence d'un être ne peut pas se scinder, pas plus que le milieu sous l'empire duquel s'accomplit cette existence.

Une foule de faits mettent hors de doute l'action du milieu sur le germe, sur l'embryon quelque protégé qu'il puisse paraître par les enveloppes de l'œuf, ou par les tissus de la mère. Les deux Geoffroy Saint-Hilaire ont bien montré que la monstruosité remonte aux premiers temps de la formation de l'être et indique dans certains cas les causes extérieures qui l'ont produite. Les expériences de M. Dareste ont confirmé et singulièrement étendu, en les précisant, ces premières conclusions. En mêlant de la garance aux aliments d'une femelle de mammifères, Flourens a coloré en rouge les os du fœtus qu'elle portait. En plaçant les œufs d'une truite saumonée dans une eau qui ne nourrissait que des truites blanches, Coste a vu ces œufs pâlir progressivement et produire des truitons qui avaient perdu la coloration caractéristique de leur race. Pour grandir la taille de nos excellents petits chevaux de race camargue, il suffit de fournir à la mère pendant la gestation une nourriture plus abondante que celle dont elle se contente habituellement dans sa vie demi-sauvage.

Ainsi on constate de la manière la plus nette et par des expériences précises que le milieu, agissant sur l'embryon pendant la vie intra-utérine ou intra-ovarique, est capable de produire d'une part les plus graves désordres tératologiques, d'autre part de simples et légères déviations. On est donc pleinement en droit d'attribuer à la même cause des modifications que leur plus ou

moins d'importance place entre ces extrêmes. Invoquer l'innéité,
pour expliquer leur apparition, est évidemment superflu. Nous
rattacherons donc à des actions de même nature l'apparition du
robinier sans épines dont nous avons parlé précédemment, celle
du premier mouton ancon, né au Massachussets en 1791, celle
du premier mouton Mauchamp, apparu en France en 1828, etc.

Les races ancon et mauchamp ne se sont propagées que grâce
à l'industrie humaine. Mais ces déviations brusques d'un type
donné peuvent aussi s'étendre et se multiplier d'elles-mêmes.
On sait que tous les bœufs de l'Amérique du sud descendent de
la race cornue espagnole. Or, en 1770, il naquit au Paraguay un
bœuf sans cornes. En quelques années, nous dit d'Azara, cette
forme exceptionnelle avait comme envahi plusieurs provinces.
Pourtant elle est loin d'être recherchée, parce que l'absence des
cornes la rend bien moins facile à prendre au lasso, si bien
qu'on a cherché à la détruire. Elle s'était donc bien propagée
spontanément.

Quiconque s'est quelque peu occupé d'embryogénie comprendra
sans peine que les actions de milieu aient surtout prise sur
les organismes en voie de formation et d'évolution. Toutefois
leur influence sur un animal, même adulte, est parfois tout aussi
marquée. Nos moutons transportés en Amérique s'y sont généralement acclimatés sans subir de grands changements. En particulier ils ont conservé leur toison. Mais dans les plaines de la
Méta ils ne la gardent qu'à la condition d'être régulièrement
tondus. Si on les abandonne à eux-mêmes, la laine se feutre,
tombe par plaques et est remplacée par un poil court, raide et
luisant. Sous l'influence de ce milieu brûlant, le même individu
est tour à tour une bête à laine et une bête à poil. Or l'innéité,
telle que la conçoit Prosper Lucas, ne peut être invoquée à propos de changements subis par un animal adulte, tandis que
l'action du milieu apparaît ici d'une manière incontestable.

VI. — Nous venons d'indiquer comment l'hérédité et le milieu
peuvent donner naissance à une *variété*. Or, l'individu qui a
commencé à dévier du type primitif devient *parent* à son tour;
il tend à transmettre à ses fils les caractères exceptionnels qui
le distinguent. Les mêmes faits se répètent chez eux; et, à chaque génération, les actions de milieu s'ajoutent les unes aux autres. Chaque fois aussi l'hérédité en transmet la somme à la
génération suivante. La plus faible modification ainsi accrue de
père en fils conduit parfois aux changements les plus marqués.
Nos bœufs d'Europe, dans les plaines chaudes de Mariquita et
de Neyba, ont perdu progressivement leurs poils, sont d'abord
devenus *pelones* et auraient vite formé une race entièrement
nue si on ne tuait régulièrement les *calongos*. En revanche, nos
cochons devenus sauvages dans les paramos ont acquis une
sorte de laine sous l'action d'un froid continu sans être excessif.
Le chien de Guinée et le chien des Esquimaux présentent un
contraste analogue entre races d'une même espèce.

Dans les exemples qui précèdent, dans bien d'autres qu'il me faut passer sous silence, les actions dont il s'agit apparaissent comme modifiant les organismes pour les mettre en harmonie avec le milieu. Or on comprend qu'une fois qu'elles auront produit le maximum d'effet possible elles ne pourront plus que stabiliser de plus en plus le résultat obtenu, mais que jamais elles ne sauraient déterminer de changement en sens contraire. La chaleur, qui a dépouillé peu à peu de son poil le bœuf calongo, ne le lui restituera pas ; le froid qui a donné de la laine à nos porcs, ne les en dépouillera pas. Voilà donc le *milieu* jouant le rôle d'agent de conservation, de stabilisation.

VII. — Dans les lignes qui précèdent nous n'avons fait allusion qu'aux forces naturelles livrées à elles-mêmes. C'est à elles qu'est due la formation des races sauvages, que présentent toutes les espèces dont l'aire géologique est très-étendue, comme le renard, le chacal, le lion, etc.

Ces races sont parfois assez différentes pour avoir été considérées comme des espèces distinctes, tant qu'on ne connaissait pas les termes géographiques et zoologiques intermédiaires. Frédéric Cuvier lui-même est tombé dans cette erreur à propos de chacals venus les uns de l'Inde et les autres du Sénégal. Toutefois les races sauvages ne sont jamais ni aussi nombreuses ni aussi distinctes les unes des autres que les races domestiques.

Est-ce à dire que l'homme exerce autour de lui et par lui-même une sorte d'action magnétique, comme semblent l'admettre quelques auteurs ? Nullement. En réalité, il n'agit sur l'animal qu'en mettant en jeu tantôt volontairement, tantôt à son insu les deux agents que nous avons rencontrés partout jusqu'ici : le milieu et l'hérédité. Par le fait seul de la domestication, de la stabulation qui en est à peu près toujours la conséquence, il change du tout au tout les conditions d'existence naturelles. En amenant à sa suite les esclaves qu'il s'est donnés, il diversifie encore les influences qui agissent sur eux. Prompt à saisir tous les moyens de les utiliser le mieux possible, il profite des moindres modifications présentant quelque avantage, les pousse jusqu'à leurs dernières limites et produit ces *races extrêmes* dont nos expositions de races animales montrent de si curieux spécimens.

Le grand moyen mis en œuvre par l'homme pour atteindre à des résultats qui semblent parfois tenir du merveilleux est la *sélection*. Dès qu'il a eu des animaux domestiques, il a distingué parmi eux des individus répondant mieux que les autres à ses intentions. Instinctivement en quelque sorte, *inconsciemment*, comme dit Darwin, il les a choisis pour reproducteurs. En écartant les types inférieurs à ses yeux, en n'employant à propager l'espèce que les types supérieurs, il a dirigé dans un sens déterminé l'action de l'hérédité et a promptement créé des races. Or l'homme a agi ainsi depuis les temps dont parlent la Genèse et le Chou-King, c'est-à-dire depuis des milliers d'années. Est-il

surprenant qu'il ait multiplié autour de lui des formes héréditaires plus ou moins éloignées des types primitifs ?

La *sélection progressive* aurait sans doute conduit à des résultats nombreux et variés. Aurait-elle permis la création des
races dont les caractères touchent de près à l'hémitérie ? La réponse à cette question est au moins douteuse. Mais nous n'avons
pas à la poser. Quand par une de ces actions de milieu dont l'o-
rigine reste obscure, il se produit une forme animale presque
tératologique, elle disparaît bientôt par le mélange des sangs, si
les unions sont abandonnées au hasard. Voilà pourquoi on n'observe rien de semblable dans les races sauvages. Mais si cette
forme se montre chez un animal domestique, si elle répond à un
besoin ou à un caprice quelconque, la sélection intervient, la
conserve, la multiplie. Voilà comment a pris naissance la race
des moutons-loutres ou ancons, descendue en entier de l'unique
bélier dont nous avons parlé plus haut. Voilà comment M. Graux
de Mauchamp a tiré sa race de moutons à laine soyeuse d'un
agneau mâle également unique. Ces deux exemples nous apprennent comment on a obtenu toutes ces races singulières qui,
par quelques-uns de leurs caractères, semblent jurer avec le
type même dont elles sont sorties. Dans l'espèce canine, nos
bassets reproduisent l'ancon ; le bœuf camard ou *quato*, apparu
en Amérique depuis la conquête, répond au boule-dogue, etc.

VIII. — Les races, une fois formées sous l'empire de l'homme,
se stabilisent par les mêmes causes qui leur ont donné naissance. Leurs caractères d'abord tout artificiels deviennent de
plus en plus stables ; si bien que, même un changement très-considérable dans les conditions d'existence, ne les efface jamais
entièrement. La *nature acquise* s'est pour ainsi dire fusionnée
avec la nature primitive de l'être.

C'est là un fait habituellement méconnu par les naturalistes,
par les anthropologistes qui ont abordé ces questions. On a par
exemple admis comme démontré que les races domestiques, rendues à la vie sauvage, reprenaient tous les caractères primitifs de
l'espèce. C'est une erreur. Qu'il s'agisse des végétaux ou des
animaux, ces *races marronnes* perdent en effet un certain nombre
de traits et souvent les plus apparents, qu'ils devaient à la domestication ; ils en retrouvent d'autres qu'ils avaient perdus
pendant leur esclavage ; mais les premiers ne sont le plus souvent
qu'atténués et masqués par les seconds. Si les arbres fruitiers
échappés de nos vergers, si nos chevaux, nos chiens, nos bœufs,
nos porcs devenus marrons avaient réellement repris le type primitif de l'espèce, ils devraient présenter dans chacune des aires
qu'ils habitent l'uniformité si apparente chez les animaux qui
n'ont jamais subi l'empire de l'homme. Or il n'en est rien. Ils
devraient surtout ne plus conserver de trace des caractères acquis. Or ceux-ci persistent en partie. Van Mons a trouvé dans les
Ardennes, à l'état de sauvageons, les pommiers et les poiriers de
Belgique ; les piquants avaient reparu, les fruits étaient rede-

venus petits et acerbes; mais les principales variétés cultivées se reconnaissaient encore. J'ai constaté un fait semblable pour les pêchers à chair adhérente et à chair détachée du noyau dans une vallée des Cévennes. De son côté Martin de Moussy a reconnu, dans les hordes de chiens redevenus sauvages en Amérique, toutes les grandes races qui en avaient formé les éléments, bien qu'elles eussent revêtu les caractères généraux de la bête fauve.

IX. — L'ensemble des observations recueillies chez les animaux et les plantes et dont je puis à peine indiquer ici quelques-unes, permet de comprendre l'apparition et la multiplication des races humaines, de rendre compte de quelques faits généraux, parmi lesquels il en est qui touchent de près à notre histoire.

Constatons d'abord que chez l'homme, comme chez les animaux, apparaissent parfois des *variétés* rentrant dans les cas d'hémitérie. Les individus qui présentent à leur naissance ces caractères exceptionnels n'en vivent pas moins fort bien et manifestent parfois une puissance de transmission bien remarquable. Edward Lambert, né en 1717 de parents parfaitement sains, garda toute sa vie une sorte de carapace épaisse de plus d'un pouce, fendillée irrégulièrement de manière à lui mériter le nom d'*homme porc-épic*. Tous ses enfants au nombre de six et ses deux petits-fils héritèrent de cette étrange modification de la peau, bien que sa femme et sa bru n'en présentassent pas la moindre trace. Dans la famille de Colburn, quatre générations présentèrent la polydactylie apportée par l'aïeule du célèbre calculateur. A la quatrième, quatre enfants sur huit avaient encore des doigts surnuméraires, bien qu'à chaque génération le sang normal se fût mêlé au sang tératologique.

Évidemment, si on avait agi sur les descendants de Lambert et de Colburn comme on l'a fait pour ceux du premier ancon, du premier mauchamp, on aurait obtenu deux races humaines, l'une à carapace cutanée, l'autre sexdigitaire. Mais ici la sélection a fait défaut et le sang exceptionnel, dilué à chaque nouveau mariage, a dû s'épuiser rapidement.

X. — L'homme ne se soumet guère lui-même à la sélection, qu'il applique avec tant de succès aux animaux et aux plantes. Il ne produit donc pas dans son espèce les variations extrêmes qu'il obtient ailleurs. Ainsi s'explique bien aisément pourquoi les limites de variation sont moins étendues chez lui que chez les races domestiques ou cultivées. Mais si, pour un motif quelconque, il s'applique le procédé de la sélection, le résultat ne se fait pas attendre. En mariant les plus grandes femmes aux géants de leur garde, Frédéric-Guillaume et Frédéric II avaient créé à Postdam une véritable race distinguée par sa haute taille. En Alsace un duc de Deux-Ponts, qui imita les souverains de la Prusse, obtint le même résultat.

Il est une autre cause qui contribue puissamment à restreindre chez l'homme l'étendue de la variation. C'est le pou-

voir que lui donne son intelligence de se soustraire en partie
aux actions de milieu. Partout il lutte autant qu'il le peut contre
les influences extérieures capables de déranger l'équilibre qui
fait son bien-être. Sous les tropiques, il s'ingénie pour échapper
à la chaleur ; sous le cercle polaire, il perfectionne ses moyens
de chauffage ; s'il émigre, il transporte avec lui, autant que possible, ses mœurs, ses habitudes et redouble de soins pour lutter
contre le milieu nouveau. Il n'y a rien d'étrange à le voir
réussir à neutraliser dans une certaine mesure les influences
modificatrices du monde extérieur.

XI. — Mais le milieu ne perd pas ses droits pour cela ; quoique amoindrie, son action n'en est pas moins réelle. C'est là un
fait que permet d'affirmer ce qui se passe dans nos grandes
colonies d'outre-mer. Là, chaque grande race européenne est
pour ainsi représentée par des *sous-races* dérivées et variant
selon la localité. Les îles du golfe du Mexique, l'Amérique du
Nord et du Sud, l'Australie elle-même si récemment colonisée
ont, dès à présent, leurs races propres dont quelques-unes sont
remarquablement caractérisées.

Ne pouvant entrer ici dans le détail de tous ces faits de
transformation, je me borne à indiquer quelques-uns de ceux
qui ont été constatés aux États-Unis. On sait que la race
anglaise ne s'y est guère implantée sérieusement qu'à l'é-
poque des migrations puritaines, vers 1620, et de l'arrivée de
Penn, en 1681. Deux siècles et demi, douze générations au plus,
nous séparent de cette époque ; et pourtant, l'Anglo-Américain,
le *Yankee*, ne ressemble plus à ses ancêtres. Le fait est tellement
frappant que l'éminent zoologiste Andrew Murray, cherchant à
rendre compte de la formation des races animales, ne trouve
rien de mieux que d'en appeler à ce qui s'est passé chez l'homme
aux États-Unis.

Les détails précis ne manquent pas d'ailleurs à ce sujet et
sont attestés par une foule de voyageurs, par des naturalistes,
par des médecins. Dès la seconde génération l'Anglais créole
de l'Amérique du Nord présente dans ses traits une altération
qui le rapproche des races locales. Plus tard la peau se des-
sèche et perd son coloris rosé ; le système glandulaire est réduit
au minimum ; la chevelure se fonce et devient lisse ; le cou
s'effile ; la tête diminue de volume. A la face, les fosses tem-
porales s'accusent ; les os de la pommette deviennent saillants ;
les cavités orbitaires se creusent ; la mâchoire inférieure devient
massive. Les os des membres s'allongent en même temps que
leur cavité se rétrécit, si bien qu'en France et en Angleterre on
fabrique pour les États-Unis des gants à part dont les doigts
sont exceptionnellement longs. Enfin chez la femme, le bassin,
par ses proportions, se rapproche de celui de l'homme.

Ces changements sont-ils les signes d'une dégénérescence
déjà accomplie, et d'une extinction prochaine, comme le prétend
Knox ? Je crois à peine devoir répondre à cette assertion. Nous

connaissons tous assez d'Américains et d'Américaines pour
savoir que, pour s'être modifié, le type physique n'a pas baissé
dans l'échelle des races ; et la grandeur sociale des États-Unis,
les merveilles qu'ils accomplissent, l'énergie avec laquelle ils
traversent les plus rudes crises prouvent qu'à tous les points de
vue la race Yankee a gardé son rang. C'est tout simplement une
race nouvelle façonnée par le milieu américain, mais qui est
restée la digne sœur de ses aînées européennes et les dépassera
peut-être un jour.

Le Nègre transporté dans les mêmes contrées a subi aussi
des changements remarquables. Son teint a pâli, ses traits ont
gagné, sa physionomie s'est modifiée. « Dans l'espace de cent
cinquante ans, nous dit M. Élisée Reclus, ils ont sous le rapport
de l'apparence extérieure franchi un bon quart de la distance
qui les séparait des Blancs. » L'appréciation de Lyell est à peu
près la même. De plus, en visitant deux églises de Nègres, à Sa-
vannah, il a constaté que l'odeur si caractéristique de la race
ne s'y faisait nullement sentir. Une longue expérience médicale
à la Nouvelle-Orléans a montré au Dr Visinié que le sang du
Nègre créole avait perdu l'excès de plasticité qu'il présente en
Afrique. Ajoutons avec MM. Reiset, de Lisboa, etc., avec Nott
et Gliddon eux-mêmes, que chez le Nègre l'intelligence a grandi
en même temps que le type physique se modifiait, et il faudra
bien reconnaître qu'il s'est formé aux États-Unis une *sous-race
nègre* dérivée de la race importée.

XII. — Ainsi le Blanc d'Europe et le Nègre d'Afrique, arrivés
dans ce milieu également nouveau pour eux, se sont tous deux
modifiés. Mais il y a plus : tous deux, selon M. Reclus, dont le
témoignage est confirmé par celui de l'abbé Brasseur de Bourbourg, se rapprochent des races indigènes. Ces deux écrivains
semblent admettre qu'au bout d'un temps donné et quelle que
soit leur origine, tous les descendants des Blancs ou des Nègres
immigrés en Amérique seront devenus des Peaux-Rouges.

Pour que deux observateurs aussi intelligents arrivent sur une
question pareille à une conclusion identique et certainement fort
inattendue, il faut que les faits parlent haut. Toutefois ils en
ont forcé la signification, faute de s'être rendu suffisamment
compte de la nature du problème. Que le Nègre et le Blanc
remplacent quelques-uns de leurs traits, de leurs caractères,
par des traits, par des caractères analogues à ceux des indigènes, il n'y a là rien que de fort naturel. Soumis à l'action du
milieu qui a façonné les races locales, ils ne peuvent qu'en subir
l'empreinte dans une certaine mesure. Mais ils ne se confon-
dront pour cela ni avec elles ni entre eux, pas plus que le Blanc
transporté en Afrique ne deviendra jamais un vrai Nègre, pas
plus que les descendants européens d'un Nègre ne seront jamais de vrais Blancs.

Cette impossibilité pour une race, de se transformer en une
autre, est souvent opposée à titre d'objection à la doctrine

monogéniste. Elle est pourtant la conséquence naturelle des phénomènes dont j'ai essayé de donner une idée succincte, et
s'explique aisément. Toute race est une *résultante* dont les
composantes sont, d'une part l'espèce elle-même, et d'autre part
la somme des actions modificatrices qui ont produit la déviation
du type. On ne peut séparer l'un de l'autre ces deux éléments,
et les races marronnes nous ont appris jusqu'à quel point pouvait
aller la fusion. Toute race déjà assise, transportée dans le milieu
qui en a formé une autre, se rapprochera sans doute de cette
dernière ; mais elle gardera en partie sa première empreinte,
comme l'ont fait les arbres fruitiers de Van Mons, les chiens
sauvages de Martin de Moussy.

Voilà ce qui se passerait même entre races primaires déta-
chées directement du type primitif, et n'ayant subi que l'action
d'un seul milieu bien déterminé. Mais, quand il s'agit du Nègre
et du Blanc, la question est bien plus complexe. Ces deux types
extrêmes représentent le dernier produit de deux séries d'actions séculaires dont la diversité, la multiplicité sont indiquées
par les stations géographiques elles-mêmes. L'Europe et l'Afrique tropicale leur ont donné, si l'on peut s'exprimer ainsi, *la
dernière façon*; mais ils avaient été *ébauchés* bien avant d'atteindre leur habitat actuel. En les transposant, on ne soumet
donc chacun d'eux qu'à une partie des influences qui ont façonné l'autre, et par conséquent il ne saurait y avoir jamais
échange complet de caractères.

XIII. — Sans nier d'une manière absolue l'action du milieu
sur l'homme, la plupart des polygénistes lui refusent le pouvoir
de donner naissance à des races nouvelles. A l'appui de leur
négation, ils invoquent la persistance de certains types pendant
un laps de temps considérable, et insistent principalement sur
les faits empruntés à l'Egypte. Je joins ici bien volontiers mon
témoignage au leur. Il est très-vrai que les peintures et les
sculptures égyptiennes montrent chez les habitants de la vallée
du Nil un type, ou mieux des types remarquablement uniformes ;
et, quiconque a visité ces contrées, a certainement été frappé
comme moi de l'extrême ressemblance des populations actuelles
avec les populations passées.

Mais, quelles raisons l'homme de la vallée du Nil aurait-il eues
de varier ? quelle cause autre que le croisement aurait pu
déterminer une modification quelconque dans ses caractères
physiques ? Dans cette région exceptionnelle à tant d'égards,
rien n'a changé depuis les temps historiques, ni la terre, ni le
ciel, ni le fleuve ; les mœurs, les habitudes, la vie journalière,
sont restées ce qu'elles étaient au temps des Pharaons : l'Egyp-
tien va jusqu'à se servir, de nos jours d'ustensiles parfaitement
pareils à ceux qu'employaient ses ancêtres il y a cinquante ou
soixante siècles.

En Egypte, toutes les conditions d'existence, par conséquent,
toutes les actions de milieu sont donc aujourd'hui les mêmes que

dans les temps reculés dont les monuments ont conservé l'histoire. Bien loin de tendre à modifier la race déjà assise, elles n'ont pu que la stabiliser de plus en plus. Dans l'ordre d'idées que je défends, ce qui serait inconcevable, c'est que le type égyptien eût changé.

La persistance de ce type, loin d'être une objection à la manière dont je comprends l'action du milieu, la formation et le maintien des races, en est la confirmation.

XIV. — En résumé, comme toutes les espèces animales et végétales, l'espèce humaine est variable dans une certaine mesure; comme les animaux et les plantes, l'homme a ses *variétés* et ses *races*, apparues et formées sous l'action des mêmes causes.

Dans le règne humain, comme dans les deux autres règnes organiques, les causes premières de la variation sont le *milieu* et l'*hérédité*.

Dans les phénomènes de cet ordre, le milieu joue le rôle de régulateur suprême. Agent de modification s'il varie, il devient agent de stabilisation, s'il reste constant.

Dans l'un et l'autre cas, son action a pour résultat l'harmonisation des organismes et des conditions d'existence.

L'hérédité, conservatrice par essence, devient par cela même agent de variation lorsqu'elle transmet et accumule des actions de milieu modificatrices.

XV. — Et maintenant il est facile de comprendre, dans ce qu'elle a de général, la formation des races humaines.

L'homme a d'abord sans doute peuplé son centre d'apparition et les contrées immédiatement voisines. Puis il a commencé l'immense et multiple voyage qui date des temps tertiaires et dure encore aujourd'hui. Il a traversé deux époques géologiques; il en est à sa troisième. Il a vu le mammouth et le rhinocéros prospérant en Sibérie, au milieu d'une riche faune; tout au moins, il les a vus chassés par le froid jusque dans le midi de l'Europe; il a assisté à leur extinction. Plus tard, lui-même a repris possession des *baren-lands*; il a poussé ses colonies jusque dans le voisinage du pôle, peut-être jusqu'au pôle lui-même, en même temps qu'il envahissait les sables et les forêts des tropiques, atteignait l'extrémité des deux grands continents et peuplait tous les archipels.

Depuis bien des milliers d'années, l'homme a donc subi l'action de tous les milieux extérieurs que nous connaissons, celle de milieux dont nous pouvons tout au plus nous faire une idée. Les divers genres de vie auxquels il s'est livré, les différents degrés de civilisation auxquels il s'est arrêté ou élevé, ont encore diversifié pour lui les conditions d'existence. Etait-il possible qu'il conservât partout et toujours ses caractères primitifs?

L'expérience, l'observation, conduisent à une conclusion tout opposée.

En voyant l'Anglo-Saxon de nos jours, bien que protégé par toutes les ressources d'une civilisation avancée, subir l'action du milieu américain et se transformer en Yankee, il nous faut admettre qu'à chacune de ses grandes étapes, l'homme soumis à des conditions d'existence nouvelles, a dû s'harmoniser avec elles, et pour cela se modifier. Chacune de ces stations principales a nécessairement vu se former une race correspondante. Les caractères primitifs, ainsi atteints successivement, se sont inévitablement altérés de plus en plus, en raison de la longueur du voyage et de la différence des milieux. Parvenus au bout de leur course, les petits-fils des premiers émigrants n'avaient certainement conservé que bien peu des traits de leurs ancêtres.

Le type humain primitif a probablement présenté, pendant un temps indéfini, ses caractères originels chez les tribus qui restèrent attachées au centre d'apparition de notre espèce. Quand vint l'époque glaciaire qui, selon toute apparence, rendit inhabitable la première patrie de l'homme, ces tribus durent émigrer à leur tour. Dès lors, la terre n'eut plus d'*autochthones*; elle ne fut peuplée que de *colons*. En même temps, l'action modificatrice des milieux pesa sur les derniers venus qui, eux aussi, se transformèrent.

A partir de ce moment, le type primitif de l'homme a été perdu; l'*espèce humaine* n'a plus été composée que de *races*, toutes plus ou moins différentes du premier modèle.

CHAPITRE XXIII

I. — Les races développées par la seule action du milieu et de l'hérédité ne sont pas restées isolées. Les premiers émigrants sortis du centre d'apparition, n'ont certainement pas poussé tout d'un trait et tout droit jusqu'à l'extrémité du rayon déterminé par leurs premières étapes. Ils se sont arrêtés en route ; ils ont formé des centres secondaires autour desquels ont irradié de nouvelles migrations. L'histoire des Lenni Lénapes, comme celle des Polynésiens, atteste que les choses ont dû se passer ainsi. Par conséquent, dans bien des cas, les premières races formées ont dû se rencontrer. Puis, les flots d'émigration se succédant les uns aux autres, les derniers venus trouvaient sur leur passage ceux qui les avaient précédés. Nous constaterons plus loin que des faits de cette nature se sont produits dès l'époque quaternaire.

Pacifiques ou violentes, ces rencontres amenaient à chaque fois des pénétrations réciproques, et par conséquent des *croisements*, des *métissages*.

Les fondateurs de l'anthropologie, Buffon, Blumenbach et Prichard lui-même, se sont fort peu occupés du croisement entre races humaines et en ont méconnu l'importance. On ne saurait leur en faire un sérieux reproche. Les premiers manquaient de bien des données que nous possédons aujourd'hui. Prichard n'était ni naturaliste ni physiologiste. Rien d'ailleurs n'amenait d'une manière pressante leur attention sur les mélanges qui avaient pu s'accomplir dans des temps plus ou moins éloignés ou chez des peuples encore assez-mal connus.

Il n'est plus permis de nos jours de garder cette indifférence. D'une part, à mesure que l'on connaît mieux les populations humaines, on voit croître le nombre de celles qui doivent leur origine au croisement ; d'autre part, il est impossible de ne pas se préoccuper de ce qui attend l'humanité, par suite du mouvement d'expansion et de mélange qui se manifeste de toute part. En voyant ce qui se passe actuellement, on est naturellement conduit à rechercher ce qui a pu se passer autrefois.

II. — Se forme-t-il aujourd'hui des *races humaines métisses?* En présence des faits généraux que j'ai rappelés dans un chapitre précédent, cette question peut paraître étrange. Pourtant elle a été posée et on y a répondu négativement d'une manière plus ou moins formelle. Il est donc nécessaire d'en dire quelques mots.

L'ère des croisements modernes peut être considérée comme datant de la découverte du nouveau monde. Toutefois le mélange des sangs ne s'est accompli sur une large échelle que plus tard, tout au plus après la conquête des Indes en 1515, celle du Mexique en 1520 et celle du Pérou en 1534. Trois siècles et demi à peine nous séparent donc de cette époque. Et pourtant M. d'Omalius, ne tenant compte que des produits du croisement entre le Blanc d'Europe et les diverses races colorées, porte à 18 millions le chiffre des métis. La population du globe étant évaluée à 1.200 millions le produit des unions croisées en représenterait déjà environ $\frac{1}{66}$.

On sait d'ailleurs combien la répartition des métis est irrégulière. D'immenses contrées n'ont pas été atteintes. Mais là où les populations se sont trouvées en contact intime, la proportion est bien autrement forte. Dans le Mexique et l'Amérique Méridionale, les métis forment au moins $\frac{1}{4}$ de la population.

Mais, disent Knox et les autres anthropologistes qui adoptent ses idées d'une façon plus ou moins explicite, ces métis sont entretenus uniquement par les unions croisées incessantes. Livrés à eux-mêmes et ne se renouvelant plus aux races pures, ils s'éteindraient rapidement. — Je me borne à opposer quelques faits à ces assertions.

Au Cap, le croisement du Hollandais et du Hottentot avait donné naissance à des métis appelés *Basters*, qui devinrent bientôt assez nombreux pour inspirer des craintes. On les bannit au-delà de l'Orange. Ils s'y sont constitués sous le nom de Griquas et leur population s'accroît rapidement. Une partie restée dans la colonie forme des villages, entre autres celui de la Nouvelle-Platberg. Les Basters s'unissent entre eux et les voyageurs signalent la fécondité de ces unions.

Martius a vu les *Cafusos*, nés du croisement des Nègres marrons avec les indigènes du Brésil. Retirés dans les bois où ils ont trouvé un refuge, ils y ont formé une race à part.

L'amiral Jurien de La Gravière nous apprend qu'à Manille les métis d'Espagnols, de Chinois et de Tagals sont beaucoup plus nombreux que les souches mères. A Mindanao, les métis d'Espagnols et de Tagals forment la majorité des habitants. « La fusion des races, ajoute-t-il, s'est opérée avec une merveilleuse facilité sur ce coin de terre isolé. »

Les Marquises, subissant le sort des autres terres polynésiennes, ont été dépeuplées par ce mal mystérieux qui semble devoir anéantir les populations océaniennes ; elles se repeuplent par les métis, nous dit M. Jouan.

Sur toute la zone littorale de l'Amérique du sud, selon M. Martin de Moussy, les populations métisses sont prospères et en voie d'accroissement rapide.

Terminons cette énumération en rappelant succinctement un fait bien connu et qui a toute la valeur d'une expérience précise.

En 1789, à la suite d'une révolte, des matelots anglais au nombre de 9 vinrent s'établir dans le petit îlot de Pitcairn, dans l'Océan Pacifique, accompagnés de 6 Tahïtiens et de 15 Tahïtiennes. Les Blancs s'étant conduits en tyrans, la guerre de race éclata. En 1793 la population était réduite à 4 Blancs et à 10 Tahïtiennes. Bientôt la guerre s'alluma de nouveau entre les quatre chefs de la colonie et Adams resta seul. Mais les unions avaient été fécondes ; les premiers métis grandirent et se marièrent entre eux. Ils eurent de nombreux enfants. En 1825, le capitaine Beechey trouva à Pitcairn 66 individus. Vers la fin de 1830, la population était de 87 individus. En 1856, elle atteignait le chiffre de 193. Malgré les conditions déplorables du début, la race métisse de Pitcairn avait donc presque doublé en 25 ans, et avait presque triplé en 33 ans. Or l'Angleterre, le pays d'Europe le plus favorisé sous ce rapport, ne double sa population qu'en 49 ans. Ainsi les métis de Polynésiens et d'Anglais expatriés ont pullulé à Pitcairn environ deux fois plus que les Anglo-Saxons purs et placés dans leur milieu natal.

Ainsi la race blanche, en se croisant avec les races les plus différentes par leurs caractères et leur habitat, a donné naissance à des populations mixtes qui grandissent depuis leur apparition. On ne voit et personne ne signale de raison pour que ce mouvement ascensionnel s'arrête ou même se ralentisse.

III. — Reste le croisement du Blanc et du Nègre. C'est à propos de celui-ci que l'on a cité quelques faits tendant à prouver que les métis ne peuvent se propager par eux-mêmes. Examinons-les rapidement.

Edwick et Long, dans leurs *Histoires de la Jamaïque*, ont assuré que les mulâtres ne se reproduisent pas dans cette île au-delà de la troisième génération. Le Dr Yvan a signalé un fait analogue à Java. Le Dr Nott a trouvé que dans la Caroline du Sud, les mulâtres sont peu féconds, qu'ils ont la vie plus courte qu'aucune race humaine et meurent fréquemment en bas âge. Sans aller aussi loin, le Dr Simonnot attribue à ces métis une sorte de neutralité ethnologique, « qui ne leur assure qu'une durée éphémère dès qu'ils sont abandonnés à eux-mêmes. »

Rien de plus facile que d'opposer des faits contraires aux précédents. Je puis invoquer le témoignage de quelques-uns des auteurs mêmes que je viens de citer. Nott, après avoir formulé d'une manière générale les aphorismes que je viens de résumer, reconnaît qu'ils s'appliquent seulement à la Caroline du Sud,

tandis que dans la Louisiane, la Floride et l'Alabama, les mulâtres
sont robustes, féconds et vivaces. Je tiens du D' Yvan lui-même
que son observation ne concerne que Java et qu'il avait signalé
le fait comme exceptionnel.

En revanche, Hombron déclare que dans nos colonies « les
Négresses et les Blancs offrent une fécondité médiocre ; les
mulâtresses et les Blancs sont extrêmement féconds ainsi que
les mulâtres et les mulâtresses. » Au milieu même du Golfe du
Mexique le mulâtre, selon M. Rufz, « est bien développé, fort,
alerte, plus apte que le Nègre aux applications industrielles et
très-salace. » D'après M. Audain, dans la République Dominicaine
de Saint-Domingue, « il y a un tiers de Nègres, deux tiers de
mulâtres et une proportion insignifiante de Blancs. » Depuis
longtemps cette population n'est alimentée par aucun arrivage
nouveau ; elle s'entretient donc bien par elle-même.

Je crois inutile de multiplier ces citations. Ajoutées aux chiffres de Martin de Moussy, qui ne fait aucune exception à propos
des mulâtres, elles suffisent pour préciser ce qui ressort d'ailleurs du fait général, savoir : que le mulâtre est aussi vivace et
aussi fécond que les autres races, au moins dans la très-grande
majorité des points du globe où s'est formée cette population
métisse.

IV. — Je ne nie pas pour cela les faits avancés par Etwick,
Long, Nott, Yvan, Simonnot. Je les accepte sans même les discuter. Que prouvent-ils en présence des autres faits si nombreux,
si concluants ? Tout au plus que le développement de la race
mulâtre peut être favorisé, retardé ou empêché par des circonstances *locales*. En d'autres termes, qu'il dépend des influences
exercées par l'ensemble des conditions d'existence, par *le
milieu*.

Nous voyons donc reparaître, dans la formation des races métisses, cet élément dont l'action joue un si grand rôle dans l'histoire naturelle de l'homme, et il fallait bien s'y attendre.

Dans le résultat du croisement entre le Nègre et le Blanc à la
Jamaïque, à Java, etc., son intervention pouvait être prévue.
Les deux races sont étrangères à ces contrées fort redoutables,
on le sait, aux races étrangères. La question du croisement se
complique donc ici des phénomènes, des difficultés de l'*acclimatation*. Est-il surprenant que des unions contractées dans des
conditions pareilles ne présentent que des garanties précaires
d'avenir ?

Il y a d'ailleurs à tenir compte ici d'un élément constamment
oublié et dont l'importance dans les questions de cette nature
m'a toujours vivement frappé. Je veux parler de la *moralité*.
Elle aussi fait partie des conditions d'existence ; elle est *un des
éléments du milieu*. Or, qu'on se reporte aux détails, peu nombreux mais trop significatifs, donnés par quelques voyageurs sur
l'existence des Européens aux colonies, à la Jamaïque en particulier ; que l'on rapproche ces tristes données de celles que fournit

l'observation journalière, et les questions de *croisement*, *d'acclimatation*, s'éclaireront d'un jour tout nouveau. Il faudra bien reconnaître que la mort des pères, l'extinction des descendants, ne sont souvent que la conséquence et la punition du déplorable *milieu moral* qu'ils se sont fait et où ils ont vécu.

V. — Mais le *milieu physique* a aussi son action propre. En voici un exemple probant.

M. Simonnot a fait connaître des Sénégalais « qui associent à une peau franchement noire toutes les formes caractéristiques du Maure et cela à tous les âges. » Pour lui ces *Maures noirs* sont des métis. S'il en est ainsi, il faut au moins reconnaître que le sang blanc domine de beaucoup, puisque toutes les formes appartiennent à ce type. Pour que la *couleur* du Nègre persiste malgré cette sémitisation profonde, il faut bien qu'une *action locale*, c'est-à-dire une *action de milieu*, ait neutralisé les lois ordinaires du métissage et juxtaposé la *couleur* d'une race aux *traits* et aux *formes* d'une autre.

Si cette conclusion avait besoin d'être confirmée, elle le serait par les faits que cite Prosper Lucas. Il s'agit d'unions entre Nègres et Blancs accomplies en Europe. Dans la même famille on voit le sang noir prédominer à l'origine, puis perdre de son influence et s'effacer à peu près entièrement chez les derniers enfants. Dans une de ces observations, la mère appartenait à la race noire ; l'infidélité même n'aurait donc rien pu changer aux conditions de l'expérience. C'était bien le milieu qui blanchissait progressivement ces métis, lesquels auraient tous été noirs sur les bords du Sénégal.

VI. — Quelques anthropologistes, tout en reconnaissant la multiplicité et la fécondité des croisements entre races humaines, ne voient dans ce fait qu'une *confusion de sang* et se plaignent de ne trouver nulle part une race métisse d'origine récente qui soit bien caractérisée. En conséquence ils nient que le croisement ait pu être pour quelque chose dans la formation des races à caractères mixtes mais constants, qui font partie de la population du globe.

Cette objection repose sur la méconnaissance des phénomènes qui accompagnent la formation des races animales par métissage. Tous les éleveurs savent fort bien que ce n'est pas du premier coup que l'on produit par croisement une race déterminée et assise. En pareil cas le conflit, les compromis dont j'ai parlé précédemment s'accentuent avec plus d'énergie, par cela même qu'il faut marier et fondre deux natures dissemblables à certains égards. A elle seule l'*hérédité immédiate* et *directe* produit à chaque instant des phénomènes de *fusion* ou de *juxtaposition*, ou bien fait apparaître des traits nouveaux, *résultant* de deux caractères différents. L'*hérédité médiate* et *indirecte* ainsi que l'*atavisme* interviennent avec persistance et produisent de nombreuses irrégularités dans les générations qui se succèdent. Plus les races diffèrent et sont *égales de sang*, plus ces irrégularités sont marquées et persistantes. En 1800 la race ancon donnait encore des produits irréguliers. Il a fallu à M. Malingié plus de vingt ans pour asseoir sa race charmoise, de manière à ce qu'elle pût elle-même servir à de nouveaux croisements.

L'habile éleveur que je viens de nommer aussi bien que tous ses confrères n'ont d'ailleurs atteint leur but que grâce au choix minutieusement attentif des producteurs. Or, entre races humaines il ne peut être question de *sélection*. Les unions ont toujours lieu au hasard. De plus, dans l'immense majorité des cas, l'intervention continuelle d'individus de race pure accroît et prolonge la confusion. Cette absence d'uniformité dont s'étonnent les polygénistes s'explique bien aisément pour quiconque ne voit que des *races* dans les groupes humains. Au point de vue général, elle est fort instructive : si elle fait ressortir la *diversité des races*, elle atteste l'*unité spécifique*. Ce n'est pas d'espèce à espèce que le croisement présente de pareils phénomènes. Mais, à travers ce désordre, percent néanmoins dans les populations métisses de nos colonies des traits généraux communs qui ont attiré l'attention des voyageurs et ont été décrits.

Ajoutons que lorsque, par suite de quelque circonstance, les produits de ces croisements se trouvent isolés et à l'abri de nouveaux mélanges, la race se caractérise assez vite. Les Cafusos, les Basters, les Griquas peuvent être cités à ce point de vue. Les Pitcairniens eux-mêmes, à l'époque de la visite de Beechey, commençaient à s'uniformiser.

VII. — Dans le croisement entre races humaines inégales, le père appartient à peu près toujours à la race supérieure. Partout, surtout dans des amours passagères, la femme répugne à descendre ; l'homme est moins délicat.

Au point de vue de l'avenir des races métisses, la prédominance d'action d'un sexe sur le produit aurait donc une grande importance. La question a été posée dès l'origine des sociétés comme en font foi les lois de Manou ; elle a été maintes fois agitée par les penseurs et les physiologistes. Chacun des sexes a eu ses champions ; et, des deux parts, on a cité des faits nombreux. Tout bien pesé, il me paraît impossible de ne pas conclure en faveur de l'*égalité d'action*.

Toutefois cette égalité est purement virtuelle ; elle ne peut exister en fait qu'à la condition d'une énergie procréatrice pareille dans les deux parents. Dès que l'équilibre est rompu, le sexe le plus fort l'emporte et le produit accuse cette supériorité. Les expériences de Girou de Buzareingue sur la procréation des sexes me paraissent on ne peut plus décisives à cet égard.

Or ce qui est vrai de l'ensemble de l'organisme l'est également de ses diverses parties, de chacune de ses fonctions, de ses diverses énergies. Dans la formation du nouvel être, l'action de l'hérédité se décompose en autant de *faits* qu'il y a de *traits* à transmettre. Le père et la mère tendent tous deux à se reproduire en entier dans le fils ; il y a lutte entre les deux natures.

Mais la bataille, si l'on peut s'exprimer ainsi, résulte d'une foule de combats singuliers où chacun des parents peut être tour à tour vainqueur ou vaincu.

Cette considération fort simple, qui ressort à mes yeux d'une foule de faits de détail, fait comprendre aisément bien des résultats dont s'étonnent les physiologistes, les anthropologistes, etc. Après avoir attribué à la mère un rôle prépondérant, Nott déclare avec surprise qu'au point de vue de l'intelligence le mulâtre se rapproche davantage du père blanc. Mais l'énergie intellectuelle n'est-elle pas supérieure chez ce dernier à celle de la mère? et n'est-il donc pas naturel qu'elle l'emporte dans la lutte des deux pouvoirs héréditaires? On sait jusqu'où peut aller cette victoire et comment les deux natures peuvent pour ainsi dire se partager le produit de ce croisement. Lislet Geoffroy, entièrement Nègre au physique, entièrement Blanc par le caractère, l'intelligence et les aptitudes, en est un exemple frappant.

Cette victoire des énergies supérieures s'accuse encore d'une autre manière bien remarquable dans le croisement des races blanches et noires. La première est de toutes la plus sensible aux influences paludéennes, la seconde celle qui leur résiste le mieux. Par cela même elle est presque à l'abri de la fièvre jaune. Eh bien, le mulâtre hérite de ce double pouvoir de résistance. Nott assure qu'il suffit d'un quart de sang nègre pour être protégé contre la fièvre jaune avec autant de certitude qu'on l'est par la vaccine contre la variole.

Et maintenant on comprend que, dans le croisement entre races différentes, les métis devront présenter les caractères qui dans chacune d'elles dominent les caractères correspondants chez l'autre. Si les énergies s'équilibrent il y aura habituellement compromis. Le Nègre et le Blanc diffèrent essentiellement par le teint et les cheveux; la couleur des yeux est presque aussi variable chez l'un que chez l'autre. Chez le mulâtre, les deux premiers traits accusent à peu près toujours la double origine de l'individu; le troisième n'a aucune fixité.

Au contraire chez le métis de Blanc et d'Américain indigène, les yeux et les cheveux sont presque constamment empruntés au dernier. Humboldt a remarqué que ces deux traits persistent même après plusieurs générations à croisement unilatéral vers le Blanc. M. Ferdinand Denis a reconnu à ses yeux une descendante des caciques. En revanche, dans les mêmes croisements, la couleur du Blanc l'emporte sur celle de l'Américain dès la seconde, et même parfois dès la première génération.

Le croisement du Slave et du Bouriate présente des faits semblables. Le métis a invariablement les cheveux et les yeux du second.

VIII. — « Au Brésil, dit Martin de Moussy, les sang-mêlé de toute origine pullulent et forment une population nouvelle qui va *s'indigénant* chaque jour davantage, si l'on peut se servir de cette expression, et se rapprochent sans cesse du type blanc, qui, d'après ce qui se passe dans toute l'Amérique du sud, finira avec le temps par absorber tous les autres. » Un fait analogue a été signalé à Buénos-Ayres, au Paraguay, etc.

Peut-on voir dans ce résultat un signe de l'ascendant de la race blanche ? Je ne le pense pas. J'y vois bien plutôt la conséquence de la tendance générale indiquée plus haut.

Dans les contrées dont il s'agit, la femme Négresse ou Indienne se croise aisément avec le Blanc. La métisse, issue de ces unions, fière du sang de son père, croirait déchoir en se livrant à un individu de race colorée et réserve toutes ses faveurs à ceux dont le croisement l'a rapprochée. La tierceronne, la quarteronne raisonnent et agissent de même. Dans ces régions où la couleur décide de la caste, c'est toujours à de plus blancs qu'elles, et par-dessus tout au blanc pur, qu'elles tendent à s'unir.

De là il résulte que le croisement, quoique livré en apparence au hasard, est en réalité *unilatéral* et dirigé dans le sens supérieur. Il s'accomplit sous l'influence d'une véritable *sélection inconsciente*, et la prédominance du sang blanc est le résultat de cette sélection.

De là aussi résultera tôt ou tard l'accomplissement de la prédiction faite par Martin de Moussy. Les races métissées feront en grande partie retour à la race supérieure. Mais, ramenées au type blanc par cette voie détournée et à travers tous les degrés du métissage, elles auront sur leurs similaires d'Europe un bien grand avantage : elles seront acclimatées.

Des phénomènes inverses semblent, au dire de M. Squiers, se passer au Pérou. Ici c'est au type indigène que la population métisse tend à retourner. Le fait s'explique, au moins en partie, par les relations qui, dès le début de la conquête, s'établirent entre les conquérants et la race conquise.

Les premiers ne pouvaient mépriser outre mesure des vaincus aussi civilisés qu'eux-mêmes. Leurs chefs s'allièrent de bonne heure aux familles Incas et cet exemple fut suivi. Par suite, le préjugé de la couleur ne put exercer au Pérou la même action qu'au Brésil et à Buénos-Ayres. La prédominance numérique de la race locale et les actions du milieu eurent donc le champ libre, et leur double influence s'accuse dans le résultat signalé par M. Squiers.

IX. — Le métissage humain, si général de nos jours, peut-il être un phénomène nouveau dans l'histoire de l'humanité ? Évidemment non. Dans le passé comme dans le présent, tout contact un peu prolongé entre deux races, toute immigration, toute conquête a amené la formation d'une race métisse. C'est une des conséquences inévitables des instincts de l'homme et des lois physiologiques.

Il est tout naturel que les polygénistes aient méconnu les faits de cette nature. Pour eux une population à caractères *mixtes* est une *espèce* comme une autre, intermédiaire entre deux types spécifiques donnés. Mais on s'explique moins facilement l'indifférence ou l'erreur des monogénistes. Évidemment, ce qui leur a manqué c'est la connaissance des phénomènes du croisement chez les plantes, chez les animaux. En présence d'une race à caractères indécis, présentant des analogies plus ou moins éloignées avec deux types différents, ils ont été d'ordinaire embarrassés et ont laissé la question de côté, ou tout au plus ont invoqué d'une manière vague l'action du milieu.

Il est très-vrai que celui-ci, en rapprochant les races étrangères de la race locale, conduit à des résultats analogues à ceux qui résultent du croisement. Nous en avons vu un exemple aux États-Unis. Toutefois le métissage a ses phénomènes propres, qui persistent même après bien des générations. D'ailleurs aux indications tirées des caractères physiques et physiologiques s'en ajoutent d'autres empruntées à des ordres de faits très-différents et qui, dans bien des cas, permettent de conclure avec une certitude remarquable. Le mélange de croyances, de coutumes, de mœurs, fournit souvent des renseignements précieux. Mais la comparaison des langues surtout jette d'ordinaire un jour inattendu sur les problèmes en apparence les plus difficiles. De temps à autre la légende, l'histoire sont venues confirmer les inductions tirées des ordres de faits que je viens d'indiquer et attester la justesse de vues qui, au premier abord, pouvaient paraître hasardées.

Comme exemple je citerai les Cafres Zoulous. C'est un des groupes dont les divers polygénistes font une espèce distincte. Ils se distinguent en effet des autres races nègres par bien des caractères. Mais par ces caractères mêmes ils se rapprochent du type blanc. En outre divers voyageurs nous apprennent qu'ils présentent une grande variabilité de traits. Des missionnaires qui ont vécu parmi eux ajoutent que, dans la même famille, dans des conditions qui rendent tout croisement impossible, on rencontre des individus Nègres par les cheveux et le teint, et d'autres dont les cheveux sont lisses et le teint marron. À eux seuls ces faits autoriseraient à voir dans les Zoulous une race métisse.

La linguistique confirme cette conclusion. Les linguistes s'accordent pour placer les langues cafres dans la famille des langues zimbiennes, dont la grammaire et le vocabulaire sont fondamentalement nègres, mais renferment aussi des éléments arabes, nilotiques et malgaches. La langue aussi bien que les caractères physiques annoncent donc un mélange de sang.

La chronique découverte par le capitaine Guillain justifie ces conclusions en faisant connaître l'histoire des colonies arabes depuis Quiloa jusqu'à Sofala. Elle raconte les guerres soulevées pour la possession des mines d'or ; elle montre les vainqueurs expulsant les vaincus, et les forçant d'aller au sud chercher une nouvelle patrie. Il est évident que ces derniers ont franchi la baie de Delagoa, où ils ont laissé la race noire dans son état d'infériorité primitive, et sont allés plus loin s'allier volontai-

rement ou involontairement à des tribus dont le type s'est ainsi
relevé.

En définitive, loin d'être une *espèce*, les Zoulous sont une *race
métisse* de Nègres et d'Arabes, de formation assez récente pour
que l'hérédité médiate et l'atavisme en trahissent encore la
double origine, qu'atteste également la linguistique, mais dans
laquelle l'élément nègre conserve une très-grande supériorité.

X. — La recherche des populations métisses, la détermination
du rôle joué par chacun des éléments intervenus dans leur formation, sont au nombre des questions les plus intéressantes de
l'anthropologie. Cette étude ne doit pas s'arrêter seulement aux
populations chez lesquelles le mélange des caractères saute, pour
ainsi dire, aux yeux. Elle doit porter aussi sur celles que l'on
regarde généralement comme très-pures. On reconnaît alors que
le mélange a pénétré là où on ne le soupçonnait guère.

A la Chine et surtout au Japon, le sang blanc allophyle s'est
mêlé au sang jaune, dans des proportions diverses ; le sang
blanc sémitique s'est infiltré jusqu'au cœur de l'Afrique ; les
types nègre et houzouana se sont pénétrés réciproquement pour
enfanter toutes ces populations cafres placées à l'ouest des Zoulous arabisés ; les races malaises sont le résultat de l'amalgame,
dans des proportions diverses, de Blancs, de Jaunes et de Noirs ;
les Malais proprement dits, loin d'être une *espèce* comme le
veulent les polygénistes, ne sont qu'une *population* où, sous
l'influence de l'islamisme, ces éléments multiples se sont plus
complétement fusionnés, etc.

J'ai cité au hasard les quelques exemples précédents, pour
montrer comment les types les plus extrêmes de l'humanité ont
contribué à former un certain nombre de races. Ai-je besoin
d'insister sur les mélanges accomplis entre les types secondaires
dérivés des premiers? En Europe, quelle population peut prétendre à la pureté de sang? Les Basques, eux-mêmes, que leur
habitat, leurs institutions, leur langage semblaient devoir le
mieux protéger contre l'invasion du sang étranger, présentent
sur certains points, au cœur de leurs montagnes, la trace évidente de la juxtaposition et de la fusion de races fort distinctes.

Quant aux autres peuples échelonnés de la Laponie à la Méditerranée, l'histoire classique, qui remonte pourtant bien peu
haut dans le temps, suffit pour nous renseigner sur les métissages qu'ils ont inévitablement subis par suite des invasions,
des guerres, des événements politiques et sociaux. L'Asie présente, on le sait, le même spectacle ; et, au cœur de l'Afrique, les
Jagas, jouant le rôle des hordes de Gengis-Khan, ont brassé les
tribus africaines d'un Océan à l'autre.

XI. — A peine puis-je faire ici allusion aux faits généraux
qui se dégagent de l'histoire détaillée des races. Quelque bref
qu'il soit, cet appel à la mémoire du lecteur suffira, j'espère,
pour motiver à ses yeux, les conclusions suivantes.

Le milieu et l'hérédité ont façonné les premières races humaines, dont un certain nombre a pu conserver pendant un temps indéterminé cette première empreinte, grâce à l'isolement.

Peut-être est-ce pendant cette période bien lointaine, que se sont caractérisés les trois grands types Nègre, Jaune et Blanc.

Les instincts migrateurs et conquérants de l'homme ont amené la rencontre de ces races primaires, et par conséquent des croisements entre elles.

Quand les races métisses ont pris naissance, le croisement lui-même n'a fonctionné que sous la domination du milieu et de l'hérédité.

Les grands mouvements de populations n'ont lieu qu'à intervalles éloignés et comme par crises. Dans l'intervalle d'une crise à l'autre, les races formées par croisement ont eu le temps de s'asseoir et de s'uniformiser.

La consolidation des races métisses, l'uniformisation relative des caractères à la suite du croisement, ont été forcément très-lentes par suite du défaut absolu de sélection. Par conséquent, toute race métisse uniformisée est en même temps très-ancienne.

Les instincts de l'homme ont amené le mélange des races métisses, comme ils avaient produit celui des races primaires.

Toute race métisse uniformisée et assise, a pu jouer, dans de nouveaux croisements, le rôle d'une race primaire.

L'humanité actuelle s'est ainsi formée, sans doute pour la plus grande partie, par le croisement successif d'un nombre encore indéterminé de races.

Les races les plus anciennes que nous connaissions, les races quaternaires, n'en sont pas moins représentées encore de nos jours, soit par des populations généralement peu nombreuses, soit par des individus isolés, chez lesquels l'atavisme reproduit les traits de ces ancêtres reculés. C'est là un fait qui sera démontré plus loin.

CHAPITRE XXIV

INFLUENCE DU CROISEMENT SUR LES RACES HUMAINES MÉTISSES.

I. — Le croisement des races humaines a-t-il été, sera-t-il utile ou nuisible à l'espèce considérée dans son ensemble ? Les disciples de Morton en Amérique, en France, MM. de Gobineau et Perrier, ont affirmé que le métissage humain avait ou aurait dans l'avenir, des conséquences désastreuses. Cette opinion est-elle fondée ? Voyons ce que disent les faits.

M. de Gobineau en appelle à l'histoire et remonte aux premiers temps de l'humanité. Pour lui, trois races fondamentales, la noire, la jaune et la blanche, se sont formées à l'origine. La race jaune occupait l'Amérique entière ; la race nègre, toutes les portions méridionales de l'ancien continent jusqu'à la mer Caspienne ; la race blanche était cantonnée dans le centre de l'Asie. Les deux premières, aussi disgraciées au point de vue intellectuel et moral qu'au point de vue physique, incapables de s'élever par elles-mêmes au-dessus de l'état sauvage, n'ont jamais vécu qu'à l'état de *tribus*. La troisième seule unissait à la beauté du corps les vertus guerrières, l'esprit d'initiative, d'organisation, de progrès qui enfante les sociétés et la civilisation. Un jour vint où la race jaune déborda sur l'Asie ; et, contournant d'abord le centre occupé par les Blancs, alla peupler les régions occidentales du vieux monde. Puis, ce flot continuant à monter submergea la race blanche qui, à son tour, commença à émigrer ; et, en mêlant son sang à celui des races inférieures, donna naissance à tous les *peuples* qui se sont succédé sur la terre. Au début de cette ère nouvelle, le sang blanc, plus pur et plus abondant, enfanta des civilisations supérieures. De plus en plus rare à chaque émigration nouvelle, il a perdu de son influence et les civilisations se sont amoindries à tous égards. Le dernier effort de la race rénovatrice a été l'invasion germanique qui a détruit le monde romain. Aujourd'hui elle est épuisée. Partout le sang blanc, vicié par le mélange, a perdu son efficacité première. L'humanité, par cela même, est en plein déclin. Bientôt le mélange sera complet. Chaque individu aura dans les veines ¼ de sang blanc contre ¾ de sang coloré, et nous retournerons alors inévitablement à la barbarie. Enfin les croisements répétés auront rendu l'espèce humaine inféconde ; elle s'éteindra et disparaîtra.

Telle est, résumée en quelques mots, la théorie de M. de Gobineau. Acceptons-la avec toutes ses hypothèses, y compris celle des migrations d'Amérique en Asie, contraire à tout ce que nous savons sur ce point. S'en suit-il que l'auteur soit d'accord avec lui-même? Pour qu'il en fût ainsi, il serait nécessaire de montrer la race privilégiée, fondant à elle seule au moins une de ces grandes sociétés, une de ces *civilisations*, comme les appelle M. de Gobineau, dont l'histoire garde le souvenir. Or, l'auteur ne peut en citer aucune, et en est réduit à admettre que la *civilisation exclusivement blanche*, a existé au centre de l'Asie sans laisser d'autre trace que les *tumuli*, longtemps attribués aux Scythes, aux Tchoudes, etc. Mais tout le monde sait ce qu'ont été les Blancs, au sortir de leur centre asiatique. Dans l'Inde, ce sont les Aryans encore à demi pasteurs ; en Europe, ce sont les barbares qui ont détruit le monde romain. Les uns ou les autres étaient-ils civilisés à l'égal des Égyptiens ou des Grecs?

M. de Gobineau compte dix civilisations qu'il nomme : Assyrienne, Indienne, Chinoise, Égyptienne, Grecque, Italique, Germanique, Alléghanienne, Mexicaine et Péruvienne. Toutes, d'après lui, ont pris naissance à la suite du mélange des Blancs avec des races colorées. Mais en admettant qu'il en ait été ainsi, n'est-il pas évident que ce mélange a amené partout un progrès immense? Certes, les ruines de Ninive, de Thèbes, d'Athènes, de Rome, celles mêmes de Palanqué, annoncent des populations autrement civilisées que celles qui ont élevé les tumuli de l'Asie centrale.

A vouloir tirer des faits qu'il admet ou suppose leurs conséquences logiques, M. de Gobineau aurait dû regarder le métissage comme le plus puissant élément de progrès. Il adopte, nous l'avons vu, l'opinion opposée. A ses yeux, toutes ces civilisations, splendides sous les Assyriens et les Égyptiens, ont été s'amoindrissant, se rapetissant, et ce qui en reste de nos jours, ne mérite que le dédain.

Sans être aveuglé par l'amour-propre, il est permis de protester contre cette conclusion. Sans doute, nous n'élevons plus de tours de Babel, nous ne bâtissons plus de pyramides. Le gigantesque sans but ou employé à glorifier un seul homme, n'est plus de notre temps. Mais qu'une œuvre utile à tous se présente, reculons-nous devant la grandeur de la tâche? Le moment est en vérité mal choisi pour nous accuser de faiblesse. Le canal de Suez a été creusé sur une autre échelle que la rigole des Pharaons, et en perçant les Alpes pour faire passer un chemin de fer, nous avons accompli ce que l'antiquité n'eût osé rêver.

Il est encore vrai que, pris en masse, nous sommes moins artistes que les Athéniens. Mais sans sortir du domaine des arts, il est des points où nous serions leurs maîtres. A en juger par les anecdotes qui nous renseignent sur la nature du talent de leurs plus grands artistes, la peinture, la musique n'étaient pas, chez les Grecs, au niveau de la sculpture. Si nous n'avons pas de Phidias, ils n'ont eu ni leur Raphaël, ni leur Michel-Ange, pas plus que leur Beethowen ou leur Rossini.

Mais surtout, quand il nous condamne à une infériorité radicale, M. de Gobineau oublie le caractère le plus saisissant des temps modernes. Il méconnaît le *développement scientifique* sans exemple, sans analogie dans le passé, et qui donne à notre civilisation une physionomie absolument nouvelle. Nous, les fils de races cent fois croisées, nous sommes au moins les égaux de nos pères, mais nous ne leur ressemblons pas. Inférieurs à quelques égards, nous prenons largement notre revanche sous d'autres rapports. Nous manifestons la puissance humaine sous d'autres aspects.

Quelque bien doué qu'il soit, l'homme ne saurait atteindre à la fois à tous les points extrêmes du champ livré à son activité. C'est pourquoi, dans le temps comme dans l'espace il existe, à côté des populations et des *races* inférieures, d'autres populations, d'autres *races* plus élevées, égales entre elles, mais diverses. Voilà en réalité ce qu'enseigne la comparaison entre le présent et le passé de l'humanité.

II. — M. Perrier est polygéniste et autochthoniste; chez lui l'expression de *race pure* équivaut au terme d'*espèce*. Médecin et médecin très-instruit, il aborde les questions d'anatomie, de physiologie et reproduit sur la fécondité bornée et la stérilité des métis humains, quelques-unes des opinions que j'ai déjà combattues. Il s'occupe surtout des populations actuelles et s'efforce de démontrer la supériorité de celles qu'il regarde comme pures. Il cite en particulier les Arabes et vante leurs civilisations antiques et modernes. Mais j'ai à lui opposer ici la même objection qu'à M. de Gobineau. Nous savons bien peu de chose des Himyarites et des Adites. Caussin de Perceval les montre comme ayant joué à diverses reprises le rôle de conquérants; mais de conquérants barbares et de mœurs bien sauvages. Lorsqu'ils sortent de leurs déserts sous l'impulsion de l'islamisme apparaissent-ils avec le cachet des peuples civilisés? Tout au contraire. C'est seulement après la conquête, à la suite des mélanges qu'elle entraîne, que l'on voit naître en Afrique, en Asie, en Espagne, les grandes civilisations arabes. Celle qui s'est développée sur place et que Palgrave nous a révélée, équivaut-elle à celle des Almohades, des Almoravides, des Abassides? Évidemment non. Ici encore le mélange se montre comme ayant amené un progrès des plus accusés.

M. Perrier insiste sur la beauté physique et en particulier sur celle des femmes. Acceptons ce critérium. La pureté du sang est-elle seule cause de cette beauté ? A ce compte, dans une même contrée, les populations les plus pures devraient avoir les plus belles, les plus jolies femmes. Mais par exemple en France les habitants de l'Auvergne, retirés dans leurs montagnes, se sont incontestablement moins mélangés que ceux de nos plaines du Midi, où se sont rencontrées tant de races différentes. Eh bien, la femme de la Haute-Auvergne peut-elle disputer le prix à la grisette d'Arles, de Toulouse ou de Montpellier ? Ces trois types féminins sont fort distincts ; ils accusent hautement des mélanges. Ils n'en sont pas moins remarquables sous le rapport dont il s'agit et sont incontestablement supérieurs à l'Auvergnate. En Sicile, où se sont heurtées toutes les populations périméditerranéennes, j'ai constaté des faits analogues à Taormine, à Palerme, à Trapani, etc.

Quant à la possibilité de rencontrer des femmes remarquables par leurs attraits dans les races métisses, lors même que le Nègre entre comme élément dans leur composition, la réputation des femmes de couleur, mulâtresses ou quarteronnes, l'atteste suffisamment. Tous les voyageurs ont signalé la séduction qu'elles exercent sur les Européens. M. Taylor est plus explicite et c'est à Tristan da Cugna, îlot perdu à mi-chemin du Cap et de l'Amérique méridionale, qu'il a fait ses observations. Là une population toute métisse de Nègres et de Blancs s'est assise dans l'isolement. Voici ce qu'en dit le voyageur anglais : « Tous les gens nés dans l'île sont mulâtres mais extrêmement peu foncés, d'une taille admirablement prise. Presque tous ont le type européen, beaucoup plus que nègre. Parmi les jeunes filles il y en avait de si complétement belles de tête et de corps, que je ne me rappelle pas avoir rien vu de si splendide. Et pourtant je connais tous les rivages de la terre, Bali et ses Malaises, la Havane et ses créoles, Taïti et ses nymphes, les Etats-Unis et leurs femmes les plus distinguées. » On conviendra que voilà un jugement en faveur des mulâtresses sérieusement motivé et rendu par un juge expérimenté.

Ainsi la beauté féminine se rencontre chez certaines races métisses ; elle manque chez d'autres races regardées avec raison comme des plus pures, chez les Boschismans ou les Esquimaux. Les adversaires du métissage ne sauraient donc trouver en elle un argument en leur faveur.

III. — Quoique les croisements modernes ne remontent qu'à trois siècles, ils ont déjà produit des résultats qui mettent hors de doute que des races remarquables à tous les points de vue peuvent sortir du métissage. Les Paulistes du Brésil en sont un exemple frappant. La province de Saint-Paul a été peuplée par des Portugais et des Açoriens venus du vieux monde, qui s'allièrent aux Gayanazes, tribu chasseresse et pacifique, aux Carijos, race belliqueuse et cultivatrice. De ces unions régulièrement contractées, sortit une race dont les hommes ont été distingués de tout temps par leurs belles proportions, leur force physique, leur courage indomptable, leur résistance aux plus dures fatigues. Quant aux femmes, leur beauté a fait naître un proverbe brésilien attestant leur supériorité. Cette population a fait preuve d'initiative à tous égards. Si elle a marqué jadis par des expéditions aventureuses ayant pour but la conquête de l'or ou l'enlèvement des esclaves, elle fut aussi la première qui, au Brésil, planta la canne à sucre et éleva d'immenses troupeaux. « Aujourd'hui, nous dit M. F. Denis, le plus heureux développement moral comme le mouvement intellectuel le plus remarquable paraissent appartenir à Saint-Paul. »

Ces éloges donnés à une population à peu près en entier issue du métissage par un observateur sagace, qui a vécu longtemps au Brésil, contrastent avec les reproches adressés par l'immense majorité des voyageurs aux métis américains. On les peint généralement sous des couleurs fort noires. Tout en leur accordant la beauté physique et souvent aussi une intelligence prompte et facile, on leur refuse à peu près toute moralité. Admettons qu'en effet ils diffèrent à cet égard des Paulistes autant qu'on le dit; l'explication du contraste est facile à trouver.

A Saint-Paul les premières unions furent dès l'abord régulièrement contractées, grâce à l'intervention des pères Nobréga et Anchiéta. Par suite de diverses circonstances les *mamalucos*, nés de ces mariages, furent acceptés d'emblée comme les égaux des blancs purs. Le croisement s'accomplit donc ici dans des conditions normales, fait unique peut-être dans l'histoire de nos colonies.

Ailleurs en effet, le métissage a eu pour point de départ les plus mauvaises passions; les préjugés du sang ont fait regarder les métis comme entachés d'un vice originaire qui les mettait *hors classe*, on pourrait dire *hors la loi*. Eh bien, quel rameau de race blanche pure naissant, grandissant, vivant dans le mépris et l'oppression conserverait un caractère élevé et moral? Les pères blancs donnaient-ils d'ailleurs des exemples capables d'influer en bien sur les enfants qu'ils abandonnaient? qui ne sait le contraire? Débauche sans frein d'une part, soumission servile de l'autre, voilà ce que les parents apportaient dans la création de la race métisse. En fait de caractères moraux, que pouvait transmettre l'hérédité aux produits d'unions semblables?

Si quelque chose doit surprendre, c'est que des métis produits dans des conditions aussi détestables aient déjà pu se relever. Or, c'est ce qui est arrivé, même pour les mulâtres, partout où le préjugé du sang moins fortement enraciné a pu être vaincu par le mérite personnel. Au Brésil la plupart des peintres et des musiciens sont mulâtres, disent MM. Troyer et de Lisboa. En confirmant ce témoignage M. Lagos ajoutait que la capacité politique et l'instinct scientifique ne sont guère moins accusés chez eux que les aptitudes artistiques. Plusieurs sont des docteurs, des médecins praticiens d'une grande distinction. Enfin M. Torrès Caïcédo me citait parmi les mulâtres de sa patrie des orateurs, des poètes, des publicistes et un vice-président de la Nouvelle-Grenade, qui est en même temps un écrivain distingué.

Si rien de pareil ne se manifeste là où une réprobation sociale pèse sur l'homme de couleur, c'est que pas plus que le milieu physique, le milieu moral et social ne perd jamais ses droits. Mais ce qui précède suffit, je pense, pour prouver que, placé dans des conditions normales, le métis du Nègre et de l'Européen justifierait sans doute partout ces paroles de notre vieux voyageur Thevenot : « Le mulâtre peut tout ce que peut le Blanc ; son intelligence est égale à la nôtre ».

IV. — Tout en protestant contre les doctrines qui tendent à déprécier les races métisses, je suis loin de prétendre que le croisement soit partout et toujours heureux. Incontestablement, si l'union a lieu entre individus de races inférieures, le produit restera au niveau des parents. Mais ces unions sont peu nombreuses. Même dans l'Amérique du sud, le *Zambo* est relativement rare. Le Nègre apparaissant partout en esclave, a été méprisé par les populations indigènes, qui, malgré leur asservissement, avaient conservé la liberté individuelle, et elles ont évité de se croiser avec lui.

C'est le Blanc qui, entraîné par son ardeur inquiète, a envahi le monde et multiplie chaque jour ses conquêtes, ses colonies. C'est lui qui va chercher chez elles les races colorées et mêle partout son sang au leur. A peu près toutes les populations métisses modernes le reconnaissent pour père ; et cela même entraîne un double résultat. Ces races sont à la fois élevées au-dessus de la race mère et rapprochées les unes des autres, comme possédant un élément commun.

Ce rapprochement ira-t-il jusqu'à la fusion, comme l'ont admis Serres et M. Maury ? Toutes nos races actuelles seront-elles tôt ou tard remplacées par une race unique, homogène, douée partout des mêmes aptitudes, régie par une civilisation commune ? Je ne le pense pas ; et ce que nous avons vu permet d'affirmer que cette uniformisation est impossible.

Sans doute, le métissage, favorisé, multiplié par la facilité croissante des communications, me semble préparer une ère nouvelle. Les races de l'avenir moins différentes de sang, rapprochées par les chemins de fer et les steamers, auront bien plus de penchants, de besoins, d'intérêts communs. De là naîtra un état de choses supérieur à celui que nous connaissons, bien que notre civilisation me semble devoir grandir encore en dépit des malheurs présents et des orages qui s'annoncent. Nous savons comment se sont élargis successivement le monde grec, le monde romain, le monde moderne ; le monde futur embrassera le globe entier.

Mais, pour être plus générale, plus diffuse, cette civilisation ne supprimera pas certaines conditions d'existence, certaines différences de milieu. Or, tant qu'il existera des pôles et un équateur, des continents et des îles, des montagnes et des plaines, il subsistera des races distinguées par des caractères de toute nature, des races supérieures et inférieures au point de vue physique, intellectuel et moral. En dépit des croisements, la variété, l'inégalité persisteront sur la terre. Mais dans son ensemble l'humanité se sera complétée; elle aura grandi; et les civilisations de l'avenir, sans faire oublier celles du présent, les dépasseront dans quelque direction encore inconnue, comme les nôtres ont dépassé leurs devancières.

V. — Je viens de terminer l'exposé des questions les plus générales que soulève l'histoire de l'espèce humaine.

Avant tout il a fallu résoudre celle de l'*unité* ou de la *multiplicité des espèces*. Il est des anthropologistes, même fort distingués, qui la regardent à peu près comme oiseuse, qui n'y voient qu'une question de dogme ou de philosophie. Un peu de réflexion suffit cependant pour faire comprendre que la science tout entière change et se transforme selon qu'on l'envisage au point de vue monogéniste ou polygéniste. J'ai déjà signalé ce fait; qu'on me permette d'y revenir en quelques mots.

Après la question fondamentale de l'unité vient la *question d'ancienneté*. Celle-ci se pose également dans les deux doctrines. Mais le problème est simple et absolu pour le monogéniste; il est multiple et relatif pour le polygéniste.

La *question du lieu d'origine*, qui se présente ensuite, n'existe en réalité que pour celui qui croit à l'unité spécifique des groupes humains. La doctrine de l'autochthonisme, tout en la multipliant, la réduit à des termes bien plus simples, puisqu'elle déclare nées sur place toutes les populations dont elle ne constate pas la provenance étrangère et n'admet que des mouvements d'expansion.

Pour le polygéniste la *question générale des migrations* n'existe pas. Pour les cas particuliers, l'autochthonisme supplée à tout. Celui qui regarde les Polynésiens comme ayant apparu sur les îlots du Pacifique n'a pas à chercher d'où ils peuvent être venus.

La *question d'acclimatation* se réduit pour le polygéniste à un petit nombre de faits à peu près exclusivement modernes, les populations humaines étant à ses yeux naturellement faites pour vivre dans le milieu où elles sont nées.

La *question de la formation des races* disparaît en entier pour le polygéniste, puisque les diverses espèces admises par lui ont apparu avec tous les caractères qui distinguent les divers groupes humains. Tout au plus a-t-il à s'inquiéter des résultats de quelques croisements trop évidents pour être niés.

La *question de l'homme primitif* n'existe pas pour le polygéniste, puisqu'il retrouve toutes *ses espèces* avec les caractères qu'elles ont eus dès le début.

Personne, je pense, ne contestera la vérité de ces propositions dont la conséquence forcée est que l'anthropologie est une science tout autre pour le monogéniste que pour le polygéniste.

Le polygénisme semble simplifier singulièrement la science ; on dirait qu'il en supprime les difficultés les plus apparentes. En réalité il ne fait que les voiler ou les nier, et vient ainsi en aide tout au moins à la négligence. En même temps, il en fait naître d'autres, qui, quoique moins facilement aperçues, sont pourtant plus graves, car elles sont essentiellement de nature physiologique et restent insolubles par les lois générales de la physiologie.

Le monogénisme semble au premier abord compliquer et multiplier les problèmes. En réalité il ne fait que les poser nettement. Par là même, il fait sentir la nécessité de longues et persévérantes études qu'il récompense de temps à autre par de grandes découvertes. Il a fallu près d'un siècle et les efforts combinés des voyageurs, des géographes, des physiciens, des linguistes, des anthropologistes, pour constater l'origine des Polynésiens, suivre leurs migrations et en retrouver la date. Mais ce travail une fois mené à bien, l'histoire de l'homme s'est trouvée enrichie d'une magnifique page, attestant une fois de plus l'intelligente activité de l'espèce humaine et ses conquêtes sur la nature.

LIVRE VIII

RACES HUMAINES FOSSILES

CHAPITRE XXV

OBSERVATIONS GÉNÉRALES.

I. — L'homme tertiaire ne nous est connu que par quelques faibles traces de son industrie. Nous ne savons rien de lui-même. A diverses reprises on a cru avoir rencontré quelques parties de son squelette en France, en Suisse, et surtout en Italie. Mais toujours une étude plus attentive a forcé de reporter à des époques relativement très-récentes les débris humains regardés un moment comme tertiaires.

Il en est autrement de l'homme quaternaire. Nous avons sur celui-ci des renseignements plus nombreux, plus précis que sur bien des races actuelles. Les grottes qu'il a habitées, celles où il a enseveli ses morts, les alluvions formées par les fleuves qui ont roulé ses cadavres nous ont conservé de nombreux ossements. Une quarantaine de localités dispersées dans l'Europe entière, mais surtout dans la partie occidentale, ont cédé à nos collections près de quarante têtes plus ou moins intactes et de nombreux fragments du crâne ou de la face que la science a pu utiliser, des os du tronc et des membres en grande quantité et jusqu'à des squelettes entiers. Le spécimen le plus remarquable, dégagé de la terre qui le couvrait, mais conservé en place, a été apporté de Menton par M. Rivière et repose aujourd'hui dans la galerie anthropologique du Muséum.

Telle est la masse de faits, déjà fort considérable, où nous avons puisé, M. Hamy et moi, pour rédiger la première partie de nos *Crania-Ethnica*. On sait quelle est, en anthropologie, l'importance de la tête osseuse. A elle seule elle fournit les principaux éléments de la distinction des races humaines. L'étude et la comparaison des têtes quaternaires permettent donc d'arriver à des notions assez précises sur ces populations antiques, sur les principaux rapports et les différences les plus marquées, qui dès cette époque distinguaient les groupes humains. L'examen des os du tronc et des membres est venu d'ailleurs à l'appui des résultats fournis par celui de la tête. Aussi croyons-nous pouvoir espérer que l'avenir, en complétant notre travail sur bien des points, en le modifiant peut-être sur quelques autres, en en comblant les lacunes, en confirmera du moins toutes les conclusions essentielles.

On voit que je parle ici au nom de M. Hamy comme au mien. C'est qu'en effet ce que je vais dire de l'homme fossile est presque le résumé, non-seulement de notre livre, mais encore de bien d'autres études communes, de bien des causeries. En réalité, il est de mon collaborateur autant que de moi.

II. — Rappelons d'abord brièvement dans quel milieu ont vécu les races humaines fossiles.

L'époque quaternaire ou glaciaire faisait à l'homme de dures conditions d'existence. Ce qui existait alors de l'Europe était entouré de tout côté par la mer et subissait les conséquences d'un climat insulaire, c'est-à-dire très-humide et à température assez uniforme, mais refroidi, en grande partie du moins, par les glaces du pôle arrivant jusque dans notre voisinage. Des pluies torrentielles, fréquentes en toutes saisons, se changeaient en chute de neige sur les hauteurs et entretenaient les vastes glaciers dont on retrouve les traces autour de toutes nos chaînes de montagnes. D'immenses cours d'eau creusaient les vallées sur certains points, et étendaient sur d'autres d'épaisses couches d'alluvions. Cette terre noyée et tourmentée nourrissait une faune comprenant, à côté des espèces animales actuelles, des espèces dont une partie a disparu, dont une autre partie a émigré au loin. C'était d'une part le mammout (*elephas primigenius*), le rhinocéros à narines cloisonnées (*rhinoceros tichorhinus*), le cerf d'Irlande (*megaceros hibernicus*), l'ours des cavernes (*ursus spelæus*), l'hyène des cavernes (*hyena spelæa*), le tigre des cavernes (*felis spelæa*), le cheval (*equus caballus*) ; d'autre part le renne (*cervus tarandus*), l'élan (*cervus alces*), le bœuf musqué (*ovibos moschatus*), l'aurochs (*bison europeus*), l'hippopotame (*hippopotamus amphibius*), le lion (*felis leo spelæa*).

Tous ces animaux ont vécu à côté les uns des autres pendant une grande partie des temps quaternaires. Plus tard on les voit successivement s'éteindre ou s'éloigner. Au début de la période actuelle, la France, qui les avait tous possédés, ne gardait plus que le cheval ; encore faut-il admettre avec M. Toussaint que nos bêtes de somme ou de trait descendent de l'espèce fossile, opinion que sont loin de partager tous les paléontologistes. Remarquons en passant que la même incertitude existe au sujet de l'hyène tachetée et de l'ours gris, regardés par quelques paléontologistes comme des *races* remontant aux espèces des cavernes.

L'homme a été, chez nous, le contemporain de toutes ces espèces.

Les phénomènes qui ont donné à nos contrées leurs derniers traits n'ont pas eu constamment la même violence, et n'ont ni commencé ni fini brusquement. Ils ont présenté des périodes de calme et de recrudescence relative jusqu'au moment où les continents ont eu pris leur relief définitif, où les glaciers se sont trouvés renfermés dans leurs limites actuelles.

A ces oscillations du monde inorganique, répondent des modifications dans la nature vivante. Les principales espèces animales semblent prédominer tour à tour; les races humaines apparaissent successivement, grandissent et déclinent.

Pendant que se déposaient les *bas niveaux* de nos vallées, le mammout, le rhinocéros, les grands carnassiers semblent jouer le premier rôle. L'homme leur dispute le sol, et se nourrit de leur chair. La lutte contre le milieu, contre les bêtes de cet ancien monde était terrible; la race de ces temps primitifs porte à un haut degré le cachet de cette nature sauvage.

Dans la période qui vit se former les *moyens niveaux inférieurs*, les grandes espèces animales habitaient encore toute l'Europe. Toutefois le nombre de leurs représentants semble diminuer; des espèces moins redoutables se multiplient et le cheval en particulier forme au moins par places de nombreux troupeaux offrant à l'homme une nourriture abondante. Celui-ci était représenté surtout par une race douée d'aptitudes remarquables. On la voit à son début lutter avec autant de rudesse que la précédente et dans des conditions presque semblables; puis perfectionner progressivement tous ses moyens d'action et les adapter aux conditions nouvelles qu'amène le progrès des temps.

Au dépôt des *moyens niveaux supérieurs*, correspond une grande modification de la faune. Les grands carnassiers, le mammout deviennent de plus en plus rares, et finissent par disparaître; le cheval ne domine plus; le renne a pris sa place et couvre d'innombrables troupeaux, la terre qui se rassoit progressivement. L'homme profite de ces changements. De nouvelles races bien distinctes des précédentes apparaissent sur notre sol. Celle de l'âge précédent se développe et atteint un certain degré de civilisation qu'attestent de véritables œuvres d'art.

Enfin le fond des mers se soulève et l'Europe se complète. Les glaces du pôle sont refoulées dans leurs limites actuelles et le climat insulaire fait place à un climat continental avec ses extrêmes de chaud et de froid. Les glaciers de nos montagnes se resserrent et remontent progressivement. Les espèces animales qui ne trouvent plus sous la même latitude la température convenable à chacune d'elles, émigrent les unes au midi, les autres au nord, ou sur les hautes montagnes.

L'homme dut nécessairement ressentir le contre-coup de ces déchirements. Quand le gibier qui faisait le fond de sa nourriture s'éloigna pour ne plus revenir, une partie au moins de la population dut le suivre et émigrer avec lui. Les sociétés naissantes furent ainsi ébranlées jusque dans leurs fondements ; et, tandis que certaines tribus s'éloignaient dans des directions opposées, celles qui restèrent en place subirent une décadence dont nous saisissons la trace dans les œuvres qu'elles ont laissées. Elles n'en furent que plus aisément absorbées par les races supérieures, qui amenèrent avec elles les animaux domestiques et substituèrent la vie pastorale à celle des peuples chasseurs.

III. — L'homme de l'époque quaternaire a laissé çà et là quelques-uns de ses ossements associés à ceux des animaux, ses contemporains. Toutefois les ossements humains dont il s'agit ici appartiennent presque exclusivement à l'Europe. L'homme fossile des autres parties du monde nous est encore à peu près inconnu. Lund l'avait rencontré dans certaines cavernes du Brésil. Mais on n'a sur cette découverte d'autres détails qu'une courte note et deux dessins de petite dimension publiés tout récemment par MM. Lacerta et R. Peixo. On a beaucoup parlé du crâne découvert par M. Witney en Californie. Malheureusement la description de cette pièce n'a pas encore paru, si bien que des doutes se sont produits à diverses reprises sur l'existence même du fossile. Le témoignage récent de M. Pinart vient de les lever, mais a fait naître en même temps les doutes les plus sérieux sur l'ancienneté de cette pièce qui paraît avoir été trouvée dans un terrain remanié.

Cette absence de fossiles humains recueillis hors de nos contrées est des plus regrettables. Rien n'autorise à regarder l'Europe comme le point de départ de l'espèce, ni le lieu de formation des races primitives. C'est en Asie qu'il faudrait surtout les chercher. C'est là sur les versants de l'Himalaya, au pied du grand massif central, que Falconer espérait trouver l'homme tertiaire. Des recherches assidues et persévérantes pourraient seules vérifier les prévisions de l'éminent paléontologiste. Cette tâche pourrait être remplie par quelques-uns de ces officiers instruits que possède l'armée anglaise, par ces médecins militaires sortant des grandes institutions de Londres. Qu'ils se mettent à l'œuvre ; qu'ils utilisent dans ce but les loisirs que leur laissent les congés dans quelque *sanatarium* de l'Himalaya ou des Nilghéries. Tout permet d'espérer qu'ils apporteront à la science de sérieuses et magnifiques découvertes.

IV. — Quelques faits généraux, dont on comprendra facilement l'intérêt, se dégagent déjà des détails recueillis sans sortir des terres européennes.

Constatons d'abord que, dès les temps quaternaires, l'homme ne présente pas l'uniformité de caractères que supposerait une origine récente. L'*espèce* est déjà composée de plusieurs *races* distinctes ; ces races apparaissent successivement ou simultanément ; elles vivent à côté les unes des autres ; et peut-être, comme l'a pensé M. Dupont, la *guerre de races* remonte-t-elle jusque-là.

La présence de ces groupes humains nettement caractérisés à

l'époque quaternaire, est à elle seule une forte présomption en faveur de l'existence antérieure de l'homme. L'influence d'actions très-diverses et longtemps continuées peut seule expliquer les différences qui séparent l'homme de la Vézère, en France, de celui de la Lesse, en Belgique.

V. — Malgré quelques appréciations émises à un moment où la science était moins avancée et où les termes de comparaison manquaient, on peut affirmer qu'aucune tête fossile ne se rattache au type nègre africain ou mélanésien. Le vrai Nègre n'existait pas en Europe à l'époque quaternaire.

Nous ne concluons pourtant pas que ce type n'a pris naissance que plus tard et date de la période géologique actuelle. De nouvelles recherches faites surtout en Asie et dans les contrées où vivent les peuples noirs sont encore nécessaires pour qu'on puisse conclure avec certitude sur ce point. Toutefois, on voit que jusqu'ici les résultats de l'observation sont peu favorables à l'opinion des anthropologistes qui ont regardé les races nègres comme ayant précédé toutes les autres.

VI. — Dans les têtes fossiles, comme dans les têtes modernes, nous trouvons, de race à race et d'individu à individu, des oscillations plus ou moins accusées dans les caractères. Mais il est bon de remarquer que dans les races connues ces oscillations sont souvent moins étendues que celles dont on a constaté l'existence dans les populations actuelles. Je n'en citerai qu'un exemple. L'indice céphalique de la race européenne la plus ancienne, pris sur l'homme de Néanderthal qui en exagère les caractères, est de 72; celui du crâne de la Truchère appartenant aux derniers temps quaternaires est de 84,32; différence 12,32. Or, de nos jours, l'indice céphalique moyen des Esquimaux est de 69,30, celui des Allemands du sud, de 86,20; différence, 16,90. Ainsi, entre les deux races extrêmes que sépare la majeure partie de l'époque glaciaire, l'oscillation de l'indice céphalique est moindre qu'entre deux races modernes contemporaines. En outre, celles-ci atteignent en plus et en moins des limites plus étendues que les deux races fossiles. Ce fait s'expliquerait, peut-être, par des considérations multiples que je ne saurais aborder ici.

Je dois d'ailleurs faire observer que le crâne de Lagoa Santa trouvé par Lund, que viennent de décrire MM. Lacerta et Peixoto, efface en grande partie la différence que je viens de signaler. Au dire des savants brésiliens, son indice céphalique est de 69,72, et descend presque aussi bas que l'indice moyen des Esquimaux.

Il n'est pas sans intérêt de voir cette variabilité moindre des races fossiles s'accuser précisément à propos d'un des caractères qui a fait le plus souvent comparer aux singes quelques-unes de nos races inférieures actuelles. Parmi les têtes quaternaires, il en est que l'on peut considérer comme offrant le degré d'orthognathisme moyen des races blanches elles-mêmes. La tête de Nagy-Sap, le n° 1 du Trou du frontal, une des femmes de Gre-

nelle, etc., peuvent être cités à ce titre. D'autres, tels que le
n° 2 du Trou du frontal, une autre femme de Grenelle, le vieillard
de Cro-Magnon, quelques crânes du Solutré, etc., sont plus ou
moins prognathes. Il en est qui égalent ou dépassent même sous
ce rapport la moyenne de nos races nègres. Toutefois aucune
d'elles n'atteint un degré de prognathisme égal à celui que présentent certains individus appartenant aux types australiens
inférieurs ou à la race cafre.

Un autre ordre de caractères qui, sans avoir l'importance des
précédents, n'en a pas moins une valeur réelle, présente des
faits analogues. Je veux parler de la taille et de ses variations.
M. Hamy l'a déterminée par la mensuration des fémurs et des
humérus. Il résulte de ses recherches que le maximum présenté
par le squelette de Menton est de 1^m,85, le minimum pris sur un
des squelettes de Furfooz est de 1^m,50. La différence entre ces
deux nombres, 0^m,35, est bien loin de celle qui existe entre les
extrêmes du tableau que j'ai donné plus haut.

La moyenne des nombres trouvés par M. Hamy, 1^m,764, place
la race de Cro-Magnon bien près des Patagons de Musters ; mais
la race de Furfooz, avec sa moyenne de 1^m,530, reste bien
au-dessus des Boschimans et des Mincopies. Elle est presque
exactement au niveau des Lapons.

Les oscillations se sont produites aussi bien dans le temps
que dans l'espace. La plus ancienne race n'est pas la plus
grande. Les squelettes de Néanderthal et de Brux donnent une
moyenne de 1^m,705 seulement. La race de Cro-Magnon, supérieure par la taille à toutes les autres, se montre chronologiquement intermédiaire entre elles.

Sans doute, les généralisations précédentes reposent sur un
nombre d'observations encore trop restreint pour pouvoir être
regardées comme définitives. Mais elles répondent néanmoins
à certaines assertions et tendent à dissiper plus d'un préjugé.

VII. — Dolichocéphale ou brachycéphale, grand ou petit, orthognathe ou prognathe, l'homme quaternaire est toujours
homme dans l'acception entière du mot. Toutes les fois que ses
restes ont permis d'en juger, on a retrouvé chez lui le pied, la
main qui caractérisent notre espèce, la colonne vertébrale a
montré la double courbure à laquelle Lawrence attachait une si
haute importance et dont Serres faisait l'attribut du règne humain tel qu'il l'entendait. Plus on étudie et plus on s'assure que
chaque os du squelette, depuis le plus volumineux jusqu'au plus
petit, porte avec lui, dans sa forme et ses proportions, un certi-
ficat d'origine impossible à méconnaître.

A raison de son importance spéciale, la tête mérite que nous
la considérions un instant à ce point de vue.

Constatons d'abord que tous les os des têtes humaines modernes se retrouvent dans les têtes fossiles avec les mêmes formes, et présentent les mêmes rapports. Soit qu'on les considère
isolément, soit qu'on envisage leur ensemble, rien en eux ne peut

qu'éveiller le souvenir de ce que nous voyons chaque jour. L'énorme arcade surcillère de l'homme de Néanderthal elle-même ne peut dissimuler le caractère tout humain de ce crâne exceptionnel, sur lequel je reviendrai tout à l'heure.

Dans toutes les races fossiles on retrouve le caractère essentiellement humain de la prédominance du crâne sur la face. Chez elles comme chez nous, la boîte osseuse destinée à contenir le cerveau s'allonge et se rétrécit ou se raccourcit en s'élargissant, se surbaisse ou s'élève; mais toujours elle conserve une capacité comparable à celle des crânes de nos jours. Dans le crâne de Néanderthal, dont on a dit qu'il était le plus *bestial* connu, la capacité crânienne calculée par des savants qui certes ne cherchaient pas à l'exagérer, s'élève à 1220 centimètres cubes. Pour M. Schaaffhausen lui-même, elle est égale à celle des Malais et supérieure à celle des Hindous de petite taille. Dans le crâne brésilien de Lagoa Santa, elle est de 1388 centimètres cubes.

Chez le grand vieillard de Cro-Magnon elle atteint selon M. Broca 1590 centimètres cubes; elle dépasse de 119 centimètres cubes la moyenne obtenue par le même savant sur 125 crânes parisiens du xix° siècle.

Nous pouvons donc avec certitude appliquer à l'homme fossile que nous connaissons les paroles de Huxley. Pas plus aux temps quaternaires que dans la période actuelle, « aucun être intermédiaire ne comble la brèche qui sépare l'homme du Troglodyte. Nier l'existence de cet abîme serait aussi blâmable qu'absurde. »

Le savant éminent qui a écrit cette phrase, n'en saisit pas moins toutes les occasions qui se présentent pour signaler, dans diverses races humaines, ce qu'on appelle des *traits*, des *caractères simiens*. Y a-t-il là chez Huxley une contradiction regrettable? Évidemment non. Chez lui, comme chez d'autres vrais savants, ce n'est qu'un abus de langage contre lequel j'ai déjà protesté. Appartenant à la race blanche qui leur sert naturellement de norme, préoccupés des similitudes anatomiques très-réelles qui existent entre l'homme et le singe, ils comparent constamment et uniquement, d'une part le Blanc, de l'autre l'anthropomorphe. Ils oublient que les *oscillations des caractères morphologiques*, résultats inévitables de la formation des races humaines, doivent nécessairement tantôt accroître, tantôt diminuer quelque peu la distance qui sépare ces deux termes; ils se laissent aller à employer ces expressions figurées, que je laisserais passer sans peine, si elles n'étaient parfois prises à la lettre volontairement ou involontairement. On sait que le savant anglais, lui-même, a dû protester énergiquement contre les conséquences tirées de ses paroles ou de ses écrits.

De l'aveu de Huxley, les oscillations ne sont jamais assez étendues pour amener la confusion. Le *caractère humain* ne change donc pas de nature; il ne devient pas *simien*. Les oscillations dont je parle se présentent parfois sur le même individu, jusque sur le même os. Chez le vieillard de Cro-Magnon dont je parlerai plus loin avec quelque détail, le fémur est à la fois le plus large et le plus épais que M. Broca ait mesuré chez l'homme et nous en avons trouvé de plus volumineux encore. Or, chez le Chimpanzé, ce même os est plus large et beaucoup plus mince. Est-il permis pour cela de dire que le fémur des Eyzies est d'une part *simien*, et d'autre part *plus qu'humain*?

En définitive, ce qui reste acquis, c'est la conclusion de Huxley, que je citais tout-à-l'heure. Les croyants à l'*homme pithécoïde* doivent se résigner à le chercher ailleurs que chez les seules races fossiles que nous connaissions, et à recourir encore à l'inconnu. Il en est qui n'acceptent pas sans murmure cette nécessité, et qui protestent au nom de la *philosophie*. Laissons-les dire, contents d'avoir pour nous l'expérience et l'observation.

VIII. — Envisagées au point de vue de la forme générale du crâne, toutes les races fossiles se rapportent à deux types fondamentaux : l'un franchement dolichocéphale, l'autre passant progressivement de la mésaticéphalie à une brachycéphalie très-prononcée.

De vives discussions se sont élevées il y a quelques années pour décider lequel de ces deux types avait précédé l'autre. Cette question se rattachait elle-même à un ensemble d'idées générales que l'on peut désigner sous le nom de *théorie mongoloïde*.

A la suite de fouilles faites dans d'anciennes tombes et quelques dolmens, Serres avait annoncé en 1854 que des habitants de la France comptaient des Mongols parmi leurs ancêtres. Bien auparavant plusieurs savants scandinaves, entre autres S. Nilsson, Retzius, Eschricht, etc., avaient rapproché des Lapons, c'est-à-dire d'une race Finnoise, les individus à tête globuleuse rencontrés dans les sépultures néolithiques et dans les tourbières de la Scanie. M. Pruner Bey, reprenant ces premières conceptions avec les données récemment acquises sur l'ancienneté de l'homme, formula peu à peu tout un corps de doctrine remarquable par sa simplicité et par le jour qu'il semblait jeter sur tout le passé de nos populations.

Pour l'éminent anthropologiste, il existe encore de nos jours une vaste formation humaine qu'il désigne sous le nom de *mongoloïde*, parce qu'elle lui paraît se rattacher à certains égards au type mongol proprement dit, tout en conservant un certain nombre de caractères qui la rapprochent des races blanches. Cette grande race, telle que l'entend M. Pruner Bey, occupe la plus grande partie du nord de l'ancien continent et s'étend jusqu'en Amérique. Elle est d'ailleurs représentée au centre et dans le midi de l'Europe par divers groupes plus ou moins isolés, tels que les Basques. Certaines populations historiques comme les Ligures lui ont appartenu. Tout indique donc qu'elle occupait jadis l'Europe entière. Or elle-même descendrait de la race primitive quaternaire que font connaître les têtes fossiles trouvées par M. Dupont à Furfooz dans la vallée de la Lesse. La parenté, la filiation dont il s'agit paraissent à M. Pruner Bey attestées par les formes générales de la tête et par ses proportions qui, dans toutes ces races, se rapprochent plus ou moins de la brachycéphalie.

A ces vues générales on opposait l'existence des crânes trouvés dans le Néanderthal en Prusse, dans la caverne d'Engis en Belgique, dans les tufs de La Denise en Auvergne, dans le loess du Rhin à Eguisheim en Alsace. Toutes ces têtes sont dolichocéphales. On les disait plus anciennes que celles de Furfooz. Mais, à ce moment, il existait au sujet de presque tous ces ossements des doutes de nature diverse qui pouvaient paraître légitimes, et la théorie de M. Pruner Bey n'en conquit pas moins de nombreux et sérieux disciples. En écrivant en 1875 mon *Rapport sur les progrès de l'anthropologie*, je crus devoir attribuer l'antériorité au type brachycéphale, tout en faisant des réserves formelles en faveur surtout du crâne d'Eguisheim. La découverte de Cro-Magnon, dans le Périgord, vint montrer en outre bientôt combien il fallait se garder encore de conclusions trop hâtées. En présence de ces grands dolichocéphales, incontestablement antérieurs aux hommes de la Lesse, il était évident que la théorie mongoloïde devait subir de sérieuses modifications et je n'hésitai pas à le reconnaître.

Depuis cette époque, de nouvelles découvertes ont enrichi la science et bien des points ont été éclaircis. Les anciens lits de la Seine, étudiés avec une sagacité remarquable par M. Belgrand, ont fourni un *chronomètre relatif* dont M. Hamy a su comprendre les indications. Le travail présenté par lui au congrès de Stockholm ne peut laisser de doute. Jusqu'à ce jour le type dolichocéphale s'est montré seul dans les *graviers du fond* de la plaine de Grenelle. Il y est représenté par la *race de Canstadt*. Il reparaît sous la forme de *race de Cro-Magnon* dans les *alluvions*, au niveau et au-dessous des blocs erratiques, à 3 et 4 mètres de profondeur. C'est seulement au-dessus, à 2ᵐ50 et 1ᵐ40 de profondeur, que se montrent les têtes se rapprochant plus ou moins de la brachycéphalie.

La superposition et par conséquent la succession des types est ici évidente. Sommes-nous autorisés pour cela à regarder les dolichocéphales comme ayant précédé partout les brachycéphales? Peut-être doit-on conserver encore quelques doutes à cet égard. Quelques fragments appartenant probablement au dernier type ont été recueillis à Clichy, bien peu au-dessus d'une calotte crânienne de la race de Canstadt, et la belle tête de Nagy-Sap en Hongrie a été retirée d'un loess bien caractérisé, mais dont l'âge ne paraît pas avoir été déterminé.

Peut-être, quand de nouveaux faits seront venus lever les derniers doutes, en arrivera-t-on à reconnaître que les deux types sont arrivés à peu de distance l'un de l'autre sur les terres qui devaient un jour être l'Europe; mais jusqu'ici tout milite en faveur de l'antériorité des dolichocéphales. En Amérique, le seul crâne fossile connu conduit à la même conclusion.

Quoi qu'il en soit, la théorie mongoloïde dans ce qu'elle a eu d'absolu ne saurait désormais être acceptée. On ne peut réunir dans le même groupe et regarder comme étant de même race, l'homme de Cro-Magnon et celui de Furfooz. Mais la conception de M. Pruner Bey n'en reste pas moins vraie en partie; et l'honneur d'avoir rattaché les populations vivantes aux populations fossiles ne saurait être disputé à cet éminent anthropologiste. Toutefois ce qu'il a dit d'une seule race doit être attribué à plusieurs. Les peuples de l'Europe occidentale tiennent à l'époque quaternaire, non par une racine unique, mais au moins par six et peut-être davantage.

IX. — Distribuer méthodiquement les diverses races d'une espèce n'est jamais chose aisée. La difficulté se fait très-vivement sentir lorsqu'on étudie les races humaines vivantes; elle grandit encore quand il s'agit des races fossiles. Les matériaux fussent-ils aussi abondants qu'ils sont rares, on n'a plus l'individu entier et on ne peut songer à appliquer la *méthode naturelle* : on est forcé de s'en tenir à une *classification systématique*. C'est ce que nous avons dû faire, M. Hamy et moi; et sans partager les idées absolues émises autrefois par Retzius, nous avons pris la forme générale du crâne pour point de départ de notre classification. En agissant ainsi, nous n'avons du reste fait qu'imiter les paléontologistes dans leurs études des fossiles animaux.

Nous avons déjà vu que les considérations tirées de cette forme conduisent à partager les hommes fossiles en deux groupes, l'un dolichocéphale, l'autre brachycéphale. C'est évidemment au premier que se rattacherait le crâne de Lagoa Santa qui doit, selon toute apparence, devenir le type d'une race distincte. Mais les documents relatifs à ce fossile sont encore trop incomplets pour que je puisse m'y arrêter dans un résumé aussi succinct que celui-ci.

Dans les deux groupes fondamentaux des différences existent à côté du caractère commun. Dans le premier, ces différences sont très-grandes et très-accusées; elles le sont généralement moins dans le second. Aussi avons-nous distingué nettement les deux types dolichocéphales, tandis que nous réunissons dans le même chapitre et comme en une sorte de famille, au moins une partie des races brachycéphales.

On peut adresser certains reproches à cette nomenclature, et nous l'avons bien senti. Nous avons parfaitement compris que la tête de la Truchère est aussi distincte de celles de Furfooz que le crâne de Néanderthal l'est de celui de Cro-Magnon. Mais, d'une part, cette tête est le terme extrême d'une série graduée dont il nous semblait difficile de la détacher; d'autre part, ce fossile, au moment où nous écrivions, était entièrement isolé. Encore aujourd'hui il ne s'est montré de nouveau qu'aux temps de la pierre polie. Tout en lui faisant une place dans notre cadre, nous n'avions pas voulu écarter, d'une manière absolue, la pensée d'un cas individuel.

Quant aux autres types que nous avons placés dans le même chapitre avec le précédent, ils forment un groupe vraiment naturel, tout en ayant chacun ses caractères propres qu'une étude attentive permet de reconnaître. Les races peuvent donc être circonscrites nettement. La race de Grenelle, en particulier, restera toujours bien distincte des deux races de Furfooz. Toutefois, on ne trouve plus ici de caractères tranchés, frappant au premier coup d'œil, et les affinités ethniques sont évidemment plus étroites. Peut-être sera-t-il possible de remonter plus tard à la branche commune d'où sont issus ces trois rameaux. En somme, il fallait représenter l'état actuel de notre savoir sans toucher aux droits de l'avenir. Notre nomenclature satisfait, croyons-nous, à cette condition.

Nous admettons donc deux races dolichocéphales, celles de Canstadt et de Cro-Magnon. Les races plus ou moins brachycéphales sont au nombre de quatre. Sous le nom de *races de Furfooz*, nous comprenons deux races tirées de cette localité célèbre; la *race de Grenelle* et celle de *la Truchère* empruntent également leur nom à celui des localités qui les ont fournies.

Passons rapidement en revue toutes ces races.

CHAPITRE XXVI

I. — Le nom de cette race est celui du village près duquel fut trouvé le premier fossile humain. En 1700, le duc Eberhard Ludwig de Wurtemberg faisait fouiller un oppidum romain aux environs de Stuttgard. Une portion de voûte crânienne d'homme fut recueillie au milieu de nombreux ossements d'animaux. Mais la géologie, la paléontologie, étaient encore à naître; et la nature de ce précieux fragment fut méconnue jusqu'au moment où Jaeger, en 1835, y vit un argument en faveur de la coexistence de l'homme et des grands mammifères éteints. En l'étudiant de près, grâce à l'obligeance de M. Fraas, nous avons pu, M. Hamy et moi, le rattacher sans peine au fameux crâne de Néanderthal.

II. — Celui-ci a été découvert, en 1857, dans une petite caverne aux environs de Dusseldorf. Le squelette était entier. Malheureusement, les ouvriers qui le rencontrèrent, brisèrent et dispersèrent ces ossements dont une partie seulement fut sauvée par le docteur Fuhlrott. Présentés la même année au congrès de Bonn, ils y devinrent le sujet d'études et de discussions qui se sont longtemps prolongées. M. Schaaffhausen, quoique allant parfois lui-même au-delà de la réalité, s'était placé tout d'abord sur le vrai terrain. Pourtant quelques anatomistes voulurent voir, dans cet individu, une *espèce* spéciale et même un *genre* nouveau. Surtout on le regarda comme intermédiaire entre l'homme et les singes, et l'on trouve encore, çà et là, des traces de ces interprétations.

Ces exagérations n'ont eu d'autre cause qu'un trait, extrêmement frappant, il est vrai, présenté par cette calotte crânienne. Chez l'homme de Néanderthal, les sinus frontaux ont pris un développement exceptionnel, et les arcades surcillères, presque confondues sur le milieu de la glabelle, forment une saillie des plus étranges au-dessus de l'orbite. On n'a pas manqué d'assimiler cette conformation aux *crêtes osseuses* que les singes anthropomorphes présentent au même endroit. Puis, partant de cette donnée, on s'est efforcé de trouver, dans le reste du crâne, des caractères en harmonie avec ce *trait simien*. On a insisté sur son peu de hauteur, sur sa forme allongée, sur la saillie de sa région occipitale, etc.

Avec un peu de bonne volonté, et tant qu'on l'a comparé seulement aux têtes modernes regardées comme normales, on a pu faire de l'homme de Néanderthal une espèce d'être à part. Mais, peu à peu, on a rapproché de ce type d'autres crânes également fossiles. Bien plus, sur divers points de l'Europe, on a signalé dans les dolmens, dans des sépultures moins anciennes, chez des personnages historiques et jusque sur des individus actuellement vivants, ces caractères déclarés *uniques* trop à la hâte. Alors il a bien fallu reconnaître que l'homme de Néanderthal appartenait à une formation franchement humaine, à une *race*, dont il exagérait seulement certains traits.

Cette race n'en est pas moins remarquable et parfaitement caractérisée. Chez tous les individus de sexe masculin on trouve plus ou moins accentuées les saillies surcillères qui ont pris chez l'homme de Néanderthal un si singulier développement. Le front étroit et bas paraît encore plus fuyant par suite de ce contraste. La voûte crânienne est très-surbaissée. Assez régulière dans ses deux tiers antérieurs, elle se relève au-delà sur l'écaille occipitale et se prolonge en arrière. L'ensemble du crâne est relativement étroit, et nous avons déjà vu que l'indice céphalique descend à 72. Tous ces os sont remarquables par leur épaisseur, qui dans le crâne d'Eguisheim atteint 11 millimètres. Quelques-uns de ces traits s'atténuent dans le crâne féminin. Les bosses surcillères disparaissent presque entièrement ; la saillie de l'occipital, et surtout le relèvement de son écaille supérieure, sont bien moins marqués ; l'indice céphalique remonte de un ou deux centièmes ; mais l'applatissement de la voûte et les autres caractères persistent.

Le crâne de Néanderthal et tous ceux que l'on peut rattacher avec lui au type de Canstadt sont incomplets et manquent de face. Une seule tête, dont l'âge n'est malheureusement pas déterminé avec certitude, permet de combler cette lacune. C'est celle de Forbes Quarry, des environs de Gibraltar. Chez elle le crâne, le front rappellent entièrement ce que nous venons d'indiquer ; des orbites énormes et presque circulaires, dont l'indice s'élève à 68, 83, répondent bien à ce qui en reste sur le crâne de Néanderthal, et masquent par leur bord externe la région temporale. Au-dessous, les os malaires descendent presque verticalement ; les os du nez sont saillants ; l'orifice nasal est largement ouvert ; le maxillaire supérieur est sensiblement prognathe ; enfin l'arcade dentaire dessine un fer à cheval rétréci en arrière. L'ensemble est rude et massif. Une face récemment découverte par M. Piette dans la grotte de Gourdan et que M. Hamy décrira prochainement est venue confirmer le rapprochement que nous avions établi entre la tête de Forbes Quarry et les autres restes de la race de Canstadt. Trouvée dans les couches inférieures de la grotte, associée à des silex du type du Moustier, cette pièce reproduit avec quelque adoucissement les caractères que nous venons d'indiquer. La mâchoire inférieure rappelle celle d'Arcy.

Si l'on joint à ces caractères ceux que fournit la célèbre mâchoire de la Naulette, on doit ajouter que l'homme de Canstadt avait le menton très-peu marqué, et que le bas du visage dépassait parfois ce que présentent sous ce rapport la plupart des crânes de Nègre guinéen. Mais les recherches de M. Hamy ont montré que le singulier maxillaire découvert par M. Dupont n'était, lui aussi, que la réalisation exagérée d'un type que l'on retrouve ailleurs considérablement adouci.

En somme le crâne et la face de l'homme de Canstadt devaient présenter habituellement un aspect étrangement sauvage.

Le corps paraît avoir été en harmonie avec la tête. Les quelques os des membres conservés plus ou moins intacts indiquent une taille de 1^m 68 à 1^m 73 seulement ; mais les proportions en sont athlétiques. Ils sont très-épais relativement à leur longueur, et les saillies, les dépressions servant aux attaches musculaires sont remarquablement développées. Ajoutons que le tibia, extrait d'une carrière de Clichy par M. Bertrand, a présenté la forme aplatie que l'on a désignée par l'épithète de *platycnémique* et que les côtes du squelette de Néanderthal étaient sensiblement plus arrondies que d'ordinaire.

III. — Jusqu'à ce jour la race de Canstadt est incontestablement la race européenne la plus ancienne. Elle a disputé le sol aux grands mammifères éteints, au mammouth, au rhinocéros tichorinus, à l'ours et à l'hyène des cavernes. Elle appartient donc aux premiers temps de l'époque quaternaire. Pour M. Schaaffhausen, elle remonterait bien plus haut encore, et ne serait autre chose que l'homme tertiaire survivant à la dernière révolution géologique.

Le savant qui a si bien fait connaître l'homme de Néanderthal n'invoque à l'appui de son opinion que ce qu'il appelle l'*infériorité typique* de cet homme et de ceux qui s'en rapprochent. Cette raison serait à nos yeux insuffisante pour motiver sa manière de voir. Mais j'ai dit plus haut comment il est permis de penser que l'homme a suivi en Europe les grands mammifères sibériens chassés par le froid vers des contrées plus méridionales. Il n'y aurait donc rien d'étrange à ce que la race, que tout indique avoir été la plus ancienne sur notre sol, fût également celle qui a accompli cette migration. Mais les hommes de Saint-Prest, ceux de Monte-Aperto, ceux surtout de Thénay, n'étaient-ils que ses pionniers ? L'avenir seul pourra répondre affirmativement ou négativement à cette question.

Quoi qu'il en soit, les restes de l'industrie humaine accusent dès les premiers temps quaternaires un progrès bien marqué.

L'outillage et l'armement se sont accrus et perfectionnés. Les andouillers du cerf, les mâchoires de l'ours ont été façonnés en armes ou en outils ; aux râcloirs, aux perçoirs, dont les formes sont de plus en plus accusées, se joignent les couteaux, les ciseaux, les marteaux emmanchés ; les haches, bien plus volumineuses, tantôt relativement minces, planes d'un côté, retouchées de l'autre, tantôt épaisses, rudement taillées des deux côtés, avec ou sans talon, se rattachent aux types *moustiérien* et *acheuléen* de M. de Mortillet ; elles prennent des formes arrêtées qui permettent d'y reconnaître diverses modifications caractérisant certaines localités ; la flèche a grandi ; la lance est devenue une arme redoutable. Au milieu des plus basses alluvions quaternaires on rencontre de petits amas de *coscinopora globularis* et autres petits fossiles de la craie, tous percés naturellement ou artificiellement. Le seul moyen d'expliquer cette disposition est de regarder ces polypiers, ces coquilles comme ayant formé jadis des colliers ou des bracelets dont le lien a disparu. Ainsi le goût de la parure, si développé chez les sauvages modernes, se manifeste dès cette époque.

Si l'on compare ces industries, bien modestes encore, avec ce qui existe aujourd'hui, on peut se faire une idée approximative de ce qu'était la race de Canstadt, alors qu'elle occupait peut-être l'Europe, dans les premiers temps quaternaires. Avec M. Lartet nous retrouverons dans les lances en obsidienne de la Nouvelle-Calédonie les pointes en silex des bas niveaux de la Somme ; la hache de certains Australiens nous rappellera comme à sir Charles Lyell la hache d'Abbeville. C'est de ces derniers et des Boschismans que je serais tenté de rapprocher l'homme de Néanderthal et ses pareils. Comme eux, il semble avoir mené le plus souvent une vie errante. On ne lui connaît que peu de demeures ou de lieux de rendez-vous, comme la caverne de la Naulette. Rien ne semble indiquer qu'il eut des lieux de sépulture, comme nous en trouverons plus tard. Tout annonce d'ailleurs qu'il vivait uniquement en chasseur et rien ne permet de supposer qu'il ait connu l'agriculture, si remarquablement avancée chez certains Nègres mélanésiens.

IV. — A en juger par la distribution géographique des restes rencontrés jusqu'à ce jour, la race de Canstadt, pendant l'époque quaternaire, occupait surtout les bassins du Rhin et de la Seine ; elle s'étendait peut-être jusqu'à Stångenäs, dans le Bohuslän ; certainement jusqu'à l'Olmo, dans l'Italie centrale ; jusqu'à Brux, en Bohême ; jusqu'aux Pyrénées, en France ; probablement jusqu'à Gibraltar.

Cette race n'est pas confinée dans les temps géologiques. L'attention éveillée par les caractères étranges du crâne de Néanderthal a fait entreprendre une foule de recherches qui ont rapidement tiré ce remarquable spécimen de l'isolement où il semblait d'abord devoir rester. MM. B. Davis, Busk, Turner, King, Carter Blake, Pruner Bey, Vogt, Huxley, Hamy, ont été plus particulièrement heureux dans ces études et ont mis en lumière des rapports aujourd'hui généralement adoptés.

De cet ensemble de travaux, il résulte que le type de Canstadt, parfois remarquablement pur, parfois aussi plus ou moins altéré par les croisements, se retrouve dans les dolmens, dans les cimetières des temps gallo-romains, dans ceux du moyen-âge et dans les tombes modernes, depuis la Scandinavie jusqu'en Espagne, en Portugal et en Italie, depuis l'Écosse et l'Irlande jusque dans la vallée du Danube, en Crimée, à Minsk et jusqu'à Orenbourg en Russie. Cet habitat comprend, on le voit, l'ensemble des temps écoulés depuis l'époque quaternaire jusqu'à nos jours, et l'Europe tout entière.

M. Hamy a justement fait remarquer qu'il existe probablement dans l'Inde, au milieu des populations refoulées par l'invasion Aryane, des représentants du type Néanderthaloïde. Toutefois pour les retrouver avec certitude il faut aller jusqu'en Australie. Nos études ont confirmé sur ce point le résultat de celles de Huxley. Parmi les races de cette grande île, il en est une répandue surtout dans la province de Victoria, aux environs de Port-Western, qui reproduit d'une manière remarquable les caractères de la race de Canstadt.

Enfin, la race de Canstadt a eu aussi des représentants en Amérique. Un des dessins publiés par MM. Lacerda et Peixoto ne peut laisser de doute à cet égard. Il représente presque toute la partie supérieure d'une voûte crânienne trouvée dans la province de Ceara, et dont la ressemblance avec celle d'Eguisheim est frappante. Malheureusement les savants brésiliens ne disent rien des conditions dans lesquelles ce précieux fragment était placé au moment de la découverte, et nous ignorons s'il s'agit d'un fossile ou d'un crâne datant de l'époque actuelle.

V. — L'ensemble des faits qu'il me faut résumer en quelques lignes soulève un problème important et conduit à une conclusion intéressante.

Et d'abord, sommes-nous en droit de rattacher ethnologiquement les crânes plus ou moins Néanderthaloïdes, recueillis aux antipodes comme en Europe, à la race dont les bas niveaux quaternaires ont gardé les restes ? La reproduction de ce type n'est-elle pas purement accidentelle? Les plus anciens crânes eux-mêmes ne doivent-ils pas leurs caractères remarquables à quelque condition pathologique, à une simple déviation du développement normal, et en particulier à une soudure prématurée des os du crâne?

Ces diverses opinions ont été soutenues, et la dernière en particulier a eu quelques partisans. Elle reposait surtout sur l'état des sutures ossifiées du crâne de Néanderthal. Mais ces mêmes sutures existent sur la calotte crânienne de Canstadt. Sur le frontal presque enfantin de La Denise, M. Sauvage a trouvé tous les traits du Néanderthal, bien que la suture médiofrontale elle-même subsistât encore en partie. Elle est entièrement ouverte dans le crâne de jeune homme extrait d'un tumulus du Poitou qu'a fait connaître M. Pruner Bey, et qu'il est impossible de ne pas rapprocher des précédents.

Ainsi l'on ne peut attribuer à l'ossification prématurée des sutures la forme du crâne des hommes de Canstadt. A plus forte raison, les autres caractères si marqués du front et de la face échappent-ils à cette théorie, et il faut bien accepter que cet ensemble constitue un véritable type ethnique.

En rencontrant ce type disséminé dans le temps et dans l'espace, toujours le même au fond et reparaissant parfois dans presque toute sa pureté native, on est forcé d'opter entre les deux interprétations suivantes : ou bien il y a là un *fait d'atavisme* dont la généralité accuse l'importance ; ou bien la reproduction de ces formes exceptionnelles au milieu des *populations les plus diverses*, dans les *conditions de milieu les plus différentes*, est due à un simple *hasard*.

Les lois qui président à la formation et au maintien des races animales et végétales, et auxquelles l'homme ne peut échapper, ne permettent pas d'admettre cette dernière conclusion. Voilà pourquoi nous avons regardé, M. Hamy et moi, la race de Canstadt comme un des éléments des populations modernes. En Europe elle s'est fondue avec les races postérieures, mais accuse son existence passée par l'empreinte qu'elle impose, même de nos jours, à quelques rares individus ; en Australie, elle a peut-être encore des descendants directs dans les tribus de Port-Western.

VI. — Les épithètes de *bestial*, de *simien*, trop souvent appliquées au crâne de Néanderthal et à ceux qui lui ressemblent, les conjectures émises au sujet des individus auxquels ils ont appartenu, pourraient faire penser qu'une certaine infériorité intellectuelle et morale se lie nécessairement à cette forme crânienne. Il est aisé de montrer que cette conclusion serait des plus mal fondées.

Au congrès de Paris, M. Vogt a cité l'exemple d'un de ses amis, le Dr Emmayer, dont le crâne rappelle entièrement celui du Néanderthal et qui n'en est pas moins un médecin aliéniste fort distingué. En parcourant le musée de Copenhague, je fus frappé des traits néanderthaloïdes que présentait un des crânes de la collection ; il se trouva que c'était celui de Kay Lykke, gentilhomme danois qui a joué un certain rôle politique pendant le xviiᵉ siècle. M. Godron a publié le dessin de la tête de saint Mansuy, évêque de Toul au ivᵉ siècle, et cette tête exagère même quelques-uns des traits les plus saillants du crâne de Néanderthal. Le front est encore plus fuyant, la voûte plus surbaissée et la tête s'allonge si bien que l'indice céphalique descend à 69,41. Enfin la tête de Bruce, le héros écossais, reproduisait aussi le type de Canstadt.

En présence de ces faits, il faut bien reconnaître que même l'individu dont on a trouvé les restes dans la caverne de Néanderthal a pu posséder toutes les qualités morales et intellectuelles compatibles avec son état social inférieur.

CHAPITRE XXVII

I. — En 1858, dans la vallée de la Vézère, près du village des Eyzies, que les recherches de MM. Lartet père et Christy avaient déjà rendu célèbre, des ouvriers retirèrent de l'abri-sous-roche de Cro-Magnon, les ossements de trois hommes, d'une femme et d'un enfant que conservèrent à la science MM. Berton-Meyron et Delmarès. M. Louis Lartet, chargé d'étudier le gisement, détermina leur âge géologique; MM. Broca et Pruner Bey les décrivirent avec toute la précision que l'on pouvait attendre de leur savoir, et les discussions qui s'élevèrent entre ces deux éminents anthropologistes, firent encore mieux ressortir les faits essentiels. Les ossements de Cro-Magnon devinrent ainsi classiques presque au lendemain de leur découverte et nous ne pouvions mieux faire, M. Hamy et moi, que de grouper autour d'eux les restes humains qui leur ressemblent. De là, vient le nom que nous avons donné à notre seconde race dolichocéphale.

Comme la précédente, celle-ci a son individu typique qui en exagère à certains égards les caractères et présente ainsi un terme de comparaison extrême. Le contraste n'en est que plus frappant. Entre l'homme de Néanderthal et le grand vieillard de Cro-Magnon le seul trait commun résulte des proportions du crâne. Ici l'indice céphalique 73,76 diffère, comme on voit, fort peu de celui que nous avons eu à signaler. Il descend d'ailleurs jusqu'à 70,05 dans un crâne de la même race trouvé à Solutré; il est de 70,52 dans le fameux crâne d'Engis. C'est cette élongation d'avant en arrière qui avait conduit Schmerling à rapprocher de l'Éthiopien plutôt que de l'Européen l'homme fossile qu'il venait de découvrir. De là, est venue au moins en partie la théorie qui faisait du Nègre le point de départ de notre espèce. M. Hamy, en rattachant le crâne d'Engis au type de Cro-Magnon, a ajouté un fait de plus à ceux qui sont en désaccord avec cette doctrine.

Sous tous les autres rapports, la tête de Cro-Magnon et celle de Canstadt sont des plus dissemblables. Au lieu d'un front bas et fuyant placé au-dessus de ces crêtes surcillères qui ont fait penser au singe, au lieu d'une voûte surbaissée comme dans le crâne de Néanderthal et ses congénères, on trouve ici un front large s'élevant au-dessus de sinus frontaux assez peu accusés et une voûte présentant les plus belles proportions. Le frontal est remarquablement développé d'avant en arrière. La courbe fronto-occipitale se continue avec une régularité frappante jusque un peu au-dessus du lambda. Là, elle s'infléchit pour former un méplat qui se prolonge sur la partie cérébrale de l'occipital. La région cérébelleuse du même os se porte brusquement en-dessous et présente de nombreuses et robustes empreintes d'insertions musculaires.

Ce crâne remarquable par ses belles proportions l'est encore par sa capacité. Selon M. Broca, qui n'a pu d'ailleurs opérer qu'avec des précautions propres à diminuer le chiffre, il jauge au moins 1590 centimètres cubes. J'ai déjà dit que ce nombre est très-supérieur à celui de la moyenne chez les Parisiens modernes ; il l'est également à celle des autres races européennes actuelles.

Ainsi, chez ce sauvage des temps quaternaires, qui a lutté contre le mammouth avec ses armes de pierre, nous trouvons réunis tous les caractères crâniologiques généralement regardés comme les signes d'un grand développement intellectuel.

Les traits de la face ne sont pas moins frappants que ceux du crâne. Dans les têtes que M. Pruner Bey appelle *harmoniques*, au crâne allongé d'arrière en avant correspond une face allongée de haut en bas. Lorsqu'il y a désaccord entre ces proportions la tête est *dysharmonique*. Ce dernier caractère est remarquablement marqué chez le vieillard de Cro-Magnon. Le diamètre transversal bizygomatique atteint une étendue rare même chez les brachycéphales harmoniques. Chez lui l'indice facial descend à 63.

Cette exagération en largeur se retrouve dans tout le haut et les parties moyennes de la face. Les orbites, à bords presque rectilignes, sont remarquablement peu élevés et en revanche très-allongés. Aussi l'indice orbitaire descend-il ici au chiffre le plus bas qu'ait rencontré M. Broca : il n'est que de 61.

Mais cette tendance à l'élargissement n'atteint ni la région médiane, ni la portion inférieure de la face. Le nez, dont les os sont hardiment projetés en avant et font une forte saillie, est étroit ; par son indice, 45,09, il place le vieillard de Cro-Magnon parmi les lepthorhiniens de M. Broca. La mâchoire supérieure est également rétrécie relativement à la face qu'elle termine, et le bord alvéolaire est projeté en avant de manière à produire un prognathisme très-accentué. La mâchoire inférieure est remarquable surtout par la largeur de sa branche montante qui, d'après les recherches de M. Broca, dépasse sur

ce point toutes les autres mâchoires humaines connues. Cette
largeur est de 49 millimètres. Loin d'être effacé et fuyant comme
dans la race de Canstadt, le menton, légèrement triangulaire, est
avancé.

Les caractères céphaliques du vieillard de Cro-Magnon se retrouvent plus ou moins prononcés chez tous les hommes de la
même race. Ils s'atténuent en général chez les femmes. Ainsi
même chez celle dont la tête, malheureusement incomplète, a été
recueillie non loin de celle du vieillard, on voit le crâne conserver ses belles lignes et même le front s'élever encore quelque
peu. Mais le méplat postérieur est moins accusé, la dysharmonie
est moins forte entre le crâne et la face. Celle-ci est relativement plus allongée, les orbites sont plus hauts, le nez est plus
large, le prognathisme s'est atténué. On ne saurait néanmoins
méconnaître la parenté ethnique de ces deux têtes, trouvées
d'ailleurs ensemble et qui fournissent ainsi pour les deux sexes
des termes de comparaison certains.

La race de Cro-Magnon était grande. La moyenne déduite des
mesures prises par M. Hamy sur un squelette et les os isolés de
cinq hommes est de 1m,78. Le vieillard de Cro-Magnon avait
environ 1m,82 et l'homme de Menton, dont M. Rivière a recueilli le squelette entier et en place, atteignait 1m,85. La
femme de Cro-Magnon mesurait 1m,66. Ces os et tous ceux que
l'on a pu en rapprocher indiquent en outre une race remarquablement robuste. Ils sont épais et solides. Chez tous les empreintes musculaires sont des plus accusées. Chez le grand vieillard, les fémurs sont à la fois les plus larges et les plus épais qu'ait
mesurés M. Broca, comme nous l'avons déjà dit. La ligne âpre
en est également d'une largeur, d'une épaisseur insolite et forme
une sorte de colonne ou de contre-fort saillant.

En somme, chez les hommes de Cro-Magnon, un front bien
ouvert, un grand nez étroit et recourbé, devaient compenser ce
que la figure pouvait emprunter d'étrange à des yeux probablement petits, à des masséters très-forts, à des contours un peu
en losange. A ces traits, dont le type n'a rien de désagréable et
permet une véritable beauté, cette magnifique race joignait une
haute stature, des muscles puissants, une constitution athlé-
tique. Elle semble avoir été faite à tous égards pour lutter
contre les difficultés et les périls de la vie sauvage.

II. — Nous avons déjà vu que la race de Cro-Magnon se montre immédiatement au-dessus de celle de Canstadt dans les alluvions de Grenelle. Elle est donc aussi fort ancienne, et a connu
les grands mammifères aujourd'hui éteints ou émigrés. Plus
sociable, plus sédentaire sans doute que la précédente, elle habitait des cavernes où elle a laissé de nombreux spécimens de son
industrie ; elle ensevelissait ses morts sous des abris où on les a
retrouvés. Une foule de chercheurs éminents ont exploité ces
carrières scientifiques. Je ne puis les énumérer tous ici ; mais il
est un nom que l'on ne me pardonnerait pas d'omettre, celui

d'Édouard Lartet. On sait avec quelle sagacité persévérante, tantôt seul, tantôt associé à son ami Christy, cet homme aussi modeste que savant a fouillé le sol de ces grottes, et quels trésors il en a tirés; on sait tout ce qu'il apportait de sagacité prudente dans l'interprétation de ses belles découvertes; et, en lui décernant le titre de *fondateur de la paléontologie humaine*, on n'a été que juste.

Grâce à lui et grâce à ceux qui ont marché sur ses traces, on possède les éléments essentiels d'une histoire de la race de Cro-Magnon. Presque sans sortir de cette vallée de la Vézère, dont le nom est si grand en anthropologie, on peut, comme a fait M. Broca, la suivre pas à pas. En effet, du village des Eyzies jusqu'à l'abri sous-roche du Moustier, sur un espace de douze à quatorze kilomètres, on ne rencontre pas moins de huit stations humaines, toutes devenues plus ou moins célèbres par les documents divers qu'elles ont fournis. Ce sont la caverne *du Moustier*, l'abri *du Moustier*, l'abri de *la Madeleine*, l'abri et la sépulture de *Cro-Magnon*, l'abri de *Laugerie-Haute*, l'abri de *Laugerie-Basse*, la caverne de la *Gorge-d'Enfer*, la caverne *des Eyzies*.

La plus ancienne, celle du Moustier, se rattache par sa faune aux bas niveaux de Grenelle, et date au moins de la fin de l'âge de l'ours; celle de la Madeleine ne doit remonter que de peu au-delà de l'époque actuelle. Entre ces deux extrêmes, s'échelonnent les six autres, et l'ensemble jalonne, pour ainsi dire, les deux dernières périodes des temps quaternaires. Toutefois, pour se faire une idée nette du développement intellectuel et social de la race, pour comprendre jusqu'à quel point elle se prêtait aux modifications du milieu, et quels progrès ou quelle décadence lui imposaient ces modifications, il faut interroger les documents qu'elle a laissés dans bien d'autres localités, et surtout dans les grottes et les abris de Bruniquel, dans les sépultures de Solutré, dans les grottes de Gourdan, de Duruty, de l'Homme-Mort, etc.

Les hommes qui hantaient la caverne du Moustier ne semblent pas s'être élevés beaucoup au-dessus de la race de Canstadt, à laquelle ils étaient peut-être associés, dont ils reproduisent presque les industries. Les conditions d'existence étaient pour eux à peu près les mêmes que dans l'âge précédent. Ils vivaient au milieu des grands mammifères dont ils avaient à se nourrir. Le cheval et l'aurochs étaient leur gibier habituel; mais le mammouth, l'ours, et jusqu'au lion et à l'hyène des cavernes, servaient aussi à leurs repas. Pour lutter contre de pareils ennemis, ils employaient des espèces de têtes d'épieux et de lances minces, planes d'un côté, retaillées sur une seule face, tranchantes sur les bords et qui devaient constituer une arme formidable. Cette forme spéciale caractérise le *type moustiérien* de M. de Mortillet. Les chasseurs de cette époque taillèrent leurs flèches sur le même modèle, mais en firent assez rarement usage; il semble qu'ils dédaignaient les oiseaux, le petit gibier. Le reste de l'outillage resta à peu près le même que par le passé.

A Cro-Magnon, le progrès est sensible. Notre grand vieillard et ses compagnons eurent des armes, des outils en silex plus nombreux, plus variés, moins massifs. A en juger par les restes de leur cuisine, ils durent faire un usage fréquent de l'arc, pour atteindre les oiseaux et les petits mammifères, tandis qu'ils continuaient à attaquer les grands animaux et surtout le cheval, avec la lance, l'épieu, et peut-être le poignard.

A Laugerie-Haute, sur la Vézère, à Solutré, dans le Mâconnais, et d'autres stations contemporaines, la taille du silex atteignit un degré de perfection vraiment merveilleux. Parfois sans doute, les types anciens reparaissent à côté des formes modifiées par une expérience raisonnée, par une industrie perfectionnée. Pourtant, la prédominance de ces dernières est tellement marquée, qu'elle caractérise nettement cette époque. Les pointes de lances et de javelots s'effilent plus ou moins en forme de feuille de noyer, de laurier, de plantain, s'amincissent et deviennent parfaitement symétriques. Les pointes de flèches sont l'objet de soins tout particuliers. M. de Ferry a fort bien montré que la forme générale, le poids, l'angle d'ouverture, etc., étaient calculés de manière à s'adapter aux diverses distances de tir, aux nécessités de la chasse. Toutes ces armes retaillées à petits coups sur leurs deux faces, présentent en outre un fini d'autant plus remarquable qu'il ne se rencontre au même degré dans aucune autre partie de l'outillage. Elles ont mérité d'être prises pour un des termes de comparaison admis par M. de Mortillet, et constituent son *type solutréen*.

Essentiellement chasseurs, guerriers à coup sûr, les hommes de cette époque s'occupaient avant tout de leurs armes. Ils attachaient bien probablement un certain amour-propre à posséder les plus belles, les mieux taillées; mais, l'indifférence relative qu'ils montrent lorsqu'il s'agit d'autres objets, nous apprend que pour eux, le fini du travail avait surtout pour but de les rendre plus redoutables en accroissant leur pouvoir de pénétration. Plusieurs pièces osseuses rencontrées sur des points éloignés et appartenant à diverses époques, prouvent que ces armes de silex, maniées par des mains robustes, ne laissaient rien à désirer sous ce rapport. Je me borne à citer une vertèbre de renne, dont le corps a été percé d'outre en outre par une lance ou un javelot, et un tibia humain dont la tête a été traversée par une flèche près de la rotule. Dans les deux cas, le silex rompu est resté en place, attestant la bonté de l'arme et la force de celui qui s'en servait.

Au moment où se déposèrent les niveaux fluviatiles supérieurs, et où s'accentua la prédominance du renne, l'industrie des hommes de Cro-Magnon subit une transformation remarquable. Jusque-là, le silex et, à son défaut, d'autres roches dures avaient fourni à la fois l'outil et l'instrument fabriqué à l'aide du premier. Sans doute, dès les plus anciens temps, les os, les bois de cerf ou de renne, avaient été utilisés de temps à autre; mais ils ne jouaient, dans l'outillage ou l'armement, qu'un rôle presque insignifiant. A l'époque dont nous parlons, ils prirent une importance croissante, et bientôt fournirent à peu près seuls la matière des armes. Le silex ne servit plus qu'à fabriquer des outils. En revanche, ceux-ci se multiplièrent et s'approprièrent aux usages les plus divers. C'est avec le silex que les troglodytes des Eyzies, de Laugerie-Basse, de la Madeleine et d'une foule d'autres stations, sciaient et sculptaient leurs bois de renne pour en faire de robustes harpons portant, d'un seul côté, des pointes solides recourbées en arrière. C'est avec lui qu'ils effilaient des aiguilles pas beaucoup plus grosses que les nôtres, et en foraient le sas. Dans certains spécimens, celui-ci est d'une finesse telle que son percement est resté un problème jusqu'au moment où Lartet l'a reproduit de ses mains, en employant un des outils qu'il avait découverts. Toutefois, l'objet le plus caractéristique du *type magdalénéen* est la pointe de flèche régulièrement barbelée des deux côtés, et dont les dents portent des cannelures probablement destinées à recevoir quelque substance empoisonnée.

La succession des industries que je viens d'indiquer n'a d'ailleurs rien d'absolu. A mesure que les recherches et les découvertes se multiplient, on reconnaît de plus en plus que les diverses colonies de la race qui nous occupe, obéissant à des nécessités locales ou entraînées par les hasards de leur développement, ne présentaient nullement une uniformité difficile à comprendre. Les dernières fouilles exécutées à Solutré par MM. Arcelin et l'abbé Ducrost, montrent les armes et les instruments du type magdalénéen comme antérieurs à ceux du type solutréen. Dès cette époque, comme de nos jours, il existait une certaine diversité qui explique la contemporanéité de types industriels différents dans ces peuplades de même origine.

III. — Ces armes plus légères, plus sûres, plus variées, annoncent un changement dans le régime de nos troglodytes. Ils continuent, il est vrai, à chasser la grosse bête quand elle se présente; quelques rares mammouts, survivant aux modifications climatériques qui s'accentuent, tombent encore sous leurs coups; le cheval contribue aussi souvent à leurs repas. Toutefois, le renne prédomine de beaucoup dans les débris de leur cuisine. Il y est associé aux restes de petits mammifères, comme le lièvre et l'écureuil. Les oiseaux entrent pour une part assez considérable dans l'alimentation. Avec les ossements tirés de la seule grotte de Gourdan, si habilement exploitée par M. Piette, M. Alph. Edwards a pu en déterminer vingt espèces distinctes. Enfin, les hommes de l'âge magdalénéen se sont nourris aussi de poisson; mais la pêche était encore pour eux une sorte de chasse. Ils n'employaient évidemment pas le filet, et ne harponnaient que les grandes espèces, le saumon dans le Périgord, le brochet dans les Pyrénées.

Transporter à leur demeure habituelle les grands animaux qui tombaient sous leurs coups, eût été trop pénible même pour

nos robustes chasseurs. Aussi les dépeçaient-ils sur place, abandonnant au moins le squelette du tronc. On ne trouve guère,
dans les cavernes, que les os de la tête et des membres, encore
sont-ils à peu près toujours fracassés. Comme tous les sauvages,
les troglodytes de la Vézère étaient friands de cervelle et de
moelle. Les os longs qui renferment cette dernière, ont été
évidemment fendus d'une manière méthodique, de façon à mé-
nager le contenu. MM. Lartet et Christy pensent même qu'on
employait un ustensile exprès pour manger ce mets délicat. Une
sorte de spatule en bois de renne, à manche conique et richement
sculpté, creusée et arrondie à son extrémité, a été regardée par
eux comme une *cuiller à moelle*.

La quantité considérable de charbons et de cendres trouvés
dans les stations de la Vézère, ne permet pas de douter que le
feu ne servît à la cuisson des aliments. Mais son mode d'emploi
est quelque peu problématique. On n'a trouvé aucune trace de
poterie chez ces chasseurs, et rien n'indique qu'ils aient connu
le *four* des Polynésiens. Ils devaient donc agir comme les peuplades sibériennes qui, à la fin du dernier siècle, n'avaient que
de la vaisselle de cuir ou de bois, et n'en faisaient pas moins
bouillir l'eau qu'elle contenait en y jetant des cailloux fortement chauffés.

Rien n'autorise à penser que l'homme de Cro-Magnon ait été
cannibale. On ne trouve pas dans ses débris de cuisine ces os
longs, fendus pour en extraire la moelle qui n'eussent pas manqué d'être mêlés à ceux des grands animaux, si la chair humaine
avait fait partie même accidentellement de ses repas. Toutefois,
M. Piette a trouvé à Gourdan, de nombreux débris de crâne
humain portant l'empreinte des couteaux de silex, et la trace de
coups qui semblent les avoir brisés. Des axis, des atlas en grand
nombre, des mâchoires brisées ou entières, accompagnent ces
fragments de la boîte crânienne. Ces faits peuvent justifier
l'opinion de M. Piette. Les guerriers de Gourdan, après avoir
tué un ennemi, en rapportaient sans doute la tête dans leur
demeure, la scalpaient et peut-être mêlaient la cervelle à quelque breuvage comme font aujourd'hui quelques tribus des îles
Philippines. Mais ils ne mangeaient pas la chair du vaincu, dont
le cadavre décapité était probablement abandonné sur le champ
de bataille.

IV. — On ne fabrique pas des aiguilles comme celles dont je
parlais plus haut, sans avoir quelque chose à coudre. Ce fait
seul emporte l'idée de vêtements. La chasse fournissait la matière première. L'art de préparer les peaux doit avoir été porté
chez les tribus de cet âge aussi loin que chez les Peaux-Rouges,
à en juger par les nombreux *grattoirs* et *lissoirs* qu'on trouve
dans leurs stations. Les traces, laissées par les couteaux de silex
sur les points où s'insèrent les longs tendons des membres chez
le renne, montrent comment on se procurait le fil. Les vêtements,
une fois cousus, devaient être ornés de diverses manières, comme

ils le sont chez les sauvages de nos jours. Sur le squelette découvert à Laugerie-Basse, par M. Massenat, on a trouvé une vingtaine de coquilles percées disposées par paires sur diverses parties du corps. Il ne s'agissait donc ici ni de collier, ni de bracelet,
mais d'ornements distribués d'une manière à peu près symé-
trique sur un vêtement. Le squelette de Menton, mis à jour par
M. Rivière, a présenté des faits analogues.

Le goût de la parure, si prononcé de nos jours chez les populations les plus sauvages comme les plus civilisées, existait donc
chez les tribus troglodytiques de l'époque quaternaire. On a du
reste de nombreuses preuves de ce fait. Dans une foule de stations on a trouvé les éléments de colliers, de bracelets, etc. Le
plus souvent des coquilles marines, parfois fossiles et empruntées
aux couches tertiaires, composaient ces ornements. Mais l'homme
de Cro-Magnon y joignait des dents de grands carnassiers ; il
taillait aussi dans le même but des plaques d'ivoire, certaines
pierres tendres ou dures, et même façonnait en argile des grains
qu'il se contentait de laisser durcir au soleil. Enfin il se tatouait
ou tout au moins se peignait avec les oxydes de fer ou de manga-
nèse dont on a trouvé à plusieurs reprises de petites provisions
dans diverses stations et qui ont laissé leur trace sur les os de
quelques squelettes, sur celui de Menton par exemple.

V. — Jusqu'ici la race de Cro-Magnon ne se montre guère
supérieure aux peuples chasseurs de l'Amérique, si ce n'est peut-
être par l'habileté qu'elle a déployée dans la taille du silex. Mais
les instincts artistiques qu'elle manifeste presque à ses débuts,
le point où elle porte la gravure et la sculpture dans l'âge de la
Madeleine, lui font une place tout exceptionnelle parmi les populations dont l'évolution s'est arrêtée au degré le plus inférieur
de l'état social. L'adoucissement relatif des conditions climatériques, la diminution des grands animaux féroces amenant la
multiplication des espèces utiles et surtout celle du renne, placè-
rent à cette époque l'homme de Cro-Magnon dans des conditions
de bien-être inconnues à ses prédécesseurs. Il en profita pour développer d'une manière bien inattendue ses aptitudes les plus
élevées.

En général, il est vrai, la plupart des sculptures représentant
des animaux laissent beaucoup à désirer. Sans doute on reconnaît les rennes reproduits en plein relief, sur les cailloux mar-
neux de Solutré ; sans doute il est difficile de voir autre chose
qu'un mammouth dans la statuette en bois de renne recueilli à
Montastruc. Toutefois ces spécimens ne donneraient qu'une assez
triste idée de l'art magdalénéen. Heureusement les manches de
poignard en ivoire trouvés par M. Peccadeau de l'Isle à côté du
mammouth corrigent cette impression. Tous deux représentent
un renne accroupi, les jambes repliées, la tête allongée et les
bois couchés le long du corps de manière à ne pas gêner la main
qui tient cette poignée. Le naturel des attitudes, l'exactitude des
proportions sont tels que de nos jours encore un sculpteur orne-

maniste traitant le même sujet, n'aurait guère rien de mieux à
faire que de copier son antique prédécesseur.

Les dessins ou mieux les gravures sont bien plus nombreuses
que les sculptures. Elles offrent aussi plus d'intérêt. Armés de
leur pointe de silex, les artistes quaternaires de la race de Cro-
Magnon ont buriné tour à tour l'os, les bois du renne, l'ivoire
du mammout, les pierres de diverses natures. Tantôt ils ont
cherché à reproduire les plantes ou les animaux qui frappaient
leurs regards, tantôt ils se livraient à leur caprice et traçaient
des dessins d'ornementation dans lesquels se rencontrent presque tous les motifs réinventés tant de siècles après. La multiplicité, la variété de cette sorte de gravure annonce beaucoup d'i-
magination et une véritable faculté d'invention.

La faculté d'imitation n'est pas moins accusée dans les dessins
figurant des objets réels, des animaux en particulier. Ils sont
souvent très-remarquables par la fermeté de la touche, accusant
un sentiment profond de l'ensemble et reproduisant les détails
avec une exactitude telle, que l'on reconnaît à coup sûr, non-seulement le groupe, mais l'espèce même représentée par l'artiste.
On a retrouvé ainsi successivement le bœuf, l'aurochs, le cheval, le renne, l'élan, le cerf, le bouquetin, un cétacé, certains
poissons, etc. En présence de ces représentations si fidèles, dont
nous connaissons les modèles, il n'y a aucune raison pour douter de l'exactitude avec laquelle ont été figurés certains animaux
éteints. Cette considération bien simple donne un très-grand
intérêt au dessin de l'ours des cavernes trouvé par M. Garrigou
sur un schiste de Massat et à ceux du mammout découverts par
Lartet dans les cavernes du Périgord. Grâce à ces derniers, et à
ce que nous savons des mammouts conservés dans les glaces de
la Sibérie, un artiste de nos jours pourrait tracer avec une exactitude presque minutieuse le portrait de ce géant de l'ancien
monde, depuis si longtemps disparu.

VI. — L'homme ne figure que très-rarement parmi ces dessins ou ces sculptures, et les représentations de notre espèce,
rencontrées jusqu'ici, montrent une infériorité relative vraiment
étrange à constater. La statuette d'ivoire trouvée par M. de
Vibraye à Laugerie-Basse accuse à peine l'enfance de l'art. C'est
une femme dont on reconnaît le sexe à un détail sans doute
exagéré, mais allongée, roide et portant au bas des reins des pro-
tubérances assez étranges. L'être humain accroupi retiré par
M. l'abbé Landesque de la même localité est encore plus in-
forme. Les dessins d'homme ou de femme ne sont guère meilleurs, et le contraste qu'ils présentent parfois sur la même pièce
avec des dessins d'animaux est des plus frappants. La *femme au
renne* de M. l'abbé Landesque est grotesque, tandis que les jambes postérieures de l'animal, qui seules ont été conservées, présentent toutes les qualités que je signalais plus haut et que l'on
retrouve à la superbe tête de cheval gravée sur la face opposée
de l'os. Dans *l'homme à l'aurochs* de M. Massénat, l'animal est

très-beau de forme et de mouvement; l'homme est raide, sans proportions, sans vérité.

Ce contraste est trop grand et trop constant pour être accidentel. Il doit tenir à une cause que l'on trouverait peut-être dans quelque idée superstitieuse analogue à certaines croyances modernes. Lorsque Catlin eut terminé son premier portrait de Peau-Rouge, une partie de la tribu le regarda comme un sorcier dangereux qui avait enlevé au modèle quelque chose de son individu. Quelque idée analogue empêchait-elle les artistes de la Vézère d'étudier l'être humain? Toujours est-il que, lorsqu'ils se hasardent à le reproduire, leur burin hésite et perd toutes ses qualités.

Ces représentations imparfaites ne nous apprennent donc rien sur les traits, sur les proportions de la race. Tout au plus, si l'on accepte les interprétations de MM. l'abbé Landesque et Piette, pourrait-on dire qu'elle était remarquablement velue. Mais cette opinion qui repose principalement sur le dessin de la *femme au renne* me semble contredite par celui de *l'homme à l'aurochs* dont la petite barbiche pointue remonte à peine jusqu'à l'angle de la mâchoire. Les hachures horizontales placées en travers des jambes et du corps ne me paraissent pas pouvoir être prises pour des poils, car elles croisent à angle droit la direction qu'auraient eue ces derniers. J'y verrais bien plutôt des lignes de peinture, sorte de décoration que nous savons avoir été en honneur chez ces tribus.

VII. — Quelque mauvais qu'ils soient, les dessins dont je viens de parler fournissent pourtant quelques données sur le genre de vie de ces chasseurs. Celui de *l'homme à l'aurochs* nous apprend qu'ils poursuivaient les plus gros gibiers, nus comme font souvent les Peaux-Rouges, les cheveux relevés en touffe sur la tête et armés seulement de la lance ou du javelot. *L'homme à la baleine* est également nu, et le bras gigantesque qu'il étend jusqu'à la nageoire du cétacé semble indiquer qu'il a combattu et vaincu ce monstre, échoué sans doute sur quelque bas-fond. Mais de là même il résulte que l'homme quaternaire du Périgord quittait parfois ses montagnes et allait jusqu'au bord de la mer. Son contemporain des Pyrénées en faisait autant, comme l'attestent les gravures de phoques découvertes dans les grottes de Gourdan et de Duruthy.

D'autre part, les stations placées le plus avant dans les terres ont souvent fourni des objets qui n'ont pu être pris que sur le bord de la mer. A Cro-Magnon on a trouvé plus de trois cents coquilles de *Littorina littorea*, espèce océanique. En revanche les *Cyproea rufa* et *C. lurida*, trouvées sur le squelette de Laugerie-Basse dont j'ai parlé plus haut, sont incontestablement méditerranéennes. Parfois les mollusques des deux provenances se rencontrent au même lieu. Dans la grotte de Gourdan, au milieu des Pyrénées centrales, M. Piette a trouvé cinq espèces de l'Océan, une de la Méditerranée et cinq communes aux deux mers. Les coquilles fossiles des stations du Périgord venaient généralement des faluns de la Touraine ; celles de Gourdan avaient dû être recueillies en partie dans les Landes et aux environs de Dax, en partie non loin de Perpignan. Dans cette même grotte, M. Piette a rencontré une pierre ponce ayant servi à polir les aiguilles et qui lui a paru provenir des terrains volcaniques d'Agde.

De ces faits et de quelques autres analogues, M. Piette, M. de Mortillet ont cru pouvoir conclure que les tribus de la Vézère n'avaient aucune demeure fixe et vivaient à l'état nomade, visitant tour à tour les rivages des deux mers, chassant dans la montagne pendant la belle saison le gibier du moment, et se réchauffant l'hiver sous des climats plus doux. Nous ne saurions adopter cette hypothèse. La faune de plus en plus nombreuse des débris de cuisine dénote une population qui, à mesure qu'elle grandit de toute manière, utilise de mieux en mieux les ressources de la contrée. Ces mêmes débris ont donné à Lartet des ossements de rennes de tout âge, y compris de jeunes faons. Notre maître à tous en a conclu que l'homme restait sur place pendant toute l'année et nous croyons qu'il était dans le vrai. Certes l'homme de Cro-Magnon, de la Madeleine, de Gourdan a dû se tenir toujours à portée du renne, dont il tirait sa nourriture, ses armes, ses vêtements. Mais les migrations de cet animal, sous l'influence d'un climat maritime à variations peu considérables, ne pouvaient être fort étendues ; et, pour ne pas le perdre de vue, les troglodytes du Périgord ou des Pyrénées n'ont pas eu à faire des expéditions comme celles des Peaux-Rouges à la poursuite des bisons.

Cette vie à demi sédentaire n'excluait pas les voyages et même les voyages d'outre mer. Parmi les coquilles fossiles trouvées à Laugerie-Basse, il en est qui n'ont pu venir que de l'île de Wight. Or, à l'âge du renne, il n'existait plus de communication par terre entre la France et l'Angleterre. Comme l'a fait remarquer M. Fischer, la présence de ces coquilles dans une station continentale suppose une navigation.

Mais, était-ce bien l'homme de la Vézère qui allait chercher lui-même ces objets de parure au-delà du détroit? Il est difficile de croire que ces tribus montagnardes aient traversé la mer. Il est bien plus probable que ce voyage était accompli par des contemporains, chez lesquels un long séjour sur la côte avait développé les instincts navigateurs. C'étaient eux sans doute qui rapportaient des îles anglaises ces coquilles regardées comme des bijoux précieux. Elles passaient ensuite de main en main par voie d'échange et arrivaient jusqu'aux vallées du Périgord. Un *trafic* de cette nature peut seul expliquer la présence d'une huître de la Mer Rouge dans la grotte de Thayngen explorée par M. C. Mayer, près de Schaffhouse. On sait du reste qu'un commerce tout semblable amenait de nos jours des coquilles de l'Océan Pacifique jusque chez les tribus de Peaux-Rouges habitant les bords de l'Atlantique.

VIII. — L'histoire de la race de Cro-Magnon, fondée sur les restes d'industrie qu'elle nous a légués, présente encore bien des questions résolues en sens divers par les savants les plus spéciaux. Je me borne à les indiquer sommairement.

Entourées d'espèces animales qui nous sont aujourd'hui soumises, les tribus quaternaires se sont-elles bornées à les chasser? Le cheval, le renne, n'ont-ils jamais été domestiqués par elles ?

M. Toussaint a répondu affirmativement pour le premier, M. Gervais pour le second. Les uns et les autres expliquent ainsi l'accumulation parfois prodigieuse des ossements de ces animaux. A Solutré, une espèce de brèche osseuse presque exclusivement formée d'os de cheval, entoure pour ainsi dire l'espace occupé par les foyers et les sépultures. Elle renferme les restes d'au moins quarante mille chevaux, parmi lesquels on ne rencontre qu'exceptionnellement soit des poulains, soit de vieilles bêtes. L'immense majorité a été abattue de quatre à huit ans. Aux yeux de M. Toussaint, cette accumulation étrange de débris provenant d'une seule espèce, le choix d'animaux dans la force de l'âge sont inexplicables si l'on n'admet pas l'existence de grands troupeaux où l'homme puisait à volonté. Les arguments invoqués en faveur de la domestication du renne sont à peu près de même nature. Toutefois M. Piette admet que celui-ci, longtemps chassé à l'état sauvage, a été domestiqué seulement vers la fin des temps quaternaires. Son opinion repose sur la proportion d'os de rennes qui grandit presque subitement dans les couches supérieures de la grotte de Gourdan. M. Piette en appelle aussi à certaines gravures montrant des rennes qui portent au cou l'apparence d'un licol.

A ces raisons qui ne manquent évidemment pas de valeur, on répond que l'homme a pu fort bien apprivoiser quelques individus sans pour cela domestiquer l'espèce ; que la multiplication, l'utilisation de certains gibiers sous l'empire des conditions générales et mieux comprises, rendent facilement compte de la préférence qu'on leur accorde à certains moments ; qu'un chasseur expérimenté choisit sans peine dans un troupeau l'animal qu'il veut abattre. On explique ainsi sans trop de peine tous les faits invoqués par MM. Toussaint, Gervais, Piette, dans nos contrées. Quant aux pays situés plus au nord, les faits recueillis par M. Fraas dans les grottes de la Souabe, et ses recherches linguistiques semblent venir à l'appui des opinions de ces savants. On voit que le problème de la domestication du cheval et du renne par l'homme quaternaire demande encore de nouvelles études et peut prendre un caractère tout local.

J'en dirai à peu près autant de l'organisation sociale. A coup sûr les tribus de la Madeleine, de Bruniquel, devaient reconnaître des chefs, et c'est pour eux sans doute que l'on sculptait ces poignards en ivoire de mammout dont j'ai parlé plus haut. C'étaient évidemment des armes de parade. Mais en était-il de

même partout? Existait-il, même parmi eux, une véritable
hiérarchie dont chaque grade était reconnaissable à certains
insignes? On a cru trouver la preuve de ces faits dans de grandes
pièces en bois de renne présentant un type assez uniforme,
volontairement amincies et habituellement décorées avec un
soin tout particulier. Tantôt elles sont entières, tantôt vers l'une
de leurs extrémités elles sont percées de un à quatre grands
trous ronds, qui parfois entament le dessin primitivement tracé.
Ces singuliers objets ne sont certainement pas des armes. On
y a vu des *bâtons de commandement*, et cette interprétation paraît
plausible. Toutefois n'est-on pas allé un peu loin en regardant
le nombre des trous comme indiquant la dignité du possesseur,
en admettant par conséquent que ces tribus reconnaissaient des
chefs de cinq grades distincts?

L'homme quaternaire dont nous parlons croyait-il à une autre
vie? Avait-il une religion?

La réponse à la première de ces questions ne peut être douteuse. Le soin donné aux sépultures atteste que les chasseurs
de Menton, comme ceux de Solutré et de Cro-Magnon, pensaient que leurs morts auraient des besoins au-delà de la tombe.
Ce que nous savons de tant de peuples sauvages de l'époque actuelle ne permet pas d'interpréter autrement l'ensevelissement
avec le corps, des vivres, des armes, des objets de parure,
placés à côté du défunt.

Le problème de la religion est plus difficile à résoudre. Il est
bien probable que l'homme de cet âge avait des croyances plus
ou moins semblables à celles que nous savons exister chez les
peuples menant à peu près le même genre de vie. Il est difficile
de ne pas voir de véritables amulettes dans un grand nombre de
petits objets, tous percés de manière à pouvoir être portés au
cou, et sans doute les troglodytes de la Vézère ou des Pyrénées
leur attribuaient des vertus analogues à celles que leur prêtent
encore aujourd'hui bien des tribus sauvages. M. Piette a découvert qu'une de ces amulettes consiste en une plaque percée au
centre d'où partent des rayons divergents; il a trouvé un em-
blème analogue répété trois fois sur un *bâton de commandement*.
Il admet que ce sont autant d'images du soleil, et j'accepterais
assez volontiers cette interprétation. Mais ne dépasse-t-il pas
les limites d'une induction légitime, lorsqu'il conclut de ce fait
que l'homme de Gourdan adorait cet astre et avait inventé le
Dieu solaire, qui aurait été retrouvé plus tard par les Égyptiens
et les Gaulois?

IX. — En résumé la race de Cro-Magnon était belle et intelligente. Dans l'ensemble de son développement, elle me semble
présenter de grandes analogies avec la race Algonquine, telle
que la font connaître les premiers voyageurs et surtout les
missionnaires ayant vécu longtemps parmi ces Peaux-Rouges.
Elle en avait sans doute les qualités et les défauts. Des scènes
violentes se passaient sur les bords de la Vézère; nous en avons

pour preuve le coup de hache qui a enfoncé le crâne à la femme de Cro-Magnon. En revanche, les sépultures de Solutré, en nous livrant plusieurs têtes de femmes et d'hommes édentés, semblent attester que la vieillesse recevait des soins particuliers dans ces tribus et était par conséquent honorée. Cette race a cru à une autre vie ; et le contenu des tombes semble prouver que sur les bords de la Vézère et de la Somme on comptait sur les prairies bienheureuses, comme sur les rives du Mississipi.

Comme l'Algonquin, l'homme du Périgord ne s'est pas élevé au-dessus du degré le plus inférieur de l'état social ; il est resté chasseur, tout au moins jusque vers la fin des âges qui le virent apparaître dans nos montagnes. C'est donc à tort que l'on a prononcé à son sujet le mot de *civilisation*. Pourtant il était doué d'une intelligence élastique, perfectible. Nous l'avons vu progresser et se transformer tout seul, fait dont on ne trouve aucune trace chez son similaire américain. Par là, il lui est vraiment supérieur. Enfin ses instincts artistiques, les œuvres remarquables qu'il a laissées, lui assignent une place à part parmi les races sauvages de tous les temps.

X. — Pendant toute la première partie de l'âge du renne, la race de Cro-Magnon s'est maintenue dans l'état dont j'ai indiqué les principaux traits. Mais à partir de la seconde moitié du même âge, quand se déposaient le diluvium rouge et le lœss supérieur, il se manifeste chez elle une véritable décadence qui s'accentue de plus en plus. Le travail de l'os et du bois de renne diminue et redevient plus grossier ; la taille du silex au contraire reprend faveur ; et sur quelques points, comme dans la grotte découverte à Saint-Martin d'Excideuil par M. Parrot, elle atteint un fini des plus remarquables. Mais ce perfectionnement lui-même semble accuser l'approche de temps nouveaux et trahir l'influence d'un élément étranger.

C'est que pendant cette période le milieu général se modifiait. Le sol européen achevait de sortir des flots ; le climat maritime faisait place au climat continental ; le ciel se rasséréuait ; de chauds étés succédaient à des hivers plus froids, mais moins pluvieux ; par suite les glaciers reculaient et se renfermaient dans leurs limites actuelles ; par suite aussi la faune se partageait. Les animaux amis du froid et organisés pour la vie de montagnes, comme le chamois et le bouquetin, se contentèrent d'émigrer *en altitude* et suivirent les glaces dans leur retraite vers nos plus hauts sommets. Le renne, qui n'est nullement grimpeur, dut émigrer *en latitude* et remonter vers le nord. Ses troupeaux devinrent de plus en plus rares, et finirent par disparaître de nos contrées où, même domestique, il n'aurait pu durer longtemps. La société humaine, qui depuis des siècles sans doute vivait de cet animal et tirait de lui ses vêtements, ses armes, ses outils, dut être profondément ébranlée. Avec le renne, elle perdait pour ainsi dire sa raison d'être.

Qu'arriva-t-il alors ? D'après MM. Cartailhac, Foret, de Mortillet, l'homme disparut ou émigra avec l'animal qui lui était devenu nécessaire, et les vallées du Périgord, du Mâconnais, des Pyrénées, restèrent désertes. Pour eux, après la fin de l'âge du renne, il y a une large et profonde lacune, un grand hiatus pendant lequel la faune se renouvelle, après lequel apparaît brusquement une nouvelle race d'hommes qui polissait la pierre au lieu de la tailler, et s'entourait d'animaux domestiques.

Malgré l'incontestable autorité des savants que je viens de nommer, leur opinion n'a rallié, croyons-nous, que de bien rares partisans, et a été vivement combattue. Sans doute il est possible, il est même probable qu'un certain nombre de stations furent abandonnées à l'époque dont nous parlons, et que leurs habitants allèrent chercher vers le nord les conditions climatériques et les facilités pour la chasse auxquelles ils étaient habitués. Mais d'autres tribus restèrent en place, se plièrent aux nécessités nouvelles, adoptèrent les armes, les mœurs des populations immigrantes et se confondirent avec elles. Je ne puis entrer ici avec M. Cazalis de Fondouce dans toutes les considérations géologiques, zoologiques et archéologiques qui justifient cette manière de voir. Je me borne à citer quelques faits qui relèvent surtout de l'anthropologie.

MM. Louis Lartet et Chapelain Dupare ont découvert près de Sorde, dans le département des Basses-Pyrénées, un abri qui, méthodiquement fouillé, a montré dans sa couche inférieure un crâne et des ossements humains associés à un collier de dents de lion et d'ours. Au-dessus, et se confondant avec elle, était placé un épais foyer d'où les explorateurs ont retiré des flèches barbelées du type magdalénéen, et de nombreux instruments et outils du même âge. Des ossements de cheval, de bœuf, se mêlaient à ces produits de l'industrie humaine. Le renne ne manquait pas à ces débris de cuisine, mais cette espèce *était plus rare* que les autres. Enfin au-dessus du foyer, et parfois engagée dans sa portion supérieure, se trouvait une couche pétrie pour ainsi dire d'ossements humains. Là, les habiles explorateurs ont recueilli quelques silex taillés semblables aux précédents ; mais ils y ont trouvé aussi une lame étroite et mince, ainsi qu'un poignard triangulaire qui, par la forme, par la nature du travail, se rattachent intimement aux plus beaux produits de l'art de la pierre polie.

La sépulture supérieure contenait les restes de plus de trente individus. Ces ossements ont été portés au Muséum, et M. Hamy n'hésita pas à les rapporter à la race de Cro-Magnon. Je n'ai eu qu'à confirmer ce premier jugement, car il n'y avait pas de doute possible. Sur les os des membres aussi bien que sur les crânes on retrouvait tous les caractères devenus classiques depuis les beaux travaux de MM. Broca et Pruner Bey.

Ainsi, dans cette curieuse grotte de Sorde, nous voyons superposés deux *types archéologiques*, la pierre *taillée* et la pierre *polie* ; nous ne trouvons qu'une seule race humaine, celle de

Cro-Magnon. N'est-il pas évident que cette race a connu ici les derniers temps de l'âge du renne, et les premiers de l'époque actuelle?

Tout en s'accommodant à des conditions d'existence nouvelles, en acceptant les industries d'étrangers plus avancés qu'elle, la petite tribu de Sorde semble avoir conservé intacte la pureté de son sang. Mais il n'a pu en être partout de même, et l'invasion devait entraîner des croisements. Ici encore, les faits justifient pleinement ce qu'indiquait la théorie.

Dans la caverne de l'Homme-Mort, située sur un haut plateau de la Lozère, et qu'ont si bien étudiée MM. Broca et Prunières, on n'a trouvé que des animaux de l'époque actuelle ; point de renne, pas même de cheval, de bœuf ou de cerf. En outre, une pointe de lance ou de javelot a été fabriquée avec un fragment de hache en pierre polie. On se trouve donc ici en présence d'une population bien postérieure aux temps quaternaires et très-probablement contemporaine de celle qui élevait de nombreux dolmens dans le voisinage.

Or, les restes de cette population montrent à un haut degré la trace du type de Cro-Magnon altéré en partie peut-être par l'action du nouveau milieu, mais aussi par des mélanges ethniques. La taille a sensiblement diminué ; elle est descendue à 1^{m}62 en moyenne. La largeur du haut de la face s'est atténuée ; l'ensemble de la tête est devenu presque harmonique. Mais la dolichocéphalie persiste ; les lignes du crâne sont restées à peu près les mêmes ; les orbites sont toujours allongés, l'orifice nasal étroit. Surtout les os des membres ont, en grande majorité, conservé leurs traits si caractéristiques. Les péronés ont les cannelures rencontrées à Cro-Magnon ; les tibias sont platycné-miques ; les fémurs présentent cette ligne âpre, renflée en contrefort qui constitue un des traits les plus curieux de la race ; enfin les cubitus ont tous la cavité sigmoïde, la courbure tant de fois signalée comme *simienne*. Mais en même temps apparaît un trait jusqu'ici étranger à la race pure de Cro-Magnon. La fosse olécranienne de l'humérus est perforée sur un nombre de sujets atteignant la proportion de 26 et peut-être de 33 0/0. A lui seul, ce trait que nous trouverons dans d'autres races fossiles, indiquerait un métissage, et confirme les inductions qu'on pouvait déjà tirer de la diminution de la taille, des modifications de la face, etc.

Sur les deux crânes, sur les quelques ossements de Gémenos, près de Marseille, et que M. Marion a sauvés de la destruction, on constate des faits analogues.

Ainsi, dans la Lozère, comme aux environs de Marseille, la race de Cro-Magnon apparaît en plein temps de la pierre polie, mais avec un mélange de caractères qui accusent l'influence d'un sang étranger. Sur le littoral méditerranéen comme dans les hautes Cévennes, nous la surprenons au moment où ses tribus commencent à se fusionner avec celles qui leur apportaient les premiers éléments de la civilisation moderne. Il n'y a rien d'étrange à ce que de simples chasseurs aient été plus ou moins absorbés par la population plus dense qui possédait des bestiaux et élevait des dolmens.

XI. — Mais, pas plus que celle de Canstadt et moins encore, la race de Cro-Magnon n'a réellement disparu. On la suit à travers les âges, on la retrouve dans certaines populations de nos jours.

A Solutré, dans les tombes néolithiques placées à côté des sépultures quaternaires, les vieux chasseurs de chevaux sont représentés par leurs descendants dont on retrouve les crânes plus ou moins modifiés. Dans les grottes sépulcrales de la Marne, si habilement et si fructueusement exploitées par M. J. de Baye, le type de Cro-Magnon s'associe à ceux de quatre autres races quaternaires et à une race néolithique. En Allemagne, près du Taunus; en Belgique, dans les cavernes d'Hamoir et à Nivelles; aux environs de Paris, dans les alluvions récents de Grenelle; dans les glaises du port de Boulogne, etc., on a trouvé des restes humains datant de la même époque, appartenant à la même race. Dans l'Aisne, en fouillant un cimetière gaulois de l'âge du fer, M. Piette a rencontré un squelette de Cro-Magnon. A Paris même, les fouilles de l'Hôtel-Dieu, celles du boulevard de Port-Royal, etc., ont livré des crânes de la même race remontant probablement au Vᵉ siècle, et il en est de plus récents. On en trouvera certainement de modernes. J'ai moi-même, par deux fois, constaté chez des femmes, des traits qui ne pouvaient s'accorder qu'avec l'ossature crânienne et faciale de la race dont nous parlons. Chez l'une d'elles, la dysharmonie de la face et du crâne était au moins aussi marquée que chez le grand vieillard de Cro-Magnon : l'œil enfoncé sous la voûte orbitaire avait le regard dur ; le nez était plutôt droit que courbé, les lèvres un peu fortes, les masséters très-développés, le teint très-brun, les cheveux très-noirs et plantés bas sur le front. Une taille épaisse à la ceinture, des seins peu développés, des pieds et des mains relativement petits, complétaient un ensemble qui, sans être attrayant, n'avait rien de repoussant.

Les études de M. Hamy ont étendu et agrandi ce champ de recherches. Il a retrouvé le type dont nous parlons dans la collection de crânes basques de Zaraus, recueillie par MM. Broca et Vélasco : il l'a suivi jusqu'en Afrique dans les tombes mégalithiques explorées surtout par le général Faidherbe, et chez les tribus Kabyles des Beni-Masser et du Djurjura. Mais c'est principalement aux Canaries, dans la collection du Barranco-Hundo de Ténériffe, qu'il a rencontré des têtes dont la parenté ethnique avec le vieillard de Cro-Magnon est vraiment indiscutable. D'autre part, quelques termes de comparaison, malheureusement bien peu nombreux, lui font regarder comme probable que les Dalécarliens se rattachent à la même souche.

XII. — Quelque étranges que puissent paraître ces résultats,

Ils ne sont que la répétition, dans l'espèce humaine, de ce qui a déjà été constaté chez les animaux. Depuis longtemps, Lartet a montré qu'à la fin de l'âge quaternaire et pendant que les espèces propres à cet âge achevaient de disparaître, les survivantes se partagèrent en trois groupes. Les unes restèrent sur place; d'autres émigrèrent au nord, d'autres au midi. Peut-être ces dernières ne firent-elles que persister en Afrique, d'où elles nous avaient envoyé leurs représentants, et où nous les retrouvons encore, tandis que leurs colonies, un moment florissantes chez nous, périssaient sous l'influence des hivers de l'âge actuel. Au reste, comme l'on explique l'ancien mélange des faunes et l'espèce de *départ* qui en a amené la séparation, il n'y a rien de surprenant à voir les populations humaines présenter un fait analogue.

Pendant l'époque quaternaire, la race de Cro-Magnon avait en Europe son principal centre de population dans le sud-ouest de la France. Le petit bassin de la Vézère était, pour ainsi dire, sa capitale; ses colonies s'étendaient jusqu'en Italie, dans le nord de notre pays, dans la vallée de la Meuse, etc., où elles se juxtaposaient à d'autres races dont il sera bientôt question. Mais peut-être elle-même n'était-elle qu'un rameau de population africaine émigré chez nous avec les hyènes, le lion, l'hippopotame, etc. En ce cas il serait tout simple qu'elle se retrouvât de nos jours, dans le nord-ouest de l'Afrique et dans les îles où elle était plus à l'abri du croisement. Une partie de ses tribus, lancée à la poursuite du renne, aura conservé, dans les Alpes scandinaves, la haute taille, les cheveux noirs et le teint brun qui distinguent les Dalécarliens des populations voisines; les autres, mêlées à toutes les races qui ont successivement envahi notre sol, ne manifesteraient plus leur ancienne existence que par des phénomènes d'atavisme, imprimant, à quelques individus, le cachet des antiques chasseurs du Périgord.

CHAPITRE XXVIII

I. — En donnant le nom d'une localité justement célèbre en anthropologie à cet ensemble de races, en l'appliquant spécialement aux deux premières, nous avons surtout voulu, M. Hamy et moi, consacrer le souvenir des longs et consciencieux travaux qui ont amené la découverte de l'homme quaternaire en Belgique. Il est presque inutile de rappeler qu'elle est due, après Schmerling, à M. Dupont, qui a fouillé pendant sept ans, de 1864 à 1871, plus de soixante cavernes ou abris-sous-roche, d'où il a retiré, indépendamment de ses fossiles humains, environ quarante mille ossements d'animaux, et quatre-vingt mille pierres taillées de main d'homme. La *race de Grenelle* a été trouvée par M. Émile Martin, en 1867, dans les carrières de gravier ouvertes aux environs de Paris, et caractérisée plus tard par M. Hamy. La *race de la Truchère* a été rencontrée par M. Legrand de Mercey dans une berge de la Seille, près de la localité dont elle porte le nom.

II. — Considérés au point de vue de la forme générale du crâne, ces quatre types s'échelonnent d'une manière presque régulière. L'indice céphalique 79, 31 place la race de Furfooz n° 1 parmi les mésaticéphales; la race de Furfooz n° 2 devient sous-brachycéphale par son indice 81, 39; celle de Grenelle, dont l'indice s'élève à 83, 53 chez l'homme, et à 83, 68 chez la femme, est bien près de la brachycéphalie proprement dite. Il en est de même de celle de la Truchère, dont l'indice est de 84, 32.

Finissons-en tout de suite avec cette dernière qui, représentée jusqu'ici, dans les temps quaternaires seulement par une tête est, par cela même, bien moins intéressante que ses sœurs. Chez elle, le crâne et la face sont remarquables par une dysharmonie aussi tranchée que dans la tête de Cro-Magnon; mais le désaccord est inverse. Ici c'est le crâne qui est large et court, tandis que la face s'allonge. Le premier, vu de face, présente un aspect pentagonal très-marqué. Tous les os en sont très-développés dans le sens transversal, à l'exception de la moitié inférieure du coronal, qui se rétrécit brusquement pour former un front assez étroit. L'ensemble de la face est relativement petit et étroit. Le nez est très-grand et long ; les pommettes massives sont peu marquées, et la mâchoire supérieure est légèrement prognathe.

Les deux races de Furfooz, celle même de Grenelle ont entre elles un certain air de famille qui n'exclut pas l'existence de caractères distinctifs. Ainsi, dans la race mésaticéphale de Furfooz, la courbe antéro-postérieure du crâne dessine au-dessus des arcs sourciliers petits, mais bien marqués, un front très-fuyant, et se continue sans présenter d'autre inflexion qu'une légère dépression aux sutures. La face est large et l'indice en est presque le même que celui de la race de Cro-Magnon. Mais grâce au raccourcissement du crâne, la tête est *harmonique*, au lieu d'être *dysharmonique* comme chez les troglodytes du Périgord. Un nez légèrement concave, mais assez saillant, des orbites carrés, des fosses canines peu marquées, une mâchoire supérieure presque orthognathe complètent cette face dont l'ossature entière a quelque chose de sec et de fin.

Dans la race sous-brachycéphale de la même localité, le front se relève et monte assez droit jusqu'au niveau des bosses latérales. Puis la courbe s'affaisse brusquement jusque vers le premier tiers des pariétaux, où elle s'infléchit davantage et redevient à peu près régulière jusqu'au trou occipital. À la face, nous retrouvons à peu près le même indice ; mais les orbites et le nez s'allongent, les fosses canines se creusent profondément, la mâchoire supérieure se projette en avant, les dents prennent la même direction et le prognathisme est très-accusé.

Dans la race de Grenelle, la glabelle très-prononcée et des arcs sourciliers fortement renflés impriment une direction légèrement oblique à la base du front. Mais bientôt la courbe se relève et se développe régulièrement sans ressaut ni méplat. Vu de face, le crâne apparaît comme aussi bien proportionné que de profil. La face s'harmonise avec lui. Les pommettes sont rugueuses et bien accusées ; les fosses canines, hautes, mais peu profondes ; les orbites se rapprochent de la forme carrée ; les os du nez sont concaves et assez saillants. Enfin, la mâchoire et les dents sont également prognathes, mais moins que dans la race précédente.

III. — Les hommes de Grenelle, et surtout ceux de Furfooz étaient de petite taille. Les premiers atteignaient encore une moyenne de 1m 62, mais les seconds descendaient à 1m 53. C'est presque exactement la taille moyenne des Lapons. Toutefois, cette stature réduite n'excluait ni la vigueur ni l'agilité nécessaire aux populations sauvages. Les os des membres et du tronc sont robustes, et les saillies, les dépressions de leur surface, accusent un développement musculaire très-prononcé.

A part cette robusticité générale, supérieure à ce qu'on rencontre habituellement, le squelette des hommes de Furfooz et de Grenelle ressemble fort à celui des hommes d'aujourd'hui. Les tibias, en particulier, reprennent la forme prismatique triangulaire que nous leur connaissons. Toutefois on voit apparaître un caractère qui ne s'est encore montré que dans la caverne de l'Homme-Mort où nous l'avons considéré comme un signe de métissage. La fosse olécranienne est souvent perforée dans les races dont il s'agit en ce moment. En Belgique, M. Dupont a trouvé que cette disposition existait chez les hommes de la Lesse dans la proportion de 30 0/0. M. Hamy la porte à 28 0/0 chez l'homme fossile de Grenelle, et à 4, 66 0/0 seulement chez les Français de nos jours.

IV. — Les races de Furfooz, venues après celles dont nous avons esquissé l'histoire, ont dû les rencontrer et parfois s'associer avec elles. Nous avons la démonstration de ce fait en particulier à Solutré, où l'on a trouvé à côté des crânes de Cro-Magnon deux têtes se rattachant à notre race de Grenelle. En pareil cas le développement intellectuel et social a dû marcher à peu près de pair chez les hommes réunis en une seule tribu.

Mais, nos brachycéphales ont eu aussi leurs centres de population propres où nous pouvons les étudier chez eux. C'est surtout en Belgique et dans la vallée de la Lesse que ces recherches ont été faites par M. Dupont. Pour donner une idée de ce qu'étaient les hommes de Furfooz nous n'avons qu'à reproduire, en l'abrégeant, ce que nous en a dit le savant explorateur de ces cavernes.

V. — Comme les hommes de la Vézère, ceux de la Lesse habitaient les cavernes. Une de leurs stations complètes comprenait la grotte où ils séjournaient et une grotte funéraire. M. Dupont les a rencontrées presque juxtaposées à Furfooz, où le *Trou des Nutons* a présenté tous les caractères d'une habitation humaine et le *Trou du frontal* ceux d'un lieu d'inhumation. A elles deux ces localités auraient fourni bien des matériaux à l'histoire de ces antiques peuplades. Toutefois le *trou de Chaleux* l'emporte peut-être à cet égard. L'homme l'a habité longtemps et y a laissé une accumulation considérable de ces débris qu'exploite aujourd'hui la science. Puis un jour la voûte s'écroula ; les habitants échappèrent abandonnant ce que renfermait leur demeure. Aussi, lorsque la pioche vint attaquer ce monceau de décombres, on retrouva tout en place comme au moment de la catastrophe, et c'est à bon droit qu'on a appelé la grotte de Chaleux une petite Pompéi quaternaire.

Pour pourvoir à ses divers besoins l'homme de Chaleux a utilisé surtout le silex et les bois de renne. Le premier formait la base de son outillage ; mais il s'est donné peu de peine pour en varier ou en perfectionner la taille. Les lames étroites, allongées, taillées à un seul éclat sur une face, à deux ou trois sur la face opposée et que l'on nomme des *couteaux*, semblent être le point de départ de tous les outils. Dentelées sur un de leurs tranchants, elles deviennent des *scies*; arrondies et retaillées à l'une de leurs extrémités, elles se transforment en *racloirs* très-propres à ratisser et épiler les peaux; amincies, effilées à petits coups, elles fournissent des *poinçons*, des perçoirs, etc. Quant aux bois de renne, divisés en tronçons de dix à quinze centimètres, ils étaient ensuite modelés de manière à armer des lances ou des javelots. Peut-être aussi recevaient-ils parfois une pointe en silex. Mais M. Dupont assure que rien ne permet de supposer chez ces troglodytes l'emploi de l'arc et de la flèche.

La tribu de Chaleux était donc beaucoup moins bien armée que celles de la Vézère ou de Solutré. Elle n'en chassait pas moins le gros gibier et savait aussi atteindre le petit. Son ancienne demeure a fourni les restes de nombreux chevaux, de plusieurs bœufs, de quelques rennes, de seize renards, de cinq sangliers, de trois chamois, de trois aurochs, d'un ours brun, d'un antilope Saïga, etc.

On y a trouvé en outre des ossements de lièvre, d'écureuil, de rat d'eau, de rat de Norwége, etc.; les débris de plusieurs oiseaux, entre autres du Lagopède des neiges; des restes de poissons d'eau douce. La faune du Trou des Nutons est à peu près la même, mais la proportion des espèces est parfois intervertie. On y a rencontré beaucoup moins de chevaux et beaucoup plus de sangliers. Ici d'ailleurs, comme dans les stations de la race de Cro-Magnon, les grandes espèces ne sont guère représentées que par les os de la tête et des membres et tous les os à moelle ont été soigneusement fendus.

Comme la race précédente, celle de Furfooz employait la peau des animaux abattus à faire des vêtements. Nous en avons la preuve dans les aiguilles en os trouvées à Chaleux. Mais ici elles sont bien plus grossières que celles de la Madeleine et des autres stations analogues. Courtes, épaisses, elles pourraient être prises pour de petits poinçons sans le sas dont elles sont percées.

VI. — Les troglodytes belges étaient en somme fort en retard sur ceux du Périgord et du Mâconnais à bien des points de vue. Les monuments de leur industrie sont bien inférieurs à ce que nous avons vu chez leurs prédécesseurs et ils ne montrent aucun indice des aptitudes artistiques si remarquables chez l'homme de la Vézère. Ils le dépassent pourtant sur un point essentiel : ils avaient inventé ou reçu d'ailleurs l'art de fabriquer une poterie grossière. M. Dupont en a trouvé des débris dans toutes les stations qu'il a explorées et a retiré du *Trou du frontal* des fragments en nombre suffisant pour reconstituer le vase dont ils avaient fait partie.

Ce fait et quelques autres, qu'il serait trop long d'exposer ici, ont conduit quelques-uns des savants les plus compétents, entre autres MM. Cartailhac et Cazalis de Fondouce, à regarder le Trou du frontal et les autres stations contemporaines comme appartenant aux temps de la pierre polie et non à ceux de l'époque quaternaire.

Mais la composition de la faune trouvée dans les grottes de Chaleux et de Furfooz ne nous paraît pas permettre d'accepter cette opinion, qui repose principalement sur des considérations archéologiques. Ce serait reculer bien loin l'âge de la pierre polie que de le reporter à une époque où le chamois, le bouquetin, l'antilope Saïga vivaient en Belgique avec le rat de Norwège et le Lagopède des neiges. Il y a peut-être là une question à étudier ; mais la réunion de ces espèces aux environs de Dinant est pour nous une preuve que les temps quaternaires duraient encore.

VII. — Les troglodytes de Belgique se peignaient la figure et peut-être le corps comme ceux du Périgord. Les objets de parure étaient à Chaleux et à Furfooz à peu près ceux que nous avons vus en usage dans le midi de la France. Toutefois on ne voit figurer parmi eux aucun objet emprunté à la faune marine. Ce fait a quelque chose de singulier, car l'homme de la Lesse allait parfois chercher ses *bijoux*, aussi bien que la matière première de ses outils et de ses armes, à des distances bien plus grandes que celle qui le séparait de la mer.

En effet les principaux ornements des hommes de la Lesse étaient des coquilles fossiles. Quelques-unes étaient empruntées, il est vrai, aux terrains devoniens du voisinage ; mais la plupart venaient de fort loin, et en particulier de la Champagne et de Grignon près de Versailles. Les silex, dont nos troglodytes faisaient une si grande consommation, étaient tirés, non du Hainaut ou de la province de Liége, mais presque tous de la Champagne. Il en est même qui ne peuvent avoir été ramassés qu'en Touraine, sur les bords de la Loire. En jugeant d'après les provenances de ces divers objets, on pourrait dire que le monde connu des troglodytes de la Lesse s'élevait à peine de trente à quarante kilomètres au nord de leur résidence, tandis qu'il s'étendait à quatre ou cinq cents kilomètres vers le Sud.

Il y a dans ce fait quelque chose de fort étrange, mais dont M. Dupont nous paraît avoir donné une explication au moins fort plausible. Selon lui deux populations, deux races peut-être auraient été juxtaposées dans les contrées dont il s'agit pendant l'époque quaternaire. Entre elles aurait existé une de ces haines pour ainsi dire instinctives, pareille à celle qui règne entre les Peaux-Rouges et les Esquimaux. Cernés au Nord et à l'Ouest par leurs ennemis qui occupaient le Hainaut, les indigènes de la Lesse ne pouvaient s'étendre qu'au Sud ; et c'est par les Ardennes qu'ils communiquaient avec les bassins de la Seine et de la Loire.

Mais faisaient-ils eux-mêmes les longs et pénibles voyages qui seuls pouvaient leur procurer les coquilles dont ils se paraient et l'énorme quantité de silex qu'ils ont taillés dans leurs cavernes ? Avec M. Dupont nous n'hésitons pas à dire que rien n'est moins probable. Tout prouve au contraire qu'ils s'approvisionnaient à l'aide d'un véritable trafic, organisé d'une manière régulière et sur une large échelle, soit qu'il existât des peuplades vouées à cette industrie comme on en connaît divers exemples de nos jours; soit que coquilles et silex passant de mains en mains parvinssent, par voie d'échanges successifs, jusque sur les bords de la Lesse. On ne saurait expliquer autrement l'abondance à Chaleux, à Furfooz, etc., des silex étrangers à ces localités, la prodigalité avec laquelle on en usait, l'insouciance évidente apportée à la conservation des outils dont ils étaient la matière première.

VIII. — Contrairement à ce que nous avons vu chez les hommes de Cro-Magnon, ceux de Furfooz paraissent avoir été éminemment pacifiques. M. Dupont n'a rencontré ni dans leurs grottes ni dans leurs sépultures aucune arme de combat, et il leur applique ce que Ross rapporte des Esquimaux de la baie de Baffin, qui ne pouvaient comprendre ce qu'on entendait par la guerre.

Dans la grotte sépulcrale du frontal, où la tribu des Nutons ensevelissait ses morts, on a trouvé comme à Cro-Magnon mêlés aux ossements humains une foule d'objets attestant la croyance à une autre vie. C'étaient des coquilles perforées, des ornements en fluorine, des plaques de grès portant quelques ébauches de dessin, le vase dont nous avons parlé plus haut, des instruments en silex choisis. Tous ces objets sont d'ailleurs de même nature que ceux du Trou des Nutons. Il est évident qu'ils avaient été déposés dans le caveau mortuaire avec la pensée qu'ils serviraient aux besoins des défunts dans la nouvelle existence qui commençait pour eux.

Un autre fait sur lequel M. Dupont a insisté avec raison ajoute aux probabilités tirées de considérations diverses qui permettent d'attribuer à ces hommes quaternaires une sorte de religion plus ou moins voisine du fétichisme. Dans le trou de Chaleux, un cubitus de mammouth était placé à côté du foyer sur une plaque de grès. Or le mammouth n'existait plus en Belgique à la fin de l'âge du renne, et cet os a dû être rencontré dans les alluvions de l'âge précédent. Sans doute il aura été l'occasion d'une méprise qui s'est produite de nos jours mêmes; il aura été regardé comme ayant appartenu à quelque géant; et, la place d'honneur qui lui avait été attribuée dans la demeure des troglodytes, semble annoncer qu'il était devenu l'objet de leur vénération.

IX. — On n'a encore rencontré dans les terrains quaternaires en dehors des localités déjà mentionnées, que fort peu de restes des deux races de Furfooz et de Grenelle. Les premières sont représentées pourtant dans les bassins de la Somme et de l'Aude; la troisième a été retrouvée sur deux ou trois points du bassin de la Seine. Nous avons vu qu'elle existait à Solutré et le crâne de Nagy-Sap en Hongrie doit probablement lui être rapporté. Ces quelques faits suffisent pour montrer que dès l'époque glaciaire les races dont il s'agit occupaient une aire étendue.

Dans les temps néolithiques, nous voyons les mésaticéphales de Furfooz s'étendre du Var et de l'Hérault jusqu'à Gibraltar; les sous-brachycéphales sont représentés de Verdun à Boulogne-sur-Mer et au Camp-Long de Saint-Césaire; ils ont mêlé leur sang à ceux des anciens habitants de Cabeço d'Arruda en Portugal.

La race brachycéphale de Grenelle est pourtant celle qui a laissé les traces les plus profondes. Elle a été retrouvée en France dans plusieurs dolmens, en Angleterre dans les Round-Barrows. En Danemark, elle constitue le type brachycéphale d'Eschricht et, en Suède, elle forme un douzième du nombre total des têtes retirées des dolmens par Retzius et ses successeurs.

L'intervention de ces diverses races dans la formation des races actuelles n'est pas moins évidente. Mais la caractérisation précise en est souvent difficile. Des croisements accomplis entre ces groupes fort voisins en ont plus ou moins confondu les types. Puis d'autres éléments brachycéphales, entre autres, la race celtique, telle que M. Broca l'a caractérisée, sont venus ajouter à la confusion. Toutefois, en visitant la vallée de la Lesse, bien des membres du Congrès d'Anthropologie préhistorique ont reconnu des têtes et des figures portant d'une manière évidente l'empreinte du sang des races fossiles locales, et ces traces sont encore plus fréquentes dans la population rurale qui alimente les marchés d'Anvers.

C'est encore la race de Grenelle qui ressort avec le plus de persistance dans les populations actuelles. Les nombreux crânes parisiens que possède le Muséum en fournissent plusieurs exemples. Toutefois le type apparaît très-rarement à l'état de pureté. Ce fait tient probablement à deux causes. D'une part, les conditions d'existence nouvelles imposées aux races quaternaires par le changement de milieu ont dû altérer quelques-uns de leurs caractères. D'autre part des éléments nouveaux, peu différents d'ailleurs de l'élément fossile, sont venus s'ajouter à lui. Si l'on compare les crânes de Grenelle aux crânes lapons, comme l'a fait M. Hamy, on trouve que par l'étendue de la courbe horizontale, par la longueur des diamètres antéro-postérieurs et transverses, par les indices céphaliques, les premiers se placent à peu près exactement entre les deux plus grandes séries connues de crânes lapons. Sans doute on constate des uns aux autres certaines différences. Par exemple, la voûte crânienne est plus surbaissée chez le Lapon que chez l'homme de Grenelle; mais en somme les analogies l'emportent notablement sur les différences.

Déjà, grâce à l'étude des vieilles sépultures de leur patrie, Retzius père, Sven Nilsson, Eschricht, etc., avaient reconnu la grande extension d'une race brachycéphale ancienne, identifiée par eux avec les vrais Lapons. Au dernier congrès de Stockholm

M. Schaaffhausen apportait un exemple de plus à l'appui de cette opinion.

En tenant compte de tous ces faits, nous avons été conduits, M. Hamy et moi, à admettre un *type laponoïde* auquel se rattachent avec la race de Grenelle un grand nombre de populations échelonnées dans le temps et répandues à peu près dans l'Europe entière. En particulier ce type est représenté presque à l'état de pureté dans les Alpes du Dauphiné. Une curieuse collection de crânes recueillie par M. Hoël ne peut laisser de doute sur ce point. Nous avons donc confirmé, en la précisant davantage et la reportant plus haut dans le temps, une de ces vues générales comme l'anthropologie en doit tant aux savants scandinaves.

X. — Ainsi les races de Furfooz et de Grenelle, les dernières venues de l'époque quaternaire, se sont rencontrées pendant les temps glaciaires avec les races dolichocéphales qui les avaient précédées. Sur certains points elles se sont associées à elles; sur d'autres elles ont conservé leur autonomie; elles ont eu le même sort. Elles aussi ont assisté à la transformation du sol et du climat que nous avons vu porter le trouble dans les sociétés naissantes de la race de Cro-Magnon; elles aussi ont vu les conditions d'existence se transformer progressivement; et les conséquences de ces changements ont été pour elles ce que nous avons déjà dit.

Un certain nombre de tribus ont marché vers le nord à la suite du renne et des autres espèces animales qu'elles étaient habituées à regarder comme nécessaires à leur existence; elles ont émigré en latitude. D'autres pour le même motif ont émigré en altitude, accompagnant le bouquetin et le chamois dans nos chaînes de montagnes dégagées par la fonte des glaciers. D'autres enfin sont restées en place. Les deux premiers groupes ont pu rester plus longtemps à l'abri des mélanges ethniques. Les tribus composant le troisième se sont promptement trouvées en présence des immigrants brachycéphales et dolichocéphales de la pierre polie et ont été facilement subjuguées, absorbées par eux.

XI. — En arrivant en Europe, les hommes de la pierre polie n'y trouvèrent pas seulement les dernières races dont il vient d'être question. Ils y rencontrèrent toutes les races quaternaires. C'est ce qu'attestent plusieurs des faits déjà indiqués; c'est ce que prouve à elle seule la magnifique collection de squelettes et de crânes extraits par M. de Baye des grottes sépulcrales de la Marne. A l'exception du type de Canstadt, tous ceux que nous venons de décrire semblent s'être donné rendez-vous dans cette localité remarquable. Celui de la Truchère lui-même y est représenté par une tête presque aussi caractérisée que celle de la Seille. Le fond de cette population néolithique n'en appartient pas moins à un type nouveau venu. Il est presque inutile d'ajouter que, vieilles ou récentes, toutes ces races se sont croisées et que le métissage se trahit ici comme d'ordinaire tantôt par la fusion, tantôt par la juxtaposition des caractères.

Par infiltration ou par conquête, de nouvelles races se mêlèrent aux précédentes avant même l'arrivée des premiers Aryans. Ceux-ci allèrent jusqu'aux extrémités occidentales du continent, laissant au nord et au sud des régions entières où persistèrent leurs prédécesseurs. Puis vinrent les invasions historiques. C'est du mélange de tous ces éléments brassés par la guerre, fusionnés par les habitudes de la paix, que sont sorties nos populations européennes.

XII. — L'homme a été le seul agent essentiel des nouveaux groupements ethniques. A partir des premiers temps de la pierre polie, la terre et le ciel sont restés les mêmes dans notre monde occidental. L'homme européen a donc pu obéir aux lois de son évolution, fonder, modifier ou détruire ses associations, ses sociétés, traverser les âges du bronze et du fer aussi bien que les temps historiques, sans avoir à compter avec les forces invincibles qui arrêtèrent peut-être l'essor des chasseurs de Cro-Magnon.

Jusqu'à quel point le passé anthropologique du reste du monde ressemble-t-il à celui de l'Europe? La science répondra sans doute un jour à cette question, mais nous ne pourrions aujourd'hui que former des conjectures. Il est plus sage de s'abstenir, heureux d'avoir déchiffré, en moins d'un demi-siècle, un chapitre à peu près entier de cette histoire paléontologique et préhistorique de l'homme dont nos pères ne soupçonnaient même pas l'existence.

LIVRE IX

CHAPITRE XXIX

OBSERVATIONS GÉNÉRALES. — CARACTÈRES EXTÉRIEURS.

I. — J'ai cru devoir présenter avec quelque détail ce que nous savons des races humaines fossiles. L'intérêt, la nouveauté du sujet m'y engageaient, et son peu d'étendue permettait de le faire. Mais je ne saurais traiter de la même manière l'histoire des races actuelles. A vouloir les étudier isolément, je pourrais à peine consacrer quelques lignes à chacune d'elles. Même en les groupant par *familles*, je ne pourrais en donner qu'une idée incomplète et vague, sous peine de dépasser de beaucoup les limites de ce travail.

Il me paraît donc préférable d'agir comme les botanistes, les zoologistes, qui commencent toujours par faire connaître d'une manière générale la nature et la signification des caractères du groupe dont ils vont s'occuper. Ces notions, portant sur l'ensemble, sont d'ailleurs toujours nécessaires. Elles permettent seules de saisir et de comprendre certains résultats généraux. Quand il s'agit des *races dérivées* d'une seule et même espèce, elles deviennent encore plus indispensables, parce que, tout autant que les preuves directes, elles font ressortir et mettent en évidence l'unité d'origine spécifique de ces races.

II. — Si l'on connaissait l'homme primitif, on regarderait comme caractérisant les races tout ce qui les éloignerait de ce type. Faute de ce terme de comparaison naturel, on a pris le *Blanc européen* pour norme et c'est à lui que l'on a comparé les autres groupes humains. Cela même a conduit à une tendance qu'il nous faut d'abord signaler.

Entraînés par certaines habitudes d'esprit et par un amour propre de race qui s'explique aisément, bien des anthropologistes ont cru pouvoir interpréter les différences physiques qui distinguent les hommes les uns des autres et considérer comme des caractères d'infériorité ou de supériorité de simples traits caractéristiques. Parce que l'Européen a le talon court, et certains Nègres le talon long, on a voulu voir dans ce dernier un signe de dégradation. On oubliait les remarques si justes, faites à ce sujet par Desmoulins à propos des Boschismans. Parce que la plupart des civilisations ont pris naissance chez des peuples dolichocéphales, on a regardé la tête allongée d'avant en arrière comme la forme supérieure. On oubliait que les Nègres et les Esquimaux sont généralement dolichocéphales au premier chef et que les brachycéphales européens sont partout les égaux de leurs frères à tête longue.

Toutes les interprétations analogues sont absolument arbitraires. En fait, la supériorité entre groupes humains s'accuse essentiellement par le développement intellectuel et social ; elle passe de l'un à l'autre. Tous les Européens étaient de vrais sauvages quand déjà les Chinois et les Égyptiens étaient civilisés. Si ces derniers avaient jugé de nos ancêtres comme nous jugeons trop souvent des races étrangères, ils auraient trouvé chez eux bien des signes d'infériorité, à commencer par ce teint blanc dont nous sommes si fiers et qu'ils auraient pu regarder comme accusant un étiolement irrémédiable.

La supériorité fondamentale d'une race se traduit-elle réellement au dehors par quelque signe matériel ? Nous l'ignorons encore. Mais lorsqu'on y regarde de près, tout tend à faire penser qu'il n'en est rien. En m'exprimant ainsi, je sais que je m'écarte des opinions généralement admises et me mets en contradiction avec des hommes dont j'estime au plus haut point les travaux. Mais j'espère donner plus loin des preuves décisives en ma faveur.

Il n'en existe pas moins des différences de tout genre d'un groupe humain à l'autre. Il faut les prendre pour ce qu'elles sont, pour des *caractères de race*, des *caractères ethniques*. Le rôle de l'anthropologiste est avant tout de les reconnaître, de s'en servir pour délimiter les groupes, puis de rapprocher ou d'écarter selon leurs affinités les races ainsi caractérisées. En d'autres termes, son œuvre est celle du botaniste et du zoologiste décrivant et classant des plantes ou des animaux.

Des esprits impatients ou aventureux me reprocheront peut-être de rendre la science de l'homme trop *descriptive*. Je ne m'en défendrai qu'à demi. Pourvu que la description embrasse l'être entier, elle nous le fait connaître. En se plaçant à ce point de vue, on reste sur le terrain du savoir positif et l'on court bien moins risque de s'égarer dans les hypothèses.

Je n'en reconnais pas moins à l'anthropologiste le droit et presque le devoir de rechercher les causes qui ont pu amener l'apparition des traits qui caractérisent les races. L'étude des actions de milieu donne parfois à ce sujet de précieuses indications. L'évolution de l'être humain depuis son apparition à l'état d'embryon jusqu'à l'état adulte fournit surtout des données d'un haut intérêt. Un simple *arrêt*, un léger *excès* dans les phénomènes évolutifs sont, me paraît-il, la cause des principales différences qui séparent les races et en particulier les deux extrêmes, le Nègre et le Blanc.

Je sais bien que l'on a voulu remonter plus haut. Sous l'influence plus ou moins ressentie des doctrines transformistes, c'est chez les animaux et surtout chez les singes que l'on va trop souvent chercher des termes de comparaison, quand il s'agit d'apprécier ces différences. Des hommes éminents, sans même adopter ces doctrines, emploient fréquemment les expressions de *caractère simien*, *caractère d'animalité*. Pourquoi oublier l'embryon, le fœtus humains? Pourquoi ne pas se souvenir même de l'enfant? Qu'on interroge leur histoire. Elle fournit tous les éléments d'une *théorie évolutive humaine* bien plus précise à coup sûr et plus vraie que la *théorie simienne*. C'est encore là un résultat qui ressortira, j'espère, des faits que j'aurai à citer.

Mais que j'aie pu expliquer ou non l'apparition des traits spéciaux qui distinguent les races et quelle que soit l'origine qu'on puisse leur attribuer, je ne prendrai le mot de *caractère* que dans l'acception qu'on lui donne en botanique et en zoologie.

III. — Une espèce animale n'est pas caractérisée seulement par les particularités qu'offre son organisme physique. Nul ne fera l'histoire des abeilles ou des fourmis sans parler de leurs instincts, sans montrer en quoi ils diffèrent d'une espèce à l'autre. A plus forte raison dans l'histoire des races humaines doit-on signaler ce qu'elles ont de caractéristique dans leurs manifestations intellectuelles, morales et religieuses. Bien entendu qu'en abordant cet ordre de faits, l'anthropologiste n'en doit pas moins rester exclusivement naturaliste.

Cette considération bien simple suffit pour déterminer la valeur relative qu'on doit attribuer en anthropologie aux caractères de divers ordres. Ici comme en botanique et en zoologie, c'est aux plus persistants que revient le premier rang. Or, un homme, une tribu, une population entière peuvent changer en quelques années d'état social, de langue, de religion, etc. Ils ne modifient pas pour cela leurs caractères physiques extérieurs ou anatomiques. C'est donc à ces derniers que l'anthropologiste attachera le plus d'importance, contrairement à ce que feraient à coup sûr le linguiste, le philosophe et le théologien.

Nous verrons toutefois que, dans quelques cas très-rares, les caractères linguistiques l'emportent sur les caractères physiques, en ce sens qu'ils fournissent des indications plus frappantes au sujet de certaines affinités ethniques.

Considéré au point de vue physique, l'homme présente des caractères que l'on peut rapporter à quatre catégories distinctes, savoir : Des caractères extérieurs, des caractères anatomiques, des caractères physiologiques, des caractères pathologiques.

IV. — CARACTÈRES EXTÉRIEURS. — *Taille*. — Tous les éleveurs regardent la taille comme un caractère de race quand il s'agit d'animaux. Elle est aussi un des traits qui frappent le plus vivement chez l'homme. Ce caractère se montre parfois comme étant bien évidemment sous la dépendance des conditions d'existence. Une nourriture abondante et saine grandit rapidement nos animaux domestiques. Il a suffi d'abriter et d'alimenter avec quelque soin les juments de la Camargue pour relever la taille de cette excellente race chevaline. Chez l'homme, M. Durand (de Gros), confirmant une observation déjà due à Ed. Lartet, a constaté que, dans l'Aveyron, les populations des cantons calcaires l'emportent sensiblement par la taille sur celles des cantons granitiques ou schisteux. Il ajoute avec le Dr Albespy, que le chaulage des terres dans les portions non calcaires de ce territoire a relevé la taille moyenne de deux, trois et même quatre centimètres dans les terrains les plus anciennement chaulés.

Mais d'autre part, il est incontestable que des races de taille fort différente vivent côte à côte sans qu'il soit possible jusqu'ici d'indiquer la cause de cette diversité. Les Nègres nains Akkas et Obongos semblent placés dans des conditions entièrement semblables à celles que subissent les tribus voisines, bien supérieures par la taille.

J'ai donné plus haut 163 tailles de races humaines. J'ai insisté suffisamment sur les conséquences qui en ressortent au point de vue de la série et de l'entrecroisement des caractères. Mais on peut tirer de ces chiffres quelques autres résultats qui ne sont pas sans intérêt.

La moyenne générale donnée par ces nombres serait de 1^m,635. Je la regarde comme un peu trop forte, les mesures faisant défaut plutôt pour les petites races que pour les grandes. Elle ne saurait toutefois s'écarter beaucoup de la vérité et on peut l'accepter provisoirement.

On voit sur le tableau que les Roumains et les Magyars représenteraient à ce point de vue précisément la moyenne de l'humanité.

Les oscillations des tailles moyennes au-dessus et au-dessous de cette moyenne générale s'élèvent pour les Patagons à + 0^m,115, pour les Boschismans à — 0^m,265. Les oscillations individuelles sont de + 0^m,295 pour l'indigène de Tongatabou, et de — 0^m,495 ou — 0^m,635 pour les Boschismans.

On voit sur le tableau que les oscillations au-dessous de la moyenne générale sont moins nombreuses que les oscillations au-dessus. Ce résultat peut tenir au fait que j'indiquais tout à l'heure. Toutefois il me paraît probable que le nombre des races à taille plus élevée que la moyenne l'emporte sur celui des races à taille inférieure. La différence de nombre est compensée par l'étendue plus que double des oscillations en moins.

Entre la moyenne la plus élevée observée chez les Patagons du Sud et la moyenne la plus basse trouvée chez les Boschismans, on constate une différence de 0^m,554. La différence entre individus serait de 0^m,930. Mais je crois devoir l'abaisser à 0^m,790 en adoptant pour minimum la taille de 1^m,14 donnée par Barrow comme étant celle d'une Boschismane qui avait eu plusieurs enfants. Nous avons ainsi la certitude de ne pas prendre un cas de nanisme tératologique pour un état normal possible.

Les voyageurs n'ont qu'assez rarement mesuré isolément les hommes et les femmes. En réunissant les données de cette nature que j'ai pu me procurer, on trouve que la différence moyenne entre les deux sexes est de 0^m,141 et le rapport moyen de 0,973, la femme étant partout moins grande que l'homme. Chez les Lapons, selon Capel Brooke et Campbell, la différence moyenne s'élève à 0^m,278 ; en Autriche, elle descendrait selon Liharzik à 0^m,037.

V. — *Proportions du corps et des membres.* — Dans toutes nos races d'animaux domestiques, le développement relatif des diverses parties du corps, les *proportions*, ont une valeur caractéristique égale et souvent supérieure à celle de la taille. Personne ne songera à séparer le plus grand lévrier de la levrette. Il ne saurait en être entièrement de même pour l'homme. Chez l'animal, les races sont façonnées par une sélection plus ou moins éclairée, et dans des buts déterminés. Les proportions des diverses régions du corps acquièrent ainsi une fixité, qui ne saurait se rencontrer dans les races humaines par suite de l'absence de sélection.

Cette variabilité se constate même lorsqu'il s'agit des rapports les plus simples et que l'on pourrait croire fondamentaux. Tel est le rapport de la hauteur de la tête à la hauteur totale. Gerdy, qui s'est occupé d'une manière spéciale de cette question, a vu la taille des Français être rarement au-dessus de $7\frac{1}{4}$ têtes, le plus souvent d'un peu plus de 8 têtes, et quelquefois de 9. L'idéal artistique n'est pas plus fixe que la réalité, en dépit des règles mathématiques proposées depuis Vitruve jusqu'à Liarzick et Silberman. Le tableau dressé par Audran montre la variation, allant de $7\frac{44}{45}$ têtes (le Terme égyptien) à $7\frac{5}{6}$ (l'Hercule Farnèse). Entre ces deux extrêmes, la différence est précisément d'une demi-tête. Les peintres ont pris encore plus de liberté. Raphaël n'a donné que 6 têtes à quelques-uns de ses personnages. Michel-Ange leur en accorde huit et plus.

L'Apollon pythien ($7\frac{3}{4}$ têtes), le Laocoon ($7\frac{17}{21}$ têtes) n'en sont pas moins des chefs-d'œuvre et nous admirons justement à l'égal l'un de l'autre les deux grands maîtres italiens. C'est que pas plus que chez les autres êtres organisés, l'organisme chez l'homme n'est soumis à des lois absolues, à un développement rigoureusement déterminé.

Sans doute on a constaté entre certaines races humaines des différences de proportions généralement assez tranchées pour servir de caractère. Mais il arrive assez souvent que chez quelques individus l'ordre de ces différences est interverti. C'est encore là un exemple d'entrecroisement.

Ainsi le Nègre africain a en moyenne le membre supérieur, de l'épaule au poignet, relativement plus long que le Blanc européen, et nous reviendrons plus loin sur ce point. Pourtant des mesures de Quételet il résulte qu'un Nègre, bien connu dans les ateliers où il servait de modèle, avait les bras plus courts que les soldats et un modèle belges pris pour termes de comparaison.

Au reste les nombres trouvés par Quételet placent dans l'ordre suivant les individus sur lesquels ont porté ses observations : 1° moyenne de dix soldats belges ; 2° un chef Ojibbeway ; 3° un modèle belge et un Cafre Zoulou ; 4° un Cafre Amaponda ; 5° le modèle nègre ; 6° trois jeunes Ojibbeways ; 7° Cantfield, Hercule des États-Unis. L'entrecroisement apparaît encore ici d'une manière bien marquée, et c'est dans la race blanche que le savant bruxellois a rencontré les deux extrêmes.

Dans la caractéristique générale des races nègres, on voit souvent figurer à la fois le peu de développement et la position relativement trop élevée du mollet. Je ne connais pas de renseignements précis sur le dernier de ces caractères. Quant au premier, il a été présenté comme trop général. Ce sont deux Noirs, le Cafre Amaponda et le modèle nègre qui dans les tableaux de Quételet présentent le maximum ($0^m,410$) et le minimum ($0^m,328$) de développement de cette partie. Ils sont séparés l'un de l'autre par les Belges, les Ojibbeways et Cantfield.

En somme, des *moyennes* prises sur les diverses régions du corps donneront sans doute des résultats utiles pour la distinction des races. Mais encore faudra-t-il tenir compte de bien des conditions. Tous les peuples chasseurs, y compris les Australiens, disent les voyageurs qui ont pénétré chez eux, pourraient fournir des modèles à la statuaire, et sont généralement remarquables par la symétrie et la beauté des proportions. A cet égard les populations civilisées, celles de nos grandes villes surtout, présentent une infériorité déplorable. Notre *type fondamental* est-il donc disgracié à cet égard ? Non, certes. Mais la civilisation elle-même, par les facilités d'existence qu'elle procure, par les vices qu'elle entraîne, par les individus chétifs qu'elle conserve, introduit dans la race des éléments de dégradation. Encore ici apparaît dans tout son plein l'influence du milieu.

VI. — *Coloration.* — Avec tous les anthropologistes, je reconnais à la couleur de la peau une grande valeur comme caractère. Il ne faut pourtant pas s'en exagérer l'importance. On sait aujourd'hui qu'elle ne résulte pas de l'existence ou de la disparition de couches spéciales. Blanche ou noire, la peau comprend toujours un *derme* blanc arrosé par de nombreux capillaires, un *épiderme* plus ou moins transparent et incolore. Entre deux est placé le *corps muqueux*, dont le *pigment* seul en réalité varie selon les races de quantité et de couleur.

Toutes les couleurs que présente la peau humaine ont deux éléments communs, le blanc du derme et le rouge du sang ; en outre chacune a son élément propre résultant de la coloration du pigment. Les rayons réfléchis par ces divers tissus se fondent en une résultante, qui produit les teintes spéciales et traversent l'épiderme. Ce dernier joue le rôle d'un verre dépoli. Plus il est délicat et fin, mieux on perçoit la couleur des parties sous-jacentes.

Cette disposition explique pourquoi chez certaines races colorées, par exemple aux Sandwich, ce sont les classes aisées et vivant à l'abri qui ont souvent le teint le plus foncé. Chez elles le *hâle* masque la coloration pigmentaire, comme il masque chez nous la teinte du derme et de ses vaisseaux.

On comprend aussi, d'après ce qui précède, pourquoi le Blanc est le seul dont on puisse dire qu'il *pâlit* et *rougit*. C'est que que chez lui le pigment laisse apercevoir les moindres différences dans l'afflux du sang sur le derme. Chez le Nègre, comme chez nous, le sang a aussi sa part dans la coloration dont il avive et modifie la teinte. Quand ce liquide manque, le Nègre devient gris, par la fusion du blanc du derme et du noir du pigment.

Chacun sait, qu'au point de vue de la coloration, les races humaines peuvent être partagées en quatre groupes principaux : les races blanches, les races jaunes, les races noires et les races rouges. Mais il faudrait se garder d'attacher à ces expressions un sens absolu. Tout groupement de races fondé uniquement sur la couleur romprait des rapports étroits et conduirait à des rapprochements en désaccord évident avec l'ensemble des autres caractères. Ce point de vue systématique n'en fait pas moins ressortir quelques faits généraux intéressants.

Les races à teint blanc présentent assez d'homogénéité. Par l'ensemble de leurs caractères, elles appartiennent presque exclusivement au type qui emprunte son nom à cette sorte de coloration. Il est d'ailleurs inutile d'insister sur les différences de teintes que celle-ci présente de la femme anglaise ou allemande des hautes classes au Portugais et surtout à l'Arabe. Toutefois dans les régions boréales et dans le centre de l'Asie, quelques populations, les Tchouktchis par exemple, *paraissent* réunir à un teint blanc certains caractères qui les rattachent aux jaunes.

Chez le Blanc le plus pur, l'épiderme perd aisément sa transparence dès que le teint se fonce. On ne peut alors reconnaître les veines sous-cutanées qu'à leur saillie. Ce n'est que chez les individus à peau très-fine et très-transparente que leur trajet est indiqué par la couleur bleuâtre bien connue. Toutes les fois que ce trait sera signalé chez une population quelconque on peut la rattacher avec certitude au type blanc. Voilà pourquoi je n'ai pas hésité à placer parmi les Allophyles quelques-unes des tribus

les plus sauvages des côtes nord-ouest de l'Amérique septentrionale et les Tchouktchis dont je parlais tout à l'heure.

Les populations à peau noire sont loin d'être aussi homogènes
que les précédentes. Tous les *hommes noirs* ne sont pas des *Nègres;*
il en est que l'ensemble des caractères plus importants rattache
forcément au tronc blanc. Tels sont par exemple les Bicharis et
autres populations négroïdes des bords de la Mer Rouge, dont la
peau est bien plus noire que celle de certains Nègres, mais dont
la chevelure et les traits sont parfaitement sémitiques.

Chez les Nègres proprement dits les teintes varient peut-être
plus encore que chez le Blanc. Sans aller plus loin que le Caire
on peut voir des individus qui, sans traces de métissage, vont du
brun fortement enfumé au noir de charbon. Les Yolofs sont d'un
noir bleuté rappelant l'aile du corbeau, et Livingstone parle de
quelques tribus du Zambèze comme étant de couleur café au
lait. Mais peut-être le métissage est-il pour quelque chose dans
cette modification extrême du teint.

Les populations à peau jaune présentent des faits analogues
aux précédents, mais moins nombreux et moins frappants.
Peut-être cette différence tient-elle seulement à la difficulté de
saisir les nuances de la couleur fondamentale. Toujours est-il
qu'un jaune plus ou moins accusé caractérise également le grand
tronc mongolique et la race Houzouana ou Boschismane qu'il est
impossible de séparer des Nègres. D'autre part cette même teinte
ressort si bien chez les mulâtres qu'on les désigne souvent sous
le nom de *jaunes*, par opposition aux Noirs et aux Blancs.

Des quatre couleurs auxquelles on peut ramener le teint des
races humaines la moins caractéristique est la rouge. On a voulu
en faire l'attribut des Américains. C'est une erreur. D'une part en
Amérique les races péruvienne, antisienne, araucanienne... sont
d'un brun plus ou moins foncé, les Brasilio-Guaraniens d'une
couleur jaunâtre à peine teinté de rouge, etc. D'autre part on
a trouvé à Formose une tribu aussi rouge que les Algonquins, et
des teints plus ou moins cuivrés se rencontrent chez des populations coréennes, africaines, etc.

La teinte rouge apparaît d'ailleurs par le fait seul du croisement entre races qui ne la possèdent ni l'une ni l'autre. Fitz
Roy nous apprend qu'à la Nouvelle-Zélande elle caractérise
souvent les métis d'Anglais et de Maori. Ce fait même explique
pourquoi on la rencontre chez plusieurs des populations indiquées plus haut. C'est chez l'homme un de ces faits qui montrent
comment le métissage peut amener l'apparition de caractères
nouveaux.

En somme on voit que la couleur de la peau, tout en fournissant d'excellents caractères secondaires, ne saurait être prise
pour point de départ d'une classification des races humaines.
Pour l'homme comme pour la plante on doit se rappeler l'aphorisme de Linné : « nimium ne crede colori ».

J'en dirai tout autant et plus encore de la couleur des yeux.

Sans doute la couleur noire se montre habituellement chez les races colorées et le bleu d'azur n'existe guère que chez les populations blondes. La première teinte paraît même être constante chez les jaunes et chez certains Blancs allophyles. Mais, chez les Nègres même, on rencontre souvent des yeux bruns, parfois des yeux gris.

Tout autant que celle de la peau, la couleur des yeux est une résultante due à la fusion des teintes réfléchies par les diverses couches de l'iris, avivées par la couleur du sang et perçues à travers la cornée transparente. De là vient la difficulté qu'ont les peintres à rendre l'effet général.

VII. — *La peau et ses principales annexes.* — La peau, qui recouvre le corps entier, est un véritable appareil composé d'organes anatomiquement et physiologiquement distincts. Le principal est l'*organe cutané* ou *peau proprement dite*, à laquelle s'ajoutent à titre d'annexes les *organes producteurs de villosités*, les *glandes sudoripares*, les *glandes cutanées* et quelques autres dont nous n'avons pas à nous occuper.

Dans ses extrêmes, la surface de la peau est tantôt sèche et rude, tantôt souple et comme satinée. Le premier cas est généralement celui des races boréales, le second celui de plusieurs races habitant les pays chauds, comme les Nègres et les Polynésiens.

Les deux faits s'expliquent assez aisément par l'action de la température seule. Le froid resserre les tissus, refoule à l'intérieur le sang ou en enraye la circulation à la superficie du corps. Il doit par conséquent amoindrir l'activité fonctionnelle de la peau proprement dite et en particulier diminuer la *perspiration*. La chaleur, au contraire, fait affluer le sang à la surface du corps, active les fonctions de la peau et surtout la *perspiration*. Celle-ci produisant à la surface du corps une évaporation constante, entretient la souplesse de la couche épidermique et la fraîcheur habituelle qui fait rechercher les Négresses dans les harems.

Cette action de la chaleur, la suractivité de l'organe cutané, qui en est la suite, ont d'ailleurs d'autres conséquences qui s'enchaînent et expliquent quelques-uns des faits signalés par les voyageurs et les anthropologistes.

M. Pruner Bey a fortement insisté sur l'épaisseur des couches cutanées, sur celle du derme en particulier chez le Nègre. Cette épaisseur n'est-elle pas la conséquence naturelle de l'afflux des principes nutritifs amenés par le sang, sans cesse appelé à la surface du corps pour suffire à la perspiration ?

On a remarqué depuis longtemps que les Nègres et les autres races des pays chauds suent beaucoup moins que les races des pays tempérés. Les faits précédents rendent compte de celui-ci. Le sang, amené sans cesse à la périphérie et dans l'organe cutané, afflue moins dans les glandes sudoripares, profondément enfoncées sous le tissu adipeux. Entre la *transpiration* et la *perspiration*, il doit exister, par suite de la position des organes, un véritable balancement.

Il est probable qu'une des difficultés de l'acclimatation vient de ce que ces deux fonctions doivent changer d'activité proportionnelle quand on passe d'un climat tempéré à un climat intertropical ou *vice versa*. Des recherches de Krause il résulte que le corps d'un Européen porte plus de 2 281 000 glandes sudoripares. Le volume de tous ces petits organes réunis serait d'environ 40 pouces cubes. Le changement brusque des fonctions ne saurait donc être indifférent. D'ailleurs les glandes sébacées, plus petites mais bien plus nombreuses que les sudoripares, participent à ce mouvement et il ne peut qu'en résulter pour l'organisme une secousse sérieuse.

Les villosités sont ou très-rares ou absolument nulles à la surface du corps du Nègre, sauf les quelques points toujours garnis de poils chez l'homme. En revanche, l'appareil glandulaire cutané est chez lui extrêmement développé.

Ces deux faits se rattachent encore à la même cause et s'expliquent par le balancement d'organes connexes. Le sang, appelé à la surface du corps, abandonne les *bulbes pileux* trop profondément enfoncées ; mais, par la même raison, il afflue dans les *glandes sébacées* qui sont placées superficiellement. Il est tout simple que les premiers s'atrophient et que les secondes se développent exceptionnellement.

Ce développement lui-même rend compte de l'exagération de l'odeur propre à la race nègre. On sait qu'un navire négrier est reconnu pour tel à l'odorat. Mais les populations africaines ne sont pas seules caractérisées de cette manière. Humboldt nous apprend que les Péruviens distinguent l'odeur de l'indigène, celle du Blanc et celle du Nègre et leur ont donné les noms de *posco*, *pezuna* et *graïo*. Chez nous-mêmes, chaque individu a son odeur propre que distingue fort bien l'odorat délicat du chien.

VIII. — *Villosités, barbe, cheveux.* — Les villosités représentent chez l'homme le poil des mammifères ; mais tandis que ceux-ci en sont toujours couverts, à l'exception de quelques races spéciales, telles que les *chiens turcs*, les *bœufs calongos*, etc., l'homme n'en porte généralement en qualité notable que sur quelques points restreints. Chez le Nègre africain, chez la plupart des races jaunes, il n'en existe sur le corps que dans ces points privilégiés. Toutefois la pratique de l'épilation, commune à un grand nombre de populations colorées, a fait exagérer la fréquence et l'intensité de ce caractère. Eckewelder nous représente les guerriers Peaux-Rouges, dans leurs moments de loisir, occupés à s'arracher les moindres villosités avec de petites pinces fabriquées expressément pour cet usage.

Les races blanches sont généralement plus ou moins velues, et parmi elles les Aïnos ont été depuis longtemps signalés comme présentant ce trait à un degré tout à fait exceptionnel. Les photographies du colonel Marshal permettent d'affirmer que les Todas ne leur cèdent en rien sous ce rapport. Ici les villosités forment chez certains individus une véritable fourrure, surtout aux membres inférieurs.

De toutes les villosités du corps humain, celles qui couvrent la face et le crâne ont à juste titre attiré davantage l'attention. Toutes les races ont des cheveux ; mais il en est un assez grand nombre qui ont été signalées comme étant absolument imberbes, en Asie, en Amérique, en Afrique. Pallas, Humboldt, MM. Brasseur de Bourbourg, Pruner Bey, ont fait justice de ces assertions et montré que l'*épilation*, soigneusement pratiquée, leur a seule donné naissance. Toutes les races humaines sont plus ou moins barbues. Toutefois on constate de grandes différences à cet égard, même chez des races appartenant au même type fondamental. Certains Nègres mélanésiens présentent, sous ce rapport, un contraste frappant avec leurs frères africains.

La chevelure est bien plus constante que la barbe au point de vue de la quantité. Cependant elle paraît être sensiblement plus fournie chez quelques races boréales, qui ont en outre un duvet plus abondant que celui des races des pays tempérés. Il y a là accord complet avec ce qu'on sait des animaux.

Chez certaines races nègres, les Boschismans de l'Afrique australe, les Mincopies des îles Andaman, les Papous de la Mélanésie et aussi quelques tribus africaines, les cheveux forment sur la tête des espèces de petits îlots, séparés par des espaces parfaitement glabres. De là résultent ces chevelures en *grains de poivre* signalées par divers voyageurs. Chez la plupart des Nègres africains, chez les Jaunes et les Blancs, la répartition des cheveux est au contraire uniforme.

On sait combien varie la couleur de la chevelure. Quelques faits généraux se dégagent pourtant au milieu de tous les cas spéciaux. J'ai déjà dit qu'on trouve sporadiquement dans toutes les races des individus à cheveux plus ou moins *rouges* ou *roux*. Sauf cette exception, toutes les races colorées ont les cheveux noirs. Les cheveux blonds ont été longtemps regardés comme étant l'apanage d'un petit nombre de groupes aryans. Toutefois, selon M. Pruner Bey, on les rencontre aussi parfois chez les Sémites d'Asie, et l'on sait, à n'en pas douter, qu'ils sont très-fréquents chez les Kabyles. Les faits de même nature que Pierre Martyr, P. Kes, James, etc., ont signalés en Amérique chez les Pariens, les Leo-Panis, les Kiavas, etc., s'expliqueront sans doute un jour par des migrations et des croisements. Il me paraît presque évident, par exemple, que les Scandinaves ont dû porter leur chevelure blonde chez plusieurs tribus du littoral américain, et que les faits signalés par Pierre Martyr sont un des témoignages de leur extension au-delà du golfe du Mexique.

La forme de la chevelure prise dans son ensemble a aussi quelque chose de caractéristique. Chacun connaît la prétendue *tête laineuse* du Nègre couverte de cheveux très-courts et crépus. La chevelure très-longue et raide des populations jaunes, américaines, etc., contraste avec la précédente d'une manière frappante. Celle des races blanches, souvent bouclée, tient presque le milieu entre ces deux extrêmes.

Cet aspect général coïncide d'ordinaire avec des différences de structure et de forme générale de la tige. Brown avait déjà montré que celle-ci, coupée transversalement, présente une section qui varie de l'ellipse allongée chez le *Nègre* au cercle chez le *Peau-Rouge*, et que le cheveu de l'Anglo-Saxon constituait un terme moyen. M. Pruner Bey a repris cette étude et fait connaître la forme de la coupe transversale des cheveux dans plusieurs races appartenant aux trois types fondamentaux. Il a montré que l'ellipse allongée caractérise les races nègres en général aussi bien que la race hottentote-boschismane; que les formes ovalaires sont essentiellement le partage des populations aryanes; que les formes circulaires plus ou moins régulières caractérisent les races jaunes, américaines, etc., et qu'à cet égard les races blanches allophyles (*Basques*) paraissent se rapprocher des précédentes.

Brown et Pruner Bey s'accordent d'ailleurs pour témoigner que sur les têtes de métis on trouve un mélange de formes. C'est exactement ce qui se passe souvent dans le croisement du mérinos avec les races de moutons à laine grossière.

Je n'ai parlé jusqu'ici que des caractères fournis par la barbe et la chevelure abandonnées à elles-mêmes. Mais on sait combien l'amour de la parure, cet instinct un des plus caractéristiques de l'homme, s'est ingénié à modifier la nature sur ces deux points. Il est résulté de là des caractères, artificiels sans doute, mais qui ont parfois une valeur très-réelle. Ce côté de la question a été souvent abordé, et M. E. Cortambert en a fait l'objet d'un travail où il a résumé les recherches de ses prédécesseurs en y joignant les siennes propres.

IX. — *Traits du crâne et de la face*. — Au point de vue de l'anthropologie descriptive comme au point de vue anatomique, la tête se compose essentiellement de deux régions, le crâne et la face. Le premier recouvert seulement par le cuir chevelu, qui en suit tous les contours, ne présente en réalité que des caractères ostéologiques. La forme générale, les proportions, etc., sont à très-peu de chose près sur l'homme vivant les mêmes que sur le squelette. Aussi est-ce en parlant de ce dernier que j'entrerai à ce sujet dans quelques détails. Ici je me bornerai à faire remarquer que l'inégalité d'épaisseur de la peau et des quelques plans musculaires sous-jacents nécessite quelques corrections, lorsqu'on veut comparer les mesures prises sur le vivant à celles que fournit la tête osseuse. Par exemple la présence des muscles temporaux augmente d'une manière assez sensible le diamètre transverse maximum. Par suite le rapport de celui-ci au diamètre antéro-postérieur se trouve élevé. Ce rapport, qui constitue l'*indice céphalique*, est un des caractères dont les anthropologistes ont à se préoccuper le plus souvent et il était important de déterminer la correction à faire en cas de comparaison. M. Broca a montré qu'elle est de deux unités lorsqu'on exprime le rapport comme je le dirai plus loin.

Il n'en est pas de la face comme du crâne. Ici, les parties molles surajoutées jouent un rôle dont l'importance a été tour à tour exagérée ou méconnue. William Edwards voulait que l'on jugeât des races comme des individus, exclusivement par les traits du visage. Serres, partant de ce fait que la charpente osseuse détermine la forme générale et les proportions de la face, demandait que l'on s'en tînt uniquement aux caractères ostéologiques. Tous deux étaient trop exclusifs.

Sans doute le squelette est pour beaucoup dans les caractères les plus superficiels de la face. Mais, les muscles, le tissu cellulaire et adipeux, les cartilages sont ici bien autrement développés que sur le crâne; et, de leur plus ou moins d'extension, de leurs rapports variés résultent des différences de traits qui constituent autant de caractères. Malheureusement il est souvent fort difficile de préciser ceux-ci. Les descriptions les plus détaillées sont rarement suffisantes et les mensurations les plus exactes sont loin de donner une idée de certaines variations de la figure humaine. Par exemple elles ne sauraient faire comprendre la différence, pourtant très-sensible pour l'œil, qui distingue le nez du Nègre guinéen de celui du Nègre nubien.

Le nez est pourtant celui des traits de la face qui se prête le mieux aux investigations de ce genre. Sa longueur est déterminée par le point d'attache des os nasaux au frontal et la position de l'épine nasale; sa largeur à la racine dépend de l'angle formé par les os nasaux; sa largeur à la base est plus ou moins en rapport avec l'ouverture antérieure des fosses nasales. Mais la forme et le développement des cartilages, ainsi que l'épaisseur des narines peuvent sur deux têtes osseuses très-semblables modifier considérablement le type même de cet organe; et l'*indice nasal extérieur* ne peut donner aucune idée de ces variations. L'étude de M. Topinard à ce sujet n'en a pas moins un intérêt réel; mais au point de vue de la caractérisation des races, les recherches faites par M. Broca sur l'*indice nasal ostéologique*, dont il sera question plus loin, ont une valeur bien plus sérieuse.

Les caractères tirés du nez observé sur le vivant n'en ont pas moins une grande importance. Cet organe est plus ou moins écrasé, large et épaté à sa base chez presque tous les Nègres, chez la plupart des Jaunes, chez certains Blancs allophyles; il est au contraire étroit et saillant dans les belles races blanches. Ces deux types généraux présentent d'ailleurs des variations secondaires dont le dessin peut seul donner une idée.

J'en dirai autant à propos de la bouche. Les mille nuances de dimensions et de forme qu'elle peut présenter, depuis le Nègre guinéen aux lèvres énormes et comme retroussées jusqu'à certains Blancs aryans ou sémites, ne sauraient ni se mesurer ni se décrire. On ne peut guère qu'indiquer les caractères généraux quand ils deviennent très-tranchés. Remarquons toutefois que la grosseur des lèvres ressort outre mesure chez les Nègres, par suite de la projection en avant des maxillaires et des dents.

La bouche nègre présente un autre caractère qui me semble avoir été généralement méconnu et qui m'a toujours frappé. C'est une sorte d'empâtement placé au bord externe des commissures, et qui semble s'opposer à ces petits mouvements des coins de la bouche qui jouent un si grand rôle dans la physionomie. Les dissections de M. Hamy ont rendu compte de ces faits. Elles ont montré que chez les Nègres les muscles de cette région sont à la fois plus développés et moins distincts que chez le Blanc.

Indépendamment de la couleur de l'iris, l'œil présente encore dans le développement des paupières, dans les dimensions de la fente palpébrale, des différences qui constituent autant de caractères ayant parfois une valeur réelle. Tout le monde connaît les *yeux chinois*, inclinés de bas en haut et de dedans en dehors. Ils ont été regardés comme propres aux races jaunes pures ou métisses. Pourtant ces yeux obliques se retrouvent assez souvent en Europe, chez des femmes principalement, et s'allient parfois à un teint d'une blancheur et d'une fraîcheur presque exceptionnelles, ainsi qu'à des traits unanimement regardés comme des plus agréables.

La forme générale du visage et quelques autres particularités tirées de la saillie des pommettes, de la forme et de la proéminence ou du retrait du menton, etc., prêteraient à quelques considérations analogues aux précédentes. Mais ici encore les caractères extérieurs manquent de la précision que nous trouverons dans les caractères ostéologiques.

X. — *Caractères tirés du tronc et des membres.* — En parlant des proportions j'ai déjà indiqué quelques-uns de ces caractères; j'y reviendrai à propos du squelette. Je me bornerai donc ici à faire une courte remarque et à signaler deux traits remarquables.

Une des particularités qui, pour nos yeux européens, contribue le plus à la beauté du corps, est la différence des diamètres transverses de la poitrine, de la ceinture et des hanches. Un corps tout d'une venue nous paraît disgracieux. C'est un trait qui se retrouve chez plusieurs races jaunes et américaines. La comparaison de ces diamètres fournirait des indices intéressants à comparer. Mais on n'a guère pris que celui de la poitrine ou plus généralement la circonférence de cette partie du corps. A en juger par les nombres donnés par divers auteurs, les Nègres de Fernando-Po auraient la poitrine la plus développée. Chez eux la circonférence serait de 95°,2. Les Anglais viendraient ensuite et le minimum observé l'aurait été chez les Todas, dont le thorax n'aurait que 81°,8 de circonférence.

Les Hottentotes et surtout les Boschimanes présentent à un

haut degré deux particularités que l'on a cru longtemps leur être
spéciales, mais qui se sont retrouvées ailleurs. Je veux parler de
la *stéatopygie* et du *tablier*. La première consiste dans un développement étrange des couches graisseuses dans la région fessière,
d'où résulte une énorme protubérance. La Vénus Hottentote,
dont le moule en pied existe au Muséum, en présente un bon
exemple, mais il paraît que ce caractère peut s'exagérer encore
davantage. C'est la reproduction chez l'homme d'un trait signalé
par Pallas comme caractéristique de certaines races de moutons de l'Asie centrale, chez lesquelles l'atrophie de la queue
coïncide avec l'apparition d'énormes loupes graisseuses.

La stéatopygie a été signalée chez diverses populations noires
et négroïdes. Elle était très-reconnaissable chez une reine de
Poun figurée sur le temple égyptien élevé par M. Mariette, pour
l'exposition de 1867. Livingstone assure qu'elle commence à se
manifester chez certaines femmes Boërs, qui sont pourtant de
race blanche bien pure. Mais nulle part elle n'est aussi prononcée que chez les Boschimanes et elle constitue un des caractères
les plus frappants de la race.

Il n'en est pas entièrement de même du *tablier*, résultant du
développement exagéré des petites lèvres, qui saillent en dehors
de la vulve et pendent en bas des cuisses. Ce trait se retrouve plus ou moins développé dans une foule de races et a
donné lieu à la pratique de la circoncision chez les femmes. En
Europe, il n'est pas sans doute de médecin accoucheur qui n'ait
eu quelque occasion de le constater chez des Blanches parfaitement pures. Toutefois il paraît que chez les Boschimanes le
tablier atteint parfois des dimensions que l'on n'observe pas
ailleurs. Chez la Vénus Hottentote, le moulage que possède le
Muséum donne 55 millimètres de longueur à droite et 61 à
gauche; la largeur est de 34 millimètres à droite et de 32 à
gauche. L'épaisseur, partout la même, est de 15 millimètres.

CHAPITRE XXX

CARACTÈRES ANATOMIQUES.

I. — *Caractères ostéologiques*. — Sans méconnaître la très-grande valeur des caractères extérieurs, j'attache avec presque tous les anthropologistes, *dans la plupart des cas*, une importance plus grande encore aux caractères anatomiques. Malheureusement, l'anatomie comparée des races humaines est encore peu avancée. En réalité, les parties solides, le squelette a pu seul être sérieusement examiné. L'étude des parties molles a été à peine abordée. Pour ce motif et pour bien d'autres, je distinguerai ces deux ordres de faits, et résumerai séparément ce que nous savons sur les *caractères ostéologiques* et les *caractères organiques*.

Le squelette, charpente du corps, présente les mêmes régions que celui-ci ; on peut y distinguer la tête, le tronc, les extrémités. Chacune de ces régions offre des particularités plus ou moins en rapport avec la diversité des groupes humains. Les mieux étudiées et très-heureusement les plus importantes, sont fournies par la tête. Depuis quelques années, les collections crâniologiques se sont singulièrement accrues ; et, dans toute l'Europe, on s'est mis à les étudier avec une égale ardeur. Les méthodes, les instruments crâniométriques se sont multipliés, peut-être un peu au-delà des besoins réels. MM. Vogt et Topinard ont fort bien résumé cet ensemble de recherches. Je ne puis que renvoyer à leurs publications. Ici je ne saurais même reproduire tous les résultats déjà acquis, et je dois me borner à indiquer quelques-uns des principaux.

II. — *Caractères tirés du crâne seul*. — Au point de vue anthropologique, aussi bien que sous le rapport anatomique, la tête osseuse se subdivise en *crâne* et en *face*. Chacune de ces régions donne en effet ses indications propres. En outre, de leurs rapports réciproques naissent encore de nouveaux caractères. Passons-les rapidement en revue.

La forme générale du crâne dépend, avant tout, du rapport existant entre la *longueur* mesurée d'avant en arrière, et la *largeur* prise d'un côté à l'autre. C'est à Retzius que revient l'honneur d'avoir compris l'importance de ce rapport. Il s'en servit pour établir la distinction entre les races *dolichocéphales* ou à tête longue, et les races *brachycéphales* ou à tête courte.

Retzius avait regardé les rapports 7 : 9 ou 8 : 10 comme représentant la limite, laissée par lui incertaine, de la dolichocéphalie et de la brachycéphalie. M. Broca a proposé de comprendre dans un troisième groupe, les crânes dont la longueur et la largeur présenteraient un rapport compris entre ces limites, et tous les anthropologistes admettent maintenant avec lui des races *mésaticéphales*. En ramenant ces rapports à la forme décimale, en créant le terme d'*indice céphalique horizontal* universellement adopté aujourd'hui, M. Broca a d'ailleurs facilité singulièrement l'étude de ce caractère et la discussion des idées qu'il peut faire naître. Sa subdivision en deux des groupes extrêmes, présente aussi, dans certains cas, des applications utiles. Mais lui-même a fort bien montré qu'il ne faut pas aller trop loin dans cette voie.

Il y a eu, ce me semble, un peu d'arbitraire dans la délimitation de la dolichocéphalie, de la mésaticéphalie, de la brachycéphalie. Ce fait me paraît ressortir des tableaux suivants, que j'emprunte à MM. Broca et Pruner Bey. Ils reproduisent les moyennes trouvées par ces éminents observateurs. Seulement j'ai substitué l'ordre sérial à la distribution purement géographique admise par M. Pruner. J'ai, en outre, ramené les deux notations au centième, ce qui présente à l'esprit quelque chose de plus net et met en saillie un résultat général.

Indices des races humaines d'après M. Pruner Bey.

Races.	Indices
Américains des Pampas de Bogota, etc.	0,93
Américains de Vera-Paz	0,87
Allemands du Sud (hommes)	
Allemands du Sud (femmes)	0,86
Laossiens	
Annamites	0,85
Turcs brachycéphales	
Malais brachycéphales	
Javanais	
Bornéens	
Péruviens brachyphales	
Puelches	0,84
Lapons	
Anciens Européens brachycéphales	
Kalmouks	
Bretons brachycéphales	0,83
Kanaks brachycéphales	
Aëtas (femmes)	
Anciens Européens (femmes)	0,82
Malais (femmes)	0,81
Néo-Guinéens brachycéphales	
Mexicains	0,80

Races.	Indices
Péruviens brachycéphales (femmes)	0,80
Indo-Chinois	
Tagals	
Belges	
Hollandais	0,79
Hovas	
Papous à nez aquilin	
Peaux-Rouges	
Chinois (femmes)	
Bellovaques (hommes)	0,78
Grecs modernes	
Kabyles (femmes)	
Juifs (femmes)	
Kouronghs (hommes et femmes)	
Néo-Guinéens	
Américains intermédiaires	
Araucans (hommes)	0,77
Chinois (hommes)	
Anciens Romains	0,77
Kabyles (hommes)	
Aëtas (hommes)	
Tasmaniens (femmes)	
Celtes dolichocéphales	
Scandinaves (hommes)	0,76

Races.	Indices.	Races.	Indices.
Bretons dolichocéphales)	0,76	Araucans (femmes)	0,74
Italiens modernes		Nègres (femmes)	
Mulâtres (hommes et femmes)		Kafres	
Arabes		Sémites Indous	
Sacalaves (hommes)		Anciens Celtes (hommes et femmes)	0,73
Néo-Zélandais		Irlandais	
Kanaks dolichocéphales	0,75	Nègres (hommes)	
Micronésiens		Sacalaves (femmes)	
Tasmaniens (hommes)		Australiens (femmes)	
Néo-Guinéens (femmes)		Brahmanes	0,72
Turcs dolichocéphales		Dravidas	
Étrusques		Persans	
Phéniciens		Bellovaques (femmes)	
Scandinaves (femmes)		Boschismans	
Tahitiens		Hottentots (femmes)	0,70
Américains du Brésil, Pérou, etc.	0,74	Hottentots (hommes)	
		Esquimaux	0,69

Indices des races humaines d'après M. Broca.

Races.	Indices.	Races.	Indices.
Brachycéphales vrais.		Mexicains non déformés	0,78
Amérique, crânes déformés	1,03 / 0,93	*Sous-dolichocéphales.*	
Syriens de Gébel-Cheikh légèrement déformés	0,85	Basques Espagnols de Zaraus	
Lapons		Gaulois de l'âge du fer	0,77
Bavière et Souabe		Malgaches	
Auvergnats de Saint-Nectaire	0,84	Chinois	
Finnois		Coptes	
Indo-Chine	0,83	Français Mérovingiens	0,76
Sous-brachycéphales.		Slaves du Danube	
Alsace et Lorraine		Tasmaniens	
Russie d'Europe		Polynésiens	
Bretons des Côtes-du-Nord (cantons gallois)	0,82	Égypte ancienne	
Javanais		Guanches	
Turcs		Corses d'Avapezza du xviiie siècle	0,75
Mongols divers		Bohémiens de Roumanie	
Bretons des Côtes-du-Nord (cant. bretonnants)	0,81	Papous	
Estoniens		France du nord, âge de la pierre polie	
Basques français	0,80	*Dolichocéphales vrais.*	
Mésaticéphales.		Kabyles	
Amérique septentrionale non déformés		Arabes	0,74
Amérique méridionale non déformés		Nubiens d'Éléphantine	
Malais non Javanais		France du midi; pierre polie (cav. Hom.-mort.)	
France du Nord, âge du bronze	0,79	France; pierre taillée	0,73
Parisiens du xvie siècle		Nègres de l'Afrique occidentale	
Parisiens du xiie siècle		Bengalais	
Parisiens du xixe siècle		Cafres	0,72
Gallo-Romains		Hottentots et Boschismans	
Romains	0,78	Australiens	
		Néo-Calédoniens	0,71
		Esquimaux	

Ces deux tableaux se complètent et se confirment l'un l'autre pour tous les résultats généraux. Les différences secondaires qui les distinguent, tiennent sans doute d'une part au nombre des crânes dont chacun des auteurs a disposés pour obtenir ses moyennes ; d'autre part à quelque diversité dans l'emploi de ces matériaux. M. Pruner Bey a distingué les sexes que M. Broca a réunis ; ce dernier a groupé ensemble les Hottentots et les Boschismans, séparés par M. Pruner, etc.

Du tableau de M. Broca, il résulte que la moyenne de tous ces indices, en laissant de côté les têtes déformées est de 0,78. Au point de vue numérique, ce serait celui de la vraie mésaticéphalie. Le groupe moyen devrait, ce me semble, s'abaisser autant qu'il s'élève, et par conséquent absorber au moins une partie des sous-dolichocéphales de M. Broca. En fait, de l'inspection des deux tableaux, il résulte que les indices au-dessus de 0,74 et au-dessous de 0,79, comprennent le plus grand nombre des races appartenant aux trois types fondamentaux et venant de toutes les parties du monde. La véritable mésaticéphalie me semblerait devoir être comprise entre ces limites. Je ne propose pourtant pas de changer celles qui ont été adoptées.

Ces tableaux prêtent à bien d'autres observations ; je me borne à indiquer les principales.

M. Pruner Bey a poussé ses calculs jusqu'aux millièmes, M. Broca jusqu'aux dix-millièmes. Je me suis arrêté aux centièmes, pour que l'œil saisit plus aisément la série formée par ces nombres si importants dans la caractéristique des races. Qu'on veuille bien se rappeler que la plupart sont des moyennes prises sur un certain nombre de crânes. Si l'on avait pour chaque race un nombre suffisant de sujets, et que l'on plaçât en série les indices pris sur chacun d'eux, à coup sûr la distance de l'un à l'autre ne serait plus seulement de 0,01 ; elle descendrait à 0,001 et au-delà. Le passage d'un individu à l'autre par nuances insensibles ne peut ici être mis en doute, pas plus que pour la taille.

Il est inutile d'insister longuement sur l'entre-croisement, si bien mis en évidence par les deux tableaux. On voit que le même indice place à côté les unes des autres, les races les plus disparates, l'Allemand du sud à côté de l'Annamite, le Breton à côté du Kalmouk, le Belge à côté du Tagal, le Parisien à côté du Malais, l'Italien à côté du Maori, etc., et que par leurs indices divers, les races blanches sont dispersées au milieu de presque toutes les races colorées. Je n'ai pas besoin de revenir sur les conséquences à tirer de ces faits, au point de vue de la question du monogénisme.

Les races jaunes et noires sont moins disséminées que les blanches. Les premières sont brachycéphales ou mésaticéphales ; les secondes sont toutes dolichocéphales à l'exception des Aëtas. J'ai montré que ces derniers appartiennent à un ensemble de populations s'étendant des îles Andaman et des Philippines, jusqu'en Mélanésie au détroit de Torrès, pénétrant la Nouvelle-Guinée et formant au milieu de la population nègre mélanésienne, une *branche* spéciale.

Quelque chose de pareil paraît exister en Afrique. Cette découverte, fort contraire aux idées générales reçues jusqu'ici, est due à M. Hamy. Cet habile chercheur avait reconnu la brachycéphalie sur six crânes pris dans les collections de Paris, et venant tous des environs du Cap Lopez ou des embouchures du Fernand Vaz. Plus tard, M. Duchaillu ayant rapporté des mêmes contrées 93 têtes osseuses dont les Anglais firent connaître les mesures, M. Hamy calcula les indices et trouva que 27 de ces crânes étaient brachycéphales ou mésaticéphales. Tout indique donc que le *tronc* nègre présente en Afrique une *branche* spéciale correspondant aux Négritos. Ce résultat est confirmé par les observations de Schweinfurth, qui place les Niams-Niams et quelques tribus voisines parmi les brachycéphales.

On voit que l'indice céphalique horizontal ne saurait servir de point de départ pour une classification des races humaines, comme l'avait cru Retzius. Mais on voit aussi que dans la caractérisation des groupes secondaires, il conserve toute la valeur que lui attribuait son inventeur.

Les moyennes extrêmes portées sur le tableau de M. Pruner Bey, ont été trouvées dans deux races américaines, les Esquimaux et les habitants des Pampas de Bogota, etc. Quelques différences qui séparent ces races, elles n'appartiennent certainement ni l'une ni l'autre, soit au tronc blanc soit au tronc nègre. C'est avec le type jaune qu'elles ont le plus d'affinité.

D'une moyenne extrême à l'autre, les indices céphaliques diffèrent de 0,246, selon M. Pruner; selon M. Broca, de 0,1455 seulement. Cette différence tient surtout à ce que M. Broca rejette comme déformés des crânes que M. Pruner semble accepter sans observation. Au reste, les indices individuels présentent un écart bien plus considérable comme il était aisé de le prévoir. Huxley a fait connaître un Mongol dont l'indice s'élève à 0,977, et un Néo-Zélandais, à coup sûr de souche mélanésienne, chez lequel il descend à 0,629. La différence est donc de 0,348.

Les rapports généraux de longueur et de largeur dans le crâne des races humaines, apparaissent dès la naissance. Toutefois, des recherches de Gratiolet il résulte que la dolichocéphalie tient à un développement relatif des os qui varie avec l'âge. Chez le nouveau-né, elle serait essentiellement *occipitale*; *temporale* dans l'enfant, et *frontale* chez l'homme adulte. Chez la femme, l'élongation du crâne serait essentiellement due à la longueur des temporaux. Sous ce rapport, la femme resterait donc enfant toute sa vie.

Partant de ces premiers résultats, le même observateur a comparé, au même point de vue, les Blancs dolichocéphales aux Nègres africains et mélanésiens. Il a trouvé que la dolichocé-

phalie frontale du premier était remplacée dans les deux races
noires par une dolichocéphalie occipitale. M. Broca a constaté
le même fait chez les Basques comparés aux Parisiens. La
distinction proposée par M. Gratiolet, fournit donc un caractère
secondaire, qui peut être utile dans certains cas, mais qui n'a
pas à beaucoup près la signification qu'on a voulu parfois lui
attribuer. On a voulu voir dans la dolichocéphalie occipitale,
un caractère séparant profondément le Nègre du Blanc; les
observations de M. Broca montrent qu'il n'en est rien et, des
observations de Gratiolet, il résulte qu'il y a là seulement persistance d'un état antérieur commun. Le Nègre et le Basque conservent pendant toute leur vie le trait céphalique du nouveau-né
parisien, par suite d'un de ces arrêts d'évolution que nous verrons
de plus en plus jouer un rôle considérable dans la caractérisation des races humaines.

L'étude de l'indice céphalique horizontal prêterait encore à
bien des remarques. Je me borne à rappeler les résultats statistiques de M. Diétrici. De ses relevés, il résulterait que la population totale du globe étant de 1288 millions d'âmes, elle compterait 1026 millions de dolichocéphales, et seulement 262 millions
de brachycéphales. Mais le savant berlinois comprend dans la
première catégorie, les Chinois qui sont mésaticéphales et
comptent à eux seuls pour 424 millions. En somme, des tableaux
de MM. Broca et Pruner Bey et des autres données recueillies
jusqu'ici, il me semble résulter que les mésaticéphales doivent
être bien plus nombreux que les brachycéphales ou les dolichocéphales. Si l'on prend la mésaticéphalie dans le sens indiqué
plus haut, ces derniers à leur tour l'emporteraient sur les brachycéphales, grâce surtout aux populations noires africaines,
que nous apprenons chaque jour être bien plus denses que l'on
ne croyait naguère.

Retzius n'avait comparé que les diamètres maxima antéro-
postérieur et transverse. Après lui, on a cherché le rapport entre
le premier et la hauteur du crâne. On a obtenu ainsi l'*indice
céphalique vertical*, dont l'importance est aussi facile à comprendre. Il figure également sur le tableau de M. Pruner Bey, et
prêterait à des considérations analogues aux précédentes. Mais
je ne saurais, sans dépasser les bornes de ce livre, entrer dans
tous ces détails. Pour le même motif, je ne dirai rien des autres
mensurations du crâne, *diamètres frontaux* maximum et minimum, *circonférence totale*, *courbe antéro-postérieure*, et autres, etc.

La composition du crâne ne peut varier que dans des limites
fort étroites. Toutefois, chez les Nègres, chez les anciens Égyptiens, etc., la portion écailleuse du temporal s'unit parfois au
frontal sans l'interposition partielle des ailes du sphénoïde.
C'est là un fait remarquable, car il est en contradiction avec le
principe des connexions, si justement regardé par Étienne Geoffroy, comme un des plus essentiels de l'anatomie comparée.

Dans le cas précédent, la composition du crâne est altérée

par la suppression d'une suture normale. Elle peut l'être aussi par l'apparition d'une suture anormale, partageant un os unique en deux os distincts. C'est ce qui arrive quand l'occipital semble se dédoubler pour laisser sa partie supérieure distincte. De là, résulte ce qu'on a nommé l'*os épactal*, l'os *des Incas*, parce que Rivero, Tschudy, avaient cru voir dans cette disposition, un caractère propre à ces peuples. Mais M. Jacquart a montré qu'il y avait là, seulement un arrêt dans l'évolution de l'occipital, arrêt dont les races humaines les plus diverses présentent des exemples. C'est à un phénomène analogue qu'est dû la persistance de la suture médio-frontale. Elle aussi se rencontre sans doute partout, mais bien plus souvent chez la race blanche aryane que chez les races colorées et surtout que chez les Nègres.

Ces faits se rattachent d'ailleurs à un ensemble d'observations et d'idées sur lesquelles Gratiolet a insisté à diverses reprises. D'après cet ingénieux observateur, les sutures antérieures seraient les premières à se souder chez les races inférieures, tandis que, dans les races supérieures, l'oblitération commencerait par les sutures postérieures. En outre, la totalité des sutures tendrait à disparaître de bonne heure chez les races sauvages, tandis que l'isolement des os du crâne persisterait chez les races cultivées et en particulier chez le Blanc européen. Cette disposition permettrait un développement du cerveau continu, quoique de plus en plus lent. Gratiolet expliquait ainsi la jeunesse intellectuelle, si remarquable chez certains hommes qui ont constamment exercé leur intelligence. Les recherches statistiques du Dr Pomerol, tout en enlevant à cette théorie ce qu'elle avait d'absolu, semblent la confirmer à quelques égards.

Ne pouvant passer en revue tous les caractères crâniens, je laisse de côté ceux que l'on a tirés de la saillie de divers os, des indices occipital de Broca, céphalo-spinal de Mantegazza, etc. Je ne dirai que quelques mots de la position du trou occipital et de l'angle sphénoïdal de Welker, mais j'insisterai un peu plus sur la *capacité* du crâne.

D'Aubenton avait montré dans un travail spécial que le trou occipital est toujours placé chez les animaux plus en arrière que chez l'homme. Sœmmering exprima la pensée qu'il était chez le Nègre plus en arrière que chez le Blanc et cette opinion, que semblaient confirmer quelques mensurations, fut facilement acceptée par quelques anthropologistes qui virent dans ce fait un *caractère simien*. Mais on n'arrivait à ce résultat qu'en appréciant la position de l'orifice par rapport à la longueur totale de la tête y compris la face. Or il est bien évident que celle-ci, venant à se développer en avant par suite du prognathisme, le trou occipital devait paraître reculé d'autant.

Les recherches de M. Broca sur les *projections crâniennes* permettent de ramener ce petit problème à ses véritables termes et d'en donner la solution. M. Broca a comparé 60 Européens et 35 Nègres. Représentant par 1,000 la *projection totale*, il trouva que chez les premiers la *projection antérieure* est représentée par 475 et chez les seconds par 498. Le bord antérieur du trou occipital est donc plus en arrière du bord alvéolaire chez le Nègre que chez le Blanc, et la différence est de 23. Mais cette projection comprend avec la *projection crânienne antérieure*, la *projection faciale* ; et celle-ci est de 65 pour l'Européen, de 138 pour le Nègre. Si on la retranche de la première, on trouve que la *projection crânienne seule* l'emporte chez le Blanc et que la différence est de 50.

Ces nombres nous apprennent que, relativement au crâne auquel il appartient, le trou occipital est placé plus en avant chez le Nègre que chez le Blanc, ce qui n'est rien moins que vrai pour les singes. Ces mêmes nombres font ressortir la différence réelle qui distingue ici les deux races, savoir le prolongement en avant de la face.

Au point de vue de ces comparaisons entre l'homme et les singes, l'*angle sphénoidal* découvert par M. Virchow, étudié par M. Welker et que l'on peut, grâce à M. Broca, mesurer sans scier les têtes, présente un intérêt spécial. Il présente chez nous et chez les Quadrumanes par suite des progrès de l'âge une évolution inverse. C'est ce qui résulte des chiffres ci-joints empruntés à Welker :

HOMMES.		SINGES.	
8 Nouveaux-nés	141°	Sajou nouveau-né	140
16 Enfants de 10-15 ans	137	Id. adulte	174
30 Allemands adultes	134	Différence	+ 34
Différence	— 7°	Orang jeune	155
		Id. adulte	172
		Id. vieux	174
		Différence	+ 19

J'ai déjà insisté sur ce que les faits de cette nature ont d'inconciliable avec les théories qui attribuent à l'homme pour ancêtre un être plus ou moins pithécoïde.

Quand on s'est occupé de la cavité crânienne, on a eu surtout pour but de suppléer au défaut de renseignements sur le volume et le poids du cerveau. Or, à ce point de vue, on peut facilement être induit en erreur. La boîte osseuse et son contenu se développent, au moins jusqu'à un certain point, d'une manière indépendante. C'est ce qui résulte très-clairement d'un fait recueilli par Gratiolet, et que l'on oublie trop. Il s'agit d'un enfant nouveau-né, chez lequel le crâne présentait la conformation normale. Le cerveau manquait néanmoins presque en totalité. Chez les hommes bien conformés, les sinus, les enveloppes du cerveau peuvent fort bien présenter plus ou moins de développement selon les individus et les races, et influer sur les dimensions relatives du cerveau.

En outre, la mesure exacte de la capacité du crâne présente

des difficultés qu'on n'a pu encore surmonter entièrement. Malgré les perfectionnements apportés par M. Broca à la méthode des grains de plomb, le même crâne cubé par le même observateur, dans une même séance, donne des indications assez différentes tantôt en plus, tantôt en moins.

Il y a en outre à tenir compte de particularités dont on a longtemps méconnu l'importance, et qui nécessiteraient de sérieuses corrections. On sait depuis plusieurs années que la taille influe sur le poids du cerveau. Elle ne saurait être sans influence sur la cavité qui renferme ce dernier. M. Broca a montré de plus que le sexe est par lui-même une cause de variation. Chez la femme la capacité du crâne est en moyenne toujours moindre que chez l'homme et la différence varie d'une race à l'autre.

Toutefois lorsqu'on opère sur un nombre suffisant de têtes osseuses, les causes d'erreur doivent se compenser, et les moyennes peuvent être acceptées comme donnant des résultats suffisamment approchés de la vérité. Surtout les résultats obtenus par le même observateur sont comparables entre eux, et l'on peut en tirer certaines conséquences. Rien n'empêche donc de voir dans la capacité crânienne un caractère très-digne d'être étudié. Mais il ne faut pas s'en exagérer la signification.

Au point de vue de la distinction des races extrêmes, M. Broca est arrivé au résultat suivant. La capacité crânienne de l'Australien étant représentée par 100, celle du Nègre africain est de 111,60 et celle des races blondes européennes de 124,8.

J'emprunte à mon éminent collègue le tableau suivant publié par M. Topinard dans son *Anthropologie*. Ce tableau donne la capacité crânienne moyenne en centimètres cubes pour un certain nombre de races dans les deux sexes. Seulement j'ai substitué l'ordre sérial chez les hommes à la répartition à peu près géographique de l'auteur et calculé la différence entre les sexes.

RACES.	HOMMES.	FEMMES.	Différence.
Caverne de l'Homme-Mort, pierre polie............	1516	1307	209
Bretons Gallois........................	1599	1426	173
Auvergnats............................	1598	1445	153
Basques Espagnols.....................	1574	1356	218
Bas-Bretons...........................	1564	1369	195
Parisiens contemporains...............	1558	1337	221
Guanches..............................	1557	1353	204
Corses................................	1552	1367	185
Esquimaux.............................	1539	1428	111
Chinois...............................	1518	1383	135
Mérovingiens..........................	1504	1361	143
Néo-Calédoniens.......................	1460	1330	130
Nègres de l'Afrique occidentale.......	1430	1251	179
Tasmaniens............................	1452	1201	251
Australiens...........................	1347	1181	166
Nubiens...............................	1329	1298	31

Nous retrouvons ici des faits d'entrecroisement analogues à ceux que j'ai signalés tant de fois. Les Mérovingiens, race blanche au premier chef, sont placés entre les Chinois jaunes et les Néo-Calédoniens, Nègres mélanésiens.

Mais surtout on voit par ce tableau à quelles graves erreurs on serait conduit si l'on voulait juger du développement intellectuel d'une race par la capacité de son crâne. A ce compte les troglodytes de la caverne de l'Homme-Mort, hommes et femmes, auraient été supérieurs à toutes les races inscrites au tableau y compris les Parisiens modernes, et les Chinois ne viendraient qu'après les Esquimaux. Sans doute, les populations françaises occupent le haut du tableau et les diverses races nègres sont aux derniers rangs. Mais là encore en voyant les Nubiens venir après les Australiens, on ne peut admettre qu'il y ait un rapport réel entre la grandeur de la cavité crânienne et le développement social. Nous retrouverons au reste des questions de même nature en nous occupant du cerveau.

Le tableau suivant, que j'emprunte à Morton, n'est pas moins instructif que le précédent. Il comprend un plus grand nombre de races. De plus le savant américain a donné non-seulement les moyennes, mais aussi les maxima et les minima résultant de ses recherches. Ses mesures sont exprimées en *pouces cubes*. Comme il ne s'agit pas de les comparer à celles qu'ont obtenues d'autres observateurs, je n'avais pas à en faire la réduction en centimètres. Je me suis borné encore à disposer les moyennes en série décroissante et à calculer les différences entre les maxima et les minima.

RACES.	MOY.	MAX.	MIN.	DIFF.
Anglais	99	103	91	14
Germains		114	70	44
Anglo-Américains	90	97	82	15
Arabes	89	98	84	14
Gréco-Égyptiens des catacombes	88		74	23
Irlandais	87	97	78	19
Malais	86		68	29
Persans				
Arméniens		94	75	19
Circassiens				
Iroquois	84			
Lénapes				
Cherokee		104	70	34
Shoshones				
Nègres d'Afrique		99	65	34
Polynésiens	83	84	82	2
Chinois		91	70	21
Nègres créoles d'Amérique du Nord	82	89	73	16
Indous		91	77	14
Anciens Égyptiens des catacombes	80	96	68	28
Fellahs		96	60	36
Mexicains	79	92	67	25
Péruviens		101	54	47
Australiens	75	83	68	15
Hottentots		81	61	20

Ce tableau, emprunté à un des apôtres les plus éminents du polygénisme, me semble de nature à faire réfléchir quiconque tient compte des faits.

Nous voyons les Chinois placés par leur capacité crânienne moyenne au-dessous des Polynésiens, des Nègres d'Afrique, des tribus sauvages de l'Amérique du Nord. Est-ce vraiment le rang que leur assigne leur civilisation?

Dans le tableau de Morton, les Nègres créoles d'Amérique tombent au-dessous des Nègres d'Afrique par le développement moindre de la même cavité. Meigs a confirmé ce fait curieux à bien des titres et donne même des nombres plus distants : 80,8 pour les premiers, 83,7 pour les seconds. Pourtant tous les témoignages sont unanimes pour reconnaître que les Nègres nés en Amérique sont intellectuellement supérieurs à leurs frères africains. Nott lui-même convient qu'il en est ainsi. Chez eux donc l'intelligence croît quand la capacité crânienne diminue.

Ce résultat est d'autant plus singulier que les recherches de M. Broca sur les crânes parisiens du XIIIᵉ au XIXᵉ siècle montrent la capacité crânienne grandissant avec le mouvement intellectuel général. Les mesures prises par le même observateur sur des individus appartenant aux classes livrées à l'étude et aux classes illettrées conduisent à la même conclusion.

Les nombres recueillis par Morton et par Meigs n'en subsistent pas moins ; et cette *expérience*, portant sur des populations nombreuses de la même race, me semble mettre hors de doute, ce qui ressortait déjà clairement de la comparaison de races différentes, savoir : que le développement des facultés intellectuelles de l'homme est dans une très-large mesure indépendant de la capacité du crâne et du volume du cerveau. Toutefois cette indépendance ne saurait être absolue. Nous verrons plus loin quelles limites on peut lui reconnaître.

Ici je dois me borner à constater que la diminution du crâne est, dans l'Amérique du Nord, un des *caractères* de la *race nègre créole* dérivée de la *race nègre africaine*.

Nous retrouvons dans ce tableau l'entrecroisement des races accusé par les moyennes. Les Indous, les anciens Égyptiens sont séparés des autres races blanches par les Nègres, les Chinois, les Polynésiens, les Peaux-Rouges.

Mais les maxima et les minima montrent bien mieux encore jusqu'où serait porté ce mélange, si l'on comparait les individus. Grâce à leur maximum de 83, des Hottentots et des Australiens passeraient avant des Germains, des Anglo-Américains dont le minimum n'atteint pas ce chiffre. A plus forte raison s'en trouverait-il au milieu de toutes les autres races que les nombres moyens placent avant eux. Il y a plus. Entre la moyenne la plus élevée et la plus basse, entre l'Anglais et le Hottentot ou l'Australien, la différence de capacité crânienne moyenne n'est que de 21 pouces cubes. La différence du maximum ou minimum est précisément la même chez les Chinois et très-supérieure dans neuf autres races ; elle est de plus du double chez les Germains et les Péruviens.

Est-il parmi les plantes ou les animaux un seul *genre* dont les *espèces* présentent des faits analogues à ceux qui ressortent des mesures prises par Morton? Non, et à lui seul ce tableau suffirait pour démontrer que les groupes humains sont des *races*, fort peu uniformes faute de sélection, et nullement des *espèces*.

III. — *Caractères tirés de la face seule.* — L'ensemble de la face prête à des appréciations analogues à celles que fournit l'examen du crâne. Cet ensemble peut être large ou allongé ; et, à vouloir distinguer ces deux formes par des épithètes particulières, on pourrait employer celles de *euryopse, dolichopse* (ευρύς, *masque de théâtre*).

Bien plus accidentée que le crâne, la face prête à des observations beaucoup plus multipliées. Chacun de ses traits mériterait de nous arrêter si nous écrivions un ouvrage détaillé, et cela d'autant plus que cette étude attentive date seulement d'un assez petit nombre d'années. Faute d'espace, je me borne à indiquer la nature des caractères et à signaler quelques-uns des principaux résultats.

Sur le vivant, la longueur de la face s'estime de la limite des cheveux à l'extrémité du menton. Mais les mesures de cette nature sont difficiles à se procurer quand il s'agit des races exotiques. On a donc eu recours aux têtes osseuses. Chez celles-ci la mâchoire inférieure manque très-souvent, et les dents elles-mêmes sont trop fréquemment tombées. On s'est donc arrêté à prendre pour limite inférieure de la longueur de la face le bord alvéolaire de la mâchoire supérieure. Le *point sus-nasal* de M. Broca sert de limite supérieure. L'intervalle compris entre ces points est toujours moindre que la *largeur* mesurée sur les arcades zygomatiques. En multipliant par 100 la longueur de la face et en divisant par la largeur, M. Broca a obtenu l'*indice facial* dont voici des exemples que je lui emprunte avec M. Topinard.

Esquimaux	73,1
Nègres	68,6
Bretons-Gallois	68,5
Auvergnats	67,9
Néo-Calédoniens	66,2
Parisiens	65,9
Australiens	62,6
Tasmaniens	62,6

Quelque peu nombreux que soient ces exemples, ils motiveraient des remarques analogues à celles que j'ai déjà présentées à diverses reprises et que je crois inutile de répéter.

Le nez est un des traits les plus frappants de la figure humaine. Sa forme générale, ses dimensions fournissent quelques-uns des caractères extérieurs les plus propres à distinguer les races. Mais les variations morphologiques de cet organe, assez difficiles à préciser, avaient été négligées. M. Topinard a comblé cette lacune et montré qu'il est possible, même sur des bustes moulés, de prendre des mensurations conduisant à des indices. Toutefois c'est jusqu'à présent la tête osseuse qui a fourni les indications les plus nettes. La largeur du nez, prise à l'ouverture des fosses nasales et multipliée par 100, comparée à la longueur comprise entre l'épine et l'articulation naso-frontale, ont fourni à M. Broca les termes du rapport exprimé par son *indice nasal*, et l'étude qu'il en a faite l'a conduit à des résultats importants.

Les mesures prises sur plus de 1,200 têtes de toutes races ont donné à M. Broca comme indice nasal moyen 50,00. Chez les diverses races cet indice varie de 42,33 (Esquimaux) à 58,38 (Houzouanas). On voit que l'écart est de 16,05 seulement. Les variations individuelles sont bien autrement étendues et vont de 72,22 (Houzouanas) à 35,71 (Roumains), donnant ainsi un écart maximum de 36,51.

La différence du maximum au minimum dans la même race est aussi fort considérable. Quand elle va au-delà de 10, M. Broca semble l'attribuer à peu près exclusivement à un métissage. Il a fait de cette idée une application ingénieuse à l'histoire du croisement des Francs avec les races qui les avaient précédés sur notre sol. Mais il est difficile d'admettre qu'il en soit toujours ainsi en voyant cette différence s'élever à 21,98 chez les Nègres de l'Afrique occidentale, et à 25,05 pour les Hottentots et les Boschismans. Il me semble qu'il n'y a ici que la répétition d'un fait que nous avons déjà constaté à propos de la capacité des crânes.

M. Broca s'est servi de son indice nasal pour répartir à ce point de vue toutes les races humaines en trois groupes. Chez les races à nez moyen ou *mésorhiniennes*, l'indice varie de 48 à 53 exclusivement. Au-dessous viennent les races à nez étroit et allongé ou *leptorhiniennes*; au-dessus celles à nez élargi, plus ou moins épaté, ou *platyrhiniennes*.

Les groupes ainsi obtenus sont assez homogènes. Les leptorhiniens ne comprendraient que des Blancs si les Esquimaux ne venaient s'y mêler d'une manière fort inattendue. Le groupe des platyrhiniens est composé exclusivement de Nègres et réunit toutes les races de ce type étudiées par M. Broca, à l'exception des Papous, peut-être métissés. Les mésorhiniens embrassent l'ensemble des races jaunes, ainsi que les Polynésiens, tous les Américains et les Papous dont je viens de parler. On rencontre aussi dans ce groupe des Blancs allophyles, les Esthoniens et les Finnois, qui se trouvent ainsi éloignés des Aryans et des Sémites.

En somme, à ne considérer que les moyennes, l'indice nasal pris pour base de répartition rompt bien moins de rapports naturels que les caractères dont il a été question jusqu'à présent. A part les exceptions que je viens d'indiquer, l'entrecroisement n'apparaît ici qu'entre races appartenant au même type.

Mais dès qu'on tient compte des variations individuelles, le mélange tant de fois signalé reparaît.

M. Broca a étudié l'indice nasal non-seulement chez l'adulte, mais encore chez l'homme en voie d'évolution. Il a trouvé que chez un embryon de trois mois cet indice était de 76,80 ; chez un fœtus à terme, de 62,48 ; chez un enfant de six ans, de 50,20 ; chez les Parisiens modernes, de 46,84. L'indice va donc en diminuant à mesure que le corps se rapproche de sa forme définitive. De ce fait l'auteur conclut que les écarts observés dans une même race peuvent tenir souvent à un arrêt de développement, ou mieux à un arrêt d'évolution, et il paraît disposé à rattacher à la même cause le platyrhinisme des races noires. Il revient ainsi aux idées émises par Serres sur la cause générale des caractères du Nègre, idées que nous examinerons ailleurs. Je regarde comme très-juste cette manière d'envisager l'origine de l'un des traits distinctifs qui distingue le plus nettement la race noire. Mais ce n'est pas seulement à l'indice nasal que cette donnée est applicable, comme je l'ai déjà montré.

L'*indice orbitaire* étudié encore par M. Broca s'obtient en multipliant par 100 le diamètre vertical de l'orbite et en divisant le produit par le diamètre horizontal. Considérées à ce point de vue, les races se partagent en trois groupes, savoir : les *mégasèmes*, dont l'indice moyen s'élève à 89 et au-delà ; les *mésosèmes*, dont l'indice varie de 83 à 89 exclusivement, et les *microsèmes*, dont l'indice descend au-dessous de 83.

Le plus fort indice moyen constaté par M. Broca se rencontre chez les Aymaras, où il monte jusqu'à 98,8. Mais on sait que ces peuples se déformaient artificiellement le crâne, et cette pratique peut avoir influé sur la forme de l'orbite. Le maximum sur des têtes normales a été observé chez les Polynésiens d'Hawaï ; il est de 95,40. Les Guanches de Ténériffe présentent le chiffre minimum de 77,01.

L'écart maximum moyen est donc de 18,39.

Mais ici comme partout les variations individuelles sont bien autrement considérables. Sans même tenir compte des Aymaras dont l'indice dépasse parfois 109, M. Broca a trouvé 108,33 chez une Chinoise, 105 chez un Chinois et un Indien Peau-Rouge, 100 chez deux femmes des Iles-Marquises, une Péruvienne, un Malais, un Mexicain, une Indo-Chinoise, une femme de l'Ancienne-Égypte, une Auvergnate et une Parisienne. Il est inutile d'insister sur la signification de ces rapprochements.

Le plus petit indice orbitaire connu est celui du vieillard de Cro-Magnon que nous avons vu être de 61,36. Au-dessus s'échelonnent, à une faible distance les uns des autres, un Tasmanien, un Mérovingien, l'homme de Menton (de même race que celui de Cro-Magnon), un Guanche de Ténériffe, un Néo-Calédonien, un Australien, un Nubien, un Cafre, un Basque espagnol, un Auvergnat et enfin la femme de Cro-Magnon, dont l'indice est de 71,23.

L'écart individuel maximum est donc de 46,87.

En jetant un coup d'œil sur le tableau de M. Broca, on voit que les races blanches ont des représentants dans les trois groupes. Les Hollandais de Zaandam figurent parmi les mégasèmes entre les indigènes du Mexique et ceux du nord-ouest Américain. Les Bretons gallois sont placés dans le même groupe entre les Chiliens et les Indo-Chinois. Les Blancs sont en très-forte majorité dans le groupe des mésosèmes et sont encore les plus nombreux dans celui des microsèmes. Une de leurs populations, celle de Ténériffe, termine même la série, précédée immédiatement par les Tasmaniens et les Australiens.

Ainsi en ce qui touche la race blanche, l'indice orbitaire moyen met en relief un entrecroisement comparable à tout ce que nous avons vu précédemment. Il en est autrement pour les deux autres types fondamentaux. Ceux-ci sont nettement séparés par ce caractère. Toutes les races jaunes sont mégasèmes, car pour moi les Lapons, comptés par M. Broca comme leur appartenant, sont en réalité des Blancs allophyles. Toutes les races nègres sont mésosèmes ou microsèmes. La différence est de 4,03 entre les indigènes du Brésil représentant les derniers mégasèmes non déformés, et les Papous de l'île Toud, qui, de tous les Noirs, ont l'indice orbitaire le plus élevé.

Bien entendu que si l'on prenait en considération les variations individuelles, l'entrecroisement habituel reparaîtrait. La différence de 9,89 qui sépare l'homme de Cro-Magnon de la femme de même race en est la preuve.

M. Broca a étudié l'influence du sexe et de l'âge sur l'indice orbitaire. Je ne puis le suivre dans ces détails, quelque intéressants qu'ils soient. Disons seulement que, comme l'indice nasal, celui dont il s'agit ici diminue par les progrès de l'évolution et reste dans toutes les races plus grand chez la femme que chez l'homme. La première pendant toute sa vie conserve donc sous ce rapport un certain caractère infantile.

Cette observation s'applique également aux races distinguées par la grandeur de leur indice orbitaire. Les races jaunes, les Chinois compris, présentent donc, si on les compare aux races blanches, un *arrêt d'évolution*. Les Chinois n'en sont pas moins bien supérieurs à toutes les races noires mésosèmes ou microsèmes, et en particulier aux Australiens et aux Tasmaniens, qui occupent les deux avant-derniers rangs sur le tableau. Toujours en prenant la race blanche pour norme, on doit regarder ces deux populations comme présentant un *excès d'évolution;* mais cet excès est encore plus marqué chez les Guanches de Ténériffe, que leur genre de vie met sensiblement au-dessus des Tasmaniens et des Australiens.

De ces faits ressort une conclusion générale, savoir : que les caractères résultant d'un *arrêt* ou d'un *excès* d'évolution ne sont pas par eux-mêmes un signe d'infériorité ou de supériorité.

M. Broca a eu l'heureuse idée de comparer l'indice orbitaire des singes à celui de l'homme. Comme il était facile de le prévoir, les lois du développement sont les mêmes dans les groupes simiens les plus élevés que chez l'homme. L'influence du sexe et de l'âge se fait sentir chez le gorille, l'orang, le chimpanzé, le gibbon comme chez nous. Elle paraît être moins prononcée chez les singes inférieurs.

L'indice orbitaire partage l'ensemble des Quadrumanes comme l'ensemble des hommes en mégasèmes, mésosèmes et microsèmes. Mais ce caractère réunit les anthropomorphes aux types les plus inférieurs, aux cébiens, aux lémuriens eux-mêmes, que nous savons aujourd'hui se rattacher par leur embryogénie aux ruminants, ou aux édentés. Chez les pithéciens, les genres se partagent entre ces trois groupes. M. Broca tire de ces faits la conclusion fort juste qu'on ne saurait attribuer à l'indice orbitaire aucune valeur caractéristique de nature sériaire.

Chacun sait que chez le Nègre la face entière et surtout la portion inférieure est projetée en avant. On a donné à ce trait le nom de *prognathisme*. Sur le vivant il est exagéré par l'épaisseur des lèvres. Mais il se retrouve aussi sur la tête osseuse et en constitue un des caractères les plus frappants. M. Topinard l'a étudié d'une manière spéciale et par une méthode personnelle. Il a séparé avec raison le *prognathisme facial*, qui embrasse la totalité de la face, des divers *prognathismes maxillaires* et *dentaires* que j'avais depuis longtemps proposé de distinguer. Ici l'indice est fourni par le rapport existant entre la hauteur et la projection horizontale de la région étudiée. Mais M. Topinard a récemment substitué à cet indice, l'angle formé par les *lignes de profil* avec le plan horizontal. C'est une modification heureuse en ce qu'elle présente à l'esprit quelque chose de très-précis.

Des divers prognathismes le plus important est celui qui intéresse la portion du maxillaire placée au-dessous du nez et comprenant les alvéoles des incisives et des canines. C'est le *prognathisme alvéolo-sous-nasal* ou *prognathisme maxillaire supérieur*. C'est lui que l'on oppose chez le Nègre à l'*orthognathisme* du Blanc. Ce caractère prêterait à des remarques analogues à celles que j'ai déjà eu si souvent à faire. C'est ce qui résulte bien clairement du résumé suivant que j'emprunte presque textuellement au livre de M. Topinard.

Toutes les races, tous les individus sont plus ou moins prognathes. En général les races d'Europe le sont peu ; les races jaunes et polynésiennes le sont beaucoup plus ; les races nègres davantage encore. Remarquons toutefois que même les indices moyens placent les Tasmaniens (76°,28) au-dessus des Finnois et des Esthoniens (75°,53) et bien près des Mérovingiens (76°,54).

Le minimum de prognathisme ou maximum d'orthognatisme se rencontre chez les Guanches (81°,34). L'extrême opposé se trouve chez les Namaquois et les Boschismans (59°,88). Les moyennes établissent des limites entre les diverses subdivisions des grandes races fondamentales. Mais les variations individuelles font, comme partout, disparaître ces distinctions. Dans toutes les races il y a des exceptions, des Nègres aussi peu prognathes que des Blancs et des Blancs excessivement prognathes. M. Topinard voit dans ces cas exceptionnels des faits de métissage, d'atavisme, ou des phénomènes pathologiques. Il y a certainement du vrai dans cette manière de voir. J'ai depuis longtemps rattaché à l'atavisme le prognathisme, parfois si curieusement prononcé chez quelques Parisiennes. Mais il faut aussi tenir compte de ces *oscillations de caractères* que l'on rencontre partout dans les races, non soumises à la sélection dans un but spécial.

En tout cas on ne saurait invoquer l'arrêt de développement pour expliquer l'existence d'un prognathisme des plus accusés chez certains individus de race blanche incontestablement pure. En effet, loin de diminuer avec l'âge comme les précédents, ce caractère s'accroît. Chez l'Européen même, l'enfant est manifestement plus orthognathe que l'adulte. Chez les Nègres, Pruner Bey a fait observer depuis longtemps, et j'ai constaté par moi-même que l'enfant ne présente à peu près aucune trace de ce trait si caractéristique chez ses parents. C'est seulement à l'époque de la puberté qu'il apparaît et se prononce rapidement. La projection de la mâchoire en avant est donc dans les deux races un fait d'évolution normal, plus accusé seulement dans l'une que dans l'autre. Loin d'être le résultat d'un *arrêt*, le prognathisme accuse un *excès* de développement.

La théorie absolue de Serres, qui ne voulait voir dans le Nègre qu'un Blanc frappé d'un arrêt de développement général, est donc ici en défaut. En réalité, dans la race noire l'évolution organique reste en deçà de ce qu'elle est en moyenne chez le Blanc à certains égards et va au-delà de cette moyenne sous d'autres rapports. C'est là un fait sur lequel j'ai insisté depuis bien longtemps dans mes cours au Muséum et que confirment, on le voit, les travaux plus précis de ces dernières années.

On voit aussi que, pour rendre compte des différences qui séparent le Nègre du Blanc, il n'est nullement nécessaire de recourir à des phénomènes d'atavisme remontant aux animaux. De simples oscillations en plus ou en moins dans l'évolution normale de l'homme suffisent pour les expliquer. Je me crois donc de plus en plus en droit d'opposer à la *théorie évolutive simienne* la *théorie évolutive humaine*.

Les arcades zygomatiques, l'os malaire, le maxillaire supérieur, le maxillaire inférieur fournissent encore à l'anthropologiste divers caractères plus ou moins essentiels et qui acquièrent parfois, à propos d'une race donnée, une valeur supérieure à celle qu'ils ont ailleurs. Tel est le peu de hauteur de la *voûte palatine* chez les Lapons. Mais je ne saurais entrer ici dans ces détails et je renvoie le lecteur aux livres et aux mémoires spéciaux.

IV. — *Caractères tirés de la tête osseuse considérée dans son ensemble.* — Lorsqu'au lieu d'étudier isolément la face et le crâne on les envisage dans leurs rapports réciproques, on voit apparaître de nouveaux traits fournissant autant de caractères parmi lesquels il en est de réellement importants.

Rappelons d'abord qu'il peut y avoir *harmonie* ou *dysharmonie* entre ces deux grandes régions. La tête est harmonique chez le Nègre dont le crâne et la face sont également allongés, chez le Mongol qui réunit les deux caractères contraires ; elle est dysharmonique, avons-nous vu, chez le vieillard de Cro-Magnon et chez l'homme de la Truchère, mais par des raisons inverses.

Cuvier a cherché le rapport du crâne et de la face en sciant la tête d'avant en arrière et mesurant directement les surfaces de la section. Il a trouvé que chez le Blanc la face représente environ les 0,25 du crâne, les 0,30 chez le jaune, et les 0,40 chez le noir. Ces résultats concordent pleinement avec ceux qu'a fournis l'étude du prognathisme.

Cette différence relative du développement de la face conduisit Camper à la conception de son célèbre angle facial. Frappé de voir les peintres représenter les Nègres comme des Blancs peints en noir, il rechercha les caractères anatomiques de la tête dans les trois types humains, et signala comme propre à les distinguer l'angle formé par deux lignes : l'une allant du conduit auditif à la racine du nez, l'autre tangente au front et à l'*os du nez*, toutes deux étant tracées sur une projection verticale du modèle. Camper se servit de sa méthode pour distinguer les produits de l'art grec de l'art romain. Il traça ainsi une échelle décroissante des chefs-d'œuvre de la statuaire aux singes non adultes. Je la reproduis, non pour sa valeur réelle, mais à raison de l'importance qu'on lui a attribuée. Voici d'après Camper les variations de l'angle facial.

Statues grecques	100°
Statues romaines	95
Race blanche	80
Race jaune	75
Race noire	70
Singes supérieurs jeunes	65

Geoffroy Saint-Hilaire et Cuvier, M. Jules Cloquet, Jacquard ont adopté diverses manières de déterminer l'angle facial ; Morton, Jacquard, M. Broca ont imaginé des instruments pour le mesurer directement. M. Topinard, après avoir examiné les diverses méthodes, se prononce avec raison pour celle de Cloquet, qui place le sommet de l'angle au bord alvéolaire. Jacquard avait choisi l'épine nasale, tout en faisant remarquer que la différence des deux angles ainsi obtenus pouvait servir à mesurer le prognathisme.

Camper, ou plutôt ceux qui sont venus après lui, ont voulu voir dans la grandeur de l'angle facial un signe de supériorité intellectuelle. Son *échelle graduée* a évidemment entraîné dans cette fausse voie. Les faits pathologiques auraient dû suffire pour montrer combien on s'égarait. Le travail de Jacquart a mis du reste ce fait hors de doute. L'auteur a constaté dans la population blanche et intelligente de Paris une différence de 16°, c'est-à-dire 6° de plus que la distance admise depuis Camper comme séparant le Nègre du Blanc. Jacquart a de plus constaté chez nous l'existence de l'angle facial de 90°, angle que Camper croyait appartenir seulement aux représentations idéalisées de la forme humaine. Or cette supériorité angulaire remarquable n'était nullement accompagnée d'une intelligence réellement exceptionnelle.

Si de la signification psychologique nous passons à la signification anatomique, j'aurai à faire des remarques analogues. On a beaucoup discuté pour savoir par quel point devait passer en haut la ligne faciale qui, avec la ligne horizontale, forme l'angle de Camper. On a voulu éviter les sinus frontaux et chercher dans l'angle facial des indications relatives aux dimensions de l'encéphale et *non celles de tel ou tel os*. Je pense au contraire qu'il faut se contenter de ces dernières et ne pas aller au delà. Il est évident que les dimensions de l'encéphale sont indépendantes de la position du point frontal, et qu'il peut être plus ou moins étendu à droite, à gauche et en arrière de ce point, sans que l'angle facial en soit affecté d'une manière quelconque.

La détermination exacte des *moyennes* de l'angle facial n'en aurait pas moins sa valeur, comme toutes celles qu'on peut relever sur le corps humain, s'il y avait entre ces moyennes une distance suffisante. Mais M. Topinard a montré que cette différence n'atteint pas trois degrés. Sans renoncer d'une manière absolue aux idées de Camper, on voit que la science possède aujourd'hui des caractères préférables à celui qu'il avait découvert.

Un angle plus important est l'*angle pariétal antérieur*, formé par deux lignes tangentes de chaque côté de la tête au point le plus saillant de l'arcade zygomatique et à la suture fronto-pariétale. En prenant le second point de repère sur le point le plus saillant des bosses pariétales, on obtient l'*angle pariétal postérieur*. Prichard avait donné le nom de *têtes pyramidales* à celles chez lesquelles ces lignes convergent. J'ai cherché à le mesurer directement avec un instrument de mon invention et mes premières recherches me conduisirent à des résultats que je crois intéressants. Cet angle a son sommet tantôt en haut, tantôt en bas et peut aussi être nul, quand les deux tangentes sont parallèles. Il est donc tantôt positif, tantôt négatif. Ce dernier cas se présente toujours chez des fœtus et enfants nouveaux-nés de toute race. L'angle négatif se retrouve aussi chez les adultes. Ce trait paraît avoir été très-prononcé chez Cuvier, à en juger par un beau portrait du grand naturaliste encore jeune. Je l'ai trouvé de — 18° et de — 22° chez deux personnes vivantes, toutes deux remarquables par leur intelligence. Le maximum positif que j'ai observé sur un crâne d'Esquimau était

+ 14. Dans mes cours, j'ai employé ce caractère pour compléter la caractéristique d'un grand nombre de races, mais n'ai rien publié de détaillé.

M. Topinard vient de combler cette lacune dans un travail qui confirme, en les complétant, tous mes premiers résultats. Ses recherches, portant uniquement sur des têtes osseuses, lui ont donné comme limites de variations individuelles — 5° et + 30°; comme limites des moyennes + 2°, 5 et + 20°,3. C'est chez les Néo-Calédoniens qu'il a trouvé les têtes les plus pyramidales. Enfin il a vu chez les enfants âgés de 4 mois à 16 ans l'angle négatif décroître de — 24° à 0° et s'élever à 7°.

Ainsi l'angle pariétal négatif n'est en réalité chez l'adulte qu'un caractère fœtal ou infantile persistant. Il est évidemment le résultat d'un *arrêt de développement* ou mieux d'un *arrêt d'évolution*. Or nous venons de voir que ce caractère peut exister chez des individus doués d'une intelligence supérieure à celle de la moyenne, et jusque chez des hommes de génie. Un *arrêt d'évolution*, la trace persistante d'un état fœtal ou infantile n'est donc pas nécessairement, pas plus pour les individus que pour les races, un *caractère d'infériorité*.

Deux vues générales de la tête rentrent dans l'ordre d'études que j'examine en ce moment. Blumenbach a regardé et figuré la tête humaine de haut en bas. C'est la *norma verticalis*, fort utile en ce qu'elle permet d'apprécier la forme générale du crâne et quelques-uns de ses rapports avec les saillies de la face. Owen a pour ainsi dire regardé de bas en haut, et insisté sur les différences que la surface inférieure présente de l'homme aux singes les plus élevés. Ces deux vues mettent en évidence bien des caractères de détail que je ne puis même mentionner ici.

Dans cette revue, forcément très-incomplète, j'ai dû passer sous silence bon nombre de caractères qui ont souvent une importance très-réelle. La plupart s'obtiennent par la méthode des projections si heureusement perfectionnée par M. Broca, et à l'aide d'instruments dont les uns existaient déjà, comme le diagraphe, dont d'autres ont été imaginés par divers inventeurs, parmi lesquels on doit encore signaler surtout M. Broca.

V. — *Squelette du tronc*. — J'ai insisté un peu longuement sur les caractères tirés du squelette de la tête. Je serai plus court pour les autres régions. Ce n'est pas qu'elles ne fournissent peut-être des caractères aussi importants; mais ils ont été bien moins étudiés, et la faute n'en est pas toute aux anthropologistes. Il n'est déjà pas aisé de se procurer des têtes osseuses de races humaines, lors même qu'il s'agit de populations placées à nos portes; il est bien autrement difficile de réunir un certain nombre de squelettes entiers.

La cage thoracique présente quelques faits intéressants et suffisamment constatés. Par suite de la forme du sternum, du plus ou moins de courbure des côtes, elle est généralement large et effacée chez le Blanc, étroite et proéminente chez le

Nègre et le Boschisman. D'après d'Orbigny, elle seraitplus haute chez certains Américains. Un fait analogue a été signalé chez quelques populations de l'Asie-Mineure.

Le bassin est la portion du squelette du tronc la plus étudiée, ce qui s'explique par les applications qu'on pouvait faire de ces recherches à l'art des accouchements. D'ordinaire on s'est borné à comparer le Blanc et le Nègre. Vrolick, Weber, MM. Joulin, Pruner Bey, et tout récemment M. Verneau, sont allés bien plus loin. Le dernier n'a malheureusement pas publié encore ses conclusions relativement à la distinction des races. Vrolick avait insisté sur quelques particularités du bassin de la Vénus hottentote, et cherché à établir entre elle et le singe certains rapprochements.

Weber avait trouvé que chacune des races étudiées par lui, présentait dans son bassin une forme prédominante qui devenait par cela même caractéristique. Il regardait l'ouverture du détroit supérieur comme étant généralement ovale, et à grand diamètre transverse chez le Blanc; quadrilatère et à grand diamètre transverse chez les Mongols; ronde et à diamètres égaux chez les Américains; cunéiforme et à grand diamètre antéro-postérieur chez les Nègres.

M. Joulin a combattu à peu près toutes les propositions de Vrolik et de Weber; il paraît vouloir refuser au bassin toute valeur caractéristique. M. Pruner Bey a facilement montré ce qu'il y a au moins de fort exagéré dans cette négation et précisé les caractères qui distinguent, à ce point de vue, le Blanc du Nègre et du Boschisman.

Le travail de M. Verneau, bien plus complet que ceux de ses prédécesseurs, mais dont nous ne connaissons encore que la partie anatomique, éclaircira certainement les questions posées par ces controverses. Dès à présent, du reste, le travail de M. Verneau confirme ce qu'ont dit la plupart de ses prédécesseurs, sur la réalité des caractères de race que l'on peut trouver dans le bassin.

Parmi ces caractères, il en est qui ont été signalés chez le Nègre comme autant de *signes d'animalité*. M. Pruner Bey, lui-même, dérogeant ici à ses habitudes, emploie cette expression, tout en l'atténuant par ses explications. Il me semble bien plus naturel d'y voir la trace d'un état normal à une certaine époque, et qui persiste plus ou moins selon la race.

En effet, on a insisté principalement sur la verticalité des iléons, et sur l'agrandissement du diamètre antéro-postérieur dans le bassin nègre, comme rappelant ce qui se voit chez les mammifères en général, chez les singes en particulier. Mais les mêmes traits anatomiques se retrouvent extrêmement caractérisés chez les fœtus, chez les enfants du Blanc lui-même. Ils persistent, le dernier surtout, jusqu'à l'âge de sept ans et plus. Leur existence, chez le Nègre, n'est donc autre chose que le résultat d'un *arrêt relatif* dans l'évolution de cette région du squelette. C'est encore un *caractère fœtal*, un *caractère infantile*; ce n'est pas un *caractère d'animalité*.

VI. — *Squelette des membres*. — A propos des races fossiles, j'ai déjà eu à signaler certains caractères morphologiques des os des membres, entre autres celui de la perforation de la fosse olécranienne. Ce caractère se retrouve chez les Boschismans, les Guanches, les anciens Égyptiens et chez nous-mêmes. Il semble apparaître dans l'Europe occidentale avec les races brachycéphales quaternaires. M. Dupont l'a rencontré chez les hommes de la Lesse dans la proportion de 30 %; selon M. Hamy, cette proportion est de 28 % dans la race fossile de Grenelle et de 4,66 % seulement dans la population actuelle.

J'ai déjà dit aussi que le membre supérieur est un peu plus long chez le Nègre que chez le Blanc. Cette différence résulte essentiellement de l'élongation relative de l'avant-bras. M. Broca comparant le radius à l'humérus, dans les deux races, a trouvé 79,43 pour le Nègre, et 73,82 pour l'Européen. M. Hamy, qui a disposé des matériaux les plus nombreux et mesuré un peu autrement, a obtenu les nombres 78,04 et 72,19.

Cette élongation du radius, relativement plus grande chez le Nègre que chez le Blanc, est un des traits à propos desquels on a répété le plus souvent l'expression de *caractère simien*. On sait, en effet, que chez les anthropomorphes, les deux régions du bras sont moins inégales que chez l'homme; et chez l'orang, la longueur du radius égale celle de l'humérus.

Les recherches de M. Hamy permettent d'envisager ce qui existe chez le Nègre à un point de vue tout humain et plus vrai. Cet anthropologiste a suivi l'évolution du membre supérieur et cherché les changements qu'elle entraîne dans le rapport dont il s'agit. Voici le tableau qui résume les résultats de cette étude :

Embryon de	2 mois 1/2	88,88
Fœtus de	3 — 4 mois	84,09
— de	4 — 5 mois	80,42
— de	5 — 7 mois	77,68
— de	8 — 9 mois	77,37
Enfants de	1 — 10 jours	76,20
— de	11 — 20 jours	74,78
— de	21 — 30 jours	74,51
— de	2 mois	73,03
— de	6 mois à 2 ans	72,40
— de	5 — 13 1/2 ans	72,30

On voit que le développement normal du membre supérieur chez l'homme, tend sans cesse à abaisser le rapport dont il s'agit. On voit aussi que la moyenne du Nègre est à peu près celle d'un fœtus blanc de cinq mois. Chez lui, l'élongation du radius s'explique donc tout naturellement par un arrêt de l'évolution, sans qu'il soit nécessaire de le rapprocher des singes. Sous quel prétexte, recourir à la théorie simienne à propos de ce caractère, après avoir reconnu qu'elle est inapplicable dans d'autres cas, comme nous venons de le voir?

Le membre inférieur présente des faits analogues. D'après les nombres empruntés par M. Topinard à M. Broca, le tibia comparé au fémur, donne les rapports 81,33 pour le Nègre, et 79,72 pour le Blanc.

En additionnant les nombres qui expriment la longueur de l'humérus et du radius, on a la longueur totale du membre supérieur, moins la main ; en agissant de même pour le fémur et le tibia, on obtient celle du membre inférieur, moins le pied.

Les rapports du premier au second sont 68,27 chez le Nègre, et 69,73 chez le Blanc.

Voici, pour quelques autres races, le tableau dressé par M. Topinard, d'après ses propres recherches et celles de divers auteurs.

RACES.	Rapport du membre inf. au membre sup.	Rapport du radius à l'humérus.	Rapport du tibia au fémur.
Annamites	67,5	76,7	67,5
Tasmaniens	68,2	83,5	84,3
Aïnos	68,4	75,2	70,9
Boschismans		75,5	83,3
Andamans	70,1	79,9	81,3
Australiens	70,7	75,0	70,9
Noirs de Pondichéry	71,7	82,9	81,4

On voit que, par ce caractère, le Blanc européen se trouve placé entre le Nègre d'Afrique et l'Andaman.

J'ai déjà parlé de quelques modifications morphologiques remarquables, telles que la saillie de la ligne âpre du fémur, le platycnémisme du tibia, etc. Je n'ai pas à y revenir. La clavicule, le pied, la main, prêteraient encore à bien des détails qu'il me faut passer sous silence. Je me borne à rappeler qu'en Abyssinie, ce ne sont ni la couleur, ni la chevelure, qui sont sensées caractériser le vrai Nègre, mais seulement la saillie relativement exagérée du talon. Mais ce signe prétendu infaillible manque chez certaines races nègres, non-seulement chez les Yoloffs, dont le membre inférieur ressemble au *nôtre*, mais aussi chez les Bambaras, qui ont le *pied plat*.

VII. — *Caractères tirés des parties molles ; système nerveux.* — Après nous être occupés des formes extérieures du corps, après avoir passé en revue le squelette, nous aurions à prendre un à un les appareils organiques et à les étudier à leur tour. Malheureusement les faits recueillis deviennent ici de plus en plus rares, alors que les observations auraient besoin d'être plus multipliées pour donner des résultats d'une valeur précise. Cette étude, à peine commencée, n'a porté en réalité jusqu'ici que sur deux des termes les plus éloignés de la série humaine : le Blanc européen et le Nègre d'Afrique. Cela même m'autorise à être très-succinct dans l'exposé des résultats obtenus.

Le système nerveux, dont Cuvier a dit qu'il est l'animal tout entier, est heureusement celui sur lequel nous possédons peut-être le plus de notions comparatives. Tout d'abord nous rencontrons un fait général signalé par Sœmmering, et que les magnifiques préparations de Jacquart, exposées dans les galeries du Muséum, mettent hors de doute. Relativement au Blanc, le Nègre présente une prédominance marquée des expansions nerveuses périphériques. Les troncs sont chez lui plus gros, les filets plus nombreux, ou peut-être seulement plus faciles à isoler et à conserver par suite de leur volume même. En revanche, les centres cérébraux, ou au moins le cerveau paraissent être inférieurs en développement.

En effet, malgré ce qu'ont dit à ce sujet Blumenbach et Tiedmann, le cerveau du Nègre est en moyenne moins volumineux que celui du Blanc. Ce fait, il est vrai, résulte surtout des inductions tirées du jaugeage des crânes. Mais les estimations faites d'après le poids, confirment ce résultat.

Sept cerveaux de Nègres, pesés par M. Broca, donnent une moyenne de 1316gr. En réunissant les diverses pesées faites en Europe, je ne trouve pourtant pour moyenne, que 1248gr, c'est-à-dire presque exactement la moyenne de la femme blanche. Le poids moyen des cerveaux européens adultes est de 1405gr,88. Mais dans l'une et dans l'autre race, les oscillations individuelles sont portées fort loin. Un des cerveaux de Noir étudiés par M. Broca, pesait 1500 grammes; Mascagni en a eu un de 1587gr, un autre de 738 gr. seulement.

En réalité, le Blanc européen a été seul étudié sérieusement au point de vue du développement cérébral évalué par le poids. Le mérite d'avoir fourni les éléments de cette étude appartient incontestablement à Rud. Wagner. Réunissant aux recherches de Tiedmann, Sims, Parchappe, Lélut, Huschke, Bergmann, le résultat bien plus considérable des siennes propres, ce savant avait dressé le tableau de 964 cerveaux, dont le poids avait été obtenu directement après en avoir enlevé les enveloppes; il les avait échelonnés, en commençant par les plus lourds et finissant par les plus légers. Mais il n'avait pas tenu compte des circonstances d'âge, de sexe, de santé, de maladie, etc. Les résultats auxquels il était arrivé, avaient donc besoin d'être contrôlés et pouvaient être complétés. M. Broca s'est acquitté de cette tâche. Il a extrait de la liste de Wagner une série de 347 cas de cerveaux sains, et c'est sur eux exclusivement qu'ont porté ses études.

De cet ensemble de recherches résultent un certain nombre de propositions générales qu'on peut formuler de la manière suivante :

1° Toutes choses égales d'ailleurs, le poids du cerveau varie proportionnellement ou presque proportionnellement à la taille. D'après Parchappe, deux groupes d'hommes ayant en moyenne 1m,74 et 1m,63, avaient des cerveaux dont le poids moyen était de 1330 grammes et 1254 grammes. Dans cet exemple, le rapport différentiel 6 %, est exactement le même pour la hauteur du corps et le poids du cerveau. Cette influence de la taille permet d'interpréter et de comprendre les faits annoncés par M. Sanford Hunt. Des chiffres donnés par cet anatomiste, il résulterait que le cerveau des soldats Anglo-Américains pèse en moyenne de 19 à 14 grammes, ou de 1,33 à 0,99 %, de plus que la moyenne des cerveaux européens déduite des tableaux de Wagner. Mais l'écrivain américain ne tient pas compte de la différence des tailles qu'il fait pourtant connaître. Or, de ses chiffres mêmes, il résulte que les Américains l'emportent à cet égard de 3,10 %, sur la moyenne des soldats anglais et français. L'accroissement n'est donc qu'apparent et l'on devrait même croire à une diminution relative du cerveau.

2° Toutes choses égales d'ailleurs, le cerveau de la femme est un peu moins pesant que celui de l'homme. M. Broca a montré qu'il en est ainsi à tous les âges de la vie. Mais cette différence me paraît tenir à peu près exclusivement à celle de la stature du corps. En prenant la femme pour terme de comparaison, et représentant par 100 sa taille et le poids de son cerveau, on trouve pour l'homme 109,43 et 109, 34. Ce dernier rapport est celui qu'a donné Parchappe. M. Broca a trouvé 109,63. On voit que le rapport des tailles est intermédiaire.

3° La moyenne maximum de l'Européen se montre de l'âge de trente à quarante ans. Elle est alors de 1262 grammes pour la femme et 1410ᵍʳ,36 pour l'homme ; soit en centièmes, 100 et 111,7. La moyenne pour la période entière de l'âge mûr, prise de 30 à 50 ans, est de 1405,88 pour l'homme, et de 1261,50 pour la femme.

4° A partir de ce maximum, le poids du cerveau paraît diminuer progressivement et d'une manière plus ou moins continue. Du moins les calculs portant sur les périodes décennales, révèlent chez l'homme comme chez la femme, des moyennes qui vont en décroissant. Cette diminution est probablement en relation avec la diminution de la circonférence horizontale du crâne et le développement des sinus frontaux, depuis longtemps signalés par Camper.

5° Chez le Blanc européen, pour qu'un cerveau soit apte à fonctionner, il doit peser au moins 975 grammes pour la femme et 1133 grammes pour l'homme. Ces chiffres résultent de la discussion du tableau de Wagner; mais ils sont trop élevés, à en juger par quelques-uns des chiffres de Hunt. Chez les Boschismans, les Australiens et probablement bien d'autres races, le poids du cerveau peut descendre jusqu'à 907ᵍʳ, sans que les facultés intellectuelles soient abolies.

Ajoutons que cet organe peut d'ailleurs descendre bien audessous de ce poids sans que la vie s'arrête et même sans que l'intelligence disparaisse d'une manière absolue comme chez quelques microcéphales. Les plus petits cerveaux que l'on ait pesés sont ceux de Tcite, cité par Wagner, 300^{gr}, et celui de la femme qui a fait le sujet d'un mémoire de M. Gore, 283^{gr},75. Ces cerveaux sont sensiblement inférieurs en poids à ceux du gorille et de l'orang.

6° Chez le Blanc européen, le poids maximum d'un cerveau sain atteint peut-être 2231 grammes (*Cromwell*), ou même 2238 grammes (*Byron*). Mais ces nombres n'ont pas toute la certitude désirable. Le poids du cerveau de Cuvier est au contraire attesté par le procès-verbal d'autopsie rédigé par le professeur Bérard; il est de 1829^{gr},96. M. Sanford Hunt en cite un autre de 1842 grammes. On peut regarder ces nombres comme indiquant la limite supérieure que le poids du cerveau humain peut atteindre dans la race blanche, sans que la santé générale paraisse en souffrir.

Les nombres tirés par M. Hunt des chiffres donnés par divers auteurs pour 278 cerveaux de Blancs européens concordent assez bien avec les précédents. La moyenne des premiers est de 1403 grammes. Le maximum atteint le chiffre cité plus haut, de 1842 grammes; le minimum descend à 963 grammes, poids bien remarquable par sa petitesse, car il est au-dessous de celui qui, d'après le tableau de Wagner, semble entraîner l'idiotie. Les résultats obtenus par M. Hunt sur ses compatriotes Noirs et Blancs présentent à titre de comparaison un intérêt spécial. Les cerveaux de 24 soldats américains Blancs ont pesé en moyenne 1424 grammes en nombre rond. Le maximum est de 1814 grammes; le minimum, de 1247 grammes. Les cerveaux de 141 Nègres ont donné une moyenne de 1331 grammes, supérieure à celles qui résultent des recherches faites en Europe. Le maximum a été de 1507 grammes; le minimum, de 1013.

Les observations de M. Hunt, sur 240 métis de Blanc et Nègre, conduisent à des conclusions intéressantes. En voici le résumé :

Chez les Métis ayant $\frac{3}{4}$ de sang blanc, le cerveau pèse en moyenne.................................... 1390 gr.

— $\frac{1}{2}$ 1334

— $\frac{1}{4}$ 1319

— $\frac{1}{8}$ 1308

— $\frac{1}{16}$ 1280

On voit que le poids du cerveau diminue en même temps que le sang blanc. Mais il est surtout curieux de voir chez les métis ayant encore une assez forte proportion de sang supérieur, ce poids tomber au-dessous de celui des Nègres purs. La moyenne a été prise sur 22 individus, et la différence, 86 grammes, est trop forte pour ne pas être prise en sérieuse considération. On dirait qu'il se produit ici un phénomène analogue à celui que présente la couleur. Certains métis, chez lesquels le sang noir prédomine, ont une teinte plus foncée que celle de la race nègre originelle.

Pour épuiser le peu que l'on sait au sujet des races exotiques, ajoutons que chez un Hottentot étudié par Wyman, le cerveau pesait 1417 grammes. Ce poids supérieur à celui de la moyenne des Européens, constate une fois de plus cet entrecroisement des races, sur lequel j'ai si souvent appelé l'attention, mais qui a peut-être ici une signification encore plus grave qu'ailleurs.

Depuis le beau travail de Gratiolet *Sur les plis cérébraux de l'homme et des primates*, l'étude des *circonvolutions cérébrales* a pris en anthropologie une importance réelle, mais que l'on a quelque peu exagérée. Les recherches de MM. Dareste et Baillarger ont montré que le développement de ces plis tenait en grande partie à celui de l'encéphale lui-même ; et l'influence exercée par la taille rend facilement compte de certains faits jusque-là embarrassants. Toutes choses égales d'ailleurs, dans toutes les *races petites* le cerveau sera moins plissé que dans les races *grandes*.

Mais, en dehors de cette influence, il paraît en outre bien constaté que dans les races sauvages le nombre et la complication des circonvolutions cérébrales est moindre que dans les races intelligentes et policées. La culture intellectuelle semblerait donc exercer son action d'une manière spéciale sur les couches corticales et en favoriser le développement.

Les extrêmes connus jusqu'à ce jour pour le caractère dont il s'agit ont été présentés par la Vénus hottentote et par Cuvier. Le cerveau de la première est le plus simple qui ait été trouvé sur une personne intelligente. Il rappelle à bien des égards celui des idiots. Le cerveau de Cuvier, qui n'a malheureusement été ni moulé ni figuré, se distinguait, au dire des habiles anatomistes qui ont pu le voir, par la complication extraordinaire des plis, la profondeur des anfractuosités. En outre chaque circonvolution était comme doublée par une sorte de crête arrondie. Malgré ces caractères exceptionnels, personne à coup sûr n'aura l'idée de placer notre grand naturaliste dans une *espèce* différente de celle à laquelle appartiennent ses contemporains. On ne peut pas davantage voir dans la simplification du cerveau de la Vénus hottentote un caractère spécifique.

Lorsque les observations comparatives auront été suffisamment multipliées, on trouvera sans doute dans les proportions relatives de certaines régions du cerveau des caractères plus ou moins accentués. Par exemple, si l'observation du Dr Nott se confirme, le *cervelet* chez le Peau-Rouge déborderait le cerveau, tandis qu'il est, comme on sait, débordé par ce dernier chez le Blanc et le Nègre. Le même organe est plus long chez le Nègre et plus large chez le Blanc.

Depuis longtemps des naturalistes, des voyageurs, des anatomistes, avaient annoncé que le cerveau du Nègre se distingue du cerveau du Blanc par sa couleur noirâtre. Une expérience faite à Paris dans le service de M. Rayer et dont j'ai déjà dit quelques mots, confirma le fait général. J'ai déjà indiqué comment M. Gubler, qui l'avait préparée, voulut voir s'il n'existait pas de termes moyens. Il examina au point de vue de la coloration les cerveaux provenant d'individus appartenant tous à la race blanche, mais dont le teint présentait des différences de coloration, et constata que la coloration interne est en rapport direct avec la coloration extérieure. Chez les individus blonds à yeux bleus, à peau blanche et rosée, la matière pigmentaire semble faire entièrement défaut. Chez les individus bruns de peau, à cheveux et à poils noirs, à iris très-foncé, « non-seulement le cerveau enveloppé de ses membranes offre une nuance bistrée, mais une couche de matière noire, tout à fait comparable à celle du Nègre, couvre la protubérance, le bulbe rachidien et quelques autres points des centres nerveux. »

Ainsi, à l'intérieur comme à l'extérieur, la coloration des tissus présente cette série graduée sur laquelle j'ai déjà si souvent appelé l'attention. Ainsi disparaît ce qu'on avait attribué d'absolu à une particularité sur laquelle on avait insisté comme séparant le Nègre du Blanc au point d'en faire deux espèces distinctes.

VIII. — *Systèmes vasculaires et respiratoires.* — Considérés dans leur ensemble, le système vasculaire du Nègre et celui du Blanc présentent quelque chose d'analogue à ce que nous a montré le système nerveux. Selon Pruner Bey, l'appareil veineux prédomine visiblement sur l'appareil artériel chez le Noir; et, ici encore, les belles préparations de Jacquart sont la preuve matérielle de l'exactitude des observations du savant que je viens de citer. Cette prédominance semble s'étendre jusqu'aux cavités droites du cœur.

Les poumons sont moins développés chez le Nègre que chez le Blanc. M. Pruner Bey les a trouvés comme refoulés en haut par le développement des viscères abdominaux. Peut-être rattachera-t-on un jour à cet ensemble de conditions anatomiques les caractères propres au sang du Nègre signalés dans un chapitre précédent.

Nous avons vu l'appareil glandulaire cutané plus développé chez le Nègre que chez le Blanc. Les études de M. Pruner Bey montrent le même fait se reproduisant tout le long du canal intestinal, dont la surface est partout accidentée par la saillie des organes sécréteurs, principalement dans l'estomac et dans le colon. Les grandes glandes qui se rattachent au tube digestif sont également remarquablement développées, surtout le foie. Il en est de même des capsules surrénales. Tous ces organes présentent un état habituel d'hyperémie veineuse. Enfin les mucosités intestinales sont très-épaisses et ont l'apparence d'un corps gras. Peut-être des faits de même nature se retrouveront-ils chez la plupart des races intertropicales. Nous savons déjà que chez les Javanais le foie est aussi développé que chez les Nègres.

CHAPITRE XXXI

CARACTÈRES PHYSIOLOGIQUES.

I. — L'histoire spéciale des races humaines présente un assez grand nombre de faits physiologiques intéressants, à la fois suffisamment différents et précis pour pouvoir servir de *caractères distinctifs*. On trouve sous les tropiques des populations remarquablement sobres et vivant exclusivement de substances végétales, sans que l'organisme en souffre ; dans les régions polaires, il en est d'autres qui se gorgent d'aliments gras que repousseraient nos organes digestifs ; la respiration, la circulation, la chaleur animale, les sécrétions, etc., présentent aussi quelques variations légères de l'homme blanc au Nègre ; l'énergie de la force musculaire, la manière de la dépenser varient parfois dans des limites assez étendues d'une race à l'autre ; la sensibilité générale, et par suite l'aptitude à sentir la douleur, est fort inégalement développée. La même opération chirurgicale ne fait pas souffrir un Chinois comme un Européen.

Mais la plupart de ces traits touchent à des particularités qui ne peuvent trouver place dans des considérations générales. Plusieurs sont la *conséquence de faits antérieurs* et se rattachent à des conditions de milieu, à des habitudes, etc., parfois même à des croyances ou à des institutions. Même en se bornant à une simple esquisse, il faudrait entrer dans des détails incompatibles avec le plan de ce livre, si on voulait aborder l'ensemble de ces questions. Je me bornerai donc à indiquer ici quelques phénomènes généraux pour justifier ce qui précède.

II. — Disons d'abord quelques mots d'un ensemble de faits et d'idées qui a bien souvent soulevé des discussions ardentes. Je veux parler des rapports plus ou moins étroits à admettre entre le développement de l'intelligence et celui du cerveau. Cette question peut paraître au premier abord toucher presque uniquement à l'étude de l'individu. Mais, par les applications qu'on en a faites à l'appréciation de la valeur intellectuelle des races, elle a pris pour l'anthropologie générale un intérêt réel.

Nulle part peut-être cette question n'a été traitée plus à fond et par des juges plus compétents qu'à la Société d'anthropologie de Paris et dans la grande discussion de 1861. Bien des orateurs y prirent part. Mais les deux principaux champions des doctrines opposées furent d'une part Gratiolet et de l'autre M. Broca. A prendre à la lettre quelques-unes de leurs déclarations, on aurait pu les croire séparés par un abîme. Or, lorsqu'on relit, en dehors de l'excitation du moment, les résumés rédigés par eux-mêmes, on voit qu'il n'en est rien en réalité et que, loin d'être divisés en principe, ils sont bien près de s'entendre.

Gratiolet met bien au-dessus du poids et de la forme « la force qui vit dans le cerveau et qui ne peut être mesurée que par ses manifestations ». Mais, il est loin de nier d'une manière absolue l'influence du développement cérébral; il reconnaît qu'au-dessous d'une certaine limite le cerveau humain ne fonctionne plus d'une manière normale. Cette limite est, selon lui, de 900 grammes pour la femme.

M. Broca porte ce nombre à 907 grammes et ajoute que, pour l'homme, la limite est de 1,049 grammes. Il attribue une grande importance au volume du cerveau apprécié soit directement, soit par le poids, soit par la capacité du crâne. Mais à diverses reprises il proteste de la manière la plus formelle contre la pensée qu'on pourrait lui prêter d'avoir voulu établir un rapport absolu entre le développement de l'intelligence et le volume ou le poids du cerveau. « Il ne peut, dit-il, venir à la pensée d'un homme éclairé de mesurer l'intelligence en mesurant l'encéphale. »

Les deux tableaux ci-joints empruntés à M. Broca suffisent pour montrer combien ces paroles sont vraies.

Poids moyen du cerveau chez l'homme.

De 1 à 10 ans	985 gr,15
De 11 à 20 ans	1465 ,27
De 21 à 30 ans	1341 ,53
De 31 à 40 ans	1410 ,36
De 41 à 50 ans	1394 ,41
De 51 à 60 ans	1341 ,49
De 61 et au-delà	1326 ,21

Poids du cerveau de quelques hommes éminents.

Nom.	Age.	Qualité.	Poids du cerveau.
1 Cuvier	63 ans.	naturaliste	1829 gr,96
2 Byron	36 ans.	poète	1807 ,00
27 Lejeune-Dirichlet	54 ans.	mathématicien	1520 ,00
34 Fuchs	52 ans.	pathologiste	1499 ,00
43 Gauss	78 ans.	mathématicien	1492 ,00
32 Dupuytren	58 ans.	chirurgien	1436 ,00
92 Hermann	51 ans.	philologiste	1358 ,00
158 Haussmann	77 ans.	minéralogiste	1226 ,00

Les numéros placés avant le nom de chaque personnage indiquent le rang occupé par celui-ci sur la liste des 347 cas de cerveaux sains relevée par M. Broca sur le tableau général de Wagner. On voit que le célèbre minéralogiste Haussmann est bien près de se trouver au milieu de cette liste et qu'il est séparé de ses éminents collègues par un bon nombre d'inconnus. Remarquons encore que le poids de son cerveau est de 100 grammes au-dessous du poids moyen des hommes de son âge. En revanche tous les autres possédaient un cerveau plus lourd que la moyenne.

L'exception que présente Haussmann, la manière dont tous ces hommes éminents sont disséminés au milieu de morts vulgaires suffiraient pour faire repousser tout rapprochement exagéré entre la grandeur de l'intelligence et celle du cerveau. Cette conséquence ressort plus nettement encore lorsqu'on groupe les mêmes chiffres comme Gratiolet, en rapprochant les plus voisins et prenant la moyenne. On trouve alors pour le premier groupe (*Cuvier, Byron*) un poids moyen de 1818^{gr}, 48; pour le second groupe (*Dirichlet, Fuchs, Gauss, Dupuytren*), 1487 grammes; pour le troisième (*Hermann, Haussmann*), 1292 grammes. Le dernier chiffre est inférieur au poids moyen des cerveaux allemands, c'est-à-dire des compatriotes des deux hommes éminents dont il s'agit.

Cette remarque est importante. Dans la question actuelle on ne doit pas comparer seulement entre elles les célébrités qui figurent sur le tableau de Wagner : il faut les rapprocher de tout le monde et des malades aussi bien que les autres. Agir autrement serait le moyen de faire croire qu'on a voulu esquiver une difficulté, en évitant de ramener la pensée sur ce fait qu'immédiatement après le cerveau de Byron, bien avant le cerveau de Gauss, vient le cerveau d'un fou. Le génie et la folie se toucheraient-ils donc de si près ? L'ampleur, le poids, les caractères particuliers du cerveau de Cuvier seraient-ils vraiment dus à une hypertrophie qui s'est arrêtée juste à temps, comme le pensait Gratiolet ?

III. — Quelque abrégé et tronqué que soit cet exposé de faits, il suffit, ce me semble, pour motiver des conclusions applicables également aux individus et aux races.

Ce n'est certes pas faire du spiritualisme exagéré que de juger de l'action du cerveau comme on juge de l'action d'un muscle. Or, dans celui-ci le volume, la forme sont-ils tout ? Non. L'expérience, l'observation l'attestent chaque jour. Souvent l'énergie de l'appareil fait plus que compenser ce qui lui manque sous le rapport de la masse. Plusieurs autres systèmes organiques fourniraient des faits analogues et connus de tous les médecins, de tous les physiologistes. Admettre qu'il en est autrement du cerveau, en l'absence même de toute observation directe, serait une hypothèse purement gratuite ; en présence des tableaux de Wagner ce serait nier l'évidence. Avec son petit cerveau, Haussmann, le correspondant de l'Institut de France, a évidemment battu, dans le champ clos de l'intelligence, la presque totalité de ses contemporains à grosse tête.

Mais, d'un autre côté, au-delà d'un certain amoindrissement, l'appareil musculaire devient incapable d'efforts. Il est tout simple qu'il en soit de même du cerveau. Il n'y a donc rien que de très-naturel à le voir faiblir jusqu'à l'impuissance, quand il descend au-dessous d'un certain volume et d'un certain poids. M. de Bonald lui-même n'eût pu trouver étrange qu'une *intelligence*, n'ayant pour la *servir* que des organes *imparfaits ou presque nuls*, ne se manifestât que d'une manière incomplète.

Ainsi, en dehors de toute idée dogmatique ou philosophique, nous sommes conduits à admettre qu'il existe un certain rapport entre le développement de l'intelligence et le volume, le poids du cerveau. Mais en même temps, nous devons reconnaître que l'élément matériel, accessible à nos sens, n'est pas le seul qui doive entrer en ligne de compte. Derrière lui se cache *une inconnue, une x* jusqu'ici indéterminée et qui ne se reconnaît qu'à ses effets.

IV. — De là même il résulte qu'on ne saurait être trop réservé dans l'appréciation à porter sur une race d'après les dimensions de son crâne et le développement relatif des os qui le composent. Gratiolet proposait de distinguer des *races frontales, pariétales* et *occipitales* caractérisées par la prédominance des régions antérieure, moyenne et postérieure du crâne et du cerveau. Si l'on prend le mot de *caractère* dans le sens des naturalistes, il n'y a aucun inconvénient à accepter ces dénominations. Mais aller au-delà, attribuer à l'une ou à l'autre de ces races une supériorité quelconque en vertu de l'un ou l'autre de ces caractères, serait entrer en pleine hypothèse. En fait, les Basques, avec leur dolichocéphalie occipitale, ne sont nullement inférieurs aux dolichocéphales frontaux de Paris.

V. — Parmi les phénomènes où l'on serait tenté « à priori » d'aller chercher des caractères ethnologiques, il faut compter d'abord ceux de l'*évolution organique* aux divers âges. Or, l'examen des faits met en lumière le fait capital que toutes les races humaines présentent à cet égard une uniformité remarquable. Quand il se manifeste des différences quelque peu tranchées, elles offrent avec les actions du milieu une coïncidence telle qu'il est impossible de ne pas y voir une relation de cause à effet, et cela même produit entre populations incontestablement de même origine un entrecroisement des plus significatifs. Ainsi, l'ensemble des phénomènes physiologiques considérés comme caractères, apporte une preuve de plus en faveur de la doctrine monogéniste. Quelques exemples suffiront pour justifier ces propositions.

VI. — Constatons d'abord que la durée de la gestation est la même pour toutes les races humaines. C'est là un fait dont la haute importance est facile à comprendre.

On sait, en effet, que la vie intra-utérine présente dans un même groupe zoologique, et parfois entre espèces fort voisines d'ailleurs, une disparité notable. Si les hommes constituaient *un genre*, il serait bien étrange qu'ils échappassent à cette loi, et qu'il n'y eût pas de groupe à groupe sous ce rapport des différences, qui auraient été certainement signalées. Ces différences même pourraient exister dans une certaine mesure sans qu'on pût y voir un caractère spécifique, car on les constate dans nos races d'animaux domestiques où elles paraissent offrir une certaine relation avec la taille. La gestation est de 63 jours dans les grandes races de chiens : de 59 à 63 chez les petits. C'est précisément les nombres observés à la ménagerie pour le temps de gestation du chacal, souche sauvage du chien. Mais le loup, quelque voisin qu'il soit morphologiquement de quelques races canines, porte cent et quelques jours.

La période d'allaitement est très-variable quant à la durée chez les diverses populations humaines. Sans même sortir de France, on constaterait aisément à ce sujet des différences allant presque du simple au double. Il est évident qu'ici les mœurs, les habitudes, etc., jouent un rôle prépondérant, et que la question des races n'intervient que dans une mesure inappréciable. Chez les Nègres, l'allaitement est habituellement de deux ans et il dure tout autant chez toutes les populations orientales. Il est de cinq ans en Chine. Mais, nous dit M. Morache, la mère chinoise le prolonge uniquement dans le but de retarder la réapparition des règles, qui dans cette race féconde est rapidement suivie d'une nouvelle grossesse. La possibilité d'un allaitement aussi prolongé n'a rien de surprenant. On sait, en effet, que la sécrétion du lait s'entretient par l'usage. Chez nous-mêmes, au dire de Désormeaux, on a vu des nourrices suffire successivement à trois et à quatre nourrissons.

VII. — À la période d'allaitement succède l'état d'enfance, état bien distinct de ceux qui lui succéderont. L'être humain n'est encore ni homme ni femme. Le moment où le sexe se caractérise est une des grandes époques de la vie, et il est curieux de voir que cette époque arrive plus tôt ou plus tard dans des limites remarquablement étendues.

A raison des phénomènes qui se passent alors chez elle et qui permettent une observation précise, c'est la femme qui doit plus spécialement servir ici aux recherches de l'anthropologiste. Or, en prenant les chiffres extrêmes, recueillis par divers observateurs, sur plusieurs populations du globe, on trouve que l'âge minimum auquel les femmes deviennent pubères est celui de huit à neuf ans chez les Eboes observés par Oldfield, et l'âge maximum celui de dix-huit à vingt ans constaté par Rush chez quelques tribus américaines du Nord. En dehors de ces chiffres exceptionnels, on trouve comme extrêmes généraux dix à onze ans d'une part, quinze à seize ans de l'autre.

Les écarts, on le voit, sont considérables et on est naturellement amené à se demander s'ils présentent une certaine fixité dans les groupes humains. De nombreuses statistiques recueillies sur ce sujet, sembleraient justifier une réponse absolument négative à cette question.

Et d'abord, il est hors de doute que *le milieu* joue ici un grand rôle. Des recherches de M. Brierre de Boismont il résulte que, dans une même localité, le plus ou moins d'aisance et le genre de vie qui en est la suite produit une variation moyenne de quatorze mois. A Paris, les femmes de la classe pauvre sont pubères à quatorze ans et dix mois ; celles de la classe moyenne, à quatorze ans et cinq mois ; celles de la classe riche, à treize ans et huit mois.

Le genre de vie suffit pour produire des différences bien marquées dans l'âge auquel la femme devient apte à se reproduire. A Strasbourg comme à Paris, la jeune fille de la campagne est en retard sur la citadine. La différence est d'environ 8 1/2 mois pour Strasbourg, de 4 1/2 mois pour Paris. En Alsace comme sur les bords de la Seine, la rudesse des travaux de la campagne active les fonctions de la vie individuelle aux dépens de celles qui touchent à la vie de l'espèce.

L'influence de la température est encore une de celles qu'on ne peut révoquer en doute. M. Raciborski, réunissant à ses propres recherches celles d'un grand nombre d'autres médecins, a même cru pouvoir conclure que chaque degré de latitude abaisse ou élève d'un peu plus d'un mois l'âge de la puberté, selon qu'on marche dans le sens de l'équateur ou du pôle, à condition que la température croisse ou décroisse comme la latitude.

L'action des trois causes que je viens d'indiquer se révèle clairement. Mais, nous l'avons déjà dit, l'alimentation, la température, le genre de vie même, ne constituent pas à eux seuls *le milieu*. Bien d'autres influences agissent encore sur l'organisme. Le plus ou moins de lumière et le plus ou moins de rayons actiniques, par exemple, ne saurait être indifférent.

Cet ensemble d'actions explique comment l'âge de la puberté varie avec l'habitat dans la même race ; comment des femmes, appartenant au même rameau de la race blanche aryane, peuvent présenter les nombres extrêmes que j'ai indiqués plus haut. Chez elles, les Suédoises et les Norwégiennes sont pubères à 15-16 ans, les Anglaises à 13-14 ; mais les créoles anglaises de la Jamaïque le sont à 10-11 ans. A Antigoa, les Négresses et les Blanches transportées dans un milieu commun, ne présentent plus de différence sous ce rapport, etc. On voit aussi pourquoi des femmes appartenant aux populations et aux races les plus diverses, les Suédoises et les Dacotas, les Corfiotes et les Potowatomies, les Anglaises et les Chinoises, arrivent à la puberté au même âge.

La race n'est-elle donc absolument pour rien dans le phénomène physiologique dont nous parlons ?

Quelques faits paraîtraient autoriser à penser le contraire. Les femmes Esquimaux du Labrador sont aussi précoces que les Négresses de nos colonies. Entre les Potowatomies (*Algonquins*) et les Dacotas (*Sioux*) il y aurait chez les femmes un an de différence en moyenne dans l'apparition des premiers phénomènes de la puberté. On pourrait citer encore quelques observations de même nature empruntées à divers voyageurs. Ces faits n'ont d'ailleurs rien qui doive surprendre. Ils ne font que reproduire dans l'espèce humaine ce que nous observons tous les jours chez nos animaux domestiques, chez nos végétaux cultivés qui tous ont des races précoces et des races tardives.

M. Lagneau a étudié cette question pour la France en particulier. Il a été conduit à admettre que les conditions de milieu ne suffisent pas pour expliquer les différences résultant de ses recherches, et que l'époque de la puberté, se rattachant à la rapidité du développement de l'organisme, varie quelque peu selon la race. M. Lagneau n'a présenté cette conclusion qu'avec une grande réserve, et elle paraît pouvoir être acceptée dans les limites qu'il a posées lui-même.

Ces limites sont d'ailleurs fort restreintes. Elles varient de quatorze ans et cinq jours à seize ans un mois et vingt-quatre jours. Le chiffre minimum est fourni par la population féminine de Toulon ; le chiffre maximum par les femmes de Strasbourg. Mais, entre ces deux localités, il y a environ trois degrés de latitude et cinq degrés de température moyenne de différence. En outre, Toulon jouit d'un climat à variations peu marquées, le climat de Strasbourg est au contraire relativement *excessif*; à Toulon, la lumière est vive, elle est voilée à Strasbourg ; la Toulonaise vit au grand air et respire l'air stimulant de la mer, la Strasbourgeoise vit à la maison et respire un air habituellement humide ; la première boit du vin, la seconde de la bière. Toutes ces conditions dont les unes tendent à stimuler, les autres à débiliter, doivent aussi avoir une certaine influence. En tenant compte de ces diverses circonstances, on voit, qu'au moins en France, l'influence de la race ne dépasserait guère celle que le plus ou moins d'aisance exerce sur la population d'une même ville.

Les recherches de M. Lagneau portent également sur l'époque à laquelle arrive pour l'homme comme pour la femme l'extinction des facultés reproductrices. Ici les documents sont moins nombreux et moins précis. Toutefois, du peu que nous savons sur ce point, il semble résulter que la ménopause prêterait à des conclusions fort analogues à celles que nous venons d'indiquer.

VIII. — On pourrait assez facilement être amené à penser que la précocité et le retard dans le développement organique, accusés par l'âge auquel apparaît la puberté, doivent entraîner une durée proportionnellement plus courte ou plus longue de la vie humaine. Les observations précises sont loin d'être encore assez nombreuses et assez complètes pour qu'on puisse résoudre avec une certitude entière ce problème important. Toutefois, la plupart des faits que nous connaissons ne semblent guère venir à l'appui des conclusions théoriques admises par quelques anthropologistes, entre autres par Virey. Tout semble indiquer au contraire que les bornes de la vie sont à bien peu près les mêmes pour toutes les races humaines, *à la condition* qu'elles soient placées dans les conditions d'existence *relativement* aussi favorables.

Il est évident, en effet, que ces conditions ont une influence des plus marquées sur la durée des organismes. Ce n'est pas quand il s'agit de la vie qu'on nie *l'action du milieu*.

Ici aussi apparaît la nature multiple de ce milieu. Des relevés statistiques de Boudin, il résulte qu'en 67 ans, de 1776 à 1843, la vie moyenne de l'homme en France s'est allongée de 11 ans. Elle a donc gagné 60 jours par an; elle a atteint un des chiffres les plus élevés que présentent à cet égard les populations européennes (36,45 ans). La température a-t-elle changé? Le climat s'est-il modifié? Non. Mais les conditions générales de l'existence se sont améliorées et le résultat s'accuse par ces chiffres bien significatifs.

La vie moyenne des Blancs européens, les seules populations sur lesquelles on possède des données suffisamment exactes, oscille entre 28,18 ans (*Prusse*) et 39,8 ans (*Schleswig, Holstein, Lauenbourg*). C'est une différence de plus de 11 ans.

Les tableaux de la vie moyenne, réunis par Boudin et empruntés à Hain et à Bernouilli, mettent hors de doute, qu'au moins parmi nos populations européennes, la longévité moyenne n'est que pour bien peu une affaire de race, si tant est que la race y soit pour quelque chose. Les États allemands présentent une variation de 28,18 ans (*Prusse*) à 36,8 ans (*Hanovre*).

La température, au moins considérée isolément, ne semble pas non plus influer d'une manière notable, Naples tenant presque le milieu entre les nombres précédents (31,65 ans).

Ces faits, recueillis chez les populations les mieux connues, permettent de penser que, *toutes choses égales d'ailleurs*, la durée de la vie doit être à peu près la même partout. On comprend que toute comparaison rigoureuse devient ici impossible, faute de documents statistiques proprement dits. Toutefois un certain nombre de faits recueillis par divers voyageurs chez des peuples de races fort différentes et placés dans des conditions d'existence parfois opposées, paraissent justifier cette conclusion.

Tous les voyageurs qui ont pu en juger par eux-mêmes ont parlé des Lapons comme atteignant en général une grande vieillesse; les hommes de 70 à 90 ans ne sont pas rares chez eux.

Au dire des voyageurs les plus autorisés, la plupart des populations américaines parviennent de même à un âge avancé, et souvent sans porter les traces extérieures de la décrépitude. Quel que rude et parfois précaire que soit leur genre de vie, les représentants de ces races ne le cèdent donc pas aux Européens sous le rapport de la durée de la vie.

En est-il autrement du Nègre, comme le pensait Virey? Tout paraît démontrer le contraire. Même transporté hors de chez lui et placé dans des conditions que nous avons vu lui être peu favorables, le Nègre vit aussi longtemps que l'Européen. C'est ce qui résulte des registres d'esclaves consultés par Prichard dans les Indes occidentales. Cet anthropologiste a montré, par des exemples puisés à diverses sources, que les centenaires n'étaient rien moins que rares parmi les individus de cette race disséminés sur divers points de l'Amérique. Des documents qu'il cite, il résulte même que, dans l'État de New-Jersey, on a compté lors d'un recensement officiel un peu plus d'un centenaire nègre sur mille, tandis qu'il n'existait qu'un centenaire blanc sur cent cinquante mille.

Pourtant, Adanson, Winterbottom, etc., affirment que le Nègre du Sénégal et de la Guinée vieillit de bonne heure, et le second ajoute que les individus de cette race atteignent rarement un âge avancé. Le docteur Oldfield, dans la grande expédition des Anglais sur le Niger, fait la même remarque pour la partie du pays qui avoisine la rivière Nunn, région marécageuse et couverte d'une végétation luxuriante qu'entretiennent les inondations. Mais arrivé plus haut sur le grand fleuve et parvenu dans les pays découverts de Nyffé, il rencontra au contraire un grand nombre de vieillards qui devaient avoir dépassé 80 ans et visita un vieux chef qu'il dit être âgé de 115 ans.

Ces faits n'ont rien de contradictoire. Ils nous apprennent seulement que le Nègre subit la loi commune à tous les autres hommes. Il a beau s'être façonné aux conditions d'existence que le Blanc a tant de peine à supporter, quand ces conditions s'aggravent et dépassent une certaine limite, il en souffre et sa vie s'abrège. L'indigène des rives de la Nunn est placé *comme Nègre* dans un milieu correspondant à celui que subissaient naguère en France les *Blancs* de la Dombe, et pour tous deux le résultat était le même.

Mais en dehors de ces localités exceptionnelles, et quand les conditions sont également bonnes, la durée de la vie paraît être la même pour les deux races typiques les plus éloignées l'une de l'autre dans l'espèce humaine. Tout au moins constate-t-on les mêmes limites extrêmes chez le Nègre et chez le Blanc.

CHAPITRE XXXII

I. — Tout autant que l'état physiologique, l'état pathologique présente dans les divers groupes humains des particularités qui peuvent être considérées comme des *caractères*. Ces caractères sont même parfois plus tranchés, parce que les phénomènes morbides sont souvent très-accusés. Cette question offre un grand intérêt ; mais pour la traiter avec le détail qu'elle mérite, il faudrait un temps et un espace qui me manquent également. Je me bornerai donc à rappeler quelques faits généraux déjà acquis et à citer quelques exemples, pour préciser la nature et la signification des faits pathologiques envisagés au point de vue anthropologique.

II. — Jusqu'ici, quand il s'est agi du milieu, nous n'avons guère envisagé que son *action modificatrice* ; mais tout le monde admet qu'il agit aussi d'une manière *perturbatrice*. Au fond, les maladies n'ont le plus souvent d'autres causes que des actions de ce genre.

Nous voilà donc ramenés à des considérations analogues à celles que nous avons tant de fois rencontrées. Rappelons en quelques mots les résultats généraux de nos études précédentes.

1° Chez tous les hommes, la *nature fondamentale* est identique.

2° Dans les divers groupes humains, cette nature fondamentale s'est modifiée sur certains points, par cela seul qu'il se formait des races distinctes

3° Dans chacun de ces groupes, c'est sous l'influence du milieu que se sont développés les divers caractères et les aptitudes spéciales constituant une sorte de *nature acquise*.

Évidemment, lorsque l'action perturbatrice, cause de la maladie, portera sur ce qu'il y a de *fondamental*, les mêmes causes produiront des *effets semblables au fond* ; au contraire, lorsque cette action s'exercera sur ce que chaque race a *d'acquis et de special*, les mêmes causes produiront des *effets différents*. En d'autres termes, de l'*unité de l'espèce* et de la *multiplicité des races* il résulte qu'il doit exister chez tous les hommes des maladies communes et variant tout au plus quant aux phénomènes accessoires ; mais qu'on doit rencontrer aussi des maladies plus ou moins spéciales à certains groupes humains.

Toutefois l'immense majorité des maladies doit être commune à tous les hommes et présenter seulement des modifications d'un groupe à l'autre. Par exemple une race pourra être ou plus accessible ou plus réfractaire qu'une autre à certaines affections.

Faisons remarquer en passant et sans insister sur des faits connus de tous les agriculteurs, de tous les éleveurs, que les *races* de toutes les *espèces* végétales cultivées depuis longtemps et de toutes les *espèces* animales soumises depuis des siècles à la domesticité présentent des phénomènes analogues.

Les propositions que je viens d'annoncer se déduisent très-naturellement des faits précédemment exposés et des principes admis au début de ce livre. Elles sont remarquablement d'accord avec les résultats de l'expérience et de l'observation

III. — Que la presque totalité des maladies soit commune à toutes les races humaines, c'est ce qui ressort de plus en plus des études chaque jour plus nombreuses faites sur ce sujet.

On a bien souvent mis en opposition, au point de vue pathologique, le Nègre et le Blanc ; on a affirmé que le premier vivait indemne là où le second succombait. Les fièvres paludéennes, la dyssenterie, les hépatites avec abcès du foie, si redoutables aux Européens, épargnent, prétendait-on, l'habitant des côtes de Guinée, du Sénégal, du Gabon. C'étaient là autant d'exagérations qu'avaient déjà réduites à leur juste valeur les observations de Winterbottom, d'Oldfield, etc. Les travaux plus récents confirment de tout point ces indications déjà anciennes : « La dyssenterie et l'hépatite, nous dit M. Berchon, sévissent sur la race nègre comme sur la race blanche... Les fièvres pernicieuses, qui, avec les deux maladies dont nous venons de parler, forment la trilogie pathognomonique de la pathologie sénégalaise, atteignent de préférence les Européens ; mais les Noirs sont loin d'en être exempts. »

Ces dernières paroles sont confirmées d'une manière bien remarquable par les chiffres inscrits dans le tableau ci-joint, que j'emprunte à M. Boudin. Il résume les documents officiels anglais relatifs à la mortalité annuelle sur 1000 hommes à Sierra-Leone de 1829 à 1836.

Maladies	Blancs	Nègres
Fièvres paludéennes..........	416,2	2,4
Fièvres éruptives............	0,0	6,9
Maladies du poumon..........	4,9	6,3
Maladies du foie.............	6,0	1,1
Maladies gastro-intestinales..	41,3	5,3
Maladies du système nerveux.	4,3	1,6
Hydropisies..................	4,3	0,3
Autres maladies.............	12,0	6,3

Sierra-Leone est une des stations les plus insalubres pour le Blanc ; c'est au contraire un des points où la mortalité est la plus faible pour le Nègre. Le rapport qui accuse cette différence est vraiment effrayant (483,0 à 30,1). Le tableau nosologique n'en est pas moins le même pour les deux races ; car si les soldats anglais ne présentent pas de fièvres éruptives dans ce relevé, on sait bien que les races blanches n'en sont nullement exemptes.

D'autres tableaux dressés par M. Boudin à l'aide des mêmes documents mettent encore plus en relief le fait fondamental dont il s'agit ici. L'un d'eux fait connaître la mortalité comparée du Nègre et du Blanc par les fièvres paludéennes pour dix-sept localités réparties sur presque tous les points du globe, de Gibraltar à la Guyane, et de la Jamaïque à Ceylan. Le chiffre des décès est toujours de beaucoup plus considérable pour les Européens ; mais il monte ou s'abaisse à peu près toujours en même temps et dans la même localité pour les deux races, quand toutes deux sont expatriées.

Est-il nécessaire de rappeler que toutes les grandes épidémies sont communes à toutes les races, et que la peste ou le choléra frappent indifféremment le Blanc, le Jaune ou le Noir ? Quant à la fièvre jaune, elle est si peu spéciale, elle est tellement sous la dépendance des habitudes de milieu, que les Mexicains des terres froides ont à la redouter autant que les Européens eux-mêmes ; et que, dans les îles du golfe du Mexique, les Blancs créoles subissent presque impunément les influences si meurtrières pour les immigrants.

IV. — Les maladies éruptives, la variole en particulier, semblent avoir été inconnues en Amérique jusqu'au moment où les Européens les apportèrent dans ce continent. En revanche, celui-ci leur donna quelques-unes des formes les plus graves de la syphilis, qui ont caractérisé la terrible épidémie du XVe siècle. Dans ce funeste échange, les deux maladies se sont remarquablement aggravées en passant d'une race à l'autre ; si bien que les populations nouvellement frappées ont souffert infiniment plus que celles qui leur avaient communiqué le mal. En Amérique, des populations entières, atteintes de fièvres éruptives ont disparu et parfois avec une rapidité foudroyante. La célèbre tribu des Mandans, bloquée par les Sioux et ne pouvant fuir le fléau, fut anéantie en quelques jours tout entière à l'exception de quelques individus absents. Catlin, à qui nous devons ces détails et qui les tenait de Blancs protégés par la vaccine, ajoute que les malades atteints par le fléau succombaient en deux ou trois heures. En revanche on sait ce que furent en Europe les suites de l'infection qui, de nos jours encore, empoisonne trop souvent les sources mêmes de la vie.

Ainsi, une race humaine peut ne pas connaître soit une ou plusieurs maladies, soit certaines formes morbides, bien que n'étant que trop apte à les contracter. Quand elle est atteinte, elle peut même présenter ce mal, nouveau pour elle, avec une violence jusque-là inconnue.

V. — Il est des maladies qui tout en restant communes, frappent certaines races humaines de préférence à d'autres. Celles-ci jouissent donc comparativement à celles-là d'une *immunité relative*. C'est ce qui résulte déjà de ce que nous avons vu. Ajoutons que ces différences d'action d'une même cause pathogénique s'accusent même en cas d'épidémie. Lorsque le choléra frappa la Guadeloupe en 1865 et 1866, la mortalité fut de 2,70 %, chez les Chinois, de 3,86 chez les Hindous, de 4,31 chez les Blancs, de 6,32 chez les mulâtres, de 9,44 chez les Nègres. Toutes ces races étant étrangères, ces chiffres recueillis par M. Walther n'en offrent que plus d'intérêt.

Parfois il y a comme une sorte de balancement et de réciprocité entre deux races relativement à deux causes de mort. J'ai déjà signalé, en parlant de l'acclimatation, le contraste que présentent à ce point de vue le Nègre et le Blanc. De toutes les races humaines, la blanche est la plus sensible, la noire la plus réfractaire aux émanations paludéennes. En revanche, la race nègre souffre plus qu'aucune autre de la phthisie, tandis que la race blanche se confond à peu près sous ce rapport avec d'autres groupes, avec les Malais par exemple.

Mais, d'une part, il existe des immunités plus complètes que celle que possèdent les Nègres contre les affections paludéennes; et, d'autre part, ces immunités peuvent se perdre, soit pour tout un groupe de population, soit pour des individus isolés. J'emprunte ici deux exemples frappants au livre de M. Boudin.

L'éléphantiasis, cette affection qui déforme parfois d'une manière si étrange certaines parties du corps humain, existe aux Indes et à la Barbade. Dans cette dernière île, les Nègres furent les seuls à être atteints de cette hideuse maladie jusqu'en 1704. Dans cette année *un Blanc* en fut frappé pour la première fois. Mais le mal fit des progrès, et dès 1760 il était répandu dans la population *créole*. Les Blancs *d'origine européenne* ont échappé jusqu'ici.

L'éléphantiasis de l'Inde existe à Ceylan. Là aussi elle n'attaque que les indigènes, les créoles et les métis. Les Européens, les Hindous, étrangers à l'île, en sont exempts. Scott, cité par M. Boudin, affirme qu'on ne connaît *qu'un seul cas* de cette maladie chez un Blanc d'Europe. Mais cet individu habitait l'île depuis trente ans; l'acclimatation avait été portée chez lui assez loin pour lui faire perdre son *immunité ethnologique*.

En revanche, nous avons vu en parlant de l'acclimatation que les créoles vivent fort bien et prospèrent dans certaines localités des plus dangereuses pour les immigrants. Ils ont donc acquis, au prix des sacrifices subis par les générations précédentes, une immunité relative qui manque à la majorité des Européens.

En acquérant une de ces immunités relatives, la race peut en perdre une autre. Lors de l'épidémie cholérique dont je parlais tout à l'heure, les Blancs et les Nègres créoles furent sensiblement plus frappés que les Blancs et les Nègres récemment immigrés et par suite non encore acclimatés. Ainsi, le milieu de la Guadeloupe, et probablement celui des autres îles mexicaines, apparaît comme exerçant une double action. D'une part il diminue dans une proportion considérable l'aptitude à contracter la fièvre jaune; d'autre part il rend l'organisme humain sensiblement plus accessible à l'influence cholérique.

VI. — Des faits aussi significatifs se passent de commentaires. On voit ce que sont ces *immunités relatives* dont quelques polygénistes ont voulu faire des *caractères spécifiques*. Sans avoir à ce point de vue une importance à beaucoup près aussi grande que les phénomènes physiologiques, les phénomènes pathologiques attestent comme eux la nature fondamentalement identique de tous les groupes humains. Relevant essentiellement de la *nature acquise* dans ce qu'ils ont de spécial, ils accusent un peu mieux que les phénomènes physiologiques la différence des races. Mais les uns et les autres sont également *fonctionnels*; et, les fonctions, s'accomplissant nécessairement sous l'influence immédiate du milieu, ils accusent presque au même degré l'action prépondérante de ce dernier.

VII. — On ne saurait toucher aux questions de pathologie ethnique sans dire quelques mots de l'étrange et funeste influence que la race blanche semble exercer sur certaines races inférieures dont elle vient envahir l'habitat.

Nulle part ce douloureux phénomène n'est aussi frappant qu'en Polynésie. Ici les chiffres ont une éloquence navrante.

Aux Sandwich, Cook évaluait le chiffre de la population à 300 000 âmes. En 1861 on n'en comptait que 67084, soit environ les 0,22 de la population primitive.

A la Nouvelle-Zélande Cook trouva 400000 Maoris. En 1858 il en restait 56049 soit les 0,14. Depuis cette époque la dépopulation a continué. De 1855 à 1864 la perte a été de 0,22 pour la province de Rotorua, les Lacs et Maketou; elle a été de 0,19 *en deux ans* de 1859 à 1861 aux îles Chatam.

Aux Marquises, en 1813, Porter comptait 19000 guerriers, ce qui suppose une population de 70 à 80 000 âmes. En 1858 M. Jouan trouvait 2500 à 3000 guerriers et environ 11 000 habitants, soit moins des 0,14.

Des estimations comparées de Cook et de Forster il résulte qu'à Taïti la population était au moins de 240 000 âmes. En 1857 le recensement officiel n'en comptait plus que 7212, c'est-à-dire un peu plus des 0,03.

Ces faits, fussent-ils purement locaux, n'en seraient pas moins étranges. Mais ils se reproduisent partout, jusque dans les îlots les plus isolés, jusqu'aux îles de Bass, qui forment la limite extrême de la Polynésie au sud-est. Au commencement de ce siècle, Davies y comptait 2000 habitants; en 1874, Mœrenhout n'en trouvait que 300, soit les 0,15.

Tous les chiffres précédents sont empruntés à la Polynésie orientale, qui, comme on sait, a la première attiré les Européens. Mais les archipels occidentaux commencent depuis quelques années à être envahis à leur tour et la population décroît déjà d'une manière sensible aux îles Tonga, à Vavau, à Tonga-tabou, etc. Le même fait paraît se produire aux Fijis.

Ce n'est pas seulement la mortalité qui grandit chez cette malheureuse race polynésienne ; c'est aussi la natalité qui diminue. Le fait a été signalé depuis longtemps d'une manière générale. Les chiffres suivants le précisent d'une manière étrange. Dans l'archipel des Marquises, à Taïo-Hae, M. Jouan a vu en trois ans la population tomber du chiffre de 400 à celui de 250 sans qu'on eût à enregistrer plus de trois ou quatre naissances. Aux Sandwich, sur 80 femmes légitimement mariées, M. Delapelin n'en trouvait que 39 qui fussent mères. On ne comptait que 19 enfants dans les vingt principales familles de chefs. Enfin en 1849 la statistique officielle citée par M. Remy, accuse 4,520 décès, et 1,422 naissances seulement. Il en est de même à l'autre extrémité de la Polynésie. A la Nouvelle-Zélande, dit M. Colenso, les mariages sont rarement féconds. Les sept chefs principaux de Ahuriri sont sans enfants, à l'exception de Té-Hapuku ; mais de quatre fils mariés que possède ce dernier, trois n'ont pas encore de famille. Ici sur 11 mariages 9 étaient restés inféconds.

On a voulu rattacher ces phénomènes douloureux à bien des causes. On a invoqué tour à tour les guerres, les famines, les épidémies, etc.; mais ces fléaux n'ont sévi que localement. On a parlé de la syphilis ; mais on oubliait que la mère d'Œdidée était morte de cette maladie avant le voyage de Wallis lui-même. On a accusé l'ivrognerie introduite, dit-on, par les Européens ; mais avant l'importion de nos spiritueux, les Polynésiens savaient fort bien s'enivrer avec leur *kava*, plus redoutable que l'eau-de-vie. Quant à la débauche, on sait jusqu'où les indigènes l'avaient portée. Sur ce point les Aréoïs n'avaient rien laissé à faire aux Européens.

Une civilisation trop élevée porte-t-elle en elle-même quelque chose d'incompatible avec l'existence des races inférieures? L'empire exercé par l'étranger, l'envahissement du sol, la violence faite à la religion, aux mœurs, inspirent-ils à ces hommes jadis libres et fiers, un découragement tel qu'ils se refusent à avoir des héritiers ? On pourrait admettre que ces causes morales sont pour quelque chose dans ce qui se passe à Taïti, aux Sandwich, à la Nouvelle-Zélande. Mais comment appliquer cette explication aux archipels où la race locale est restée dominatrice et a conservé avec son ancien genre de vie toutes les traditions de ses ancêtres? Or tel était le cas pour les Marquises, à l'époque du séjour de M. Jouan et du P. Mathias ; les Samoa, les Tonga n'ont encore que de rares habitants européens.

Deux chirurgiens de marine, MM. Bourgarel et Brulfert ont

seuls jeté quelque jour sur ce douloureux problème. Le premier a trouvé *toujours* des tubercules dans le poumon des morts soumis à l'autopsie. Le second nous dit que presque tous les Polynésiens souffrent de toux opiniâtres, et que sous ces catarrhes bronchiques on trouve la tuberculose presque huit fois sur dix. Or la phthisie ne figure pas sur les listes de maladies dressées par les anciens voyageurs. L'avons-nous donc importée dans ces îles? En se développant sous un ciel nouveau, chez une race qui ne la connaissait pas encore, cette affection a-t-elle pris une forme plus terrible, comme nous en avons vu des exemples ? Déjà héréditaire chez nous, est-elle devenue en Polynésie endémique ou épidémique? S'il en est ainsi, on peut dire que c'en est fait de la race polynésienne. Encore un demi-siècle, un siècle au plus et elle aura disparu, au moins comme race pure ; elle aura été remplacée par les métis, qui déjà aux Marquises commencent à relever le chiffre de la population.

LIVRE X

CARACTÈRES PSYCHOLOGIQUES
DE L'ESPÈCE HUMAINE.

CHAPITRE XXXIII

CARACTÈRES INTELLECTUELS.

I. — Je réunis dans ce livre et sous un titre commun l'examen sommaire des caractères relevant de l'*intelligence*, de la *moralité* et de la *religiosité*. On me reprochera peut-être de rapprocher ainsi, outre mesure, des phénomènes que j'ai attribués ailleurs à des causes différentes, et par suite de tomber dans une contradiction au moins apparente. Mais d'une part, après ce que j'ai dit à ce sujet dans le premier chapitre, il ne peut exister de doute sur la manière dont j'envisage cette question ; d'autre part les phénomènes intellectuels prennent chez l'homme un développement tel, que parfois ils s'élèvent presque au rang d'attributs, et méritent à ce titre d'être placés non loin des phénomènes purement humains.

II. — Dans les chapitres précédents, nous avons passé en revue l'homme physique. Mais nous ne sommes pas seulement, comme le végétal, une certaine portion de matière organisée et vivante. Il y a de plus en nous *un quelque chose* qui *sent*, qui *juge*, qui *raisonne* et qui *veut*. Ce *quelque chose*, dont le naturaliste n'a à rechercher ni l'origine ni la nature, se manifeste par des actes, *par des faits*. Ces faits diffèrent d'une race humaine à une autre. Ils peuvent, *ils doivent* être considérés comme des *caractères*, au même titre que les actes de nos races animales, telles que les chiens *d'arrêt* ou les *chiens courants*, les *ratiers* ou les *chiens de berger*.

On le voit, tout en abordant un terrain généralement regardé comme appartenant en propre à la philosophie, l'anthropologie n'en respecte pas moins le domaine de cette dernière. A celle-ci de s'inquiéter de la distinction à établir entre l'esprit et la ma-

tière, de rechercher le lien mystérieux qui unit l'être physique
et l'être intellectuel ; à celle-là de connaître les manifestations
diverses qui résultent de cette alliance, à y trouver les signes
distinctifs, caractéristiques, pour les groupes qu'elle étudie. La
première remonte aux causes ; la seconde s'en tient aux effets,
et, par conséquent, ne franchit pas les limites des sciences
naturelles.

Par cela même, nous rencontrons ici tout d'abord, lorsqu'il
s'agit de l'homme, une difficulté que nous avons déjà signalée.
En abordant l'examen des faits psychologiques, la science ne
trouve guère que des détails à relever, comme lorsqu'elle étudie
les caractères physiologiques. Ici tout autant qu'ailleurs, *le milieu*
joue un rôle considérable. S'il influe sur les manifestations de
la vie organique, il n'influe guère moins sur des actes traduisant ce qu'il y a en nous d'actif et de réagissant. Et, non-seulement notre intelligence se plie à toutes les conditions actuelles,
mais en outre, accumulant et combinant par la mémoire tous
les faits antérieurs, elle en multiplie à l'infini l'influence et se
crée à elle-même des conditions nouvelles d'où résultent incessamment des phénomènes nouveaux.

L'étude des caractères intellectuels doit donc être reportée,
pour la plus grande partie, à l'examen détaillé des races. Toutefois, on peut aborder ici quelques-uns d'entre eux dans ce qu'ils
ont de plus général, ne fût-ce que pour mieux faire comprendre
ce qu'ont de vrai les lignes qui précèdent.

III. *Langage*. — « Les animaux ont la voix ; l'homme seul
a la parole. » Cette vérité, proclamée par Aristote, est universellement acceptée de nos jours. Tout le monde reconnaît que
le langage est un des plus hauts attributs de l'espèce humaine.
Les *langues*, c'est-à-dire les formes variées que le langage revêt
chez les diverses races humaines et leurs subdivisions, ont, par
cela même, comme faits différentiels et caractéristiques, une
importance à part.

Sans être linguiste, l'anthropologiste peut fort bien s'emparer
des résultats acquis par la linguistique et les comparer à ceux
auxquels conduit l'étude des caractères physiques. Lorsque par
deux voies aussi différentes on arrive aux mêmes conclusions,
on a évidemment la plus grande chance d'être dans le vrai.

Or dans mes cours au Muséum, en faisant l'histoire détaillée
des diverses races, j'ai eu souvent à pousser fort loin la comparaison dont je viens de parler. A peu près toujours j'ai trouvé
l'accord le plus frappant entre la linguistique et l'anthropologie
descriptive. Lorsque par exception il se manifeste un désaccord
ou mieux un contraste comme celui qui existe entre les caractères physiques et la langue des Basques comparés aux populations voisines, toujours comme chez eux, le problème présente
des difficultés spéciales à quelque point de vue qu'on l'envisage.

C'est surtout chez les races métisses que se manifeste la concordance générale que je signale. Souvent la langue accuse à la fois les mélanges, leur succession, la nature de l'influence exercée par les éléments divers qui ont concouru à leur formation. En voici un exemple frappant.

Tous les polygénistes ont fait des Malais une de leurs *espèces humaines*; bien des monogénistes ont vu en eux une des principales races. J'ai montré depuis longtemps, qu'ils ne sont en réalité qu'une race mixte dans laquelle se sont associés des éléments blancs, jaunes et noirs et tenant de près aux Polynésiens. Ces faits ressortent chaque jour davantage, à mesure que l'on connaît mieux ces deux familles sorties d'une souche commune. A mesure aussi que l'on a étudié davantage l'histoire de ces contrées, on a reconnu qu'entre la région insulaire et le continent il a existé des rapports plus étroits qu'on ne l'a cru longtemps. Tels sont les résultats auxquels arrive l'anthropologie.

De leur côté les linguistes n'ont trouvé à former qu'une seule *famille linguistique* avec l'ensemble des langues malaises et polynésiennes considérées au point de vue de la *grammaire*. Quant au *vocabulaire*, voici les résultats qu'il a donnés à Ritter.

Sur 100 mots le malais comprend :

50 mots polynésiens	répondant tous à un état social très-inférieur, ne désignant que des arts ou des objets nommés dans toutes les langues (ciel, terre, lune, montagne, main, œil, etc.).
27 mots malayous	annonçant une civilisation plus avancée et l'existence d'industries déjà perfectionnées (kriss).
16 mots sanscrits	exprimant des idées religieuses et des abstractions (temps, cause, sagesse, etc.).
5 mots arabes	relatifs à la mythologie, à la poésie, etc.
2 mots javanais	dravidiens, persans, portugais, hollandais ou anglais, presque tous relatifs au commerce.

On voit que la langue des Malais traduit pour ainsi dire sous une autre forme exactement les mêmes faits que leurs caractères physiques.

IV. — Quoique naturaliste, et disposé, par cela même, à attribuer aux caractères tirés de l'homme physique une importance habituellement prépondérante, je ne puis leur reconnaître cette supériorité comme absolument constante. Quelques faits parlent trop haut. Sans leur langue si spéciale, personne n'eût hésité à voir dans les Basques les frères des autres Européens méridionaux. Leur dolichocéphalie spéciale eût-elle été découverte, comme elle l'a été par M. Broca, on n'aurait pas eu la pensée d'en faire des *Blancs allophyles*. Il en est de même des peuples du Caucase, si longtemps regardés, précisément à cause de leurs caractères physiques, comme la souche pure des populations blanches européennes. Il faut donc reconnaître que, dans certains cas, la langue a une importance caractéristique supérieure à celle des traits extérieurs et des faits anatomiques, ou que du moins elle fournit des indications plus faciles à saisir.

Cette *alternance de valeur* entre certains caractères n'étonnera pas les naturalistes au courant des résultats de la zoologie moderne. Ils savent qu'il en est de même quand il s'agit des espèces animales. Chez les vertébrés, l'appareil respiratoire fournit des caractères de premier ordre et *dominateurs*; chez les annelés et dans les types secondaires, où cette fonction est moins rigoureusement localisée, des familles, parfaitement semblables à tous autres égards, ont des branchies très-développées ou en manquent totalement. Chez eux, les caractères tirés des organes de la respiration sont évidemment secondaires et *subordonnés*. S'il en est ainsi *d'espèce à espèce et de groupe à groupe*, ne soyons pas surpris qu'il en soit de même, à plus forte raison, *de race à race*.

V. — Dans les applications anthropologiques de la science du langage, tout le monde s'accorde pour reconnaître une importance de beaucoup supérieure à la grammaire comparée au vocabulaire; et il est évident qu'il ne saurait en être autrement. Mais n'a-t-on pas, dans certains cas, dédaigné par trop les renseignements qu'on peut tirer du dernier? Les résultats auxquels Yung avait été conduit par le calcul des probabilités me semblent bons à rappeler ici. L'illustre savant s'était demandé quel nombre de mots semblables dans deux langues différentes était nécessaire pour qu'on pût être autorisé à considérer ces mots comme ayant appartenu à la même langue. De ses calculs, il résulte que la communauté d'un seul mot n'a aucune signification. Mais la probabilité d'une même origine est déjà de trois contre un, quand il y a deux mots communs; de plus de dix contre un, quand il y en a trois. Quand le nombre des mots communs est de six, la probabilité est de plus de dix-sept cents, et de près de cent mille, quand il est de huit.

Il est donc presque certain que huit mots communs à deux langues différentes ont primitivement appartenu à un même langage, et lorsqu'ils sont isolés au milieu d'une langue à laquelle ils n'appartiennent pas, on doit les regarder comme *importés*. Ces conclusions du savant anglais ont une importance très-grande. Elles tendent à faire envisager autrement que ne le font bien des anthropologistes les relations de peuple à peuple, à faire admettre des communications dont on serait porté à douter.

VI. — Tout en reconnaissant l'importance très-réelle des caractères linguistiques, on ne saurait les prendre seuls pour guides dans l'appréciation des rapports ethnologiques. Une langue peut s'éteindre sur place et être remplacée; alors le linguiste exclusif croira à l'anéantissement d'une race ou d'une population en réalité florissante. C'est ce qui est arrivé pour les Canaries. Les descendants des Guanches ayant tous adopté l'espagnol, on a cru qu'il n'en existait plus jusqu'au moment où M. Berthelot a démontré qu'ils forment en réalité le fond de la population dans tout l'archipel.

VII. — Le monogénisme et le polygénisme ont lutté et luttent encore aujourd'hui sur le terrain de la linguistique comme sur celui de l'organographie. Ainsi qu'il est arrivé trop souvent, la question scientifique a été obscurcie par des considérations fort étrangères à la science ; et cela avec d'autant moins de raison que les doctrines opposées sont ici bien moins en cause que l'on ne paraît le croire.

Au point de vue linguistique, le problème peut se poser en ces termes : a-t-il existé dans le passé une langue primitive unique d'où sont sorties toutes les langues mortes ou vivantes ? Ou bien a-t-il existé et existe-t-il encore des langues qu'il soit impossible de ramener à une origine commune ?

On comprend la réponse des linguistes polygénistes. Arguant des différences qui séparent certaines familles de langues, ils les déclarent *irréductibles* et concluent avec Crawfurd, M. Hovelacque, etc., « à la pluralité originelle des *races* qui ont été formées avec elles. » D'autre part cette irréductibilité est niée par Max Müller qui, sans affirmer encore l'existence de la langue primitive, laisse entrevoir que dans sa pensée c'est à la démonstration de ce fait qu'aboutiront les recherches linguistiques.

Complétement étranger aux études de cette nature, je ne saurais avoir une opinion sur les questions spéciales. Je me borne à constater quelques faits généraux et à signaler le sens dans lequel ils me semblent se prononcer.

L'irréductibilité sur laquelle s'appuient les linguistes polygénistes rappelle l'argument fondé sur les caractères physiques et consistant à opposer le Nègre au Blanc. Cet argument a eu longtemps une certaine apparence de force qu'il a perdu à mesure que l'on a connu de plus nombreux intermédiaires entre ces deux extrêmes. Il me semble que la marche générale de la linguistique conduit au même résultat. Tous les linguistes rapprochent aujourd'hui bien des langues que l'on eût cru irréductibles au commencement de ce siècle.

Un certain nombre de langages resteraient isolés que ce fait n'aurait rien de démonstratif contre l'unité spécifique des hommes. Dans toutes les écoles linguistiques, on reconnaît que les langues sont variables et périssables. Or nous ne connaissons pas toutes les langues *mortes*; et s'il manque un certain nombre d'anneaux à la chaîne, il est tout simple que des rapports ayant jadis existé soient à jamais perdus pour nous.

Que l'on relise d'ailleurs les observations faites par Lubbock sur l'origine des racines et l'on admettra sans peine qu'un certain nombre d'entre elles doivent presque inévitablement ne pas être communes à toutes les langues. Quiconque pense que le langage n'est pas un fait divin, qu'il est d'invention et de création humaine, ne peut qu'adopter sur ce point les conclusions du savant anglais. Or pour peu que ces différences radicales soient nombreuses, elles entraînent nécessairement l'irréductibilité, sans que celle-ci puisse être invoquée comme argument contre la doctrine monogéniste.

A l'appui de cette conclusion, je suis heureux de pouvoir invoquer le témoignage d'un juge à la fois bien compétent et fort peu suspect. Dans son livre sur *La vie du langage*, M. Whitney a examiné cette question. Comme Crawfurd, comme M. Hovelacque, le linguiste américain admet qu'il existe des familles linguistiques que l'on ne saurait rattacher à une origine commune. Mais il ne s'arrête pas au fait brut ; il en montre et en discute les causes. Puis il formule dans les termes suivants la conclusion générale de cette discussion : « L'incompétence de la science linguistique pour décider de l'unité ou de la diversité des races humaines paraît être complétement et irrévocablement démontrée. »

Quoi qu'il en soit, les résultats acquis dès à présent mettent en lumière un fait dont l'importance ne saurait, ce me semble, être méconnue. En prenant pour guide l'ouvrage d'un homme dont la compétence est hors de discussion, en dressant le tableau des familles linguistiques admises par M. Maury, en représentant par des lignes les rapports signalés par ce savant, on voit qu'il existe de langues à langues un *entrecroisement de caractères* fort analogue à celui que j'ai tant de fois montré chez des groupes humains.

Personne n'a soutenu l'hypothèse des origines multiples des langues avec plus de fermeté qu'Agassiz. Dans le mémoire que j'ai combattu au point de vue géographique, il s'était déjà nettement expliqué sur ce point. Il a développé plus tard les mêmes idées. J'ai déjà dit comment selon lui les hommes *ont été créés par nations*, comment chacune de celles-ci a reçu, en même temps que tous ses traits physiques, son langage particulier éclos ainsi de toutes pièces et aussi caractéristique que la voix d'une espèce animale. Je crois devoir insister ici sur ce point et citer le texte lui-même. « Qu'on suive sur une carte, dit Agassiz, la distribution géographique des ours, des chats, des ruminants, des gallinacés ou de toute autre famille : on prouvera avec tout autant d'évidence que peuvent le faire pour les langages humains n'importe quelles recherches philologiques, que le grondement des ours du Kamtchatka est allié à celui des ours du Thibet, des Indes Orientales, des îles de la Sonde, du Népaul, de Syrie, d'Europe, de Sibérie, des États-Unis, des Montagnes Rocheuses et des Andes. Cependant tous ces ours sont considérés comme des espèces distinctes n'ayant en aucune façon hérité de la voix les uns des autres. Les différentes races humaines ne l'ont pas fait davantage. Tout ce qui précède est encore vrai du caquetage des gallinacés, du cancanage des canards aussi bien que du chant des grives, qui toutes lancent leurs notes harmonieuses et gaies, chacune dans son dialecte, lequel n'est ni l'héritier ni le dérivé d'un autre, bien que toutes chantent en *grivien*. Que les philologues étudient ces faits et, s'ils ne sont pas absolument aveugles à la signification des analogies dans la nature, ils en arriveront eux-mêmes à douter de la possibilité d'avoir confiance dans les arguments philologiques employés à prouver la dérivation génétique. »

Agassiz est logique, et il pousse jusqu'au bout les conséquences de sa théorie. Mais il oublie un grand fait que l'on peut opposer à lui et à tous ceux qui, de près ou de loin, se rattachent à cet ordre d'idées.

Jamais une espèce animale n'a échangé sa *voix* contre celle d'une espèce voisine. L'ânon allaité par une jument et isolé au milieu des chevaux ne désapprend pas à braire pour apprendre à hennir. Au contraire, chacun sait bien que le Blanc le plus pur, placé dès son bas âge au milieu des Chinois ou des Australiens, ne parlera que leur langage et que la réciproque est également vraie.

C'est que la *voix animale* est un caractère fondamental, tenant évidemment à la nature de l'être, susceptible de légères modifications, mais ne pouvant disparaître et se transmettant intégralement ; c'est un *caractère d'espèce*.

La *langue humaine* n'est rien de pareil. Elle est essentiellement variable et se modifie de génération en génération ; elle se transforme, elle emprunte et elle perd ; elle est remplacée par une autre ; elle est manifestement sous la dépendance de l'intelligence et du milieu. On ne peut donc voir en elle qu'un caractère secondaire, un *caractère de race*.

Au point de vue linguistique, l'attribut spécifique de l'homme n'est pas la *langue spéciale* qu'il emploie ; c'est la *faculté d'articulation*, la *parole* qui lui a permis de créer un premier langage et de le varier à l'infini, grâce à son intelligence et à sa volonté plus ou moins impressionnées par une foule de circonstances.

Ici encore, je suis heureux de pouvoir étayer des opinions que j'ai soutenues depuis bien longtemps en citant les conclusions de M. Whitney sur ce point. « Maintenant, dit ce savant linguiste, prétendre pour expliquer la variété des langues que le pouvoir de s'exprimer a été virtuellement différent dans les différentes races ; qu'une langue a contenu, dès l'origine et dans ses matériaux primitifs, un principe formatif qui ne se trouvait pas dans une autre ; que les éléments employés pour un usage formel, étaient formels par nature, et ainsi de suite, c'est là de la pure mythologie. »

VIII. *Rapports généraux des langues et des races humaines.* — Tout le monde admet que les langages humains se ramènent à trois groupes fondamentaux, comprenant l'un les langues monosyllabiques ou isolantes, le second les langues agglutinatives ou composantes, le troisième les langues à flexion. Ainsi, il existe trois types linguistiques comme trois types physiques. Il n'est pas sans intérêt de rechercher quels rapports se manifestent entre les caractères empruntés à ces deux ordres de considérations.

Les langues monosyllabiques représentent l'état le plus rudimentaire du langage humain, qui n'est en outre arrivé à la flexion qu'en passant par la période d'agglutination. Considérées à ce point de vue, les langues ont été en se perfectionnant progressivement, et il est naturel de se demander si le degré général d'élévation des races correspond à celui du développement du langage.

En juxtaposant les résultats des études linguistiques et physiques, on reconnaît bien vite qu'il n'en est rien. La langue monosyllabique par excellence, le chinois, est parlée par une des populations les plus anciennement civilisées et dont le fond appartient au type jaune. Les tribus les plus bas placées relevant du type nègre, parlent, au contraire, des langues agglutinatives, c'est-à-dire parvenues au second rang. J'ai déjà signalé ce fait et insisté sur les conséquences qui en ressortent, relativement à l'antiquité relative des groupes humains.

Toutefois, on doit remarquer que le plus grand nombre des Blancs parlent des langues qui ont atteint le plus haut degré de développement, des langues à flexion. Les Blancs allophyles seuls en sont encore à l'agglutination.

Si, après avoir lu ce que les linguistes nous ont appris sur la distribution des races, on jette les yeux sur la carte, on constate encore quelques faits généraux assez intéressants.

Les langues monosyllabiques s'y montrent comme cantonnées en Asie seulement et occupant un espace fort restreint. Elles ont dû même former autrefois une sorte d'îlot borné par la mer à l'est, et sur tous les autres points par des langues agglutinatives. La conquête aryane les a seule mises en contact avec les langues à flexion.

Celles-ci, aujourd'hui répandues partout, ont longtemps été confinées dans l'ancien continent, dont elles étaient loin d'ailleurs d'occuper la plus grande partie. Leur expansion date des grandes découvertes modernes.

Les langues à développement intermédiaire, les langues agglutinatives, occupaient avant cette époque, comme aujourd'hui encore, la majeure partie du sol. Nous ignorons à quel moment elles ont perdu du terrain en Europe; mais déjà nous pouvons presque affirmer qu'elles y ont dominé jadis. Probablement elles occupaient en entier cette partie du monde avant l'invasion ou l'infiltration aryane. Peut-être furent-elles parlées par l'homme quaternaire. Quoi qu'il en soit, avant les grandes émigrations toutes récentes des races européennes, les langues agglutinatives avaient conservé la plus grande partie de l'Asie, la presque totalité de l'Afrique, l'Amérique et l'Océanie entières.

En relevant approximativement les aires occupées par les trois groupes fondamentaux de langues, on trouve que les langues agglutinatives occupaient naguère à elles seules environ $\frac{74}{100}$ du sol, les langues à flexion $\frac{24}{100}$, les langues monosyllabiques $\frac{2}{100}$; soit, à peu près, $\frac{74}{100}$ $\frac{24}{100}$ et $\frac{2}{100}$.

Les langues agglutinatives l'emportent encore sur les autres par leur nombre. Et enfin le chiffre des nations, peuplades ou tribus parlant ces mêmes langues est aussi bien supérieur à celui des groupes qui parlent des langues monosyllabiques et des langues à flexion.

Mais on sait combien peu la population d'une contrée est en rapport, soit avec l'étendue des terres, soit avec le nombre des groupes humains qui la peuplent. Pour se faire une idée de l'importance du rôle joué à la surface du globe par une langue ou un groupe de langues, il faut compter les individus qui en font usage. Or, en rapprochant les données statistiques et linguistiques dues à MM. d'Omalius et Maury, on trouve que les langues à flexion sont parlées par 536 900 000 êtres humains; les langues monosyllabiques par 449 000 000; les langues agglutinatives par 216 550 000 seulement.

IX. *Écriture*. — L'écriture est, pour ainsi dire, à la parole ce que celle-ci est à la pensée. Toutefois par sa nature même elle fournit assez peu de données précises à l'anthropologiste. Inventée sur un nombre de points fort restreint, elle s'est communiquée de proche en proche et par initiation. En passant d'une nation à l'autre, les représentations graphiques du langage se sont souvent sensiblement modifiées; et, à ce point de vue, elles peuvent, sans doute, être d'un véritable secours à l'ethnologie. Mais il n'existe aucun rapport réel entre les diverses formes qu'elles affectent et les groupes humains qui les emploient.

On ne peut guère rattacher à l'écriture les pierres diversement disposées qui servaient aux néophytes mexicains à se rappeler leurs prières ou les procédés purement mnémotechniques signalés par divers voyageurs, tels que les *Wampum* des Peaux-Rouges. Cependant ces derniers et surtout les *Quipos*, chinois, thibétains et péruviens, étaient quelque chose de plus. Ici, la couleur et le mode de juxtaposition des fragments de coquilles ou de bois enfilés, les nœuds et la couleur des cordelettes avaient une valeur conventionnelle permettant d'exprimer des idées, des nombres multiples et élevés, etc. Au Pérou, on *écrivait* ainsi, paraît-il, de véritables livres. Malheureusement, comme le dit M. Maury, il est aujourd'hui impossible de débrouiller ces singuliers textes.

La pictographie même rudimentaire, telle qu'elle existait et existe encore chez les Peaux-Rouges où Schoolcraft l'a fort bien étudiée, a probablement été partout le point de départ de l'écriture proprement dite. On sait que la pictographie ressemble assez à nos *rébus* et qu'elle a ses monuments, découverts par plusieurs voyageurs en Sibérie, dans l'Amérique du Nord, dans le bassin de l'Orénoque et jusqu'en Patagonie.

Lorsque le symbolisme s'introduit dans la pictographie, il semble qu'il y ait un pas de fait, bien que de graves erreurs puissent être la suite de cette manière de représenter les événements, lorsque le sens du symbole s'oublie. Les Virginiens avaient figuré un *cygne blanc vomissant du feu* pour représenter les Européens, leurs vaisseaux et leurs armes. Il y avait évidemment là le germe de quelque légende. Cette observation à elle seule permet de comprendre et d'interpréter quelques-unes des traditions, fabuleuses dans la forme, très-réelles au fond, qui ont été recueillies sur le passé de certaines tribus américaines. Toutefois le symbolisme a l'avantage d'habituer l'esprit à se détacher de la reproduction matérielle des objets. Plus tard on passe assez aisément à la réduction graphique du symbole, puis au *signe idéographique*. Enfin, l'aiguillon de la nécessité aidant, on arrive au *signe phonétique*.

Même lorsqu'elle s'en tient à la représentation de la syllabe, l'écriture accomplit un immense progrès. Il semble que, malgré leur contact avec des populations plus avancées et quoique ayant eu sous les yeux des exemples d'écriture alphabétique, certaines races ne peuvent pas aller au-delà. C'est au moins ce qui s'est passé de nos jours chez les Cherokees en Floride et chez les Veï sur la côte d'Afrique. Séquoyah et Doala Bukara, dans leurs efforts pour imiter les Yankees et les Arabes, n'ont inventé que des syllabaires. Et pourtant, les journaux imprimés par le premier portaient, à côté du texte cherokee, la traduction alphabétique anglaise.

Il est inutile d'insister sur l'immense supériorité de l'écriture alphabétique. Ce moyen, à la fois si simple et si complet de fixer la parole, s'est toujours présenté comme quelque chose de merveilleux à l'esprit de ceux qui ne le connaissaient pas; et les anciens, frappés de son utilité, ignorant comment l'homme y était arrivé peu à peu et par degrés, n'avaient pas hésité à la considérer comme d'invention divine. Cicéron lui-même semble prêt à partager cette opinion. On sait aujourd'hui que l'honneur de cette grande découverte appartient en réalité aux Phéniciens.

Mais ce n'est pas d'emblée et par eux seuls, que les Phéniciens arrivèrent à ce résultat. MM. Wuttke et Lenormant ont avec raison fait remonter aux Egyptiens, l'honneur de l'avoir préparé et presque atteint. L'écriture égyptienne avec ses signes figuratifs, idéographiques et phonétiques, nous montre toute la route qu'a parcourue l'esprit humain pour s'élever de la simple pictographie à l'alphabet. Malheureusement, les Égyptiens enchaînés par l'ensemble de leur passé, par la masse même des idées et des faits représentés avec leur écriture compliquée, surtout peut-être par la tradition religieuse, ne purent se débarrasser de ce qu'il y avait d'encombrant dans leur système d'écriture. Un peuple étranger, libre de ces entraves, pouvait seul, comme l'a dit M. Maury, opérer ce triage.

L'alphabet phénicien une fois trouvé, se répandit rapidement. Mais en même temps il dut se modifier pour répondre tantôt à de véritables besoins, tantôt à de simples convenances ou à des caprices. M. Lenormant admet cinq grandes familles d'écriture, comme représentant cette filiation. Ce sont les familles sémitiques, gréco-italique, occidentale ou ibérienne, septentrionale et indo-homérite. Celle-ci a peut-être pour point de départ l'alphabet de l'Yemen, qui, porté dans l'Inde vers le IIIᵉ ou IVᵉ siècle de notre ère, a engendré presque tous les alphabets orientaux.

L'Égypte et la Phénicie n'ont pas été les seuls centres où ait pris naissance l'art d'écrire. Le même fait s'est produit dans l'ancien monde en Mésopotamie et en Chine, au Mexique, dans le Nouveau continent. Partout l'écriture hiéroglyphique, née elle-même de la pictographie, a été le point de départ; mais dans chacun d'eux, l'écriture s'est arrêtée à des niveaux divers.

Les écritures cunéiformes n'ont pas atteint l'alphabet, et paraissent consister en un mélange de signes idéographiques et syllabiques. En Chine, l'écriture est restée idéographique. Mais sous l'influence des missionnaires boudhiques, qui ont fait connaître dans l'extrême Orient l'alphabet dévânagari, les Japonais et les Coréens, après avoir imité servilement les Chinois, sont arrivés les premiers, au syllabisme, les seconds à un véritable alphabet.

Au Mexique, l'écriture consistait en un mélange encore très-confus de signes symboliques, idéographiques et phonétiques, ces derniers représentant tantôt des syllabes, tantôt de simples lettres. La découverte faite par l'abbé Brasseur de Bourbourg semble indiquer qu'au Yucatan, on était allé plus loin, et que les inscriptions de Palanqué sont vraiment alphabétiques. Il est bien vivement à regretter que, jusqu'à ce jour, on n'ait pas utilisé les importantes données dues à l'ancien curé de Rabinal. La lecture des inscriptions de l'Amérique centrale aurait un bien autre intérêt que le déchiffrement de quelques stèles égyptiennes de plus.

Quoi qu'il en soit, on comprend que la multiplicité, la variété des alphabets, et leur filiation même, fournissent à l'anthropologiste, des caractères d'une haute importance et très-propres à constater d'anciens rapports entre des groupes humains parfois fort éloignés.

X. *État social.* — L'homme est un être essentiellement social. « Si quelqu'un montait au ciel *seul* et entendait *seul* l'harmonie des mondes, il ne jouirait pas de ces merveilles, » a dit un sage de la Grèce. Aussi trouvons-nous partout l'espèce humaine réunie en sociétés plus ou moins nombreuses. Toujours, sauf dans quelques cas exceptionnels qui s'expliquent d'ordinaire par une dispersion violente, ces sociétés comptent un nombre plus ou moins considérable de familles et méritent au moins le nom de *peuplades.*

Quelque restreintes ou nombreuses que soient les peuplades, les tribus, les nations, on a depuis longtemps constaté chez elles trois états sociaux élémentaires, se rattachant tous trois à la satisfaction du premier et du plus impérieux de tous les besoins, celui de se nourrir. Ces trois états présentent d'ailleurs une certaine gradation. L'homme ne compte d'abord pour sa subsistance que sur une industrie journalière ; il chasse les animaux terrestres ou aquatiques : il est chasseur ou pêcheur. Plus tard il a soumis à son empire des espèces herbivores et trouve dans ses troupeaux des ressources assurées : il est pasteur. Enfin c'est à la terre même qu'il s'adresse ; il multiplie, il soigne certains végétaux que l'expérience lui a fait connaître : il est cultivateur. Dans ce dernier cas, son régime est fondamentalement végétal ; dans les deux premiers, la chair forme la base de sa nourriture.

Il est évident que ces divers genres de vie placent l'homme dans des milieux fort différents, en lui imposant certaines nécessités, en exigeant le développement de facultés physiques et intellectuelles parfois assez peu semblables. Ainsi prendront naissance et se développeront par l'exercice et l'hérédité, certaines particularités physiques et intellectuelles qui finiront par caractériser des races.

Le chasseur et le pêcheur présentent quelques points de contact dans leur genre de vie. L'un et l'autre ont à déployer tour à tour, et parfois en même temps, selon les animaux qu'ils attaquent, beaucoup de patience et de courage ; chez eux l'esprit de ressources doit être sans cesse en éveil. L'un et l'autre, même placés dans des conditions favorables, passent par des alternatives d'activité extrême et de repos presque complet. Mais le cercle d'action du pêcheur est en somme moins étendu que celui du chasseur, et il n'est pas forcé, comme celui-ci, d'exercer toutes ses facultés physiques. Il n'aura probablement jamais ni la même finesse de l'ouïe ni la même agilité. Ni l'un ni l'autre d'ailleurs ne se trouvent dans des conditions favorables au développement intellectuel proprement dit.

Le pasteur a déjà bien plus d'indépendance à certains égards, en même temps qu'il est astreint à plus de régularité. Son lendemain est toujours assuré. Les soins journaliers une fois donnés à son bétail, il peut s'abandonner à la réflexion, à la rêverie, et ses instincts intellectuels ont toute facilité pour se développer.

Il en est, à plus forte raison, de même pour le cultivateur. Les semailles et la récolte sont pour lui des moments d'activité physique inévitables. Entre les deux, il peut se reposer à loisir et appliquer à toute autre chose les facultés dont il est doué.

Ces trois modes élémentaires de la société humaine entraînent des conséquences immédiates.

Nulle part le gibier proprement dit n'est suffisamment abondant pour nourrir indéfiniment des populations quelque peu nombreuses, accumulées sur un même point. L'homme chasseur a donc besoin d'un grand espace autour de lui ; il ne peut guère former que des communautés restreintes. Dès que celles-ci grandissent, il faut forcément qu'elles se morcellent. Les pêcheurs peuvent former des agglomérations plus considérables, surtout sur les côtes d'une mer poissonneuse. Toutefois, là même, le chiffre des populations est encore forcément restreint dans d'assez étroites limites.

L'état pastoral permet la formation de hordes plus nombreuses ; mais il nécessite aussi l'existence de vastes espaces exclusivement livrés aux bestiaux. Comme la chasse, bien qu'à un moindre degré, il commande le morcellement.

La culture du sol seule permet le développement d'une population à la fois dense et continue.

Le chasseur, par suite même de ses habitudes de lutte, sera inévitablement guerrier ; la guerre n'est au fond qu'une chasse à l'homme. Chez lui toute discussion pour un *terrain de chasse* deviendra aisément une guerre, car il s'agit de sa subsistance. Cette guerre sera sans merci, car tout prisonnier est pour lui non-seulement inutile, mais nuisible ; c'est une bouche à nourrir. Le chasseur le tuera ; et pour peu que la passion d'une part, l'amour-propre de l'autre entrent en jeu, il le fera périr dans des tourments supportés avec une héroïque fermeté.

Le pasteur aussi sera assez souvent entraîné à la lutte armée ; il a à défendre ses pâturages et ses bestiaux. Mais chez lui la guerre s'adoucira ; le prisonnier peut lui être utile. On rejettera sur lui les soins à donner au bétail ; et, en retour, on le nourrira sans avoir à faire de sacrifice ; il sera esclave.

N'était le besoin de s'entre-détruire, qui semble inné chez l'homme et que la civilisation n'a pu encore extirper, les peuples cultivateurs n'auraient aucune raison pour se faire la guerre ; ils en auraient beaucoup pour l'éviter. Mais, du moins, chez eux elle devient de moins en moins cruelle. Le prisonnier peut ici encore être utilisé. On le réduira d'abord en esclavage. Puis, on reconnaîtra qu'un certain degré de liberté peut être profitable au maître, et d'esclave il passera serf.

Les trois états que je viens d'indiquer existent sur le globe ; dans chacun des trois grands types de l'humanité on peut encore aujourd'hui en signaler des exemples. Les Blancs des tribus de la côte nord-ouest d'Amérique sont pêcheurs ; des populations arabes en sont encore à l'état pastoral par lequel sont passés les Aryans, pères des Indiens actuels si essentiellement agriculteurs. Chez les Jaunes, les Tongouses de la Daourie sont peut-être le type le plus complet du peuple chasseur, comme les hordes de l'Asie centrale le sont des peuples pasteurs, et les Chinois des peuples cultivateurs. Chez les Nègres enfin, les Tasmaniens étaient exclusivement chasseurs et pêcheurs, les Cafres sont essentiellement pasteurs, les Guinéens cultivateurs.

Ainsi, la nature fondamentale de l'état social n'est pas un caractère de race. Les trois types physiques présentent les trois types sociaux.

De ce fait seul, on pourrait conclure qu'entre les trois grands types humains, envisagés au point de vue de la civilisation, il n'y a pas ces différences radicales qu'ont admises *à priori* quelques auteurs.

Cette conclusion ne peut ressortir clairement que d'une étude détaillée des races. Je puis ici seulement l'énoncer, en insistant sur ce point que, malgré les assertions contraires de M. de Gobineau, il existe encore aujourd'hui des *Blancs* à l'état *sauvage* le mieux caractérisé. Qu'on lise les détails donnés sur certaines populations Koluches par Cook, La Pérouse, Meares, Marchand, Dixon, le docteur Scouler, etc., et on sera bien forcé de reconnaître que ces *pêcheurs* dont les femmes se barbouillent de graisse, de suie et *portent la botoque*, sont à la fois de *vrais Blancs* et de *vrais sauvages*, qui, sous bien des rapports, doivent prendre place fort au-dessous du Nègre d'Ardra ou de Juida.

D'autre part, les noms mêmes que je viens de tracer, ceux surtout de Ghanata, de Sonrhaï, de Melle que Barth nous a fait connaître, suffisent pour prouver que le Nègre le mieux caractérisé, le *Nègre type*, peut s'élever par lui-même à un état social assez avancé. On a dit, que sans être *sauvage* il était resté *barbare*, comme l'étaient nos ancêtres Germains ou Gaulois. Cette appréciation n'est pas juste ; le Nègre est arrivé bien plus haut. Les annales d'Amed Baba démontrent qu'au moyen âge le bassin du Niger a contenu des empires fort peu inférieurs à certains égards à bien des souverainetés européennes de la même époque.

Quant aux races jaunes, il suffit de rappeler que la race aryane tout entière était encore plongée dans la barbarie à l'époque où la Chine connaissait le calendrier, avait déterminé la forme de la terre et reconnu l'aplatissement des pôles, tissait des étoffes de soie et avait une monnaie.

XI. — Doit-on conclure de ces faits et de tous les faits analogues que je ne puis citer, que les races humaines sont égales entre elles, qu'elles ont toutes les mêmes aptitudes et peuvent s'élever à tous égards au même degré de développement intellectuel ? Ce serait s'écarter du vrai et tomber dans une exagération évidente. Ici encore, il faut en revenir à la comparaison de l'homme avec l'animal. De ce que toutes les races de chiens appartiennent à une seule et même espèce, s'ensuit-il qu'elles aient les mêmes aptitudes ? Un chasseur prendra-t-il indifféremment un braque ou un blood-hound pour en faire un chien d'arrêt ou un chien courant ? demandera-t-il au chien des rues de valoir l'un ou l'autre de ces *pur-sang* ? Évidemment non. Or, nous ne devons jamais oublier que, pour être au-dessus de l'animal et pour être autre chose que lui à certains égards, l'homme n'en est pas moins soumis à toutes les lois générales de l'animalité. La loi de l'hérédité est une de celles auxquelles il ne peut se soustraire ; et c'est elle qui, sous l'influence des milieux, façonne les races et les fait ce qu'elles sont.

Quand des siècles ont passé sur un groupe d'hommes, quand de génération en génération et sous l'influence de certaines conditions physiques, intellectuelles, morales, l'être entier a pris un certain pli, nous ne savons encore au juste ce qu'il faut de temps et de circonstances nouvelles pour effacer cette empreinte et renouveler la race. En tout cas, elle ne peut s'élever qu'en se modifiant, et de là même résulte une race nouvelle, une race dérivée.

L'ensemble de conditions qui a fait les races, a eu pour résultat d'établir entre elles une inégalité *actuelle* qu'il est impossible de nier. Telle est pourtant l'exagération dans laquelle sont tombés les *négrophiles* de profession, lorsqu'ils ont soutenu que le Nègre, dans le passé et *tel qu'il est*, est l'égal du Blanc. Un seul fait suffit pour leur répondre.

Les découvertes de Barth ont mis hors de doute ce dont on pouvait douter jusqu'à lui, l'existence d'une *histoire politique* chez les Nègres. Mais cela même ne fait que mettre encore plus en relief l'absence de cette *histoire intellectuelle* qui se traduit par un mouvement général progressif, par des monuments littéraires, artistiques, architecturaux. Livrée à elle-même, la race nègre n'a rien produit dans ce genre. Les peuples de couleur noire qu'on a voulu lui rattacher, pour déguiser cette infériorité par trop manifeste, ne tiennent à elle tout au plus que par des croisements dans lesquels domine le sang supérieur.

XII. — Faut-il pour cela passer à l'extrême opposé, et admettre qu'il est des races radicalement incapables de s'élever au-dessus de l'état social dans lequel ont vécu leurs ancêtres? Cette question a été bien des fois posée ; elle a été résolue en deux sens différents.

S'appuyant sur un certain nombre de faits empruntés à l'Amérique et à l'Océanie, aussi bien qu'à l'Afrique, on a cherché à démontrer que certaines populations humaines étaient fatalement vouées à l'état sauvage. Les partisans de cette opinion ont surtout cité comme exemple les indigènes de l'Amérique du Nord et les Australiens. Pourtant, quiconque y regardera sans parti pris, verra facilement, parfois dans les faits mêmes invoqués par ceux qui les condamnent, la preuve évidente que, *placées dans des conditions favorables*, ces races sauraient s'élever bien au-dessus de l'état où nous les avons trouvées et nous atteindre assez vite au moins à certains égards.

En ce qui concerne les Peaux-Rouges et les groupes voisins, le grand ouvrage de Schoolcraft, plusieurs *Reports* publiés depuis ne peuvent laisser aucun doute.

Ce qui reste des Iroquois forme aujourd'hui, sur les bords du Cattaraugus, une population agricole et laborieuse qui a ses écoles, son imprimerie, ses journaux. Il est inutile d'insister sur ce que sont devenus les Kreecks, les Cherokees, les Choctaws. On sait que, d'elles-mêmes, toutes ces nations du sud étaient entrées en pleine voie de civilisation sédentaire, cultivaient le coton et en exportaient, publiaient des journaux écrits dans leur langue et imprimés en caractères imaginés par un des leurs. Le gouvernement de Washington les chassa de leurs terres, pour les transporter dans le bassin de l'Arkansas. Là, elles se sont remises à l'œuvre, et parmi leurs fermes il en est, disent les voyageurs, qui peuvent rivaliser avec celles des Yankees.

Mais, reprend-on, les Algonquins, les Dacotahs, se sont refusés à toutes les tentatives faites pour les rapprocher des Blancs et de la civilisation. C'est une erreur, ou plutôt ce n'est qu'une moitié de vérité; et cela même apporte à qui veut le voir un grand enseignement. Les Algonquins (*vrais Peaux-Rouges*), les Dacotahs (*Sioux*) se sont partagés. Les uns ont renoncé à leur ancien genre de vie, et ont imité les Cherokees, les autres y ont persévéré : tant ce caractère, prétendu indélébile, est au contraire variable, tant il est sous l'empire de mille petites circonstances locales !

En fait, il ne s'est rien passé chez les indigènes américains que nous ne puissions constater chez les Blancs. A côté de l'Arabe des villes, vit l'Arabe du désert et des tentes. De même, dans l'Amérique du Nord, les indigènes livrés à eux-mêmes s'étaient scindés sur certains points. Dans le bassin du Rio del Norte et au delà, à côté des habitants des *pueblos*, citadins et agriculteurs, vivaient des tribus errantes de chasseurs. Les seconds pillaient parfois les premiers ; mais les uns et les autres ne s'en reconnaissaient pas moins pour frères.

Ce qui s'était passé spontanément se passe encore sous la pression des Blancs. Y a-t-il à cela quelque chose d'étrange ? En tout cas, lorsque la moitié d'une même population transforme son état social, on ne peut dire qu'elle est incapable de le faire en totalité, en se fondant sur ce que l'autre moitié est restée en arrière. A raisonner ainsi, on pourrait soutenir avec autant et plus de raison, qu'une bonne partie des Européens est incapable d'apprendre à lire.

Restent les Australiens.

C'est un sujet que je n'aime pas à aborder. Sur aucun point du globe, peut-être, le Blanc ne s'est montré aussi impitoyable envers les races inférieures, qu'en Australie ; nulle part il n'a aussi audacieusement calomnié ceux qu'il dépouillait et exterminait. Pour lui, les Australiens n'ont plus été des *hommes*. Ce sont des êtres qui « réunissent toutes les choses mauvaises que ne devrait jamais présenter l'humanité, et plusieurs dont rougiraient les singes, leurs congénères. » (BUTLER EARP.) Sans doute, des voix honorables ont protesté contre ces terribles paroles, adressées aux convicts qui allaient chercher fortune en Australie; mais que pouvaient-elles, alors que toutes les mauvaises passions étaient surexcitées et s'appuyaient sur de semblables arguments, étayés eux-mêmes d'assertions données comme scientifiques ? On sait quel a été le résultat de ces leçons en Tasmanie, en Australie ; et ceux qui voudraient se renseigner plus au long, peuvent consulter les voyageurs de toute nation, Darwin comme du Petit-Thouars.

Soutenir encore aujourd'hui que les Australiens sont ce qu'ont voulu en faire Bory de Saint-Vincent et les anthropologistes de

cette école, c'est nier des faits évidents, constatés par une foule
de voyageurs de toute sorte. Pas plus que les autres races humaines, celle-ci ne s'est montrée absolument sauvage. Elle avait
ses institutions de peuple chasseur. La famille, la tribu, la nation, étaient organisées chez elle et réparties en véritables *clans*,
dont on possède la liste. Les Australiens, plus avancés sur ce
point que les Tahitiens, savaient se partager le sol, et les limites
fixées étaient religieusement respectées, sauf en temps de guerre.
Je reviendrai ailleurs sur leurs caractères religieux et moraux.
Il ne s'agit ici que de leurs caractères intellectuels, et je me
borne à ajouter, que ces sauvages avaient des villages de huit
cents à mille habitants, qu'ils savaient creuser des canots, qu'ils
tissaient des filets pour la chasse et la pêche, ayant parfois
quatre-vingts pieds de long et capables de résister aux efforts
d'un kanguroo.

Tout cela, dira-t-on, ne constituait pas un état social bien
avancé. Soit ; mais les Australiens sont-ils incapables, comme
on l'a tant dit, comme on le répète encore, de s'élever au-dessus
de cette condition ?

Mais qu'on lise les écrits de Dawson, qui avait fait de ces sauvages des espèces de fermiers, ceux de Salvado, qui a trouvé
en eux des ouvriers aussi dévoués qu'utiles, ceux de Blosseville
déclarant qu'on s'est estimé heureux de pouvoir recourir à eux
quand la *fièvre d'or* fit manquer les bras européens, et on restera convaincu de tout ce qu'il y a d'inexact dans les assertions émises au sujet de l'incapacité radicale des Australiens.
Enfin, si l'on conserve quelque doute, qu'on se reporte à ces
tribus fixées et *civilisées* par William Buckley, le soldat déser-
teur, et il faudra bien convenir que la faculté de s'élever au-
dessus de leur état passé existe chez les Australiens, comme
chez les autres populations humaines.

XIII. — Deux causes tendent à *égarer* notre jugement quand
il s'agit d'apprécier l'état social des races.

La première tient à la manière dont nous jugeons l'ensemble de
la population à laquelle nous appartenons. Enfants des classes
instruites et policées, nous oublions cette partie de la nation
qui est restée si loin en arrière, qui profite sans doute du travail des classes intelligentes, mais qui ne les suit nullement ou
très-peu dans leurs voies progressives. Il n'est pas un pays de
l'Europe où l'on ne puisse rencontrer une foule de faits justi-
fiant ce que je me borne à énoncer ici. Si Lubbock avait regardé un peu plus autour de lui, à coup sûr il aurait modifié
bien des conclusions de son livre.

L'autre cause dépend de notre orgueil de race, des préjugés
de notre éducation, qui nous empêchent d'aller quelque peu au
fond des choses et de reconnaître des ressemblances extrêmes,
presque des identités, pour peu qu'elles soient voilées par les
moindres différences de formes ou de mots. Il a fallu bien du
temps pour qu'on s'aperçût combien l'organisation des Maori

ressemble à celle des anciens Écossais. Et pourtant si l'on fait abstraction de l'anthropophagie chez les uns, chez les autres des emprunts faits aux populations voisines, on sera conduit à admettre qu'à l'époque où Cook visitait les Néo-Zélandais, ceux-ci offraient des ressemblances étranges avec les Highlanders de Rob Roy et de Mac Yvor. Quant aux *Enfants du brouillard*, frères des autres clans d'Écosse, étaient-ils bien au-dessus des tribus australiennes ?

Concluons que la civilisation, avec son cortège de lumières et de connaissances en tout genre, est un fait exceptionnel au milieu même des populations les plus privilégiées, et que celles-ci ont eu et ont encore sur leur propre territoire leurs représentants sauvages. Ajoutons que ce fait s'est produit à des degrés divers chez les races noires et jaunes. Enfin en songeant à notre passé, gardons-nous de refuser aux autres races des aptitudes qui sont restées cachées pendant des siècles chez nos ancêtres avant de se développer, qui sont encore à l'état latent chez un trop grand nombre de nos compatriotes, de nos contemporains.

XIV. — Dans son remarquable ouvrage sur les *Origines de la Civilisation*, sir John Lubbock admet que la « condition primitive de l'homme était un état de *barbarie absolue*. » Mais il ne dit pas ce qu'il entend par ces paroles. Y a-t-il eu vraiment des hommes vivant pendant des siècles dans l'état que dépeignent les traditions chinoises, des hommes ne reconnaissant aucune loi, dépourvus d'industrie, ignorant l'usage du feu, abandonnant leurs morts sans sépulture, vivant sur les arbres ?... Il est grandement permis d'en douter, car tous les faits connus protestent contre cette conclusion.

Partout où l'on a pu pénétrer quelque peu dans la connaissance de la vie des tribus sauvages, on les a trouvées assujetties à des *lois* qui, pour ne pas être écrites, n'en sont pas moins rigoureusement observées. C'est là un fait que proclame Lubbock lui-même. Sans doute ces lois nous paraissent souvent iniques ou barbares. Mais parfois il y a, jusque dans leurs sévérités envers certaines classes de la population, la trace des sentiments les plus justes, les plus louables. Certes on ne saurait approuver le *code australien* dans les dispositions qui font de la femme une misérable esclave ; les privilèges qu'il réserve aux chefs sont peut-être excessifs ; mais comment ne pas être frappé de le voir attribuer à l'âge les mêmes avantages qu'au rang ? Le respect pour la vieillesse était un trait de mœurs que les Athéniens louaient chez les Spartiates ; nous pouvons bien lui reconnaître sa valeur chez les Australiens.

On a parlé quelquefois de races ou de populations *arboricoles*, tels que les Orang-Kubus, certains Noirs de la Nouvelle-Guinée, etc. On les a décrites comme vivant habituellement sur les arbres, à la manière des singes. Earle a réduit ces exagérations à leur juste valeur. Il a montré que sur certaines côtes bordées par une ceinture de palétuviers, il est plus facile de cheminer sur les branches rapprochées et entrelacées que de se frayer un passage à travers le lacis des racines aériennes plongeant dans une couche épaisse de boue. Il a vu plusieurs fois les marins européens franchir en file et le mousquet en bandoulière, les marais de cette nature, comme le font les Indiens. On voit qu'il n'est nullement nécessaire d'être absolument sauvage et proche parent des singes pour voyager de cette façon.

Les Tasmaniens, une des populations les plus errantes que l'on puisse citer, ne dressaient que des abris temporaires; mais ils brûlaient leurs morts et leur élevaient des mausolées de branchages et d'écorces que Péron a décrits et figurés. Je viens de rappeler que les Australiens avaient leurs institutions, leurs industries. La Tasmanie et l'Australie sont incontestablement les points où l'homme se montre à nous dans son moindre degré de développement humain. Et pourtant nous n'y voyons nulle part cette *barbarie absolue* que semble admettre le savant anglais.

Pour si loin que l'on remonte dans notre passé, nous constatons des faits analogues. Le peu que nous savons de l'homme tertiaire nous le montre en possession du feu et taillant le silex. Il a déjà ses industries, et ce seul fait atteste que son genre de vie était autre que celui de la brute.

Il ne pouvait en être autrement. Quelle que soit la cause qui a déterminé l'apparition de l'homme à la surface du globe, il a été dès l'origine en possession de sa nature spécifique; il a eu d'emblée son intelligence et ses aptitudes, engourdies sans doute et sommeillant encore, mais prêtes à s'éveiller sous l'aiguillon de la nécessité. Pour se nourrir, pour se défendre contre le monde extérieur, il ne pouvait que recourir à elles; et les moindres manifestations de ces facultés supérieures ont nécessairement tracé, dès le debut, entre lui et la brute, une ligne de démarcation.

XV. — L'intelligence et les aptitudes de l'homme ont enfanté mille manifestations auxquelles on peut donner le nom général d'*industries*. Pacifiques ou guerrières, en rapport avec l'individu ou avec l'ensemble de la population, elles diffèrent bien souvent de race à race, de peuple à peuple, quelquefois presque de tribu à tribu. La plupart peuvent par conséquent être considérées comme autant de *caractères* propres à distinguer les divers groupes de l'espèce humaine. Mais on comprend que les questions de cette nature ne peuvent être abordées que dans une histoire détaillée, et je dois me borner ici à constater un de ces faits généraux qui à eux seuls séparent l'homme des animaux.

Ces derniers n'ont que des besoins physiques; ils y satisfont le plus complètement possible. Mais, ce but atteint, ils ne vont pas au-delà. L'animal livré à lui-même ne connaît pas de superflu ou le soupçonne à peine. Par suite ses besoins restent toujours les mêmes.

Qu'il s'agisse de l'esprit ou du corps, l'homme, au contraire, court sans cesse après le superflu, bien souvent aux dépens de l'utile, parfois au détriment du nécessaire. Il résulte de là que ses besoins grandissent de jour en jour. Le luxe de la veille devient pour lui l'indispensable du lendemain.

Ce fait se retrouve chez les sauvages aussi bien que chez les peuples civilisés. Il faut donc voir en lui un de ces caractères qui tiennent à la nature même des êtres. Envisagé systématiquement et à ce point de vue, l'homme pourrait être défini un *animal qui a besoin de superflu*, à aussi juste titre qu'on l'a appelé un *animal raisonnable*.

Les moralistes ont de tout temps blâmé sévèrement cette tendance, et condamné ces appétits insatiables qui demandent toujours plus et autre chose qu'ils n'ont. Je ne saurais partager cette manière de voir. Loin de blâmer en principe ce qui n'est au fond que le *désir du mieux*, je ne puis y voir qu'un des plus nobles attributs de l'homme. Cette *faculté* est, en réalité, la plus sérieuse cause de sa grandeur. Le jour où l'homme serait pleinement satisfait, le jour où il n'aurait plus de besoins, il s'arrêterait et le *progrès*, cette grande et sainte loi de l'humanité, s'arrêterait aussi.

En réalité, c'est le besoin du superflu qui a développé toutes nos industries ; c'est lui qui a enfanté les sciences et les beaux-arts sans lesquels vivent fort bien tant de races, tant de nations et, au milieu même de nous, des populations entières. Par conséquent, sous toutes réserves quant aux applications mauvaises, il faut l'accepter, d'abord comme un fait, puis comme un bien.

CHAPITRE XXXIV

I. — Malgré ce qu'ils acquièrent chez nous d'exceptionnel et d'élevé, les phénomènes intellectuels, pris à titre de caractères, n'isolent pas l'homme des animaux. Il en est autrement des phénomènes moraux et religieux. Ceux-ci, avons-nous vu, sont essentiellement propres au règne humain ; ils sont les attributs de notre espèce. Examinons-les rapidement en nous plaçant toujours au même point de vue.

En restant rigoureusement dans le domaine des faits, en évitant avec soin le terrain de la philosophie et de la théologie, nous pouvons affirmer avec assurance qu'il n'est pas de société ou de simple association humaine dans laquelle la notion du *bien* et du *mal* ne se traduise par certains actes regardés par les membres de cette société ou de cette association comme moralement *bons* ou comme moralement *mauvais*. Entre voleurs et pirates même, le vol est regardé comme un méfait, parfois comme un crime, et sévèrement puni, la délation est taxée d'infamie ; les faits signalés par Wallace chez les Kurubars et les Santals montrent combien le sentiment du bien et du vrai moral est antérieur à l'*expérience* et indépendant des questions d'*utilité*.

Sir John Lubbock, dans un livre que connaissent à coup sûr tous mes lecteurs, n'en admet pas moins que le *sens* moral manque chez les sauvages. A l'appui de cette manière de voir, il cite quelques affirmations générales et vagues, portant plus particulièrement sur les Australiens, les Taïtiens, les Peaux-Rouges, etc. Les affirmations de l'éminent naturaliste ont été trop souvent répétées pour qu'il ne soit pas nécessaire de les examiner en peu de mots.

Et d'abord je pourrais leur opposer de nombreuses citations de même nature. Je me borne à rappeler les paroles de Wallace parlant des tribus au milieu desquelles il a vécu. « Chaque individu, dit-il, respecte scrupuleusement les droits de son voisin, et ces droits ne sont que rarement enfreints. » Est-il possible d'admettre que ce *respect* ne repose pas sur quelque chose d'analogue à ce que nous appelons moralité? Je montrerai d'ailleurs tout à l'heure qu'il en est bien ainsi.

Au reste Lubbock semble s'être réfuté lui-même en constatant dans son livre le peu de liberté réelle dont jouissent les sauvages. Il les montre avec raison comme étant esclaves d'une multitude de coutumes ayant force de loi, qui réglementent presque toutes les actions. Or parmi ces coutumes, il en est un grand nombre qui sont en désaccord avec les passions les plus naturelles, telles que les instincts reproducteurs, le choix de la nourriture, etc. Les enfreindre, c'est encourir un châtiment souvent terrible. N'est-il pas évident que la plupart d'entre elles ne peuvent avoir pour fondement que l'idée plus ou moins nette de bien et de mal?

Mais la notion dont il s'agit est comme les formules mathématiques. Le résultat de la solution d'une équation générale varie avec les données; et, selon celles-ci, il peut être affecté tantôt du signe *plus*, tantôt du signe *moins*. De même la moralité varie dans ses manifestations en vertu d'une foule de circonstances tenant elles-mêmes à des causes multiples. Les mêmes actes sont souvent regardés comme bons, ou comme mauvais, ou comme indifférents, selon l'organisation sociale, la religion, les traditions de la société au milieu de laquelle ils s'accomplissent.

Ces actes ne cessent pas pour cela de tenir à une faculté essentiellement humaine; et, soit par eux-mêmes, soit par l'idée qui s'attache à chacun d'eux dans les divers groupes humains, ils fournissent par conséquent au *naturaliste* de véritables *caractères* au même titre que l'intelligence.

A plus forte raison en est-il ainsi quand cet ordre de faits et d'idées enfante des *institutions*. Celles-ci prennent parfois une apparence tellement caractéristique, qu'au premier coup d'œil elles semblent isoler un peuple, une race, et que la réflexion est nécessaire pour retrouver les vrais rapports qui unissent à d'autres populations, à d'autres races, le groupe qui présente cette particularité. Le *tabou* des Polynésiens a été longtemps considéré par bien des écrivains comme quelque chose d'absolument spécial, tandis qu'en réalité le *tabou civil* se retrouve chez tous les peuples européens et que la loi mosaïque est d'un bout à l'autre un *code tabouéen* fondé sur la religion.

Pour voir le vrai dans cette étude, il faut l'aborder avec une impartialité parfaite, avec toute la liberté d'esprit qu'un zoologiste apporte à l'examen des caractères physiques d'un mammifère ou d'un oiseau. Il faut se garder de juger les peuples étrangers, civilisés, barbares ou sauvages, avec nos idées propres et actuelles. Agir autrement, c'est s'exposer à tomber dans l'injustice et dans l'erreur. Un léger retour sur nous-mêmes, sur l'histoire de notre race et de nos populations les plus avan-

cées, est souvent utile pour apprécier avec justesse les caractères
moraux de tribus, de peuplades que nous aimons beaucoup trop
à nous figurer comme placées à une grande distance au-dessous
de notre niveau.

II. — Moyennant cette précaution et en s'en tenant aux faits
généraux, il est difficile de ne pas être frappé de la profonde
ressemblance que les manifestations morales établissent entre
tous les hommes, pour le bien comme pour le mal ; et, chose
triste à dire, surtout peut-être sous ce dernier rapport. On a
par exemple insisté bien des fois sur les débauches infâmes des
areoïs polynésiens, sur les vices hideux de quelques populations
américaines. Mais songeait-on alors aux orgies de la Grèce et
de Rome, à certains repaires de nos plus grandes villes, aux
effrayantes révélations qui sortent de temps à autre des bureaux
de la police dans nos plus fières capitales ?

Au fond, au point de vue moral, le Blanc, même civilisé, ne
vaut guère mieux que le Nègre, et trop souvent dans sa conduite au milieu des races inférieures, il a justifié l'argument
qu'un Malgache opposait à un missionnaire : « Vos soldats cou-
chent avec toutes nos femmes... Vous venez voler notre terre,
piller le pays et nous faire la guerre, et vous voulez nous imposer votre Dieu, disant qu'il défend le vol, le pillage et la
guerre ! Allez, vous êtes blancs d'un côté et noirs de l'autre ; et,
si nous passions la rivière, ce n'est pas nous que les caïmans
prendraient. »

Voilà l'appréciation d'un *sauvage*, voici celle d'un Européen,
de M. Rose, jugeant ses propres compatriotes. « Les peuples
sont simples et confiants quand nous arrivons, perfides quand
nous les quittons. De sobres qu'ils étaient, nous les faisons ivro-
gnes ; de courageux, lâches ; d'honnêtes gens, voleurs. Après
leur avoir inoculé nos vices, ces vices mêmes nous servent d'argument pour les détruire. »

Quelque sévères que puissent paraître ces jugements, ils sont
malheureusement vrais, et l'histoire des rapports des Européens
avec les populations qu'ils ont rencontrées en Amérique, au
Cap, en Océanie, ne les justifierait que trop. Quant à l'Afrique,
il suffit, ce me semble, des mots de *traite* et d'*esclavage* pour que
l'Européen ne vante pas trop haut la moralité de sa race.

Dira-t-on qu'il s'agit de crimes accomplis depuis longtemps
et qui ne se renouvelleront plus, dira-t-on que l'esclavage a été
aboli dans nos colonies pour ne plus reparaître ? La réponse ne
serait que trop aisée et je pourrais à coup sûr m'en remettre aux
souvenirs de plus d'un de mes lecteurs. En tout cas cette allé-
gation ne pourrait porter que sur les Blancs *aryans*. Les Blancs
sémites ont conservé l'esclavage et les récits de tous les voyageurs, ceux surtout de Barth, de Livingstone, de Nachtigall, de
Schweinfurth, nous ont trop appris ce qu'est encore la traite
dans l'Afrique orientale. Mais le *Blanc aryan* lui-même a-t-il
cessé de mériter tout reproche à cet égard ? Pour répondre à

cette question je me bornerai à résumer quelques faits qui datent d'hier pour ainsi dire. Pour si douloureux qu'en soit le récit, il aura cette utilité de montrer ce qui existe encore de *sauvagerie* chez les nations *les plus civilisées*. Je les emprunte à M. A. H. Markham, commandant du *Rosario*, que le gouvernement anglais avait chargé de parcourir les archipels de Santa-Cruz et des Nouvelles-Hébrides pour réprimer les actes dont il s'agit. La véracité, l'exactitude de ce témoin qui écrivait en 1873, sont donc malheureusement indiscutables.

Le commerce du santal a pris il y a une quarantaine d'années un développement qui s'explique par le haut prix que les Chinois attachent à ce bois. Des spéculateurs armèrent des navires et allèrent exploiter les forêts des îles mélanésiennes. Les indigènes s'opposèrent naturellement à cette dévastation ; on leur répondit à coups de fusil. En 1842 les équipages de deux vaisseaux anglais abordèrent à l'île Sandwich, une des plus riantes de l'archipel des Nouvelles-Hébrides. Les insulaires s'opposant à l'abattage de leurs bois, les Blancs tirèrent sur eux, en tuèrent vingt-six, en refoulèrent un grand nombre dans une caverne, et les y enfumèrent jusqu'au dernier.

Les atrocités commises par les voleurs de santal ont été dépassées par celles des pirates qui se livrent au *trafic des travailleurs* (*Labour trafic, labour trade*). Celui-ci a pris naissance et a grandi avec les plantations de coton que la guerre civile des États-Unis a multipliées dans les colonies anglaises, non-seulement en Australie, mais encore aux Fijis et jusque dans quelques-unes des Nouvelles-Hébrides.

Le manque de bras s'étant fait sentir, le capitaine Towns eut la pensée de recourir aux Noirs indigènes de la mer du Sud et de les attirer par l'appât du salaire. Le succès couronna cette tentative et le capitaine eut bientôt des imitateurs. Dans le principe, on engageait les insulaires pour un temps fixe et on se chargeait de les rapatrier. Mais les gains considérables obtenus ainsi surexcitèrent la cupidité, et des *négriers* se mirent à enlever les Papous pour les transporter sur les plantations où les attendait un véritable esclavage. Cette *traite* a pris une extension telle qu'on lui a donné un nom qu'elle partage avec le *vol des enfants*. On l'appelle *kidnapping*, et cette expression a été consacrée par des actes officiels.

Tous les moyens paraissaient bons aux *kidnappers* pour se procurer à rien ne coûte leur cargaison humaine. Je pourrais emprunter ici bien d'horribles détails à M. Markham. Je ne citerai qu'un seul fait. A Florida, une des îles Salomon, un brick vint s'arrêter à quelque distance de la côte. Un canot chargé de naturels s'en étant approché, une manœuvre, en apparence accidentelle, le fit chavirer. Les chaloupes furent immédiatement mises à la mer, comme pour porter secours aux naufragés. Mais les spectateurs placés sur les récifs ou sur d'autres canots virent les matelots européens saisir ces malheureux et leur couper la tête avec un long couteau sur le plat-bord des chaloupes. L'œuvre accomplie, celles-ci retournèrent au brick qui prit immédiatement le large. Les têtes ainsi recueillies étaient destinées à payer l'engagement d'un certain nombre de travailleurs. Dans plusieurs de ces îles mélanésiennes, le guerrier vainqueur décapite le vaincu et en emporte la tête; il est d'autant plus respecté qu'il possède un plus grand nombre de ces trophées. Eh bien, il avait été convenu entre quelques chefs et quelques commandants de navire que ces derniers se procureraient des têtes et recevraient en échange un certain nombre d'individus vivants engagés pour un ou deux ans.

Il va sans dire que le terme de l'engagement arrivé, la plupart de ces malheureux Papous ne retrouvaient pas pour cela leur liberté. En 1867, par exemple, on eut la preuve que, sur trois cent quatre-vingt-deux insulaires engagés pour trois ans et qui auraient dû être rapatriés, soixante-dix-huit seulement avaient été ramenés chez eux.

On comprend que ces navires, chargés de malheureux enlevés par force ou par ruse, ont dû être le théâtre de terribles scènes. Le commandant du *Rosario* cite encore ici bien des faits. Je me borne à lui emprunter le récit de ce qui s'est passé à bord du *Carl*. Au surplus, l'histoire de ce négrier doit, ce me semble, présenter un résumé de toutes les atrocités du *kidnapping*.

Le Carl quitta Melbourne en 1871, dans le but avoué d'aller engager des travailleurs noirs. Il amenait, à titre de passager, un certain D' James Patrick Murray, intéressé dans l'entreprise et qui semble avoir joué le rôle de chef. Arrivés aux Nouvelles-Hébrides, les *kidnappers* paraissent avoir tenté d'abord inutilement de se procurer des travailleurs par des moyens licites. Ils eurent bientôt recours à d'autres procédés. A l'île Palmer, l'un d'eux s'habilla en missionnaire, espérant attirer ainsi à bord les insulaires qui, heureusement, éventèrent le piège. Dès ce moment, les négriers n'eurent recours qu'à la violence. Leur procédé consistait à approcher des canots montés par les Papous, à les briser ou à les faire chavirer en y lançant quelques-uns de ces gros saumons de fonte qui servent de lest. On capturait ensuite aisément les équipages.

Quatre-vingts noirs avaient été ainsi réunis. Pendant le jour, on les laissait monter sur le pont; le soir, on les entassait dans la cale. Dans la nuit du 12 septembre, les prisonniers firent quelque bruit. On les fit taire en tirant un coup de pistolet au-dessus de leur tête. La nuit suivante, le bruit recommença et on essaya de l'arrêter par le même moyen. Mais les Noirs s'étaient mis à briser les lits de camp et, ainsi armés, ils attaquèrent l'écoutille. L'équipage entier, matelots et passagers, se mit alors à tirer dans le tas. Le feu dura huit heures. On le suspendait par moments, mais il recommençait au moindre bruit.

Le jour venu et tout paraissant tranquille, les écoutilles furent largement ouvertes et l'on invita à sortir ceux qui pourraient le faire. Il en vint *cinq* : tout le reste était mort ou blessé. On se hâta de jeter à la mer les cadavres et l'on y jeta en même temps *seize individus vivants* qui avaient été gravement atteints.

Trouverait-on chez les tribus les plus sauvages beaucoup d'*industries* plus infâmes que le kidnapping, beaucoup de faits plus atroces que ceux dont se sont rendus coupables *le Docteur* Murray et ses émules ?

Hâtons-nous de dire que les législatures locales et les chambres anglaises ont édité des lois et des règlements sévères pour prévenir et punir les crimes des kidnappers. Malheureusement les colons, plus ou moins intéressés à se pourvoir de travailleurs à bon marché, se montrent remarquablement indulgents envers ceux qui s'occupent de leur procurer des *engagés*. Quelques officiers de la marine anglaise l'ont appris à leurs dépens. Le capitaine Montgomérie, commandant de *la Blanche*, avait saisi comme négrier et envoyé à Sydney le schooner *Challenge*. Il fut prouvé qu'à deux reprises les hommes du *Challenge* avaient enfermé dans la cale des Noirs frauduleusement attirés sur le navire ; qu'ils en avaient amené deux aux Fijis en usant de violence ; que les autres n'avaient été relâchés que parce que dans leur désespoir ils s'étaient mis à attaquer à coups de hache les flancs du navire pour le couler ; enfin, que ces malheureux avaient dû regagner à la nage leur île dont *le Challenge* était éloigné de onze kilomètres environ. Malgré ces faits si graves, *le Challenge* fut acquitté. En revanche, le capitaine Montgomerie fut condamné à 900 livres sterling de dommages et intérêts envers les actionnaires de ce navire.

III. — S'il n'est que trop aisé de retrouver chez nous le mal signalé chez les sauvages il est facile heureusement de montrer chez ces peuples que nous méprisons et accusons si aisément, les sentiments sur lesquels reposent nos propres sociétés, le bien qui en somme y prédomine, les vertus que nous honorons le plus. Mais on comprend que je ne saurais entrer ici dans des détails incompatibles avec la nature de ce travail. Bornons-nous à jeter un coup d'œil rapide sur ce que les hommes en général pensent de la *propriété*, du *respect de la vie humaine*, du *respect de soi-même*, et comparons ce que les voyageurs nous ont appris sur quelques-unes des races les plus inférieures avec ce que nous savons de la nôtre et de nous-mêmes.

On a dit bien souvent, en parlant de certaines races, de certaines peuplades, qu'elles n'ont aucune idée de la propriété. Pour qui y regarde de près, c'est là une erreur. Chez les peuples guerriers, chasseurs ou pêcheurs, pour si bas qu'ils soient placés dans l'échelle humaine, les armes, les engins sont une propriété personnelle, et les témoignages des voyageurs qui se sont quelque peu préoccupés de la question sont très-explicites sur ce point. Le Muséum possède un boomerang portant quelques signes grossièrement taillés. M. Thozet, le donateur, ayant montré cette arme à un Australien de son voisinage, celui-ci reconnut immédiatement à ces signes à qui elle avait appartenu.

Mais chez les populations sauvages ou barbares la propriété prend, en outre, une autre forme. Quand il s'agit du sol, elle relève souvent du clan, de la tribu, de la nation. Les *terrains de chasse* des Peaux-Rouges se sont retrouvés partout où la civilisation s'est arrêtée au niveau dont ils étaient les représentants à l'époque des découvertes. Dans la Nouvelle-Hollande, chez ces peuples dont on a voulu faire des *singes dégénérés*, cette espèce de propriété existe, et le droit qui la régit est d'une rigueur telle que l'Australien ne pénètre sur la propriété d'une tribu voisine qu'avec une permission expresse. Agir autrement équivaut à une déclaration de guerre. Nos terrains communaux et les rixes annuelles qui s'élevaient naguère, qui s'élèvent encore peut-être en dépit des traités officiels, entre les bergers français et espagnols, peuvent donner une idée de cet état de choses. Chez certaines tribus australiennes, la propriété territoriale est encore plus divisée et plus précise ; chaque famille a ses terrains de chasse, dont les fils héritent à l'exclusion des filles.

Chez les peuples les plus sauvages, quand on a pu connaître sérieusement leurs mœurs, on s'est aperçu que le vol est regardé comme chose mauvaise et qu'il est puni. Chez les Australiens le braconnage est puni de mort.

Mais le vol n'est un crime que lorsqu'il est commis dans certaines circonstances. Dans d'autres, au contraire, il est regardé comme digne de louange. Dérober à l'ennemi ses chevaux, son bétail, est un acte d'adresse dont on se vante. Ce n'est plus voler, c'est faire la guerre. Or, pour le sauvage, à peu près toujours l'étranger est un ennemi. Il en est encore de même chez bon nombre de peuples aryans ou sémites. N'en était-il pas de même chez les nations classiques auxquelles se rattache notre civilisation ?

Rien de plus fréquent que d'entendre les voyageurs accuser des races entières d'un irrésistible penchant au vol. Ce reproche a été adressé, entre autres, aux populations insulaires de la mer du Sud. Ces peuples, répète-t-on avec indignation, volaient jusqu'aux clous des navires ! Mais ces clous, c'était du *fer* ; et, dans ces îles dépourvues de métaux, un peu de fer était à juste titre regardé comme un trésor. Eh bien, je le demande à tous mes lecteurs, qu'un navire doublé et chevillé en or, cloué de diamants et de rubis, vienne atterrir dans un port quelconque d'Europe, sa *doublure*, ses *clous* seront-ils bien en sûreté ? Et ne se trouvera-t-il pas bien des gens prêts à raisonner comme les Nègres, qui ne se font aucun scrupule de voler un Blanc ? « Vous êtes si riches ! » disent-ils, quand on leur reproche quelque méfait de ce genre.

Mais ces mêmes Nègres respectent fort bien la propriété les uns des autres. Le vol ne paraît pas être plus fréquent entre eux qu'il ne l'est chez nous entre Européens, et le voleur est puni sur la côte de Guinée tout comme en Europe.

Peut-être faut-il rapporter à la notion de propriété la manière dont l'adultère est envisagé chez quelques peuples. Là où la femme s'achète, il est évidemment une violation des droits du propriétaire. Toutefois, même chez les tribus les plus sauvages, on constate souvent de la manière la plus positive, quelque chose de plus élevé et se rattachant à des idées morales ou sociales telles que nous les comprenons nous-mêmes. La gravité de la peine encourue par le coupable ne permet guère de douter qu'il en soit ainsi. L'Australien, non corrompu par le voisinage des Blancs et par l'eau-de-vie, ne pardonne jamais à celui qui a blessé la pudeur de sa femme et le tue à la première occasion. Chez les Hottentots, la mort est aussi la punition de l'adultère. Chez les Nègres de la Côte-d'Or, le coupable s'arrange d'ordinaire avec l'offensé, s'il s'agit d'une des femmes de troisième ordre, qui ne sont guère que des concubines. Mais s'il s'agit de la *grande femme* ou de la *femme fétiche*, la mort, ou tout au moins la ruine du coupable, suffit seule à venger l'offense.

Les Négresses ne sont pas pour cela des Pénélopes. Je ne prétends nullement récuser sur ce point l'accord unanime des voyageurs ; et les maris, comme nous venons de le dire, n'invoquent pas toujours la rigueur du code local. Quelle conséquence légitime peut-on tirer de ce fait ? Seulement que les mœurs et la loi sont en contradiction chez ces races. Mais n'en est-il pas souvent de même chez nous ? L'adultère ne se montre-t-il impunément que chez les Nègres ? Les maris complaisants n'existent-ils que chez les Australiens ?

IV. — Le respect de la vie humaine est universel. Partout le meurtrier est puni. Mais, chez nous-mêmes, le meurtre suppose certaines conditions. En dépit de la jurisprudence actuelle, celui qui tue son adversaire dans un duel loyal n'est tenu pour un meurtrier par personne ; celui qui tue ou fait tuer en bataille rangée beaucoup d'ennemis est un héros.

Chez le sauvage, la formule est encore plus élastique. Comme je le rappelais tout à l'heure, pour lui tout étranger est presque toujours un ennemi, et le tuer n'est pas un crime : c'est souvent un titre de gloire. En outre, chez la plupart des peuples sauvages ou barbares, le sang exige du sang ; et la vengeance, pour être accomplie, n'a pas besoin d'atteindre le vrai coupable. Tout individu de la même famille, de la même tribu, de la même nation, *peut* et *doit* payer pour lui, si l'occasion se présente. Quand Takouri massacrait *par trahison* le capitaine Marion du Fresne avec ses seize matelots, il ne faisait qu'obéir à la loi de son pays ; il vengeait son parent Naguï Nouï enlevé *par trahison* trois ans auparavant par Surville, qui avait voulu punir le vol d'un canot. Voilà comment tant d'Européens innocents ont péri victimes des méfaits de quelques-uns de leurs compatriotes et comment une réputation imméritée de férocité s'est attachée à certaines peuplades.

Mais rappelons-nous que l'Écossais et le Corse n'agissaient

guère autrement dans leur vendetta. Chez eux, comme chez le Peau-Rouge, le Maori, le Fijien, le sang de tout membre de la famille ou du clan pouvait laver le sang versé par un autre. En pareil cas, pas plus chez les Européens que chez les sauvages, ce que nous appelons aujourd'hui un *guet-apens* n'était considéré comme acte de lâcheté ou de trahison. Rappelons-nous, d'ailleurs, qu'au moyen âge les chefs les plus haut placés de nos sociétés européennes n'hésitaient pas à agir de même ; rappelons-nous que nos commandants de navires, ayant à punir quelque attaque de sauvages, bombardent et brûlent sans scrupule les premiers villages venus avec la presque certitude que bien des innocents payeront pour les coupables, et peut-être alors serons-nous moins sévères.

Au point de vue du respect de la vie humaine la race blanche européenne n'a rien à reprocher aux plus barbares. Qu'elle fasse un retour sur sa propre histoire et se souvienne de quelques-unes de ces guerres, de ces journées écrites en lettres de sang dans ses propres annales. Qu'elle n'oublie pas surtout sa conduite envers ses sœurs inférieures ; la dépopulation marquant chacun de ses pas autour du monde ; les massacres commis de sang-froid et souvent comme un jeu ; les chasses à l'homme organisées à la façon des chasses à la bête fauve ; les populations entières exterminées pour faire place à des colons européens : et il faudra bien qu'elle avoue que, si le respect de la vie humaine est une loi morale et universelle, aucune race ne l'a violée plus souvent et d'une plus effroyable façon qu'elle-même.

V. — La pudeur et le sentiment de l'honneur sont certainement deux des principales manifestations du respect de soi-même. Ni l'une ni l'autre ne manquent chez les peuples sauvages. Mais, la première surtout, se manifeste souvent par des coutumes, des pratiques fort opposées aux nôtres ou n'ayant avec elles aucun rapport. De là bien des méprises, comme celle qui a fait prendre, chez certains Polynésiens, pour un raffinement d'impudique sensualité ce qui n'est pour eux qu'un acte de pudeur élémentaire.

Je pourrais multiplier les exemples de cette nature. A quoi bon ? N'en est-il pas de même de la politesse ? Nous nous levons et nous nous découvrons la tête devant un étranger, un supérieur ; en pareil cas le Turc garde sa coiffure et le Polynésien s'assied. Pour différer complètement dans la forme, les actes ne sont-ils pas inspirés par des sentiments identiques ? La faculté qu'ils accusent n'est-elle pas partout la même ?

Il en est encore ainsi, pour le sentiment de l'honneur. Ici pourtant, plus qu'ailleurs, nous rencontrons des conceptions remarquablement d'accord avec les nôtres. L'histoire des peuples sauvages fourmille de traits d'héroïsme guerrier, et rien de plus commun que de voir les sauvages préférer la torture et la mort à la honte. L'Algonquin, l'Iroquois provoquent leurs bourreaux à inventer de nouveaux supplices ; le chef cafre demande comme une grâce d'être jeté aux crocodiles plutôt que de perdre la plume qui représente pour lui l'épaulette et de servir comme simple soldat après avoir commandé; l'Australien a son duel plus logique que le nôtre, et toujours sérieux.

Ce que nous appelons la générosité chevaleresque, quand il s'agit des Européens, ne manque pas davantage chez les sauvages. Dans nos luttes à Taïti plus d'un de nos officiers a dû la vie à ce sentiment. La paix une fois conclue, l'amiral Bruat demandait à un chef taïtien, qui l'avait eu pendant une heure au bout de sa carabine pendant qu'il se baignait, pourquoi il n'avait pas tiré : « J'aurais été déshonoré aux yeux des miens si j'avais tué nu et par surprise un chef tel que toi, » répondit le sauvage. Qu'eût fait, qu'eût dit de mieux l'homme le plus civilisé ?

Chez les Peaux-Rouges, chez les Australiens eux-mêmes, nous pourrions citer bien des actes divers accusant des sentiments de même nature.

VI. — En résumé, s'il est douloureux de reconnaître le *mal moral* chez les races, chez les nations qui ont porté au plus haut degré la civilisation sociale, il est consolant de constater le *bien* chez les tribus les plus arriérées et de le voir chez elles avec ce qu'il a de plus élevé, de plus délicat. Nulle part, l'identité fondamentale de la nature humaine ne s'accuse d'une manière plus évidente.

Est-ce à dire que tous les groupes humains soient au même niveau sous le rapport moral ? non certes. A ce point de vue comme au point de vue intellectuel, ils peuvent figurer ou plus haut ou plus bas dans l'échelle, bien qu'aucun d'eux ne rétrograde jusqu'au zéro. C'est précisément cette inégalité morale qui a pour l'anthropologiste un intérêt à la fois scientifique et pratique. Le développement même de la faculté, les actes qu'elle inspire, les institutions dont elle est la base, présentent des différences assez grandes pour qu'on puisse trouver des caractères dans cet ordre de faits.

CHAPITRE XXXV

I. — Si l'impartialité scientifique et le calme d'esprit sont nécessaires dans l'étude des phénomènes moraux, ils sont bien plus indispensables encore quand il s'agit de se rendre compte des faits dépendant de la religiosité. Malheureusement cette condition est trop rarement remplie. La passion se mêle avec une regrettable facilité à tout ce qui ressemble à une question religieuse. Bien d'autres causes, faciles à constater, se joignent à elle pour égarer le jugement, et il n'est pas difficile d'expliquer comment, sous ces influences diverses, on a pu méconnaître de très-bonne foi les manifestations de la religiosité dans des portions plus ou moins considérables de l'humanité.

La plus fréquente des causes d'erreur sur lesquelles je crois devoir appeler l'attention, a sa source dans la haute opinion que l'Européen a de lui-même, dans le dédain qui préside habituellement à ses rapports avec les autres populations, et surtout avec celles qu'il traite avec plus ou moins de raison de barbares ou de sauvages. Par exemple, un voyageur qui, d'ordinaire, parle fort mal leur langue, interpellera quelques individus sur les délicates questions de la divinité, de la vie future, etc. ; ses interlocuteurs, ne le comprenant pas, feront quelques signes de doute ou de dénégation sans aucun rapport avec les questions posées ; à son tour, l'Européen se méprendra. Lui qui déjà ne voyait en eux que des êtres infimes, incapables de toute conception tant soit peu élevée, en conclura sans hésiter que ces peuples n'ont aucune notion ni de Dieu ni d'une autre vie ; et son assertion, bientôt répétée, sera facilement acceptée comme vraie par des lecteurs qui ont des peuples étrangers à notre civilisation à peu près les mêmes opinions que lui. L'histoire des voyages nous fournirait ici de nombreux exemples. Les Cafres, les Hottentots, etc., ont été maintes fois cités comme des peuples athées ; on sait bien aujourd'hui qu'il n'en est rien.

Le voyageur parlât-il aisément la langue du pays, il peut

encore être aisément induit en erreur. Les croyances religieuses touchent à ce que notre être a de plus intime ; le sauvage ne met pas volontiers son cœur à nu devant un étranger qu'il redoute, dont il sent la supériorité et qu'il a vu souvent prêt à méconnaître ou à railler ce qu'il a toujours regardé comme le plus respectable. La difficulté qu'un Parisien éprouve en France à s'initier aux superstitions du matelot basque ou du paysan bas-breton, doit lui donner la mesure de celles qu'il trouverait à faire expliquer sur de pareilles matières un Cafre ou un Australien. Campbell eut bien de la peine à obtenir de Makoum l'aveu que les Boschismans admettaient l'existence d'un dieu mâle et d'un dieu femelle, d'un bon et d'un mauvais principe ; il laissa bien d'autres découvertes et bien plus importantes à faire à MM. Arbousset et Daumas. Wallis, après un mois d'intimité avec les Taïtiens, déclara que ces insulaires étaient sans culte, tandis que le culte se mêle pour ainsi dire à leurs moindres actes. Il n'avait vu que de simples cimetières dans les morai, dans ces temples vénérés dont aucune femme ne peut même toucher la terre sacrée !

La vive foi d'un missionnaire est souvent aussi une cause d'erreur. Quelle que soit la communion chrétienne qu'il représente, il arrive d'ordinaire au milieu des peuples qu'il veut convertir avec la haine de leurs croyances, qui pour lui sont œuvres du démon. Trop souvent il ne cherche ni à s'en rendre compte, ni même à les connaître ; sa seule préoccupation est de les détruire. Je pourrais nommer ici un de ces apôtres par trop zélés qui ne voit dans la religion brahmanique que le comble de la barbarie uni au comble du ridicule. Il est évident que les croyances bien autrement rudimentaires d'un Cafre ou d'un Australien ne sauraient être *une religion* aux yeux d'un pareil juge. Ce qu'il pense, il le dit, il l'imprime ; et la liste des populations dites athées compte un nom de plus.

Heureusement, parmi les Européens laïques il en est qui, établis à poste fixe au milieu des populations, s'initient à leurs usages, à leurs mœurs, de manière à les comprendre et à aller au fond des choses voilées, pour celui qui ne fait que passer, par des formes choquantes ou bizarres. Parmi les missionnaires il en est qui, plus indulgents parce qu'ils sont plus éclairés, savent reconnaître l'idée religieuse quelque affaiblie qu'elle soit, quelque transformation qu'elle ait subie. Peu à peu la lumière se fait, et c'est ainsi que successivement les Australiens, les Mélanésiens, les Boschismans, les Hottentots, les Cafres, les Béchuanas ont dû être retranchés du nombre des peuples athées et être reconnus pour *religieux*.

II. — Niera-t-on la justesse de cette conclusion ? Refusera-t-on d'accorder à ces peuples une religion proprement dite, de voir de véritables divinités dans des êtres qui reçoivent un tribut de respect affectueux ou de terreur, des hommages et des prières de la part des populations qui les redoutent ou espèrent en eux ?

Ce serait possible. Ici encore notre orgueil européen me semble avoir bien souvent conduit à de fausses conséquences. Croyants ou incrédules, libres penseurs ou chrétiens fervents, nos savants, nos philosophes ont trop présente à l'esprit l'idée de la divinité telle que la conçoivent nos classes les plus cultivées. Souvent, pour peu que cette idée s'abaisse ou se modifie, ils ne la reconnaissent plus ; pour peu que les conséquences qu'on en tire sur l'origine, la nature et la destinée de l'homme ou de cet univers diffèrent de celles qu'ils admettent eux-mêmes ou qu'ils sont habitués à en entendre tirer, il n'y a plus pour eux de *religion*.

Je ne puis expliquer que de cette manière le jugement porté sur une portion bien considérable de l'humanité par un certain nombre de savants, de penseurs éminents, parmi lesquels on compte notre illustre orientaliste Burnouf. A ses yeux le bouddhisme est un véritable athéisme. Dans un livre qui a obtenu un succès mérité, M. Barthélemy Saint-Hilaire a soutenu cette manière de voir avec un talent et un savoir également incontestables. Il a de plus placé à côté des croyances bouddhistes, peut-être même au-dessous, celles qui les avaient précédées chez les Mongols, les Chinois et les Japonais. Ainsi, pour mon éminent confrère, la presque totalité des races jaunes, bien plus du tiers de l'humanité, sont *athées*.

Mais en formulant cette conclusion le savant auteur du *Bouddah* consultait avant tout sa propre raison et ses conceptions personnelles. « Les peuples bouddhiques, dit-il, peuvent être « sans aucune injustice regardés comme des peuples athées. « Ceci ne veut pas dire qu'ils professent l'athéisme, et qu'ils se « font gloire de leur incrédulité avec cette jactance dont on « pourrait citer plus d'un exemple parmi nous; ceci veut dire « seulement que ces peuples n'ont pas pu s'élever, dans leurs « méditations les plus hautes, jusqu'à la notion de Dieu. »

Dans ces quelques lignes apparaît clairement toute la pensée du livre et la cause du désaccord qui me sépare de M. Barthélemy Saint-Hilaire. Les bouddhistes, qui mettent *des dieux* partout dans leurs légendes, qui partout ont semé des temples consacrés à ces divinités, qui les redoutent et les adorent, qui ont fait de la prière une institution, qui admettent le dogme de la vie future et celui de la rémunération, ne se sont pas fait *de Dieu* l'idée à laquelle nous sommes tous plus ou moins parvenus : donc ils sont athées. Telle est évidemment la préoccupation sous l'empire de laquelle a été écrit cet ouvrage, que devra lire d'ailleurs quiconque tient à se faire des idées précises sur quelques-unes des graves questions si vivement controversées de nos jours.

Le savant qui a vu l'athéisme dans le bouddhisme devait à plus forte raison porter le même jugement sur les anciennes croyances du Japon, de la Chine et de la Mongolie. Pourtant là aussi on croyait à de nombreuses divinités, toujours subordonnées à un Dieu suprême incréé et créateur. Au Japon, nous dit Siebold,

on ne comptait pas moins de sept dieux célestes et huit millions
de kamis ou esprits, dont 492 étaient des dieux supérieurs. Les
Kamis inférieurs, au nombre de 2640, étaient des hommes déifiés.
En Chine, la réforme de Lao-tseu et de Khoung-tseu eut en
partie pour but la destruction de l'idolâtrie, et l'idolâtrie n'est
pas l'athéisme. C'est surtout de superstition et non d'athéisme
que les voyageurs taxent les populations du nord et du centre
de l'Asie. Elles aussi ont leurs idoles. Il en est de même de
toutes les populations boréales. Dans l'île sacrée de Waygatz,
près du détroit de ce nom, en 1827, les missionnaires brûlèrent
420 images accumulées sur le seul promontoire de Haye-Salye.
Partout dans cette aire si vaste, on croyait ou l'on croit encore
à des *esprits* habitant les rochers, les arbres, les montagnes, les
corps célestes, et on leur adressait des hommages intéressés.

Mais partout aussi on croyait à un *dieu suprême*, ayant créé
ces esprits eux-mêmes et conservant tout ce qui existe. Les
Lapons et les Samoyèdes avaient ou ont encore sur ce point les
mêmes idées que les anciens Chinois. Leur *Jubmel*, leur *Num*
répond exactement au *Chang-ti* de Khoung-tseu lui-même, et
des locutions populaires montrent qu'ils le regardent comme
le premier dispensateur de tout bien. *Num tad* (que Num m'accorde), *Num arka* (que Dieu soit remercié), reviennent, paraît-il,
souvent dans le langage des Samoyèdes. Cette croyance à un
dieu suprême et à des *esprits* secondaires, fort nombreux mais
présentant une certaine hiérarchie, était bien ancienne en Asie
puisque nous voyons l'empereur Chun, 2225 ans avant notre
ère, « faire les sacrifices au Souverain suprême du Ciel, et les
cérémonies usitées envers les six grands esprits, ainsi que celles
usitées pour les montagnes, les fleuves et les esprits en général. »

Des croyances de cette nature, attestées et sanctionnées par
des actes publics, peuvent-elles être regardées comme athées?
Tout au moins faudrait-il ajouter qu'il s'agit d'un athéisme fort
différent de celui qu'ont professé et professent de nos jours quelques écoles philosophiques européennes.

III. — J'aurais des observations analogues à faire au sujet des
opinions émises par sir John Lubbock dans les deux ouvrages
qui lui ont mérité en anthropologie une réputation égale à celle
qu'il possédait déjà comme naturaliste. « Il est difficile, dit-il,
de supposer que des sauvages assez grossiers pour ne pas pouvoir compter leurs propres doigts, aient des conceptions intellectuelles assez avancées pour posséder un système de croyances
digne du nom de religion. »

Laissons de côté ce que l'auteur dit ici de la numération qui
repose pour moi sur une appréciation inexacte. Ces mots « digne
du nom de religion » ne nous apprennent-ils pas que, comme
M. B. Saint-Hilaire, sir John Lubbock prend ses propres conceptions en matières religieuses comme critérium de celles des
sauvages?

Pour sir John Lubbock l'athéisme est « non pas la négation de l'existence d'un Dieu, mais l'absence d'idées définies à ce sujet. » Ici, comme M. Barthélemy Saint-Hilaire, le savant anglais donne au mot *athéisme* un sens fort différent de celui qu'il a eu jusqu'ici. En outre il cite ailleurs sans commentaire plusieurs passages dont le sens implique évidemment la négation de toute divinité, et lui-même s'exprime par moments de telle sorte que telle paraît être sa conviction, au moins au sujet de certains sauvages. Aussi les témoignages qu'il apporte et ses propres dires sont-ils souvent invoqués à l'appui de l'opinion qui refuse la religiosité à certains groupes humains.

Mais le choix des citations dont il s'agit ici me semble prêter à une objection grave. Lorsque les écrivains auxquels je réponds ont à choisir entre deux témoignages, l'un affirmant, l'autre niant l'existence de croyances religieuses dans une population, c'est toujours le dernier qui leur paraît devoir être accepté. Ils ne mentionnent pas même le plus souvent les témoignages contraires, quelque précis, quelque autorisés qu'ils puissent être.

Or il est évidemment bien *plus facile* de *ne pas voir* ce que tant de causes peuvent dérober à nos yeux que de le *découvrir*. Quand un voyageur affirme avoir constaté les sentiments religieux chez une population que d'autres avaient déclaré en être dépourvue, quand il donne des détails formels sur une question aussi délicate, il a certainement en sa faveur au moins la probabilité. Je ne vois pas de raison qui puisse autoriser à ne pas tenir compte de ce *témoignage positif*, à accepter sans contrôle le *témoignage négatif*. C'est pourtant ainsi que l'on agit trop souvent.

Je pourrais justifier ce reproche en prenant un à un à peu près tous les exemples de populations prétendues athées signalées par divers auteurs. Je me borne à quelques-uns des plus frappants.

A propos des Américains, on cite Robertson, lequel affirme qu'on a découvert en Amérique plusieurs tribus qui n'ont aucune notion d'un être suprême et aucune cérémonie religieuse. On n'oppose pas à cette assertion les renseignements, bien précis pourtant, dus à d'Orbigny. L'auteur de l'*Homme Américain* méritait d'autant moins cet oubli, qu'il conteste précisément les opinions émises à ce sujet par divers écrivains et par Robertson lui-même. « Quoique plusieurs auteurs, dit-il, aient refusé toute religion à certains Américains, il est évident pour nous que toutes les nations, même les plus sauvages, en avaient une quelconque. » D'Orbigny développe cette pensée en donnant des détails sur les dogmes acceptés chez toutes les races de l'Amérique méridionale, et il montre chez toutes la croyance à une autre vie, attestée par des cérémonies funèbres. N'y a-t-il pas là quelque chose de plus sérieux que la simple assertion négative empruntée à un voyageur?

Dira-t-on que d'Orbigny n'a parlé que des tribus de l'Amérique méridionale et que c'est dans le nord de ce continent qu'il faut chercher les populations athées? Sur la foi du P. Baegert, on cite en effet les Californiens, qui n'auraient eu ni gouvernement, ni religion, ni idoles, ni temples, ni culte. Mais on ne dit rien des faits observés par M. de Mofras, et qui contredisent absolument cette assertion. Les Californiens, nous dit ce voyageur, croient à un Dieu supérieur. « Ce Dieu n'a eu ni père ni mère. — Son origine est entièrement ignorée; ils croient qu'il est présent partout; qu'il voit tout, même au milieu des nuits les plus obscures; qu'il est invisible à tous les yeux; qu'il est l'ami des bons et qu'il châtie les méchants. » Les Californiens élèvent des *temples* ou si l'on veut des *chapelles* ovales, de 10 et 12 pieds de diamètre, qui jouissent du droit d'asile même en cas de meurtre. Évidemment les Californiens doivent être rayés de la liste des populations athées, et la notion qu'ils ont de leur Dieu supérieur est au contraire remarquablement élevée. Sur ce point ces pauvres sauvages ont dépassé de beaucoup les Grecs et les Romains.

Les Californiens sont au nombre des tribus humaines les moins élevées dans l'échelle sociale; mais il en est que l'on regarde comme placées bien au-dessous, les Mincopies, par exemple. Quelques écrivains, adoptant les idées de Mouat, les regardent comme athées. Ils ne disent rien des témoignages du major Michel Symes et de M. Day. Le premier rapporte ce qu'il tient du capitaine Stockoe, qui a vécu plusieurs années au milieu de ces insulaires; le second raconte ce qu'il a vu. De ces témoignages, il résulte que les Mincopies adorent le soleil comme source première de tout bien; la lune comme puissance secondaire; les génies des bois, des eaux et des montagnes, comme agents des premières divinités. Ils croient qu'un esprit malfaisant excite les tempêtes, et tantôt ils cherchent à le calmer par des chants, tantôt ils le menacent de leurs flèches. Ces mêmes Mincopies croient à une autre vie et entretiennent un feu allumé sous l'échafaudage qui porte le cadavre d'un chef pour calmer son *puissant esprit*.

On accepte le témoignage de Le Vaillant, relativement à l'absence de toute religion chez les Hottentots. On se tait au sujet de l'opinion contraire émise par Kolben, dont l'exactitude et la véracité, jadis mises en doute, sont aujourd'hui hors de soupçon après l'enquête faite par Walkenaer. Kolben ne faisait du reste que confirmer ce qu'avaient dit ses prédécesseurs Saar, Tachard et Boeving. Il avait en outre le grand avantage d'étudier les indigènes avant qu'ils n'eussent été refoulés et dispersés par les Européens. Or Kolben nous dit que les Hottentots croyaient à un Dieu créateur de tout ce qui existe, ne faisant jamais mal à personne et demeurant au-delà de la lune. Ils le nommaient *Gounja Ticquoa*, c'est-à-dire Dieu des Dieux. Ils reconnaissaient aussi une divinité méchante nommée *Touquôa*. La lune était à leurs yeux un gounja inférieur. Ils croyaient d'ailleurs à une autre vie, car ils redoutaient les revenants et rendaient une sorte de culte à leurs grands hommes en consacrant à leur mémoire un champ, une montagne, une rivière, devant lesquels ils donnaient en passant des signes de respect. Ces détails, donnés par le vieux voyageur prussien, concordent avec ceux que Campbell a recueillis de la bouche d'un chef Houzouana.

Burchell, affirme-t-on, n'a vu aucune religion chez les Cafres Bachapins. Cependant, et Lubbock le constate lui-même ailleurs, on trouve dans les écrits de ce voyageur que les Bachapins croient à un être malfaisant nommé *Moudimo*, auquel ils attribuent tout ce qui leur arrive de fâcheux. Pour se défendre contre lui, ils se couvrent d'amulettes et ont bien d'autres superstitions. Il est bien évident que Burchell n'a pas su tout ce que croient les Bachapins, soit qu'il n'attachât pas grande importance à cette recherche, soit qu'il ait été arrêté par la difficulté sur laquelle a insisté Kolben et que je signalais plus haut.

Ainsi les Bachapins croient à un être supérieur, mais méchant, à une *sorte de Diable*. Il serait bien singulier qu'ils ne crussent pas à une *espèce de Dieu*. Schweinfurth pense avoir reconnu quelque chose d'analogue chez les Bongos; mais lui-même insiste à diverses reprises sur la difficulté de savoir au juste à quoi s'en tenir sur les questions de cette nature. Admettons toutefois que le fait soit vrai pour ces Nègres aussi bien que pour les Bachapins. On ne pourrait y voir qu'un phénomène accidentel et local, nullement un caractère de race. Je reviendrai plus loin sur les Nègres; je n'ajoute que quelques mots au sujet des Bachapins.

Cette population n'est qu'une portion de la race Cafre Béchuana. Or grâce à Livingstone, à M. Cazalis, etc., nous avons au sujet des croyances religieuses de ces tribus en général des détails fort précis et d'une authenticité incontestable. Les Bassoutos ont leurs légendes, leur cosmogonie, leur mythologie rudimentaire. Ils admettent l'existence d'un être *qui tue par la foudre*; ils lui donnent le nom de *Moréna*, littéralement *être intelligent qui est en haut*; ils ont en outre des *Molimos*, espèces de Dieux lares que l'on prie, à qui l'on offre des sacrifices, en l'honneur desquels on se purifie; ils croient à une autre vie, à un autre monde placé au centre de la terre, et qu'ils appellent *l'abyme qui ne se remplit jamais*. Les Béchuanas croient si bien aux revenants, que le féroce Dingan n'osait pas sortir le soir, de peur de rencontrer le spectre de Chaka, assassiné par lui.

IV. — Le résultat de mes investigations est exactement l'opposé de celui auquel sont arrivés M. Saint-Hilaire et sir John Lubbock. Obligé, par mon enseignement même, de passer en revue toutes les races humaines, j'ai cherché l'athéisme chez les plus inférieures comme chez les plus élevées. Je ne l'ai rencontré nulle part, si ce n'est à l'état individuel ou à celui d'écoles plus ou moins restreintes, comme on l'a vu en Europe au siècle dernier, comme on l'y voit encore aujourd'hui.

Est-il vrai que des faits analogues se soient produits ailleurs, et que quelques tribus Américaines, quelques populations polynésiennes ou mélanésiennes, quelques hordes de Bédouins aient totalement perdu les notions de la divinité et d'une autre vie?

La chose est certainement possible. Mais à côté d'elles vivaient d'autres tribus, d'autres populations, d'autres hordes, *exactement de même race*, et où s'était conservée la foi religieuse. C'est ce qui résulte des exemples mêmes cités par Lubbock.

Là est le grand fait. L'athéisme n'est nulle part qu'à l'*état erratique*. Partout et toujours, la masse des populations lui a échappé; nulle part, ni une des grandes races humaines ni même une division quelque peu importante de ces races n'est athée.

Tel est le résultat d'une enquête qu'il m'est permis d'appeler consciencieuse et qui avait commencé bien avant mon entrée dans la chaire d'anthropologie. Il est vrai que dans ces recherches j'ai procédé, j'ai conclu, non pas en penseur, en croyant ou en philosophe, tous plus ou moins préoccupés d'un idéal qu'ils acceptent ou qu'ils combattent; mais exclusivement *en naturaliste* qui, avant tout, cherche et constate *des faits*.

Dans l'étude scientifique des religions, il faut se garder d'agir à la manière du physiologiste qui, n'ayant soumis à ses expériences que des vertébrés, refuserait de reconnaître chez les animaux inférieurs les fonctions caractéristiques de l'animalité, parce qu'elles y sont plus simples et plus obscures. Ici, plus qu'ailleurs peut-être, il faut imiter les naturalistes modernes, qui ont su retrouver les fonctions fondamentales jusque chez les derniers Mollusques et les derniers Zoophytes, là même où manque parfois tout appareil spécial.

Le physiologiste ne méconnaît pas l'existence d'un phénomène parce qu'il s'accomplit en un lieu et par des procédés autres que ceux qu'il est habitué à rencontrer. Chez la presque totalité des animaux, jusque chez les plus simples, la chimification se fait à l'intérieur du corps. Chez les Physalies, le même acte physiologique s'opère au dehors, entre les nombreux appendices qui servent à la fois de bras et de bouches à ces singuliers Zoophytes. Malgré l'étrangeté du procédé, la fonction n'a ni disparu, ni changé de nature aux yeux de l'homme de science.

Le naturaliste qui fait l'histoire de l'homme, l'anthropologiste, ne doit ni agir ni juger autrement. Quelque simple, quelque incomplète, quelque naïve et enfantine qu'elle soit, quelque absurde qu'elle paraisse, une croyance ne saurait perdre à ses yeux son caractère, dès qu'elle se rattache à ce que les religions développées ont de commun et d'essentiel.

Or, quels que soient chez ces dernières les dogmes et les doctrines, on trouve comme formule générale, et qui les embrasse toutes, les deux points suivants : croire à des êtres supérieurs à l'homme, pouvant influer en bien ou en mal sur sa destinée; admettre que pour l'homme l'existence ne se borne pas à la vie actuelle, mais qu'il lui reste un avenir au delà de la tombe.

Tout peuple, tout homme croyant à ces deux choses est *religieux*, et l'observation démontre chaque jour de plus en plus l'universalité de ce caractère.

Comme l'intelligence, comme la moralité, la religiosité a

d'ailleurs ses degrés et ses manifestations diverses. Rechercher ces manifestations, en constater la nature et l'intensité dans les divers groupes humains, telle est la tâche de l'anthropologiste. Pour rester fidèle à la méthode naturelle, il n'en devra négliger aucune. Parfois la plus rudimentaire aura plus d'intérêt pour lui qu'une religion achevée, parce qu'elle mettra mieux à nu les premiers éléments religieux. Dans le développement progressif de ceux-ci, dans l'harmonie ou le désaccord existant entre ce développement et celui de l'intelligence et de la moralité, il trouvera bien des traits caractéristiques propres à distinguer les races et parfois leurs subdivisions.

V. — Le point de vue du naturaliste diffère donc, à certains égards, de celui où se sont placés jusqu'ici la plupart des hommes éminents qui s'efforcent de fonder la *Science des religions*. M. Emile Burnouf lui-même, qui a si bien caractérisé cette science nouvelle, qui a si bien montré en quoi elle diffère de la théologie, qui a si justement insisté sur la nécessité d'élargir le cadre de ces sortes d'études et de ne plus se borner aux croyances des populations européennes anciennes et modernes, M. Burnouf me semble encore avoir cédé aux préoccupations qu'il combat.

En effet, cet auteur distingue les religions en *grandes* et en *petites*. Les premières sont pour lui : le christianisme, le judaïsme, le mahométisme, le brahmanisme et le bouddhisme. Il ne s'occupe que d'elles et laisse toutes les autres dans l'ombre. M. Burnouf peut, il est vrai, arguer du nombre relatif des croyants.

Voici en effet quelle est, d'après les dernières recherches de M. Hübner, la statistique religieuse générale du globe :

Chrétiens 400 millions	Catholiques	200	millions.
	Protestants	110	
	Grecs	80	
	Sectes diverses	10	
Non chrétiens 992 1/2 millions	Bouddhistes	500	
	Brahmanistes	150	
	Mahométans	80	
	Israélites	6 1/2	
	Religions diverses connues	240	
	Religions inconnues	16	
	Total	1392 1/2 millions.	

Le même auteur porte à *mille* environ le nombre des religions ou des sectes qui se partagent l'humanité. Les petites religions forment incontestablement la très-grande majorité et présentent, au moins à certains égards, une variété de conception égale ou supérieure à tout ce que l'on a signalé dans les grandes. M. Burnouf agit donc comme le naturaliste qui voudrait juger du règne animal par les seuls vertébrés et négligerait tout le reste, c'est-à-dire les trois quarts des types fondamentaux et un nombre bien plus considérable de types secondaires.

Sans même parler du christianisme, les grandes religions de M. Burnouf nous intéressent sans doute à bien des égards, à raison des rapports que quelques-unes d'elles ont avec les croyances de la presque totalité des Européens, à raison aussi de l'importance historique, sociale ou politique des nations qui les professent. Mais, les considérations de cette nature sont loin d'être tout en science. Les mammifères nous sont d'une bien plus grande utilité que les vers ou les zoophytes : pourtant, le zoologiste s'intéresse à ceux-ci à l'égal de ceux-là ; et chaque jour montre davantage combien l'étude de ces organismes simplifiés est utile, souvent nécessaire, pour bien connaître les organismes plus complexes des animaux supérieurs.

L'examen des *petites religions* rendra un service analogue à la science de leurs *grandes* sœurs. Peut-être sera-ce au milieu d'elles qu'il faudra aller chercher les origines de ces croyances qui englobent aujourd'hui tant de millions d'hommes ; souvent, nous n'en doutons pas, sous une forme ou sous une autre, on retrouvera leurs traces à côté ou dans le sein *même* des religions les plus développées et qui semblent s'en être éloignées le plus. Sur ces deux points, du reste, nous nous entendrions, je crois, aisément avec M. Burnouf, et sir John Lubbock.

VI. — Ce dernier, dans ses *Origines de la civilisation*, a cherché en effet à retracer le développement graduel de la religion chez les races humaines inférieures. Malheureusement il me semble avoir d'ordinaire évalué trop bas la valeur de la plupart de ces conceptions et méconnu ce qu'il y a de remarquablement élevé dans plusieurs d'entre elles. Cela même peut-être l'a conduit à regarder la religion comme proportionnelle à la civilisation et ne s'élevant qu'avec elle. Je ne puis partager cette manière de voir ; et le désaccord entre Lubbock et moi vient encore en grande partie de ce que j'ai tenu compte de certains témoignages qui paraissent avoir échappé au savant anglais. Quelques exemples justifieront ces observations.

De tous les peuples sur les croyances desquels nous possédons des renseignements à peu près suffisants, les Australiens sont certainement ceux qui doivent figurer au dernier rang. Sur ce point je suis entièrement d'accord avec sir John Lubbock. Mais je ne puis penser avec lui que ces populations ne croient à l'existence d'aucun Dieu, quel qu'il soit ; qu'ils ne prient jamais ; qu'ils n'ont aucun culte quelconque.

A l'appui de son opinion, mon éminent confrère cite Eyre, Collins, Mac Gillivray ; mais il oublie Cunningham, Dawson, Wilkes, Salvado, Stanbridge. En comparant les renseignements recueillis par ces voyageurs sur divers points de la Nouvelle-Hollande, on voit se produire partout un même fond de croyances, qui méritent bien d'être appelées *religieuses*.

Les Australiens admettent un bon principe appelé selon les localités *Coyan*, *Motogon*, *Pupperimbul*, dont ils parlent tantôt comme d'une sorte de géant, tantôt comme d'un esprit. *Coyan* fait le bien et a presque pour spécialité de faire retrouver les enfants égarés. Pour se le rendre favorable, on lui offre des dards. Si l'enfant ne se retrouve pas, on en conclut qu'il est irrité. A la Nouvelle-Nursie, Motogon est créateur. Il lui a suffi de crier : Terre, parais! Eau, parais! et de souffler pour donner naissance à ce qui existe. Sans être aussi précis, les indigènes du lac Tyrril attribuent la création du soleil à Puppérimbul, qui appartenait à une classe d'êtres semblables aux hommes, mais qui a été transportée au ciel avant la venue de la race actuelle. Dans l'Australie du sud-est, Coyan surveille le *mauvais principe* nommé *Potoyan*, *Wandong*, *Cienga*, qui rôde la nuit pour dévorer les hommes aussi bien que les enfants, et contre lequel on se protège avec le feu. La lune est encore pour les Australiens un être malfaisant dont le soleil répare les méfaits; divers génies bons et mauvais, *Bahumbals* et *Wanguls*, complètent cette mythologie rudimentaire, qui a aussi ses monstres fabuleux, ses grands serpents cachés dans les eaux profondes, etc. Les Australiens croient en outre à une sorte d'immortalité de l'âme qui passerait successivement de corps en corps. Mais avant de trouver une nouvelle demeure, les esprits des défunts errent quelque temps dans les forêts, et bien souvent on a cru les voir ou les entendre.

Certes ce ne sont pas là des croyances bien élevées. Il y a pourtant toute autre chose que ne porterait à le croire la manière dont s'exprime sir John Lubbock. L'idée de la création par la parole et le souffle d'un être puissant est incontestablement une conception des plus élevées, et elle apparaît nettement chez quelques tribus; l'offrande et la prière ont été constatées chez d'autres. Chez toutes se montre en germe cette croyance au *dualisme*, à cet antagonisme de puissances surhumaines bienveillantes et malfaisantes qui se retrouve dans *les plus grandes religions* et qui est à la racine du christianisme lui-même. Quant à la foi en une autre vie, personne dans ces derniers temps ne l'a, je crois, refusée aux Australiens.

Lorsqu'il s'agit de la religion des Polynésiens, Lubbock cite surtout Mariner, Williams et sir Georges Grey. Ces témoins sont irrécusables quand ils affirment ce qu'ils ont appris. Mais leur silence sur certains points ne permet plus d'affirmer qu'il existe là de véritables lacunes. D'autres voyageurs sont allés bien plus loin qu'eux, ont connu ce qu'ils avaient ignoré, et nous l'ont appris. Mœrenhout, le premier, je crois, a publié des documents originaux sur les plus vieilles traditions taïtiennes. D'autres sont venus après lui; et, grâce à des circonstances particulières, j'ai pu profiter de ces études. Dans le livre que j'ai publié huit ans avant celui de Lubbock, j'ai revu et discuté les principaux documents dus au commandant Lavaud, au général Ribourt, au missionnaire Orsmond, à M. Gaussin, etc. Tous ces documents, recueillis auprès de chefs appartenant aux plus vieilles familles et bien au courant des traditions de leurs ancêtres, ont un caractère d'authenticité incontestable et jettent un jour tout nouveau sur ce qu'était la religion, au moins à Taïti. Je crois avoir assez nettement précisé ce qu'étaient ces croyances religieuses, et mis hors de doute, qu'à côté de notions relevant uniquement de la superstition, les Taïtiens étaient arrivés à des conceptions remarquables par leur pureté et leur élévation.

Constatons d'abord que dans cette île où Wallis déclarait n'avoir pu découvrir la moindre trace de culte, le culte se mêlait au contraire aux moindres actes de la vie. Cela même avait entraîné de tristes conséquences. Le *formalisme* avait emporté tout le reste. Confiant dans ses pratiques, dans les prières de ses prêtres, dans l'indulgence de ses dieux, le Taïtien croyait pouvoir se permettre à peu près tout. Chez lui, la foi la plus profonde et la plus naïve s'unissait aux mœurs les plus violentes, les plus licencieuses. Mais l'Europe entière du moyen-âge et, de nos jours encore, bien des provinces qui ne sont nullement en arrière à d'autres égards, n'offrent-elles rien de semblable?

Les Taïtiens n'en croyaient pas moins à une autre vie, à des récompenses, à des punitions après la mort. Leur paradis, dont ils faisaient une description séduisante, était réservé aux chefs et à ceux qui avaient fait aux dieux, c'est-à-dire aux prêtres, des largesses suffisantes. N'est-ce pas ce que l'on cherchait, ce que l'on cherche encore chez nous, à obtenir par des fondations pieuses?

Les âmes des autres morts dont la vie avait été régulière allaient immédiatement dans Po, dans l'obscurité, espèce de *limbes* où paraissent n'avoir existé ni peines, ni plaisirs bien vifs. Mais les âmes coupables étaient condamnées à avoir un certain nombre de fois *la chair grattée sur tous les os*. Les péchés expiés, elles étaient également admises dans Po. Les Taïtiens admettaient donc une sorte de purgatoire et pas d'enfer. Remarquons encore que le supplice imposé aux coupables suppose une sorte de matérialité de l'âme. Mais n'en est-il pas de même des tourments que presque toutes nos populations chrétiennes croient encore réservés au pécheur précipité dans *les flammes de l'enfer?*

Le panthéon taïtien était aussi bien hiérarchisé, mais beaucoup plus nombreux que celui des Grecs et des Romains. Au bas de l'échelle se trouvaient les innombrables *Tiis*, chargés de présider à tous les lieux, et de plus aux moindres actions, aux moindres mouvements de l'âme, et jusqu'aux *désirs du jour et de la nuit*. Au-dessus venaient les *Oromotouas*, qui représentaient les dieux domestiques, les Lares et les Mânes des anciens. Les *Atouas inférieurs*, résidant sur la terre, habitant les eaux, les bois, les vallées, les montagnes, répondaient assez bien aux Faunes, Sylvains, Dryades, Oréades, etc. En outre c'est parmi les divinités de cet ordre que les diverses professions choisissaient un patron. Les chanteurs, les chorégraphes, les médecins en comptaient quatre, les navigateurs douze, les cultivateurs treize. Les dieux du premier rang étaient les *Atouas proprement dits*. Ceux-ci étaient également fort nombreux. Mais neuf d'entre eux, créés (*oriòri*) directement par Taaroa, avant la formation de l'homme, composaient, à proprement parler, la *famille divine*.

Enfin, au-dessus de toutes ces divinités, était placé le Dieu suprême. Il ne peut y avoir de doute sur l'idée que les Taïtiens se faisaient de celui-ci. Les traditions recueillies à diverses époques par des personnes différentes, et auprès d'individus également différents, s'accordent parfaitement sur ce point. Le chant recueilli par Mœrenhout de la bouche même d'un *harépo* débute ainsi : « Il était : Taaroa était son nom ; il se tenait dans le vide. Point de terre, point de ciel, point d'hommes. » Le manuscrit du général Ribourt le déclare *toïu* n'ayant pas eu de parents et existant depuis un temps immémorial. Le chant sacré traduit par M. Gaussin commence par la déclaration suivante : « Taaroa, le grand ordonnateur, est la cause de la terre. Taaroa est toïvi ; il n'a point de père, point de postérité. »

Pour les Taïtiens ce Dieu incréé était d'ailleurs bien près d'être un pur esprit et l'était à coup sûr pour les insulaires les plus éclairés. Certaines traditions lui donnent *un corps*, mais, dit le manuscrit du général Ribourt, ce corps est *invisible*, et encore n'est-ce « qu'une coquille qui se renouvelle souvent et que le Dieu perd comme un oiseau perd ses plumes. » Dans le chant de Mœrenhout, c'est lui qui se change en l'univers ; mais « l'univers grand et sacré n'est que la coquille de Taaroa. » Dans celui de M. Gaussin, Taaroa met la tête en dehors de son enveloppe et son enveloppe s'évanouit et devient la terre. Dans le magnifique dialogue traduit aussi par M. Gaussin, et dans lequel Taaroa fait pour ainsi dire l'appel de toutes les parties de l'univers qui lui répondent, il est dit : « L'âme de Taaroa resta Dieu. » Malheureusement, la création terminée, ce Dieu parait rentrer dans le repos et abandonner aux divinités inférieures le gouvernement de ce monde.

On voit qu'ici encore nous sommes, quant à la conception première, bien loin, bien au-dessus du Zeus des Grecs ou du Jupiter des Romains. Et pourtant qui songerait à comparer la civilisation taïtienne à la civilisation, aux œuvres intellectuelles de la Grèce ? C'est un des mille faits qui démontrent l'indépendance des phénomènes de l'intelligence et des phénomènes de la religiosité.

Ce n'est pas seulement à Taïti que l'on a constaté ce spiritualisme élevé, caché sous des apparences bien différentes. Les grossières images, les *toos* placés dans les *morai* ont été regardés par presque tous les voyageurs comme des statues d'atouas. Elles ne sont en réalité que des espèces de *tabernacles* évidés en dedans et destinés à recevoir certains objets, les offrandes, etc. Un prêtre des îles Sandwich raconta à Byron que dans son enfance il lui était arrivé de manger ce qui avait été déposé dans les images sacrées. Surpris et réprimandé par son père, il s'excusa en disant avoir reconnu par diverses expériences que ces dieux de bois ne voyaient ni n'entendaient. Le vieux prêtre lui dit alors d'un ton sévère : « Mon fils, le bois, à la vérité, n'entend ni ne voit ; mais l'esprit, qui est en haut, voit et entend tout et punit les mauvaises actions. »

Chez nous-mêmes se fait-on toujours une idée aussi nette de la distinction entre l'*esprit* et le *bois*?

La religion taïtienne avait cela de remarquable, qu'elle ne présentait aucune trace de manichéisme. En réalité elle ne comptait que des *dieux* et pas de *diables*. Il est vrai que les prêtres parlaient au nom des Atouas, et que les *sorciers*, haïs et redoutés à Taïti comme ailleurs, s'adressaient uniquement aux Tiis. Mais ceux-ci n'étaient nullement regardés comme en lutte avec les Atouas. Mœrenhout nous apprend que leurs images figuraient à titre de gardiens à l'entrée des morai et des terres sacrées.

Sans être aussi nettement formulées que chez les Taïtiens, les croyances religieuses chez les Peaux-Rouges Algonquins et Mingwés sont très-supérieures à certains égards. Leur *Grand-Esprit*, le *Michabou* des Algonquins, le *Agrescoué* des Iroquois, est le père de tout ce qui existe. C'est à lui seul que l'on rend un véritable culte en fumant le calumet sacré vers les quatre points de l'horizon et vers le zénith. Créateur de tout ce qui existe, il ne se désintéresse pas de son œuvre comme Taaroa. Par lui-même ou par ses messagers, il veille sur ses enfants et dirige les événements de ce monde. Aussi est-ce surtout à lui que le Peau-Rouge adresse avant tout ses prières quand il demande, ses actions de grâces quand il a réussi. Je pourrais multiplier ici les exemples, les citations. Je me borne à reproduire en partie le chant des Lénapes partant pour la guerre, tel qu'il nous a été conservé par Heckewelder. C'est un chant national, et à lui seul il réfute bien des assertions étranges journellement répétées au sujet des populations qui occupaient naguère le territoire des États-Unis.

« O pauvre de moi! — qui vais partir pour combattre l'ennemi — et ne sais si je reviendrai — jouir des embrassements de mes enfants et de ma femme. »

« O pauvre créature — qui ne peut disposer de sa vie — qui n'a aucun pouvoir sur son corps — mais qui tâche de faire son devoir — pour le bonheur de sa nation. »

« O toi Grand-Esprit d'en haut — prends pitié de mes enfants — et de ma femme! — Empêche-les de s'affliger à cause de moi — Fais que je réussisse dans mon entreprise; — que je puisse tuer mon ennemi, — et rapporter les trophées de guerre. »

« Donne-moi la force et le courage de combattre mon ennemi, — permets que je revienne encore voir mes enfants, — voir ma femme et mes parents. — Prends pitié de moi et me conserve la vie, — et je t'offrirai un sacrifice. »

Sans doute au-dessous du Grand-Esprit on trouve chez les Peaux-Rouges un nombre immense de *Manitous* dont l'un, habitant au centre de la terre, est une sorte de démon. Mais ces êtres bons ou méchants, bien que pouvant influer sur la destinée de l'homme, n'ont rien du caractère de la divinité. Ce ne sont que des espèces de génies, de fées, d'ogres, etc., plus ou moins semblables à ceux dont parlent les contes orientaux, et qui tous dépendent absolument du Grand-Esprit. Celui-ci seul est tout-puissant, et le mauvais faible et borné dans son pouvoir.

La croyance à une autre vie était en outre universelle chez ces populations. Elles avaient relativement à l'autre monde, à la transmigration des âmes, à la multiplicité des existences, des idées assez vagues; mais dans plusieurs légendes recueillies soit par les premiers voyageurs, soit dans ce siècle même par Schoolcraft, on trouve formulée de la manière la plus explicite la doctrine des récompenses promises aux bons, des peines qui attendent les méchants.

Tout autant que n'importe quel peuple, et bien plus que les Arabes antérieurs à Mahomet, les Algonquins et les Mingwés méritent d'être regardés comme monothéistes. Rien ne permet d'ailleurs de supposer que chez eux ces croyances spiritualistes fussent dues à l'intelligence exceptionnelle d'un individu isolé qui aurait joué le rôle de prophète à la façon de Mahomet. Elles ont tous les caractères d'une manifestation spontanée des instincts de la race elle-même. Or ce fait est d'autant plus remarquable, que ces Peaux-Rouges, presque exclusivement chasseurs, s'étaient arrêtés bien près des derniers rangs de l'échelle sociale.

Les Nègres Guinéens, bien supérieurs aux Algonquins et aux Mingwés, au point de vue de la civilisation, leur sont fort inférieurs sous le rapport religieux. Toutefois, ne parler que de leur *fétichisme*, c'est être profondément injuste envers eux. Il n'y a là en réalité qu'une forme superstitieuse plus ou moins intimement associée à un fond de croyances bien autrement élevées. Ici encore la foule des observateurs s'est arrêtée à ce qui frappait immédiatement ses regards; mais heureusement il s'en est trouvé d'autres qui ont su voir au-delà de ces premières apparences.

De nombreux témoignages, trop unanimes pour pouvoir être mis en doute, prouvent que du cap Vert au cap Lopez on croit à un Dieu suprême, invisible, qui a créé tout ce qui existe. Chez les Dahomans, ce Dieu lui-même serait soumis à un être plus élevé, qui, disent ces Nègres, est peut-être le Dieu des Blancs. Le plus souvent, il est vrai, on regarde cette divinité suprême comme gouvernant l'univers par l'intermédiaire de ses ministres; mais souvent aussi, on lui attribue une intervention directe. Alors on l'implore, on la remercie, on lui adresse des prières dont on connaît quelques formules. Dans celle que d'Avezac a recueillie de la bouche d'Oché-Fécoué, les Yébous demandent à Obbâ-el-Orun (*Roi du ciel*) de les préserver de la maladie et de la mort. Ils ajoutent : « Orissa (*Dieu*), donnez-moi la fortune et la sagesse. »

A côté du *Dieu bon*, se trouve pour presque tous les Guinéens le *mauvais esprit*, très-puissant aussi. On cherche à l'apaiser par des offrandes. Les Nègres croient parfois le voir ou l'entendre la nuit. Mais on sait bien que ce n'est pas seulement sur les côtes de Guinée que l'on s'imagine avoir de pareilles visions.

Au-dessous viennent les dieux inférieurs, fort nombreux et

parfois hiérarchisés. Ce sont eux qui sont envoyés dans les *fétiches* pour surveiller et protéger les hommes. Le fétiche, d'après le témoignage de prêtres et de Nègres fort croyants, n'est pas *le Dieu lui-même*, il n'est que *la demeure du Dieu*.

Tous les Guinéens croient à une autre vie, mais ont sur ce sujet des opinions fort différentes. En général ils la regardent comme à peu près semblable à celle-ci. Quelques-uns ont une idée confuse de la métempsycose ou pensent devoir renaître dans un enfant. Les Issinois croient à l'immortalité de l'âme, qui, en quittant cette terre, va renaître dans un autre monde placé au centre du globe et réciproquement. C'est presque *la vie alternante*, telle que l'avait conçue Hippolyte Renaud, officier d'artillerie distingué, et un de ces penseurs qui ont éprouvé le besoin de s'expliquer la destinée de l'homme.

L'idée d'une rémunération est nettement formulée chez bien des tribus guinéennes. Pour quelques-unes d'entre elles les sages, les intelligents deviennent les messagers des dieux ; les méchants sont noyés en passant un certain fleuve et meurent pour toujours ou deviennent des démons. Chez d'autres, les âmes de ceux qui ont mal vécu vont chez le mauvais esprit, mais on peut les en retirer par des offrandes faites aux dieux. Voilà donc chez les Nègres l'idée du *purgatoire* et du *rachat* à côté de l'idée d'*enfer*.

VII. — Je crois en avoir dit assez pour mettre hors de doute un fait complétement indépendant de toute hypothèse, et qui me semble avoir une sérieuse importance. C'est que souvent des idées extrêmement élevées et se rapprochant singulièrement de celles dont s'honorent les *grandes religions*, existent aussi dans les petites, quoique masquées par d'autres notions de nature inférieure. C'est que presque partout, et probablement partout, il faut distinguer la *religion* de la *superstition*. Mais pour reconnaître cet or au milieu de sa gangue, il faut du temps, une étude sérieuse et un esprit vraiment dégagé de préjugés.

Sans doute, la superstition et la religion sont souvent comme fusionnées dans les croyances de certaines races, de même que chez elles le sorcier et le prêtre se confondent dans un seul personnage. Mais il n'en est pas toujours ainsi ; et, lors même que le rapprochement produit une confusion apparente, on doit évidemment chercher à distinguer ces deux éléments. Or, ce travail a été trop souvent négligé quand il s'agit des races inférieures. Ici encore je retrouve à chaque pas l'influence fâcheuse de l'orgueil européen. Certes, l'écrivain le moins croyant ne rattachera pas au christianisme, tel qu'il est entendu de nos jours en France, les contes sombres ou riants recueillis dans nos campagnes par les Villemarqué, les Souvestre, etc. Il les placera, avec toutes les pratiques qui s'y rattachent, dans ce qu'on peut appeler la *mythologie populaire*. Eh bien, l'homme de science ne doit-il pas faire une distinction pareille, quand il cherche à apprécier la religion proprement dite des nations barbares ou sauvages ?

A qui demanderait comment le fétichisme a pu s'implanter en Guinée à côté de la notion d'un être suprême, créateur et ordonnateur de tout ce qui existe, comment le chamanisme peut se concilier chez les populations boréales avec la croyance à ce même Dieu dont Gengis-Khan se faisait une idée si grande et si élevée, je demanderais comment les plus étranges superstitions ont pu être jadis acceptées par toutes les sectes chrétiennes, comment il se fait qu'elles existent encore parmi nous. Certes, parmi nos classes éclairées, ni protestants, ni catholiques n'intenteraient aujourd'hui un de ces procès de sorcellerie si communs il n'y a guère que deux ou trois siècles, et que suivirent si souvent des condamnations et des supplices. Mais, dans nos campagnes un peu reculées, la croyance aux sorciers est restée aussi ferme qu'elle l'était partout au moyen-âge. Les journaux nous révèlent de temps à autre des actes, qui prouvent qu'abandonnées à elles-mêmes, ces populations brûleraient volontiers encore les malheureux soupçonnés d'avoir *jeté des sorts*; pour se garder contre les *maléfices*, le *mauvais œil*, etc., ces mêmes populations ont bien souvent recours à des pratiques fort semblables à celles que les voyageurs signalent comme la preuve de l'infériorité de certaines races. Au fond les *amulettes* de nos paysans ne sont que les *grisgris* des Nègres.

Sur tous ces points et sur bien d'autres, tous les chrétiens aryans ont cru ce que nous reprochons fièrement aux Nègres et aux Mongols de croire. Toutes les communions chrétiennes ont sanctionné, parfois *sanctifié* ces absurdes superstitions.

L'anthropologiste, qui fait de la science et non de la théologie, qui doit rechercher dans les religions inférieures ce qu'elles ont de pur, ne doit pas davantage hésiter à signaler dans les religions supérieures, le singulier alliage dont je viens de citer un exemple vulgaire.

De ce double travail ressortira, je pense, pour tout le monde, un fait général sur lequel j'ai bien des fois appelé l'attention, et qu'on peut formuler dans les termes suivants : grandes ou petites, les religions se rapprochent surtout par ce qu'il y a dans chacune d'elles de plus élevé et de plus infime ; elles sont surtout séparées par les formes et les notions intermédiaires.

VIII. — A diverses reprises on a signalé ce fait, qu'une religion, remplacée par une autre, laisse dans celle-ci des traces plus ou moins accusées. Bien souvent aussi les divinités de la première, sans disparaître totalement, subissent une singulière déchéance et ne trouvent de place que dans le domaine des superstitions populaires. Qui de nos lecteurs n'a présents à l'esprit les articles à la fois si sérieux et si charmants de H. Heine sur les pauvres dieux de l'Olympe grec et romain, passés à l'état de personnages légendaires? Ces représentants de la mythologie classique sont allés rejoindre, dans le fond de croyances populaires, bon nombre de divinités germaniques et scandinaves; mais les uns et les autres n'avaient-ils pas des prédécesseurs?

Depuis les temps quaternaires jusqu'à nos jours, bien des races ont habité l'Europe. Aucune sans doute n'a complétement péri. Elles se sont successivement refoulées, et plus ou moins absorbées; elles ont mêlé leur sang. Les croyances, même celles de nos ancêtres les plus reculés, ont-elles pu se perdre entièrement? Je ne le pense pas. Sans doute une portion en aura été oubliée, mais bien probablement aussi une bonne part a survécu, plus ou moins altérée par ce qu'apportait chaque immigration nouvelle. Ainsi se sera formée peu à peu cette mythologie populaire, qui a résisté aux doctrines officielles et a su se faire une place à côté d'elles.

Ce qui s'est passé chez nous ne peut que s'être passé ailleurs. Peut-être démontrera-t-on un jour que de là vient principalement ce qu'ont de commun les croyances religieuses de peuples séparés par leurs divers degrés de civilisation, aussi bien que par la géographie.

IX. — *La science des religions* n'existe pas encore, a dit M. Burnouf. Cela est vrai, surtout en se plaçant au point de vue que je viens d'indiquer. Toute classification générale est donc prématurée. Pour en essayer une, attendons de connaître, au moins d'une manière passable, non pas seulement les grands corps de doctrines étayés d'une métaphysique profonde qu'ont acceptés les nations civilisées, mais aussi les croyances plus simples, plus naïves, qui les ont précédés, dont plusieurs existent encore. Alors seulement on pourra tracer le cadre et les subdivisions renfermant les diverses manifestations de la faculté religieuse commune à tous les êtres humains. Alors aussi on pourra suivre le développement de cette faculté et en marquer les étapes, par un procédé analogue à celui de l'embryogéniste, qui étudie les diverses phases traversées par le même être pour atteindre à son état parfait.

Telle qu'elle est pourtant, ne consistant encore qu'en faits isolés ou reliés simplement par groupes, la science des religions a déjà une importance marquée en anthropologie. Elle met hors de doute un des caractères fondamentaux de l'espèce humaine; elle fournit des faits assez tranchés pour servir à caractériser certains groupes humains; elle révèle des rapports; elle ajoute son témoignage à celui de la linguistique pour éclairer la filiation de certaines races, pour attester d'antiques communications entre des peuples longtemps regardés comme entièrement isolés les uns des autres. A ces titres divers, elle ne saurait être négligée par ceux qui veulent embrasser dans son ensemble l'histoire naturelle de l'Homme.

FIN.

TABLE DES MATIÈRES

LIVRE PREMIER

UNITÉ DE L'ESPÈCE HUMAINE.

LIVRE II

ORIGINE DE L'ESPÈCE HUMAINE.

LIVRE III

ANTIQUITÉ DE L'ESPÈCE HUMAINE.

LIVRE IV

CANTONNEMENT PRIMITIF DE L'ESPÈCE HUMAINE.

LIVRE V

PEUPLEMENT DU GLOBE.

LIVRE VI

ACCLIMATATION DE L'ESPÈCE HUMAINE.

LIVRE VII

HOMME PRIMITIF. — FORMATION DES RACES HUMAINES.

LIVRE VIII

RACES HUMAINES FOSSILES.

LIVRE IX

RACES ACTUELLES; CARACTÈRES PHYSIQUES.

LIVRE X

CARACTÈRES PSYCHOLOGIQUES DE L'ESPÈCE HUMAINE.

Coulommiers. — Imprimerie ALBERT PONSOT et P. BRODARD.

CATALOGUE

DE

LIVRES DE FONDS

(N° 2)

OUVRAGES HISTORIQUES

ET PHILOSOPHIQUES

TABLE DES MATIÈRES

PARIS

LIBRAIRIE GERMER BAILLIÈRE ET Cⁱᵉ

PROVISOIREMENT, 8, PLACE DE L'ODÉON

La Librairie sera transférée 108, boulevard Saint-Germain, le 1ᵉʳ octobre 1877.

—

JANVIER 1877

COLLECTION HISTORIQUE
DES GRANDS PHILOSOPHES

PHILOSOPHIE ANCIENNE

ARISTOTE (Œuvres d'), traduction de M. BARTHÉLEMY SAINT-HILAIRE.

— **Psychologie** (Opuscules) traduite en français et accompagnée de notes. 1 vol. in-8............ 10 fr.

— **Rhétorique** traduite en français et accompagnée de notes, 1870, 2 vol. in-8............ 16 fr.

— **Politique**, 1868, 1 v. in-8. 10 fr.

— **Physique**, ou leçons sur les principes généraux de la nature. 2 forts vol. in-8............ 20 fr.

— **Traité du ciel**, 1866, traduit en français pour la première fois. 1 fort vol. grand in-8............ 10 fr.

— **Météorologie**, avec le petit traité apocryphe : *Du Monde*, 1863. 1 fort vol. grand in-8............ 10 fr.

— **Morale**, 1856, 3 v. gr. in-8. 24 fr.

— **Poétique**, 1858, 1 vol. in-8. 5 fr.

— **Traité de la production et de la destruction des choses**, traduit en français et accompagné de notes perpétuelles, 1866. 1 vol. gr. in-8............ 10 fr.

— **De la logique d'Aristote**, par M. BARTHÉLEMY SAINT-HILAIRE. 2 volumes in-8............ 10 fr.

SOCRATE. **La philosophie de Socrate**, par M. Alf. FOUILLÉE. 2 vol. in-8............ 16 fr.

PLATON. **La philosophie de Platon**, par M. Alfred FOUILLÉE. 2 volumes in-8............ 16 fr.

— **Études sur la Dialectique dans Platon et dans Hegel**, par M. Paul JANET. 1 vol. in-8... 6 fr.

PLATON et ARISTOTE. **Essai sur le commencement de la science politique**, par VAN DER REST. 1 vol. in-8............ 10 fr.

ÉCOLE D'ALEXANDRIE. **Histoire critique de l'École d'Alexandrie**, par M. VACHEROT. 3 vol. in-8. 24 fr.

— **L'École d'Alexandrie**, par M. BARTHÉLEMY SAINT-HILAIRE. 1 vol. in-8. 6 fr.

MARC-AURÈLE. **Pensées de Marc-Aurèle**, traduites et annotées par M. BARTHÉLEMY SAINT-HILAIRE. 1 vol. in-18............ 4 fr. 50

RITTER. **Histoire de la philosophie ancienne**, trad. par TISSOT, 4 vol. in-8............ 30 fr.

PHILOSOPHIE MODERNE

LEIBNIZ, **Œuvres philosophiques**, avec introduction et notes par M. Paul JANET. 2 vol. in-8. 16 fr.

— **La métaphysique de Leibniz et la critique de Kant.** Histoire et théorie de leurs rapports, par D. NOLEN. 1 vol. in-8.. 6 fr.

— **Leibniz et Pierre le Grand**, par FOUCHER DE CAREIL. 1 vol. in-8. 1874............ 2 fr.

— **Lettres et opuscules de Leibniz**, par FOUCHER DE CAREIL, 1 vol. in-8............ 3 fr. 50

— **Leibniz, Descartes et Spinoza**, par FOUCHER DE CAREIL. 1 volume in-8............ 4 fr.

— **Leibniz et les deux Sophie**, par FOUCHER DE CAREIL. 1 volume in-8............ 2 fr.

MALEBRANCHE. **La philosophie de Malebranche**, par M. OLLÉ LAPRUNE. 2 vol. in-8...... 16 fr.

VOLTAIRE. **La philosophie de Voltaire**, par M. Ern. BERSOT. 1 vol. in-18............ 2 fr. 50

— **Les sciences au XVIIIe siècle**, Voltaire physicien, par M. Em. SAIGEY. 1 vol. in-8............ 5 fr.

BOSSUET. **Essai sur la philosophie de Bossuet**, par Nourrisson, 1 vol. in-8............ 4 fr.

RITTER. **Histoire de la philosophie moderne**, traduite par P. Challemel-Lacour, 3 vol. in-8. 20 fr.

FRANCK (Ad.). **La philosophie mystique en France au XVIIIe siècle**, 1 vol. in-18.... 2 fr. 50

DAMIRON. **Mémoires pour servir à l'histoire de la philosophie au XVIIIe siècle.** 3 vol. in-8. 12 fr.

MAINE DE BIRAN. **Essai sur sa philosophie**, suivi de fragments inédits, par JULES GÉRARD. 1 fort vol. in-8. 1876............ 10 fr.

PHILOSOPHIE ECOSSAISE

DUGALD STEWART. **Éléments de la philosophie de l'esprit humain**, traduits de l'anglais par L. Peisse. 3 vol. in-12............ 9 fr.

W. HAMILTON, **Fragments de philosophie**, traduits de l'anglais par L. Peisse. 1 vol. in-8.. 7 fr. 50
— **La philosophie de Hamilton**, par J. Stuart Mill. 1 v. in-8. 10 fr.

PHILOSOPHIE ALLEMANDE

KANT. **Critique de la raison pure**, trad. par M. Tissot. 2 v. in-8. 16 fr.

— Même ouvrage, traduction par M. Jules Barni. 2 vol. in-8, avec une introduction du traducteur, contenant l'analyse de cet ouvrage.... 16 fr.

— **Éclaircissements sur la critique de la raison pure**, traduits par J. Tissot. 1 volume in-8.................... 6 fr.

— **Critique du jugement**, suivie des *Observations sur les sentiments du beau et du sublime*, traduite par J. Barni. 2 vol. in-8..... 12 fr.

— **Critique de la raison pratique**, précédée des *fondements de la métaphysique des mœurs*, traduite par J. Barni. 1 vol. in-8... 6 fr.

— **Examen de la critique de la raison pratique**, traduit par M. J. Barni. 1 vol. in-8....... 6 fr.

— **Principes métaphysiques du droit**, suivis du *projet de paix perpétuelle*, traduction par M. Tissot. 1 vol. in-8......... 8 fr.

— Même ouvrage, traduction par M. Jules Barni. 1 vol. in-8... 8 fr.

— **Principes métaphysiques de la morale**, augmentés des *fondements de la métaphysique des mœurs*, traduct. par M. Tissot. 1 v. in-8. 8 fr.

— Même ouvrage, traduction par M. Jules Barni avec une introduction analytique. 1 vol. in-8...... 8 fr.

— **La logique**, traduction par M. Tissot. 1 vol. in-8..... 4 fr.

— **Mélanges de logique**, traduction par M. Tissot. 1 vol. in-8.. 6 fr.

KANT. **Prolégomènes à toute métaphysique future** qui se présentera comme science, traduction de M. Tissot. 1 vol. in-8... 6 fr.

— **Anthropologie**, suivie de divers fragments relatifs aux rapports du physique et du moral de l'homme, et du commerce des esprits d'un monde à l'autre, traduction par M. Tissot. 1 vol. in-8.... 6 fr.

— **La critique de Kant et la métaphysique de Leibniz.** Histoire et théorie de eurs rapports, par D. Nolen. 1 vol. in-8. 1875. 6 fr.

— **Examen de la critique de Kant**, par Sarchi. 1 vol. grand in-8.................. 4 fr.

FICHTE. **Méthode pour arriver à la vie bienheureuse**, traduite par Francisque Bouillier. 1 vol. in-8.................. 8 fr.

— **Destination du savant et de l'homme de lettres**, traduite par M. Nicolas. 1 vol. in-8.... 3 fr.

— **Doctrines de la science.** Principes fondamentaux de la science de la connaissance, traduits par Grimblot. 1 vol. in-8..... 9 fr.

SCHELLING. **Bruno** ou du principe divin, trad. par Cl. Husson. 1 vol. in-8................ 3 fr. 50

— **Idéalisme transcendental.** 1 vol. in-8........... 7 fr. 50

— **Écrits philosophiques et morceaux propres à donner une idée** de son système, trad. par Ch. Bénard. 1 vol. in-8........ 9 fr.

HEGEL. **Logique**, traduction par A. VÉRA. 2e édition. 2 volumes in-8................ 14 fr.

— **Philosophie de la nature**, traduction par A. VÉRA. 3 volumes in-8................ 25 fr.

Prix du tome II...... 8 fr. 50
Prix du tome III...... 8 fr. 50

— **Philosophie de l'esprit**, traduction par A. VÉRA. 2 volumes in-8................ 18 fr.

— **Philosophie de la religion**, traduction par A. VÉRA. 2 vol. in-8. Tome 1er................ 10 fr.

— **Introduction à la philosophie de Hegel**, par A. VÉRA. 1 volume in-8................ 6 fr. 50

— **Essais de philosophie hégélienne**, par A. VÉRA. 1 volume in-18................ 2 fr. 50

— **L'Hégélianisme et la philosophie**, par M. VÉRA. 1 volume in-18................ 3 fr. 50

— **Antécédents de l'Hégélianisme dans la philosophie française**, par BEAUSSIRE. 1 vol. in-18................ 2 fr. 50

HEGEL. **La dialectique dans Hegel et dans Platon**, par Paul JANET. 1 vol. in-8................ 6 fr.

— **La Poétique**, traduction par Ch. BÉNARD, précédée d'une préface et suivie d'un examen critique. Extraits de Schiller, Goethe, Jean Paul, etc., et sur divers sujets relatifs à la poésie. 2 volumes in-8................ 12 fr.

— **Esthétique**. 2 vol. in-8, traduite par M. BÉNARD................ 16 fr.

HUMBOLDT (G. de). **Essai sur les limites de l'action de l'État**, traduit de l'allemand, et précédé d'une Étude sur la vie et les travaux de l'auteur, par M. CHRÉTIEN. 1 vol. in-18................ 3 fr. 50

— **La philosophie individualiste**, étude sur G. de HUMBOLDT, par CHALLEMEL-LACOUR. 1 volume in-18. 2 fr. 50

STAHL. **Le Vitalisme et l'Animisme de Stahl**, par Albert LEMOINE. 1 vol. in-18.... 2 fr. 50

LESSING. **Le Christianisme moderne**. Étude sur Lessing, par FONTANÈS. 1 vol. in-18.. 2 fr. 50

PHILOSOPHIE ALLEMANDE CONTEMPORAINE

L. BUCHNER, **Science et nature**, traduction de l'allemand, par Aug. DELONDRE. 2 vol. in-18.... 5 fr.

— **Le Matérialisme contemporain**. Examen du système du docteur Büchner, par M. P. JANET. 2e édit. 1 vol. in-18.. 2 fr. 50

HARTMANN (E. de). **La Religion de l'avenir**, 1 vol. in-18.. 2 fr. 50

— **La philosophie de l'inconscient**, traduit par M. D. NOLEN. 2 vol. in-8. 1876........ 20 fr.

— **Darwinisme**, ce qu'il y a de vrai et de faux dans cette doctrine, traduit par M. G. GUÉROULT. 1 vol. in-18................ 2 fr. 50

— **La philosophie allemande du XIXe siècle dans ses représentants principaux**, traduit par M. D. NOLEN. 1 vol. in-8.... 5 fr.

HÆCKEL. **Hæckel et la théorie de l'évolution en Allemagne**, par Léon DUMONT. 1 vol. in-18. 2 fr. 50

LOTZE (H.). **Principes généraux de psychologie physiologique**, traduits par M. PENJON. 1 volume in-18. 2 fr. 50

STRAUSS. **L'ancienne et la nouvelle foi de Strauss**, par VÉRA. 1 vol. in-8................ 6 fr.

MOLESCHOTT. **La Circulation de la vie**, Lettres sur la physiologie, en réponse aux Lettres sur la chimie de Liebig, traduction de l'allemand par M. CAZELLE. 2 volumes in-18. 5 fr.

SCHOPENHAUER. **Essai sur le libre arbitre**, traduit de l'allemand. 1 vol. in-18................ 2 fr. 50

— **Philosophie de Schopenhauer**, par Th. RIBOT. 1 vol. in-18. 2 fr. 50

PHILOSOPHIE ANGLAISE CONTEMPORAINE

STUART MILL. **La philosophie de Hamilton.** 1 fort vol. in-8, trad. de l'anglais par E. CAZELLES.. 10 fr.

— **Mes Mémoires.** Histoire de ma vie et de mes idées, traduits de l'anglais par E. CAZELLES. 1 volume in-8............... 5 fr.

— **Système de logique** déductive et inductive. Exposé des principes de la preuve et des méthodes de recherche scientifique, traduit de l'anglais par M. Louis PEISSE. 2 vol. in-8............ 20 fr.

— **Essais sur la Religion,** traduits de l'anglais, par E. CAZELLES. 1 vol. in-8............... 5 fr.

— **Le positivisme anglais,** étude sur Stuart Mill, par H. TAINE. 1 volume in-18........... 2 fr. 50

— **Stuart Mill et Aug. Comte,** par M. LITTRE, suivi de *Stuart Mill et la Philosophie positive,* par M. G. Wyrouboff. 1 vol. in-8..... 2 fr.

HERBERT SPENCER. **Les premiers principes.** 1 fort vol. in-8, trad. de l'anglais par M. CAZELLES... 10 fr.

— **Principes de psychologie,** traduits de l'anglais par MM. Th. RIBOT et ESPINAS. 2 vol. in-8.... 20 fr.

— **Principes de biologie,** traduits par M. CAZELLES. 2 forts volumes in-8. (*Sous presse.*)

— **Introduction à la Science sociale.** 1 v. in-8 cart. 3e éd. 6 fr.

— **Classification des Sciences.** 1 vol. in-18.......... 2 fr. 50

— **Essai sur l'éducation.** 1 vol. in-18.............. 2 fr. 50

BAIN. **Des Sens et de l'intelligence.** 1 vol. in-8, traduit de l'anglais par M. CAZELLES 10 fr.

— **Les émotions et la volonté.** 1 volume in-8. (*Sous presse.*)

BAIN. **La logique inductive et déductive,** traduite de l'anglais par M. COMPAYRÉ. 2 vol. in-8.. 20 fr.

— **L'esprit et le corps.** 1 volume in-8, cartonné, 2e édition.. 6 fr.

DARWIN. **Ch. Darwin et ses précurseurs français,** par M. de QUATREFAGES. 1 vol. in-8.. 5 fr.

— **Descendance et Darwinisme,** par Oscar SCHMIDT. 1 volume in-8, cart............... 6 fr.

— **Le Darwinisme,** ce qu'il y a de vrai et de faux dans cette doctrine, par E. DE HARTMANN. 1 vol. in-18. 2 fr. 50

— **Le Darwinisme,** par Ém. FERRIÈRE. 1 vol. in-18..... 4 fr. 50

CARLYLE. **L'idéalisme anglais,** étude sur Carlyle, par H. TAINE. 1 vol. in-18,.......... 2 fr. 50

BAGEHOT. **Lois scientifiques du développement des nations** dans leurs rapports avec les principes de la sélection naturelle et de l'hérédité. 1 vol. in-8, 2e édit. 6 fr.

RUSKIN (John). **L'esthétique anglaise,** étude sur J. Ruskin, par MILSAND. 1 vol. in-18 ... 2 fr. 50

MAX MULLER. **La science de la Religion.** 1 vol. in-18.. 2 fr. 50

— **Amour allemand.** 1 volume in-18............... 3 fr. 50

MATTHEW ARNOLD. **La crise religieuse,** traduit de l'anglais. 1 vol. in-8, 1876,........... 7 fr. 50

FLINT. **La philosophie de l'histoire,** traduit de l'anglais par M. L. CARRAU. (*Sous presse.*)

RIBOT (Th.). **La psychologie anglaise contemporaine** (James Mill, Stuart Mill, Herbert Spencer, A. Bain, G. Lewes, S. Bailey, J.-D. Morell, J. Murphy), 1875. 1 vol. in-8, 2e édition,........ 7 fr. 50

BIBLIOTHÈQUE DE PHILOSOPHIE CONTEMPORAINE

FORMAT IN-8

Volumes à 5 fr., 7 fr. 50 et 10 fr.

JULES BARNI. **La morale dans la démocratie.** 1 vol.   5 fr.

AGASSIZ. **De l'espèce et des classifications**, traduit de l'anglais par M. Vogeli. 1 vol.   5 fr.

STUART MILL. **La philosophie de Hamilton**, traduit de l'anglais par M. Cazelles. 1 fort vol.   10 fr.

STUART MILL. **Mes mémoires.** Histoire de ma vie et de mes idées, traduit de l'anglais par M. E. Cazelles. 1 vol.   5 fr.

STUART MILL. **Système de logique** déductive et inductive. Exposé des principes de la preuve et des méthodes de recherche scientifique, traduit de l'anglais par M. Louis Peisse. 2 vol.   20 fr.

STUART MILL. **Essais sur la Religion**, traduits de l'anglais, par M. E. Cazelles. 1 vol.   5 fr.

DE QUATREFAGES. **Ch. Darwin et ses précurseurs français.** 1 vol.   5 fr.

HERBERT SPENCER. **Les premiers principes.** 1 fort vol. traduit de l'anglais par M. Cazelles.   10 fr.

HERBERT SPENCER. **Principes de psychologie**, traduits de l'anglais par MM. Th. Ribot et Espinas. 2 vol.   20 fr.

HERBERT SPENCER. **Principes de biologie**, traduits par M. Cazelles. 2 vol. in-8.   (Sous presse.)

AUGUSTE LAUGEL. **Les problèmes** (Problèmes de la nature, problèmes de la vie, problèmes de l'âme). 1 fort vol.   7 fr. 50

ÉMILE SAIGEY. **Les sciences au XVIIIe siècle**, la physique de Voltaire. 1 vol.   5 fr.

PAUL JANET. **Histoire de la science politique** dans ses rapports avec la morale, 2e édition, 2 vol.   20 fr.

PAUL JANET. **Les causes finales**, 1 vol. in-8. 1876.   10 fr.

TH. RIBOT. **De l'Hérédité.** 1 vol.   10 fr.

TH. RIBOT. **La psychologie anglaise contemporaine**, 1 vol. 2e édition. 1875.   7 fr. 50

HENRI RITTER. **Histoire de la philosophie moderne**, traduction française, précédée d'une introduction par M. P. Challemel-Lacour, 3 vol.   20 fr.

ALF. FOUILLÉE. **La liberté et le déterminisme.** 1 v. 7 fr. 50

DE LAVELEYE. **De la propriété et de ses formes primitives**, 1 vol.   7 fr. 50

BAIN. **La logique inductive et déductive**, traduit de l'anglais par M. Compayré. 2 vol.   20 fr.

BAIN. **Des sens et de l'intelligence**, 1 vol. traduit de l'anglais par M. Cazelles.   10 fr.

BAIN. **Les émotions et la volonté**, 1 fort vol.   (Sous presse.)

MATTHEW ARNOLD. **La crise religieuse.** 1 vol. in-8. 1876. 7 fr. 50

BARDOUX. **Les légistes et leur influence sur la société française.** 1 vol. in-8. 1877.   5 fr.

HARTMANN (E. de). **Philosophie de l'inconscient**, traduite de l'allemand par M. D. Nolen, 2 vol. in-8. 1877.   20 fr.

HARTMANN (E. de). **La philosophie allemande du XIXe siècle dans ses représentants principaux**, traduit de l'allemand par M. D. Nolen. 1 vol. in-8.   (Sous presse.)

FLINT. **La philosophie de l'histoire**, traduit de l'anglais par M. Ludovic Carrau. 1 vol. in-8.   (Sous presse.)

BIBLIOTHÈQUE
D'HISTOIRE CONTEMPORAINE

Vol. in-18 à 3 fr. 50, Cart. 4 fr. — Vol. in-8 à 7 fr. Cart. 8 fr.

EUROPE

HISTOIRE DE L'EUROPE PENDANT LA RÉVOLUTION FRANÇAISE, par *H. de Sybel*, traduit de l'allemand par Mme Dosquet. 3 vol. in-8 . . . . . 21 »
  Chaque volume séparément . . . . 7 »

FRANCE

HISTOIRE DE LA RÉVOLUTION FRANÇAISE, par *Carlyle*, traduite de l'anglais. 3 vol. in-18; chaque volume. 3 50
NAPOLÉON Ier ET SON HISTORIEN M. THIERS, par *Barni*. 1 vol. in-18 . 3 50
HISTOIRE DE LA RESTAURATION, par *de Rochau*. 1 vol. in-18, traduit de l'allemand. 3 50
HISTOIRE DE DIX ANS, par *Louis Blanc*. 5 vol. in-8. . . . . 25 »
  Chaque volume séparément . . . . 5 »
HISTOIRE DE HUIT ANS (1840-1848), par *Élias Regnault*. 3 vol. in-8. . 15 »
  Chaque volume séparément . . . . 5 »
HISTOIRE DU SECOND EMPIRE (1848-1870), par *Taxile Delord*. 6 volumes in-8. . . . . 42 »
  Chaque volume séparément . . . . 7 »
LA GUERRE DE 1870-1871, par *Borel*, d'après le colonel fédéral suisse Rüstow. 1 vol. in-18. . . . . 3 50
LA FRANCE POLITIQUE ET SOCIALE, par *Aug. Laugel*. 1 volume in-8 (sous presse). . . . . 7 »

ANGLETERRE

HISTOIRE GOUVERNEMENTALE DE L'ANGLETERRE, DEPUIS 1770 JUSQU'A 1830, par sir *G. Cornewal Lewis*. 1 vol. in-8, traduit de l'anglais . . . . . . 7 »
HISTOIRE DE L'ANGLETERRE depuis la reine Anne jusqu'à nos jours, par *H. Reynald*. 1 vol. in-18. . . . . 3 50
LES QUATRE GEORGES, par *Tackeray*, trad. de l'anglais par Leloyer. 1 vol. in-18. . . . . 3 50
LA CONSTITUTION ANGLAISE, par *W. Bagehot*, traduit de l'anglais. 1 vol. in-18. . . . . 3 50
LOMBART-STREET, le marché financier en Angleterre, par *W. Bagehot*. 1 vol. in-18. . . . . 3 50
LORD PALMERSTON ET LORD RUSSEL, par *Aug. Laugel*. 1 volume in-18 (1870). 3 50

ALLEMAGNE

LA PRUSSE CONTEMPORAINE ET SES INSTITUTIONS, par *K. Hillebrand*. 1 vol. in-18. . . . . 3 50
HISTOIRE DE LA PRUSSE, depuis la mort de Frédéric II jusqu'à la bataille de Sadowa, par *Eug. Véron*. 1 vol. in-18 . . . . 3 50
HISTOIRE DE L'ALLEMAGNE, depuis la bataille de Sadowa jusqu'à nos jours, par *Eug. Véron*. 1 vol. in-18. . . . . 3 50
L'ALLEMAGNE CONTEMPORAINE, par *Ed. Bourloton*. 1 vol. in-18. . . . . 3 50

AUTRICHE-HONGRIE

HISTOIRE DE L'AUTRICHE, depuis la mort de Marie-Thérèse jusqu'à nos jours, par *L. Asseline*. 1 volume in-18 . . . . 3 50

HISTOIRE DES HONGROIS et de leur littérature politique de 1790 à 1815, par *Ed. Sayous*. 1 vol. in-18. . . . . 3 50

ESPAGNE

L'ESPAGNE CONTEMPORAINE, journal d'un voyageur, par *Louis Teste*. 1 vol. in-18. . . . . 3 50

HISTOIRE DE L'ESPAGNE, depuis la mort de Charles III jusqu'à nos jours, par *H. Reynald*. 1 vol. in-18. . . . . 3 50

RUSSIE

LA RUSSIE CONTEMPORAINE, par *Herbert Barry*, traduit de l'anglais. 1 vol. in-18. . . . . 3 50

HISTOIRE CONTEMPORAINE DE LA RUSSIE, par *F. Brunetière*. 1 volume in-18. . . . . 3 50

SUISSE

LA SUISSE CONTEMPORAINE, par *H. Dixon*. 1 vol. in-18, traduit de l'anglais. 3 50

SCANDINAVIE

HISTOIRE DES ETATS SCANDINAVES, depuis la mort de Charles XII jusqu'à nos jours, par *Alfred Deberle*. 1 vol. in-18 . . . . 3 50

ITALIE

HISTOIRE DE L'ITALIE, depuis 1815 jusqu'à nos jours, par *Elie Sorin*. 1 vol. in-18 . . . . 3 50

AMÉRIQUE

HISTOIRE DE L'AMÉRIQUE DU SUD, depuis sa conquête jusqu'à nos jours, par *Alf. Deberle*. 1 vol. in-18 . . . . 3 50

LES ETATS-UNIS PENDANT LA GUERRE, 1861-1865. Souvenirs personnels, par *Aug. Laugel*. 1 vol. in-18. . . . . 3 50

Eug. Despois. LE VANDALISME RÉVOLUTIONNAIRE. Fondations littéraires, scientifiques et artistiques de la Convention. 1 vol. in-18. . . . . . 3 50

Victor Meunier. SCIENCE ET DÉMOCRATIE. 2 vol. in-18, chacun séparément 3 50

Jules Barni. HISTOIRE DES IDÉES MORALES ET POLITIQUES EN FRANCE AU XVIIIe SIÈCLE. 2 vol. in-18, chaque volume 3 50

— NAPOLÉON Ier ET SON HISTORIEN M. THIERS. 1 vol. in-18. . . . . 3 50

— LES MORALISTES FRANÇAIS AU XVIIIe SIÈCLE. 1 vol. in-18. . . . 3 50

Émile Montégut. LES PAYS-BAS. Impressions de voyage et d'art. 1 vol. in-18. . . . . 3 50

Émile Beaussire. LA GUERRE ÉTRANGÈRE ET LA GUERRE CIVILE. 1 vol. in-18. . . . . 3 50

J. Clamageran. LA FRANCE RÉPUBLICAINE. 1 volume in-18. . . . 3 50

E. Duvergier de Hauranne. LA RÉPUBLIQUE CONSERVATRICE. 1 vol. in-18. . . . . 3 50

BIBLIOTHÈQUE SCIENTIFIQUE
INTERNATIONALE

La *Bibliothèque scientifique internationale* n'est pas une entreprise de librairie ordinaire. C'est une œuvre dirigée par les auteurs mêmes, en vue des intérêts de la science, pour la populariser sous toutes ses formes, et faire connaître immédiatement dans le monde entier les idées originales, les directions nouvelles, les découvertes importantes qui se font chaque jour dans tous les pays. Chaque savant exposera les idées qu'il a introduites dans la science et condensera pour ainsi dire ses doctrines les plus originales.

On pourra ainsi, sans quitter la France, assister et participer au mouvement des esprits en Angleterre, en Allemagne, en Amérique, en Italie, tout aussi bien que les savants mêmes de chacun de ces pays.

La *Bibliothèque scientifique internationale* ne comprend pas seulement des ouvrages consacrés aux sciences physiques et naturelles, elle aborde aussi les sciences morales comme la philosophie, l'histoire, la politique et l'économie sociale, la haute législation, etc.; mais les livres traitant des sujets de ce genre se rattacheront encore aux sciences naturelles, en leur empruntant les méthodes d'observation et d'expérience qui les ont rendues si fécondes depuis deux siècles.

Cette collection paraît à la fois en français, en anglais, en allemand, en russe et en italien : à Paris, chez Germer Baillière et Cie ; à Londres, chez Henry S. King et Co ; à New-York, chez Appleton ; à Leipzig, chez Brockhaus ; à Saint-Pétersbourg, chez Koropchevski et Goldsmith, et à Milan, chez Dumolard frères.

EN VENTE :

VOLUMES IN-8, CARTONNÉS A L'ANGLAISE A 6 FRANCS

Les mêmes, en demi-reliure, venu. — 6 francs.

J. TYNDALL. **Les glaciers et les transformations de l'eau**, avec figures. 1 vol. in-8. 2ᵉ édition. 6 fr.

MAREY. **La machine animale**, locomotion terrestre et aérienne, avec de nombreuses figures. 1 vol. in-8. 2ᵉ édition. 6 fr.

BAGEHOT. **Lois scientifiques du développement des nations** dans leurs rapports avec les principes de la sélection naturelle et de l'hérédité. 1 vol. in-8, 2ᵉ édition. 6 fr.

BAIN. **L'esprit et le corps.** 1 vol. in-8, 2ᵉ édition. 6 fr.

PETTIGREW. **La locomotion chez les animaux**, marche, natation. 1 vol. in-8 avec figures. 6 fr.

HERBERT SPENCER. **La science sociale.** 1 vol. in-8, 3ᵉ éd. 6 fr.

VAN BENEDEN. **Les commensaux et les parasites dans le règne animal.** 1 vol. in-8, avec figures. 6 fr.

O. SCHMIDT. **La descendance de l'homme et le darwinisme.** 1 vol. in-8 avec figures, 2ᵉ édition. 6 fr.

MAUDSLEY. **Le Crime et la Folie.** 1 vol. in-8, 2ᵉ édition. 6 fr.

BALFOUR STEWART. **La conservation de l'énergie**, suivie d'une étude sur la nature de la force, par *M. P. de Saint-Robert*, avec figures. 1 vol. in-8, 2ᵉ édition. 6 fr.

DRAPER. **Les conflits de la science et de la religion.** 1 vol. in-8, 3ᵉ édition. 6 fr.

SCHUTZENBERGER. **Les fermentations.** 1 vol. in-8, avec fig. 2ᵉ édition. 6 fr.

L. DUMONT. **Théorie scientifique de la sensibilité.** 1 vol. in-8. 6 fr.

WHITNEY. **La vie du langage.** 1 vol. in-8. 2ᵉ éd. 6 fr.

COOKE ET BERKELEY. **Les champignons.** 1 v. in-8, avec fig. 6 fr.

BERNSTEIN. **Les sens.** 1 vol. in-8, avec 91 figures. 6 fr.

BERTHELOT. **La synthèse chimique.** 1 vol. in-8, 2ᵉ édit. 6 fr.

VOGEL. **La photographie et la chimie de la lumière**, avec 95 fig. 1 vol. in-8. 6 fr.

LUYS. **Le cerveau et ses fonctions**, avec figures. 1 vol. in-8, 2ᵉ édition. 6 fr.

STANLEY JEVONS. **La monnaie et le mécanisme de l'échange.** 1 vol. in-8. 6 fr.

FUCHS. **Les volcans.** 1 vol. in-8, avec figures dans le texte et une carte en couleurs. 6 fr.

GÉNÉRAL BRIALMONT. **Les camps retranchés et leur rôle dans la défense des États**, avec fig. dans le texte et 2 planches hors texte. 6 fr.

DE QUATREFAGES. **L'espèce humaine.** 1 vol. in-8. 6 fr.

OUVRAGES SUR LE POINT DE PARAITRE :

BLASERNA. **Le son et la musique.**

BALBIANI. **Les Infusoires.**

BROCA. **Les primates.**

CLAUDE BERNARD. **Histoire des théories de la vie.**

É. ALGLAVE. **Les principes des constitutions politiques.**

FRIEDEL. **Les fonctions en chimie organique.**

RÉCENTES PUBLICATIONS

Qui ne se trouvent pas dans les Bibliothèques.

ACOLLAS (Émile). **L'enfant né hors mariage.** 3ᵉ édition. 1872, 1 vol. in-18 de x-165 pages. 2 fr.

ACOLLAS (Émile). **Trois leçons sur le mariage.** In-8. 1 fr. 50

ACOLLAS (Émile). **L'idée du droit.** In-8. 1 fr. 50

ACOLLAS (Émile). **Nécessité de refondre l'ensemble de nos codes**, et notamment le code Napoléon, au point de vue de l'idée démocratique. 1866, 1 vol. in-8. 3 fr.

Administration départementale et communale. Lois — Décrets — Jurisprudence, conseil d'État, cour de Cassation, décisions et circulaires ministérielles, in-4. 2ᵉ éd. 15 fr.

ALAUX. **La religion progressive.** 1869, 1 vol. in-18. 3 fr. 50

ARISTOTE. Voyez page 2.

AUDIFFRET-PASQUIER. **Discours devant les commissions de la réorganisation de l'armée et des marchés.** In-4. 2 fr. 50

L'art et la vie. 1867, 2 vol. in-8. 7 fr.

L'art et la vie de Stendhal. 1869, 1 fort vol. in-8. 6 fr.

BAGEHOT. **Lois scientifiques du développement des nations** dans leurs rapports avec les principes de l'hérédité et de la sélection naturelle. 1 vol. in-8 de la *Bibliothèque scientifique internationale*, cartonné à l'anglaise. 2ᵉ édit., 1876. 6 fr.

BARNI (Jules). **Napoléon 1ᵉʳ**, édition populaire. 1 vol. in-18. 1 fr.

BARNI (Jules). **Manuel républicain.** 1872, 1 vol. in-18. 1 fr. 50

BARNI (Jules). **Les martyrs de la libre pensée**, cours professé à Genève. 1862, 1 vol. in-18. 3 fr. 50

BARNI (Jules). **Traductions de Kant**, voyez page 3.

BARTHÉLEMY SAINT-HILAIRE. **Traductions d'Aristote**, voyez page 2.

BARTHÉLEMY SAINT-HILAIRE. **Pensées de Marc Aurèle**, traduites et annotées. 1 vol. in-18. 4 fr. 50

BARTHÉLEMY SAINT-HILAIRE. **De la Logique d'Aristote.** 2 vol. gr. in-8. 10 fr.

BARTHÉLEMY SAINT-HILAIRE. **L'École d'Alexandrie.** 1 vol. in-8. 6 fr.

BAUTAIN. **La philosophie morale.** 2 vol. in-8. 12 fr.

CH. BÉNARD. **Traductions de Hegel**, voyez page 4.

CH. BÉNARD. **De la Philosophie dans l'éducation classique.** 1862. 1 fort vol. in-8. 6 fr.

BERTAULD (P.-A). **Introduction à la recherche des causes premières. De la méthode.** Tome Iᵉʳ, 1 vol. in-18. 3 fr. 50

BLANCHARD. **Les métamorphoses, les mœurs et les instincts des insectes**, par M. Émile BLANCHARD, de l'Institut, professeur au Muséum d'histoire naturelle. 1868, 1 magnifique volume in-8 jésus, avec 160 figures intercalées dans le texte et 40 grandes planches hors texte. 2ᵉ édition, 1877, Prix, broché. 25 fr.

Relié en demi-maroquin. 30 fr.

BLANQUI. **L'éternité par les astres**, hypothèse astronomique. 1872, in-8. 2 fr.

BORELY (J.). **Nouveau système électoral, représentation proportionnelle de la majorité et des minorités**. 1870. 1 vol. in-18 de XVIII-194 pages. 2 fr. 50

BORELY. **De la justice et des juges**, projet de réforme judiciaire, 1871, 2 vol. in-8. 12 fr.

BOUCHARDAT. **Le travail**, son influence sur la santé (conférences faites aux ouvriers). 1863, 1 vol. in-18. 2 fr. 50

BERSOT. **La philosophie de Voltaire**. 1 vol. in-12. 2 fr. 50

Éd. BOURLOTON et E. ROBERT. **La Commune** et ses idées à travers l'histoire. 1872, 1 vol. in-18. 3 fr. 50

BOUILLET (Adolphe). **L'armée d'Henri V. — Les bourgeois gentilshommes de 1871**. 1 vol. in-12. 3 fr. 50

BOUILLET (Adolphe). **L'armée d'Henri V. — Les bourgeois gentilshommes**. Types nouveaux et inédits. 1 v. in-18. 2 fr. 50

BOUILLET (Adolphe). **L'armée d'Henri V. — Bourgeois gentilshommes**. — Arrière-ban de l'ordre moral, 1873-1874. 1 vol. in-18. 3 fr. 50

BOURDET (Eug.). **Vocabulaire des principaux termes de la philosophie positive**, avec notices biographiques appartenant au calendrier positiviste. 1 vol. in-18 (1875). 3 fr. 50

BOUTROUX. **De la contingence des lois de la nature**, in-8, 1874. 4 fr.

BOUTROUX. **De veritatibus æternis apud Cartesium**; hæc apud facultatem litterarum parisiensem disputabat. in-8. 2 fr.

CHASLES (Philarète). **Questions du temps et problèmes d'autrefois**. Pensées sur l'histoire, la vie sociale, la littérature. 1 vol. in-18, édition de luxe. 3 fr.

CHASSERIAU. **Du principe autoritaire et du principe rationnel**. 1873, 1 vol. in-18. 3 fr. 50

CLAMAGERAN. **L'Algérie**. Impressions de voyage, 1874. 1 vol. in-18 avec carte. 3 fr. 50

CLAVEL. **La morale positive**. 1873, 1 vol. in-18. 3 fr.

Conférences historiques de la Faculté de médecine faites pendant l'année 1865. (*Les Chirurgiens érudits*, par M. Verneuil. — *Gui de Chauliac*, par M. Follin. — *Celse*, par M. Broca. — *Wurtzius*, par M. Trélat. — *Riolan*, par M. Le Fort. — *Lieutaud*, par M. Tarnier. — *Harvey*, par M. Béclar. — *Stahl*, par M. Lasègue. — *Jenner*, par M. Lorain. — *Jean de Vier et les sorciers*, par M. Axenfeld. — *Laennec*, par M. Chauffard. — *Sylvius*, par M. Gubler. — *Stoll*, par M. Parrot.) 1 vol. in-8. 6 fr.

COQUEREL (Charles). **Lettres d'un marin à sa famille**. 1870, 1 vol. in-18. 3 fr. 50

COQUEREL (Athanase). Voyez *Bibliot. de philosop. contemporaine*.

COQUEREL fils (Athanase). **Libres études** (religion, critique, histoire, beaux-arts). 1867, 1 vol. in-8. 5 fr.

COQUEREL fils (Athanase). **Pourquoi la France n'est-elle pas protestante?** Discours prononcé à Neuilly le 1er novembre 1866. 2e édition, in-8. 1 fr.

COQUEREL fils (Athanase). **La charité sans peur**, sermon en faveur des victimes des inondations, prêché à Paris le 18 novembre 1866. In-8. 75 c.

COQUEREL fils (Athanase). **Évangile et liberté**, discours d'ouverture des prédications protestantes libérales, prononcé le 8 avril 1868. In-8. 50 c.

COQUEREL fils (Athanase). **De l'éducation des filles**, réponse à Mgr l'évêque d'Orléans, discours prononcé le 3 mai 1868. In-8. 1 fr.

CORLIEU. **La mort des rois de France** depuis François Ier jusqu'à la Révolution française. 1 vol. in-18 en caractères elzéviriens, 1874. 3 fr. 50

Conférences de la Porte-Saint-Martin pendant le siége de Paris. Discours de MM. *Desmarets et de Pressensé*. — Discours de M. *Coquerel*, sur les moyens de faire durer la République. — Discours de M. *Le Berquier*, sur la Commune. — Discours de M. *E. Bersier*, sur la Commune. — Discours de M. *H. Cernuschi*, sur la Légion d'honneur. In-8. 1 fr. 25

CORNIL. **Leçons élémentaires d'hygiène**, rédigées pour l'enseignement des lycées d'après le programme de l'Académie de médecine, 1873, 1 vol. in-18 avec figures intercalées dans le texte. 2 fr. 50

Sir G. CORNEWALL LEWIS. **Histoire gouvernementale de l'Angleterre de 1770 jusqu'à 1830**, trad. de l'anglais et précédée de la vie de l'auteur, par M. Mervoyer. 1867, 1 vol. in-8 de la *Bibliothèque d'histoire contemporaine*. 7 fr.

Sir G. CORNEWALL LEWIS. **Quelle est la meilleure forme de gouvernement?** Ouvrage traduit de l'anglais, précédé d'une Étude sur la vie et les travaux de l'auteur, par M. Mervoyer, docteur ès lettres. 1867, 1 vol. in-8. 3 fr. 50

CORTAMBERT (Louis). **La religion du progrès.** 1874, 1 vol. in-18. 3 fr. 50

DAMIRON. **Mémoires pour servir à l'histoire de la philosophie au XVIIIe siècle.** 3 vol. in-8. 12 fr.

DELAVILLE. **Cours pratique d'arboriculture fruitière** pour la région du nord de la France, avec 269 fig. In-8. 6 fr.

DELBŒUF. **La psychologie comme science naturelle.** 1 vol. in-8, 1876. 2 fr. 50

DELEUZE. **Instruction pratique sur le magnétisme animal**, précédée d'une Notice sur la vie de l'auteur. 1853, 1 vol. in-12. 3 fr. 50

DELORD (Taxile). **Histoire du second empire, 1848-1870.** 6 forts volumes in-8 (1869-1875). 42 fr.

Chaque volume séparément. 7 fr.

DENFERT (colonel). **Des droits politiques des militaires.** 1874, in-8. 75 c.

DIARD (H.). **Études sur le système pénitentiaire.** 1875, 1 vol. in-8. 1 fr. 50

DOLLFUS (Charles). **De la nature humaine.** 1868, 1 vol. in-8. 5 fr.

DOLLFUS (Charles). **Lettres philosophiques.** 3e édition. 1869, 1 vol. in-18. 3 fr. 50

DOLLFUS (Charles). **Considérations sur l'histoire.** Le monde antique. 1872, 1 vol. in-8. 7 fr. 50

DOLLFUS (Ch.). **L'Âme dans les phénomènes de conscience.** 1 vol. in-18 (1876). 3 fr.

DUBOST (Antonin). **Des conditions de gouvernement en France.** 1 vol. in-8 (1875). 7 fr. 50

DUCHASSIN et FONTBRESSON. **Essai de physiologie et de psychologie.** 1 vol. in-18 (1871). 1 fr.

DUFAY. **Études sur la destinée.** 1 vol. in-18. 1876. 3 fr.

DUGALD-STEVART. **Éléments de la philosophie de l'esprit humain,** traduit de l'anglais par Louis Peisse, 3 vol. in-12. 9 fr.

DU POTET. **Manuel de l'étudiant magnétiseur.** Nouvelle édition. 1868, 1 vol. in-18. 3 fr. 50

DU POTET. **Traité complet de magnétisme,** cours en douze leçons. 1856, 3e édition, 1 vol. de 634 pages. 7 fr.

DUPUY (Paul). **Études politiques,** 1874. 1 v. in-8 de 236 pages. 3 fr. 50

DUVAL-JOUVE. **Traité de Logique,** ou essai sur la théorie de la science, 1855. 1 vol. in-8. 6 fr.

Éléments de science sociale. Religion physique, sexuelle et naturelle, ouvrage traduit sur la 7e édition anglaise. 1 fort vol. in-18. 3e édition 1876. 3 fr. 50

ÉLIPHAS LÉVI. **Dogme et rituel de la haute magie.** 1861, 2e édit., 2 vol. in-8, avec 24 fig. 18 fr.

ÉLIPHAS LÉVI. **Histoire de la magie,** avec une exposition claire et précise de ses procédés, de ses rites et de ses mystères. 1860, 1 vol. in-8, avec 90 fig. 12 fr.

ÉLIPHAS LÉVI. **La science des esprits,** révélation du dogme secret des Kabbalistes, esprit occulte de l'Évangile, appréciation des doctrines et des phénomènes spirites. 1865, 1 v. in-8. 7 fr.

ÉLIPHAS LÉVI. **Philosophie occulte.** Fables et symboles, avec leur explication où sont révélés les grands secrets de la direction du magnétisme universel et des principes fondamentaux du grand œuvre. 1863, 1 vol. in-8. 7 fr.

FAU. **Anatomie des formes du corps humain,** à l'usage des peintres et des sculpteurs. 1866, 1 vol. in-8 et atlas de 25 planches. 2e édition. Prix, fig. noires. 20 fr.
 Prix, figures coloriées. 35 fr.

FERRON (de). **Théorie du progrès** (Histoire de l'idée du progrès. — Vico. — Herder. — Turgot. — Condorcet. — Saint-Simon. — Réfutation du césarisme). 1867, 2 vol. in-18. 7 fr.

FERRON (de). **La question des deux Chambres.** 1872, in-8 de 45 pages. 1 fr.

Em. FERRIÈRE. **Le darwinisme.** 1872, 1 vol. in-18. 4 fr. 50

FICHTE. Voyez page 3.

FONCIN, **Essai sur le ministère de Turgot.** 1 vol. grand in-8 (1876). 8 fr.

FOUCHER DE CAREIL. Voyez Leibniz, page 2.

FOUILLÉE (Alfred). **La philosophie de Socrate.** 2 vol. in-8. 16 fr.

FOUILLÉE (Alfred). **La philosophie de Platon.** 2 vol. in-8. 16 fr.

FOUILLÉE (Alfred). **La liberté et le déterminisme**. 1 fort vol. in-8. 7 fr. 50

FOUILLÉE (Alfred). **Platonis hippias minor sive Socratica**, 1 vol. in-8. 2 fr.

FOX (W.-J.). **Des idées religieuses**. 15 conférences traduites de l'anglais. 1876. 3 fr.

FRÉDÉRIQ. **Hygiène populaire**. 1 vol. in-12. 1875. 4 fr.

FRIBOURG. **Du paupérisme parisien**, de ses progrès depuis vingt-cinq ans. 1 vol. in-18. 1 fr. 25

GÉRARD (Jules). **Maine de Biran, essai sur sa philosophie**, suivi de fragments inédits. 1 fort vol. in-8. 1876. 10 fr.

GÉRARD (Jules). **De idealismi apud Berkleium ratione et principio**; hanc thesim proponebat facultati litterarum parisiensi. In-8. 1876. 3 fr.

GUILLAUME (de Moissey). **Nouveau traité de sensation**. 2 vol. in-8 (1876). 15 fr.

HAMILTON (William). **Fragments de Philosophie**, traduits de l'anglais par Louis Peisse. 7 fr. 50

HEGEL. Voyez page 4.

HERZEN. **Œuvres complètes**. Tome Ier. *Récits et nouvelles*. 1874, 1 vol. in-18. 3 fr. 50

HERZEN. **De l'autre Rive**. 4e édition, traduit du russe par M. Herzen fils. 1 vol. in-18. 3 fr. 50

HERZEN. **Lettres de France et d'Italie**. 1871, in-18. 3 fr. 50

HUMBOLDT (G. de). **Essai sur les limites de l'action de l'État**, traduit de l'allemand, et précédé d'une Étude sur la vie et les travaux de l'auteur, par M. Chrétien, docteur en droit. 1867, in-18. 3 fr. 50

ISSAURAT. **Moments perdus de Pierre-Jean**, observations, pensées, rêveries antipolitiques, antimorales, antiphilosophiques, antimétaphysiques, anti tout ce qu'on voudra. 1868, 1 v. in-18. 3 fr.

ISSAURAT. **Les alarmes d'un père de famille, suscitées**, expliquées, justifiées et confirmées par lesdits faits et gestes de Mgr Dupanloup et autres. 1868, in-8. 1 fr.

JANET (Paul). **Histoire de la science politique** dans ses rapports avec la morale. 2 vol. in-8. 20 fr.

JANET (Paul). **Études sur la dialectique** dans Platon et dans Hegel. 1 vol. in-8. 6 fr.

JANET (Paul). **Œuvres philosophiques de Leibniz**. 2 vol. in-8. 16 fr.

JANET (Paul). **Essai sur le médiateur plastique de Cudworth**. 1 vol. in-8. 1 fr.

JANET (Paul). **Les causes finales**. 1 fort vol. in-8. 1876. 10 fr.

KANT. Voyez page 3.

LABORDE. **Les hommes et les actes de l'insurrection de Paris** devant la psychologie morbide. Lettres à M. le docteur Moreau (de Tours). 1 vol. in-18. 2 fr. 50

LACHELIER. **Le fondement de l'induction**. 1 vol. in-8. 3 fr. 50

LACHELIER. **De natura syllogismi**; apud facultatem litterarum parisiensem hæc disputabat. 1 fr. 50

LACOMBE. **Mes droits**. 1869, 1 vol. in-12. 2 fr. 50

LAMBERT. **Hygiène de l'Égypte**. 1873, 1 vol. in-18. 2 fr. 50

LANGLOIS. **L'homme et la Révolution**. Huit études dédiées à
P.-J. Proudhon. 1867, 2 vol. in-18.   7 fr.

LAUSSEDAT. **La Suisse**. Études médicales et sociales. 2ᵉ édit.,
1875, 1 vol. in-18.   3 fr. 50

LAVELEYE (Em. de). **De l'avenir des peuples catholiques**.
1 brochure in-8. 21ᵉ édit. 1876.   25 c.

LAVERGNE (Bernard). **L'ultramontanisme et l'État**. 1 vol.
in-8 (1875).   1 fr. 50

LE BERQUIER. **Le barreau moderne**. 1871, 2ᵉ édition,
1 vol. in-18.   3 fr. 50

LEDRU (Alphonse). **Organisation, attributions et responsa-
bilité des conseils de surveillance des sociétés en
commandite par actions** (loi du 24 juillet 1867). 1 vol.
grand in-8 (1876).   3 fr. 50

LEDRU (Alphonse). **Des publicains et des Sociétés vecti-
galiennes**. 1 vol. grand in-8 (1876).   3 fr.

LE FORT. **La chirurgie militaire** et les Sociétés de secours en
France et à l'étranger. 1873, 1 vol. gr. in-8, avec fig.   10 fr.

LE FORT. **Étude sur l'organisation de la Médecine** en France
et à l'étranger. 1874, gr. in-8.   3 fr.

LEIBNIZ. **Œuvres philosophiques**, avec une Introduction et
des notes par M. Paul Janet. 2 vol. in-8.   16 fr.

LEMER (Julien). **Dossier des jésuites et des libertés de
l'Église gallicane**. 1 vol. in-18 (1877).   3 fr. 50

LITTRÉ. **Auguste Comte et Stuart Mill**, suivi de *Stuart Mill
et la philosophie positive*, par M. G. Wyrouboff, 1867, in-8 de
86 pages.   2 fr.

LITTRÉ. **Fragments de philosophie**. 1 vol. in-8, 1876. 8 fr.

LITTRÉ. **Application de la philosophie positive** au gouvernement des Sociétés. In-8.   3 fr. 50

LORAIN (P.). **Jenner et la vaccine**. Conférence historique. 1870,
broch. in-8 de 48 pages.   1 fr. 50

LORAIN (P.). **L'assistance publique**. 1871, in-4 de 56 p. 1 fr.

LUBBOCK. **L'homme préhistorique**, étudié d'après les monuments et les costumes retrouvés dans les différents pays de l'Europe, suivi d'une Description comparée des mœurs des sauvages
modernes, traduit de l'anglais par M. Ed. Barbier, 256 figures
intercalées dans le texte. 1876, 2ᵉ édition, considérablement
augmentée suivie d'une conférence de M. P. Broca sur *les
Troglodytes de la Vezère*. 1 beau vol. in-8, broché,   15 fr.
    Cart. riche, doré sur tranche.   18 fr.

LUBBOCK. **Les origines de la civilisation**. État primitif de
l'homme et mœurs des sauvages modernes. 1877, 1 vol. grand
in-8 avec figures et planches hors texte. Traduit de l'anglais par
M. Ed. Barbier. 2ᵉ édition.   15 fr.
    Relié en demi-maroquin avec nerfs.   18 fr.

MAGY. **De la science et de la nature**, essai de philosophie
première. 1 vol. in-8.   6 fr.

MARAIS (Aug.). **Garibaldi et l'armée des Vosges**. 1872,
1 vol. in-18.   1 fr. 50

MAURY (Alfred). **Histoire des religions de la Grèce antique**.
3 vol. in-8.   24 fr.

MAX MULLER. **Amour allemand**. Traduit de l'allemand. 1 vol.
in-18 imprimé en caractères elzéviriens.   3 fr. 50

MAZZINI. **Lettres à Daniel Stern** (1865-1872), avec une lettre autographiée. 1 v. in-18 imprimée en caractères elzéviriens. 3 fr. 50

MENIÈRE. **Cicéron médecin**, étude médico-littéraire. 1862, 1 vol. in-18. 4 fr. 50

MENIÈRE. **Les consultations de madame de Sévigné**, étude médico-littéraire. 1864, 1 vol. in-8. 3 fr.

MERVOYER. **Étude sur l'association des idées**, 1864, 1 vol. in-8. 6 fr.

MICHAUT (N.). **De l'imagination**. Études psychologiques 1 vol. in-8 (1876). 5 fr.

MILSAND. **Les études classiques et l'enseignement public**, 1873, 1 vol. in-18. 3 fr. 50

MILSAND. **Le code et la liberté**. Liberté du mariage, liberté des testaments. 1865, in-8. 2 fr.

MIRON. **De la séparation du temporel et du spirituel**. 1866, in-8. 3 fr. 50

MORER. **Projet d'organisation des collèges cantonaux**, in-8 de 64 pages. 1 fr. 50

MORIN. **Du magnétisme et des sciences occultes**. 1860, 1 vol. in-8. 6 fr.

MORIN (Frédéric). **Politique et philosophie**, précédé d'une introduction de M. JULES SIMON. 1 vol. in-18. 1876. 3 fr. 50

MUNARET. **Le médecin des villes et des campagnes**. 4ᵉ édition, 1862, 1 vol. grand in-18. 4 fr. 50

NAQUET (A.). **La république radicale**. 1873, 1 vol. in-18 3 fr. 50

NOEL (Eug.). **Mémoires d'un imbécile**, avec une préface de M. LITTRÉ. 1 vol. in-18. 2ᵉ éd. 1876, en car. elzéviriens. 3 fr. 50

NOLEN (D.). **La critique de Kant et la métaphysique de Leibniz**, histoire et théorie de leurs rapports, 1 volume in-8. (1875). 6 fr.

NOLEN (D.). **Quid Leibnizius Aristoteli debuerit**. 1 br. in-8. 1 fr. 50

NOURRISSON. **Essai sur la philosophie de Bossuet**. 1 vol. in-8. 4 fr.

OGER. **Les Bonaparte** et les frontières de la France. In-18. 50 c.

OGER. **La République**. 1871, brochure in-8. 50 c.

OLLÉ-LAPRUNE. **La philosophie de Malebranche**. 2 vol. in-8. 16 fr.

PARIS (comte de). **Les associations ouvrières en Angleterre** (trades-unions). 1869, 1 vol. gr. in-8. 2 fr. 50
    Édition sur papier de Chine : broché. 12 fr.
    — reliure de luxe. 20 fr.

PELLETAN. **La naissance d'une ville (Royan)**. 1 vol. in-18 (1876). 2 fr.

PELLETAN. **Jarousseau, le pasteur du désert**. 1 vol. in-18 en caractères elzéviriens (1877). 3 fr. 50

PETROZ (P.). **L'art et la critique en France** depuis 1822. 1 vol. in-18. 1875. 3 fr. 50

POEY (André). **Le positivisme**. 1 fort vol. in-12 (1876). 4 fr. 50

PUISSANT (Adolphe). **Erreurs et préjugés populaires**. 1873, 1 vol. in-18. 3 fr. 50

REYMOND (William). **Histoire de l'art**. 1874, 1 vol. in-8. 5 fr.

RIBERT (Léonce). **Esprit de la Constitution** du 25 février 1875, 1 vol. in-18, en caractères elzéviriens. 3 fr. 50

RIBOT (Paul). **Matérialisme et spiritualisme.** 1873, in-8. 6 fr.

RIBOT (Th.). **La psychologie anglaise contemporaine** (James Mill, Stuart Mill, Herbert Spencer, A. Bain, G. Lewes, S. Bailey, J.-D. Morell, J. Murphy). 1875, 1 vol. in-8. 2ᵉ édit. 7 fr. 50

RIBOT (Th.). **De l'hérédité.** 1873, 1 vol. in-8. 10 fr.

RITTER (Henri). **Histoire de la philosophie moderne,** traduction française précédée d'une introduction par P. Challemel-Lacour. 3 vol. in-8. 20 fr.

RITTER (Henri). **Histoire de la philosophie ancienne,** trad. par Tissot. 4 vol. 30 fr.

ROBERT (Edmond). **Les domestiques,** étude historique. 1 vol. in-18, 1875. 3 fr. 50

SAINT-MARC GIRARDIN. **La chute du second Empire,** in-4. 4 fr. 50

SALETTA. **Principe de logique positive,** ou traité de scepticisme positif. Première partie (de la connaissance en général). 1 vol. gr. in-8. 3 fr. 50

SARCHI, **Examen de la doctrine de Kant,** 1872, gr. in-8. 4 fr.

SCHELLING. **Écrits philosophiques** et morceaux propres à donner une idée de son système, traduits par Ch. Bénard. In-8. 9 fr.

SCHELLING. **Bruno** ou du principe divin, trad. par Husson. 1 vol. in-8. 3 fr. 50

SCHELLING. **Idéalisme transcendental,** traduit par Grimblot. 1 vol. in-8. 7 fr. 50

SIÈREBOIS. **Autopsie de l'âme.** Identité du matérialisme et du vrai spiritualisme. 2ᵉ édit. 1873, 1 vol. in-18. 2 fr. 50

SIÈREBOIS. **La morale** fouillée dans ses fondements. Essai d'anthropodicée. 1867, 1 vol. in-8. 6 fr.

SIÈREBOIS. **Psychologie réaliste.** Étude sur les éléments réels de l'âme et de la pensée. 1 vol. in-18 (1870). 2 fr. 50

SMEE (A.). **Mon jardin,** géologie, botanique, histoire naturelle, culture. 1876 1 magnifique vol. gr. in-8 orné de 1300 figures et 52 planches hors texte, traduit de l'anglais par M. BARBIER.
Broché. 15 fr.
Cartonnage riche, doré sur tranches. 20 fr.

SOREL (ALBERT). **Le traité de Paris du 20 novembre 1815.** Leçons professées à l'École libre des sciences politiques par M. Albert SOREL, professeur d'histoire diplomatique. 1873, 1 vol. in-8. 4 fr. 50

THULIÉ. **La folie et la loi.** 1867, 2ᵉ édit., 1 vol. in-8. 3 fr. 50

THULIÉ. **La manie raisonnante du docteur Campagne.** 1870, broch. in-8 de 132 pages. 2 fr.

TIBERGHIEN. **Les commandements de l'humanité.** 1872, 1 vol. in-18. 3 fr.

TIBERGHIEN. **Enseignement et philosophie.** 1873, 1 vol. in-18. 4 fr.

TISSANDIER. **Études de Théodicée.** 1869, in-8 de 270 p. 4 fr.

TISSOT. **Traductions de Kant.** Voyez page 3.

TISSOT. **Principes de morale**, leur caractère rationnel et universel, leur application. Ouvrage couronné par l'Institut. 1 vol. in-8. 6 fr.

VACHEROT. **Histoire de l'École d'Alexandrie.** 3 vol. in-8. 24 fr.

VALETTE. **Cours de Code civil** professé à la Faculté de droit de Paris. Tome I, première année (Titre préliminaire — Livre premier). 1873, 1 fort vol. in-18. 8 fr.

VALMONT. **L'espion prussien.** 1872, roman traduit de l'anglais. 1 vol. in-18. 3 fr. 50

VAN DER REST. **Platon et Aristote.** Essai sur les commencements de la science politique. 1 fort vol. in-8 (1876). 10 fr.

VÉRA. **Strauss. L'ancienne et la nouvelle foi.** 1873, in-8. 6 fr.

VÉRA. **Cavour et l'Église libre dans l'État libre,** 1874, in-8. 3 fr. 50

VÉRA. **L'Hegélianisme et la philosophie.** 1 vol. in-18. 1861. 3 fr. 50

VÉRA. **Mélanges philosophiques.** 1 vol. in-8, 1862. 5 fr.

VÉRA. **Essais de philosophie hegélienne** (de la *Bibliothèque de philosophie contemporaine*). 1 vol. in-18. 2 fr. 50

VÉRA. **Platonis, Aristotelis et Hegelii de medio termino doctrina.** 1 vol. in-8. 1845. 1 fr. 50

VÉRA. **Traduction de Hegel.** Voy. page 3.

VILLIAUMÉ. **La politique moderne,** traité complet de politique. 1873, 1 beau vol. in-8. 6 fr.

WEBER. **Histoire de la philosophie européenne.** 1871, 1 vol. in-8. 10 fr.

YUNG (Eugène). **Henri IV, écrivain.** 1 vol. in-8. 1855. 5 fr.

ZIMMERMANN. **De la solitude,** des causes qui en font naître le goût, de ses inconvénients, de ses avantages, et son influence sur les passions, l'imagination, l'esprit et le cœur, traduit de l'allemand par N. Jourdan. Nouvelle édition. 1840, in-8. 3 fr. 50

L'Europe orientale. Son état présent, sa réorganisation, avec deux tableaux ethnographiques, 1873. 1 vol. in-18. 3 fr. 50

Le Pays Jougo-Slave (Croatie-Serbie). Son état physique et politique, 1874, in-18. 3 fr. 50

Annales de l'Assemblée nationale. Compte rendu *in extenso* des séances, annexes, rapports, projets de loi, propositions, etc. Prix de chaque volume. 15 fr.
Quarante cinq volumes sont en vente.

Loi de recrutement des armées de terre et de mer, promulguée le 16 août 1872. Compte rendu *in extenso* des trois délibérations. — Lois des 10 mars 1818, 21 mars 1832, 21 avril 1855, 1er février 1868. 1 vol. gr. in-4 à 3 colonnes. 2e édit. 12 fr.

Réorganisation des armées active et territoriale, lois de 1873-1875, promulguées les 7 août 1873 et 27 mars 1875. 1 fort vol. in-4. 18 fr.

ENQUÊTE PARLEMENTAIRE SUR LES ACTES DU GOUVERNEMENT

DE LA DÉFENSE NATIONALE

DÉPOSITIONS DES TÉMOINS :

TOME PREMIER. Dépositions de MM. Thiers, maréchal Mac-Mahon, maréchal Le Bœuf, Benedetti, duc de Gramont, de Talhouët, amiral Rigault de Genouilly, baron Jérôme David, général de Palikao, Jules Brame, Clément Duvernois, Dréolle, etc.

TOME DEUXIÈME. Dépositions de MM. de Chaudordy, Laurier, Cresson, Dréo, Rose, Ranpont, Steenackers, Fernique, Robert, Schneider, Buffet, Lebreton et Hébert, Ballangé, colonel Alavoine, Gervais, Bécherelle, Robin, Muller, Boutefoy, Meyer, Clément et Simonneau, Fontaine, Jacob, Lemaire, Pasetin, Guyot-Montpayroux, général Soumain, de Legge, colonel Vabre, de Crisenoy, colonel Ibos, etc.

TOME TROISIÈME. Dépositions militaires de MM. de Freycinet, de Serres, le général Lefort, le général Ducrot, le général Vinoy, le lieutenant de vaisseau Farcy, le commandant Amet, l'amiral Pothuau, Jean Brunet, le général de Beaufort-d'Hautpoul, le général de Valdan, le général d'Aurelle de Paladines, le général Chanzy, le général Martin des Pallières, le général de Sonis, etc.

TOME QUATRIÈME. Dépositions de MM. le général Bordone, Mathieu, de Laborie, Luce-Villiard, Castillon, Déburaschère, Darcy, Chenot, de La Taille, Baillehache, de Grancey, L'Hermite, Pradier, Middleton, Frédéric Morin, Thayot, le maréchal Bazaine, le général Boyer, le maréchal Canrobert, etc. Annexe à la déposition de M. Testelin, note de M. le colonel Denfert, note de la Commission, etc.

TOME CINQUIÈME. Dépositions complémentaires et réclamations. — Rapports de la préfecture de police en 1870-1871. — Circulaires, proclamations et bulletins du Gouvernement de la Défense nationale. — Suspension du tribunal de la Rochelle; rapport de M. de La Borderie; dépositions.

ANNEXE AU TOME V. Deuxième déposition de M. Cresson. Événements de Nîmes, affaire d'Aïn Yagout. — Réclamations de MM. le général Bellot et Engelhart. — Note de la Commission d'enquête (1 fr.).

RAPPORTS :

TOME PREMIER. M. *Chaper* sur les procès-verbaux des séances du Gouvernement de la Défense nationale. — M. *de Sugny*, sur les événements de Lyon sous le Gouvernement de la Défense nationale. — M. *de Rességuier*, sur les actes du Gouvernement de la Défense nationale dans le sud-ouest de la France.

TOME DEUXIÈME. M. *Saint-Marc Girardin*, sur la chute du second Empire. — M. *de Sugny*, sur les événements de Marseille sous le Gouvernement de la Défense nationale.

TOME TROISIÈME. M. *le comte Daru*, sur la politique du Gouvernement de la Défense nationale à Paris.

TOME QUATRIÈME. M. *Chaper*, sur l'examen au point de vue militaire des actes du Gouvernement de la Défense nationale à Paris.

TOME CINQUIÈME. M. *Bereau-Lajanadie*, sur l'emprunt Morgan. — M. *de la Borderie*, sur le camp de Conlie et l'armée de Bretagne. — M. *de la Sicotière*, sur l'affaire de Dreux.

TOME SIXIÈME. M. *de Rainneville*, sur les actes diplomatiques du Gouvernement de la Défense nationale. — M. *A. Lallié*, sur les postes et les télégraphes pendant la guerre. — M. *Delsol*, sur la ligne du Sud-Ouest. — M. *Perrot*, sur la défense nationale en province. (1re partie.)

TOME SEPTIÈME. M. *Perrot*, sur les actes militaires du Gouvernement de la Défense nationale en province (2e partie : Expédition de l'Est).

TOME HUITIÈME. M. *de la Sicotière*, sur l'Algérie.

TOME NEUVIÈME. Algérie, dépositions des témoins. Table générale et analytique des dépositions des témoins avec renvoi aux rapports des membres de la commission (10 fr.).

TOME DIXIÈME. M. *Bereau-Lajanadie*, sur les actes du Gouvernement de la Défense nationale à Tours et à Bordeaux. (5 fr.).

PIÈCES JUSTIFICATIVES :

TOME PREMIER. Dépêches télégraphiques officielles, première partie.
TOME DEUXIÈME. Dépêches télégraphiques officielles, deuxième partie. Pièces justificatives du rapport de M. Saint-Marc Girardin.

Prix de chaque volume . . .   15 fr.

Rapports se vendant séparément :

DE RESSÉGUIER.   Les événements de Toulouse sous le Gouvernement de la Défense nationale. In-4.   2 fr. 50
SAINT-MARC GIRARDIN. — La chute du second Empire. In-4.   4 fr. 50
Pièces justificatives du rapport de M. Saint-Marc Girardin. 1 vol. in-4.   8 fr. 50
DE SUGNY. — Les événements de Marseille sous le Gouvernement de la Défense nationale. In-4.   10 fr.
DE SUGNY. — Les événements de Lyon sous le Gouvernement de la Défense nationale. In-4.   7 fr.
DARU. — La politique du Gouvernement de la Défense nationale à Paris. In-4.   15 fr.
CHAPER. — Examen au point de vue militaire des actes du Gouvernement de la Défense à Paris. In-4.   15 fr.
CHAPER. — Les procès-verbaux des séances du Gouvernement de la Défense nationale. In-4.   5 fr.
BOREAU-LAJANADIE. — L'emprunt Morgan. In-4.   4 fr. 50
DE LA BORDERIE. — Le camp de Conlie et l'armée de Bretagne. in-4.   10 fr.
DE LA SICOTIÈRE. — L'affaire de Dreux. In-4.   2 fr. 50
DE LA SICOTIÈRE. L'Algérie sous le Gouvernement de la Défense nationale. 2 vol. in-4.   22 fr.
DE RAINNEVILLE. Les actes diplomatiques du Gouvernement de la Défense nationale. 1 vol. in-4.   3 fr. 50
LALLIÉ. Les postes et les télégraphes pendant la guerre. 1 vol. in-4.   1 fr. 50
DELSOL. La ligue du Sud-Ouest. 1 vol. in-4.   1 fr. 50
PERROT. Le Gouvernement de la Défense nationale en province. 2 vol. in-4.   25 fr.
BOREAU-LAJANADIE. Rapport sur les actes de la Délégation du Gouvernement de la Défense nationale à Tours et à Bordeaux. 1 vol. in-4.   5 fr.
Dépêches télégraphiques officielles. 2 vol. in-4.   25 fr.
Procès-verbaux de la Commune. 1 vol. in-4.   5 fr.
Table générale et analytique des dépositions des témoins. 1 vol. in-4.   3 fr. 50

ENQUÊTE PARLEMENTAIRE

SUR

L'INSURRECTION DU 18 MARS

Édition contenant in *extenso* les trois volumes distribués à l'Assemblée nationale.

1° RAPPORTS. Rapport général de M. Martial Delpit. Rapports de MM. *de Meaux*, sur les mouvements insurrectionnels en province; *de Massy*, sur le mouvement insurrectionnel à Marseille; *Meplain*, sur le mouvement insurrectionnel à Toulouse; *de Chamaillard*, sur les mouvements insurrectionnels à Bordeaux et à Tours; *Delille*, sur le mouvement insurrectionnel à Limoges; *Vacherot*, sur le rôle des municipalités; *Ducarre*, sur le rôle de l'Internationale; *Boreau-Lajanadie*, sur le rôle de la presse révolutionnaire à Paris; *de Cumont*, sur le rôle de la presse révolutionnaire en province; *de Saint-Pierre*, sur la garde nationale de Paris pendant l'insurrection; *de Larochethulon*, sur l'armée et la garde nationale de Paris avant le 18 mars. — Rapports de MM. *les premiers présidents des Cours d'appel.* — Rapports de MM. *les préfets* de l'Ardèche, des Ardennes, de l'Aude, du Gers, de l'Isère, de la Haute-Loire, du Loiret, de la Nièvre, du Nord, des Pyrénées-Orientales, de la Sarthe, de Seine-et-Marne, de Seine-et-Oise, de la Seine-Inférieure, de Vaucluse. — Rapports de MM. les chefs de légion de gendarmerie.

2° DÉPOSITIONS de MM. Thiers, maréchal Mac-Mahon, général Trochu, J. Favre, Ernest Picard, J. Ferry, général Le Flô, général Vinoy, colonel Lambert, colonel Gaillard, général Appert, Floquet, général Cremer, amiral Saisset, Schœlcher, amiral Pothuau, colonel Langlois, etc.

3° PIÈCES JUSTIFICATIVES. Déposition de M. le général Ducrot. Procès-verbaux du Comité central, du Comité de salut public, de l'Internationale, de la délégation des vingt arrondissements, de l'Alliance républicaine, de la Commune. — Lettre du prince Czartoryski sur les Polonais. — Réclamations et errata.

Édition populaire contenant in *extenso* les trois volumes distribués aux membres de l'Assemblée nationale.

Prix : 16 fr.

COLLECTION ELZÉVIRIENNE

Lettres de Joseph Mazzini à Daniel Stern (1864-1872), avec une lettre autographiée. 3 fr. 50

Amour allemand, par MAX MULLER, traduit de l'allemand. 1 vol. in-18. 3 fr. 50

La mort des rois de France depuis François 1er jusqu'à la Révolution française, études médicales et historiques, par M. le docteur CORLIEU, 1 vol. in-18. 3 fr. 50

Libre examen, par LOUIS VIARDOT. 1 vol. in-18. 3 fr. 50

L'Algérie, impressions de voyage, par M. CLAMAGERAN. 1 vol. in-18. 3 fr. 50

La République de 1848, par J. STUART MILL, traduit de l'anglais, avec préface par M. SADI CARNOT, 1 vol. in-18 (1875). 3 fr. 50

Esprit de la Constitution du 25 février 1875, par M. LÉONCE RIBERT. 1 vol. in-18. 3 fr. 50

Mémoires d'un imbécile, par EUG. NOEL, précédé d'une préface de *M. Littré*. 1 vol. in-18, 2e édition (1876). 3 fr. 50

Jarousseau, le Pasteur du désert, par Eug. PELLETAN. 1 vol. in-18 (1876). 3 fr. 50

BIBLIOTHÈQUE POPULAIRE

Napoléon 1er, par M. Jules BARNI, membre de l'Assemblée nationale. 1 vol. in-18. 1 fr.

Manuel républicain, par M. Jules BARNI, membre de l'Assemblée nationale. 1 vol. in-18. 1 fr.

Garibaldi et l'armée des Vosges, par M. Aug. MARAIS, 1 vol. in-18. 1 fr. 50

Le paupérisme parisien, ses progrès depuis vingt-cinq ans, par E. FRIBOURG. 1 fr. 25

ÉTUDES CONTEMPORAINES

Les bourgeois gentilshommes. — L'armée d'Henri V, par Adolphe BOUILLET. 1 vol. in-18. 3 fr. 50

Les bourgeois gentilshommes. — L'armée d'Henri V. Types nouveaux et inédits, par A. BOUILLET. 1 v. in-18. 2 fr. 50

Les Bourgeois gentilshommes. — L'armée d'Henri V. L'arrière-ban de l'ordre moral, par A. Bouillet. 1 vol. in-18. 3 fr. 50

L'espion prussien, roman anglais par V. VALMONT, traduit par M. J. DUBRISAY. 1 vol. in-18. 3 fr. 50

La Commune et ses idées à travers l'histoire, par Edgar BOURLOTON et Edmond ROBERT. 1 vol. in-18. 3 fr. 50

Du principe autoritaire et du principe rationnel, par M. Jean Chasseriau. 1873. 1 vol. in-18. 3 fr. 50

La République radicale, par A. NAQUET, membre de l'Assemblée nationale. 1 vol. in-18. 3 fr. 50

Les domestiques, par M. Edmond ROBERT. 1 vol. in-18 (1875). 2 fr. 50

Suite des ouvrages de la librairie Pagnerre.

BLAIZE (A.). **Des monts-de-piété** et des banques de prêts sur gages en France et dans les divers États. 2 forts volumes grand in-8. 15 fr.

BUSQUET (A.). **Représailles**, poésies (le blocus, après la guerre, portraits à la sanguine, nationalité). Un joli volume sur papier vélin, caractères elzéviriens. 3 fr.

CARNOT. **Mémoires sur Carnot** par son fils, ornés d'un portrait de Carnot. 4 parties. Chaque partie séparément. 3 fr. 50

CHASSIN (Ch. L.). **Edgar Quinet**, sa vie et son œuvre. 1 vol. in-8. 3 fr. 50

CORBON. **Le secret du peuple de Paris.** 1 vol. in-8. 5 fr.

CORMENIN (de) TIMON. **Le livre des orateurs.** 18ᵉ édit. augmentée d'études inédites sur Montalembert, Ledru-Rollin, Jules Favre, Dufaure, Cavaignac, Billaut et Rouher. 2 beaux vol. in-8 cavalier, avec portrait de l'auteur gravé sur acier. 15 fr.

— **Pamphlets anciens et nouveaux.** Gouvernement de Louis-Philippe, République, Second Empire. 1 beau vol. in-8 cavalier. 7 fr. 50

DUCLERC ET PAGNERRE. **Dictionnaire politique.** Encyclopédie de la science et du langage politiques par les notabilités de la presse et du Parlement avec une introduction, par GARNIER PAGÈS aîné, publié par Eug. Duclerc et Pagnerre. 1 fort vol. in-8 grand jésus, de près de 1000 pages à deux colonnes, contenant plus de 2000 articles. 7ᵉ édition. 15 fr.

GOUET (AMÉDÉE). **Histoire nationale de France**, d'après des documents nouveaux.

Tome I. Gaulois et Francks. — Tome II. Temps féodaux. — Tome III. Tiers état. — Tome IV. Guerre des princes. — Tome V. Renaissance. — Tome VI. Réforme. — Tome VII. Guerres de religion. (*Sous presse.*)

Prix de chaque volume, format in-8. 5 fr.

IRANYI (D.) ET CHASSIN (Ch. L.). **Histoire politique de la révolution de Hongrie** (1847-1849). 2 beaux vol. in-8. 10 fr.

LORENZO D'APONTE. **Mémoires de Lorenzo d'Aponte**, poète vénitien, collaborateur de MOZART. Traduits de l'italien, par M. C. D. de la Chavanne et précédés d'une lettre de M. de Lamartine. 1 beau vol. in-8. 4 fr.

MARTIN BERNARD. **Dix ans de prison au mont Saint-Michel** et à la citadelle de Doullens. 1 vol. in-18. 2 fr. 50

RICHARD (Ch.). **Les lois de Dieu et l'esprit moderne.** Issue aux contradictions humaines. 1 vol. in-18. 2 fr. 50

— **Les révolutions inévitables** dans le globe et l'humanité. In-18. 2 fr. 50

Suite des ouvrages de la librairie Pagnerre.

BIBLIOTHÈQUE UTILE

60 centimes le vol. de 190 pages

I. — **Morand**. Introduction à l'étude des Sciences physiques.

II. — **Cruveilher**. Hygiène générale. 4e édition.

III. — **Corbon**. De l'enseignement professionnel. 2e édition.

IV. — **L. Pichat**. L'Art et les Artistes en France. 3e édition.

V. — **Buchez**. Les Mérovingiens. 3e édition.

VI. — **Buchez**. Les Carlovingiens.

VII. — **F. Morin**. La France au moyen âge. 3e édition.

VIII. — **Bastide**. Luttes religieuses des premiers siècles. 3e édition.

IX. — **Bastide**. Les guerres de la Réforme. 3e édition.

X. — **E. Pelletan**. Décadence de la Monarchie française. 4e édition.

XI. — **L. Brothier**. Histoire de la Terre. 4e édition.

XII. — **Sanson**. Principaux faits de la Chimie. 3e édition.

XIII. — **Turck**. Médecine populaire. 4e édition.

XIV. — **Morin**. Résumé populaire du Code civil. 2e édition.

XV. — **Fillas**. L'Algérie ancienne et nouvelle. (Épuisé.)

XVI. — **A. Ott**. L'Inde et la Chine.

XVII. — **Catalan**. Notions d'Astronomie. 2e édition.

XVIII. — **Cristal**. Les Délassements du Travail.

XIX. — **Victor Meunier**. Philosophie zoologique.

XX. — **G. Jourdan**. La justice criminelle en France. 2e édition.

XXI. — **Ch. Rolland**. Histoire de la Maison d'Autriche.

XXII. — **E. Despois**. Révolution d'Angleterre. 2e édition.

XXIII. — **B. Gastineau**. Génie de la Science et de l'Industrie.

XXIV. — **H. Lenereux**. Le Budget du foyer. Économie domestique.

XXV. — **L. Combes**. La Grèce ancienne.

XXVI. — **Fréd. Lock**. Histoire de la Restauration. 2e édition.

XXVII. — **L. Brothier**. Histoire populaire de la philosophie. 2e édition.

XXVIII. — **E. Margollé**. Les phénomènes de la Mer. 3e édition.

XXIX. — **L. Collas**. Histoire de l'empire ottoman.

XXX. — **Zurcher**. Les Phénomènes de l'atmosphère. 3e édition.

XXXI. — **E. Raymond**. L'Espagne et le Portugal.

XXXII. — **Eugène Noël**. Voltaire et Rousseau. 2e édition.

XXXIII. — **A. Ott**. L'Asie occidentale et l'Égypte.

XXXIV. — **Ch. Richard**. Origine et fin des Mondes. 3e édition.

XXXV. — **Enfantin**. La vie éternelle. 2e édition.

XXXVI. — **L. Brothier**. Causeries sur la mécanique.

XXXVII. — **Alfred Doneaud**. Histoire de la Marine française.

XXXVIII. — **Fréd. Lock**. Jeanne d'Arc.

XXXIX. — **Carnot**. Révolution française. — Période de création (1789-1792).

XL. — **Carnot**. Période de conservation.

XLI. — **Zurcher et Margollé**. Télescope et Microscope.

REVUE PHILOSOPHIQUE

DE LA FRANCE ET DE L'ÉTRANGER

Paraissant tous les mois

DIRIGÉE PAR

TH. RIBOT

Agrégé de philosophie, Docteur ès lettres

La REVUE PHILOSOPHIQUE paraît tous les mois, depuis le 1er janvier 1876, par livraisons de 6 à 7 feuilles grand in-8, et forme ainsi à la fin de chaque année deux forts volumes d'environ 680 pages chacun.

CHAQUE NUMÉRO DE LA REVUE CONTIENT :

1° Plusieurs articles de fond ; 2° Des analyses et comptes rendus des nouveaux ouvrages philosophiques français et étrangers ; 3° Un compte rendu aussi complet que possible des *publications périodiques* de l'étranger pour tout ce qui concerne la philosophie ; 4° Des notes, documents, observations, pouvant servir de matériaux ou donner lieu à des vues nouvelles.

Prix d'abonnement :

```
Un an, pour Paris...........................   30 fr.
 —    pour les départements et l'étranger.........   33 fr.
La livraison................................    3 fr.
```

REVUE HISTORIQUE

Paraissant tous les trois mois

DIRIGÉE PAR MM.

GABRIEL MONOD	**GUSTAVE FAGNIEZ**
Ancien élève de l'École normale supérieure Agrégé d'histoire, Directeur-adjoint à l'École pratique des Hautes-Études	Ancien élève de l'École des Chartes Archiviste aux Archives nationales Auxiliaire de l'Institut

La REVUE HISTORIQUE paraît tous les deux mois, depuis le 1er janvier 1876, par livraisons grand in-8 de 15 feuilles, de manière à former à la fin de l'année deux beaux volumes de 900 pages chacun

CHAQUE LIVRAISON CONTIENT :

I. Plusieurs *articles de fond*, comprenant chacun, s'il est possible, un travail complet. II. Des *Mélanges et Variétés*, composés de documents inédits d'une étendue restreinte et de courtes notices sur des points d'histoire curieux ou mal connus. III. Un *Bulletin historique* de la France et de l'étranger, fournissant des renseignements aussi complets que possible sur tout ce qui touche aux études historiques. IV. Une *analyse des publications périodiques* de la France et de l'étranger, au point de vue des études historiques. V. Des *Comptes rendus critiques* des livres d'histoire nouveaux.

Prix d'abonnement :

```
Un an, pour Paris .........................   30 fr.
 —    pour les départements et l'étranger.........   33 fr.
La livraison................................    8 fr.
```

REVUE
Politique et Littéraire

Revue des cours littéraires,
2ᵉ série.)

REVUE
Scientifique

(Revue des cours scientifiques,
2ᵉ série.)

Directeurs : MM. Eug. YUNG et Ém. ALGLAVE

La septième année de la **Revue des Cours littéraires** et de la **Revue des Cours scientifiques**, terminée à la fin de juin 1871, clôt la première série de cette publication.

La deuxième série a commencé le 1ᵉʳ juillet 1871, et depuis cette époque chacune des années de la collection commence à cette date. Des modifications importantes ont été introduites dans ces deux publications.

REVUE POLITIQUE ET LITTÉRAIRE

La *Revue politique* continue à donner une place aussi large à la littérature, à l'histoire, à la philosophie, etc., mais elle a agrandi son cadre, afin de pouvoir aborder en même temps la politique et les questions sociales. En conséquence, elle a augmenté de moitié le nombre des colonnes de chaque numéro (48 colonnes au lieu de 32).

Chacun des numéros, paraissant le samedi, contient régulièrement :

Une *Semaine politique* et une *Causerie politique* où sont appréciés, à un point de vue plus général que ne peuvent le faire les journaux quotidiens, les faits qui se produisent dans la politique intérieure de la France, discussions de l'Assemblée, etc.

Une *Causerie littéraire* où sont annoncés, analysés et jugés les ouvrages récemment parus : livres, brochures, pièces de théâtre importantes, etc.

Tous les mois la *Revue politique* publie un *Bulletin géographique* qui expose les découvertes les plus récentes et apprécie les ouvrages géographiques nouveaux de la France et de l'étranger. Nous n'avons pas besoin d'insister sur l'importance extrême qu'a prise la géographie depuis que les Allemands en ont fait un instrument de conquête et de domination.

De temps en temps une *Revue diplomatique* explique au point de vue français les événements importants survenus dans les autres pays.

On accusait avec raison les Français de ne pas observer avec assez d'attention ce qui se passe à l'étranger. La *Revue* remédie à ce défaut. Elle analyse et traduit les livres, articles, discours ou conférences qui ont pour auteurs les hommes les plus éminents des divers pays.

Comme au temps où ce recueil s'appelait *la Revue des cours littéraires* (1864-1870), il continue à publier les principales leçons du Collège de France, de la Sorbonne et des Facultés des départements.

Les ouvrages importants sont analysés, avec citations et extraits, dès le lendemain de leur apparition. En outre, la *Revue politique* publie des articles spéciaux sur toute question que recommandent à l'attention des lecteurs, soit un intérêt public, soit des recherches nouvelles.

Parmi les collaborateurs nous citerons :

Articles politiques. — MM. de Pressensé, Ch. Bigot, Ernest Duvergier de Hauranne, Anat. Dunoyer, Anatole Leroy-Beaulieu, Clamageran.

Diplomatie et pays étrangers. — MM. Van den Berg, Albert Sorel, Reynald, Léo Quesnel, Louis Leger.

Philosophie. — MM. Janet, Caro, Ch. Lévêque, Véra, Léon Dumont, Th. Ribot, E. Boutroux, Nolen, Huxley.

Morale. — MM. Ad. Franck, Laboulaye, Jules Barni, Legouvé, Bluntschli.

Philologie et archéologie. — MM. Max Müller, Eugène Benoist, L. Havet, E. Ritter, Maspéro, George Smith.

Littérature ancienne. — MM. Egger, Havet, George Perrot, Gaston Boissier, Geffroy, Martha.

Littérature française. — MM. Ch. Nisard, Lenient, L. de Loménie, Édouard Fournier, Bersier, Gidel, Jules Claretie, Paul Albert, A. Feugère.

Littérature étrangère. — MM. Mézières, Büchner, P. Stapfer.

Histoire. — MM. Alf. Maury, Littré, Alf. Rambaud, G. Monod.

Géographie, Économie politique. — MM. Levasseur, Himly, Gaidoz, Aiglave.

Instruction publique. — Madame C. Coignet, MM. Buisson, Em. Beaussire.

Beaux-arts. — MM. Gebhart, C. Selden, Justi, Schnaase, Vischer, Ch. Bigot.

Critique littéraire. — MM. Maxime Gaucher, Paul Albert.

Ainsi la *Revue politique* embrasse tous les sujets. Elle consacre à chacun une place proportionnée à son importance. Elle est, pour ainsi dire, une image vivante, animée et fidèle de tout le mouvement contemporain.

REVUE SCIENTIFIQUE

Mettre la science à la portée de tous les gens éclairés sans l'abaisser ni la fausser, et, pour cela, exposer les grandes découvertes et les grandes théories scientifiques par leurs auteurs mêmes ;

Suivre le mouvement des idées philosophiques dans le monde savant de tous les pays,

Tel est le double but que la *Revue scientifique* poursuit depuis dix ans avec un succès qui l'a placée au premier rang des publications scientifiques d'Europe et d'Amérique.

Pour réaliser ce programme, elle devait s'adresser d'abord aux Facultés françaises et aux Universités étrangères qui comptent dans leur sein presque tous les hommes de science éminents. Mais, depuis deux années déjà, elle a élargi son cadre afin d'y faire entrer de nouvelles matières.

En laissant toujours la première place à l'enseignement supérieur proprement dit, la *Revue scientifique* ne se restreint plus désormais aux leçons et aux conférences. Elle poursuit tous les développements de la science sur le terrain économique, industriel, militaire et politique.

Elle publie les principales leçons faites au Collège de France, au Muséum d'histoire naturelle de Paris, à la Sorbonne, à l'Institution royale de Londres, dans les Facultés de France, les universités d'Allemagne, d'Angleterre, d'Italie, de Suisse, d'Amérique, et les institutions libres de tous les pays.

Elle analyse les travaux des Sociétés savantes d'Europe et d'Amérique, des Académies des sciences de Paris, Vienne, Berlin, Munich, etc., des Sociétés royales de Londres et d'Édimbourg, des Sociétés d'anthropologie, de géographie, de chimie, de botanique, de géologie, d'astronomie, de médecine, etc.

Elle expose les travaux des grands congrès scientifiques, les Associations *française*, *britannique* et *américaine*, le Congrès des naturalistes allemands, la Société helvétique des sciences naturelles, les congrès internationaux d'anthropologie préhistorique, etc.

Enfin, elle publie des articles sur les grandes questions de philosophie naturelle, les rapports de la science avec la politique, l'industrie et l'économie sociale, l'organisation scientifique des divers pays, les sciences économiques et militaires, etc.

Parmi les collaborateurs nous citerons :

Astronomie, météorologie. — MM. Le Verrier, Faye, Balfour-Stewart, Janssen, Normann Lockyer, Vogel, Wolf, Miller, Laussedat, Thomson, Rayet, Secchi, Briot, Herschel, etc.

Physique. — MM. Helmholtz, Tyndall, Jamin, Desains, Carpenter, Gladstone, Grad, Boutan, Becquerel, Cazin, Fernet, Onimus, Bertin.

Chimie. — MM. Wurtz, Berthelot, H. Sainte-Claire Deville, Bouchardat, Grimaux, Jungfleisch, Mascart, Odling, Dumas, Troost, Peligot, Cahours, Graham, Friedel, Pasteur.

Géologie. — MM. Hébert, Bleicher, Fouqué, Gaudry, Ramsay, Sterry-Hunt, Contejean, Zittel, Wallace, Lory, Lyell, Daubrée.

Zoologie. — MM. Agassiz, Darwin, Haeckel, Milne Edwards,

Perrier, P. Bert, Van Beneden, Lacaze-Duthiers, Pasteur, Pouchet, De Quatrefages, Faivre, A. Moreau, E. Blanchard, Marey.

Anthropologie. — MM. Broca, de Quatrefages, Darwin, de Mortillet, Virchow, Lubbock, K. Vogt.

Botanique. — MM. Baillon, Cornu, Faivre, Spring, Chatin, Van Tieghem, Duchartre.

Physiologie, anatomie. — MM. Claude Bernard, Chauveau, Fraser, Gréhant, Lereboullet, Moleschott, Onimus, Ritter, Rosenthal, Wundt, Pouchet, Ch. Robin, Vulpian, Virchow, P. Bert, du Bois-Reymond, Helmholtz, Frankland, Brücke.

Médecine. — MM. Chauffard, Chauveau, Cornil, Gubler, Le Fort, Vernéuil, Broca, Liebreich, Lasègue, G. Sée, Bouley, Giraud-Teulon, Bouchardat.

Sciences militaires. — MM. Laussedat, Le Fort, Abel, Jervois, Morin, Noble, Reed, Usquin.

Philosophie scientifique. — MM. Alglave, Bagehot, Carpenter, Léon Dumont, Hartmann, Herbert Spencer, Lubbock, Tyndall, Gavarret, Ludwig, Ribot.

Prix d'abonnement :

Une seule Revue séparément			Les deux Revues ensemble		
	Six mois.	Un an.		Six mois.	Un an.
Paris	12f	20f	Paris	20f	36f
Départements.	15	25	Départements.	25	42
Etranger....	18	30	Etranger....	30	50

L'abonnement part du 1er juillet, du 1er octobre, du 1er janvier
et du 1er avril de chaque année.

Chaque volume de la première série se vend : broché...... 15 fr.

relié........ 20 fr.

Chaque année de la 2e série, formant 2 vol., se vend : broché.. 20 fr.

relié.... 25 fr.

Port des volumes à la charge du destinataire.

Prix de la collection de la première série :

Prix de la collection complète de la *Revue des cours littéraires* ou de la *Revue des cours scientifiques* (1864-1870), 7 vol. in-4... 105 fr.

Prix de la collection complète des deux *Revues* prises en même temps, 14 vol. in-4.................................. 182 fr.

Prix de la collection complète des deux séries :

Revue des cours littéraires et *Revue politique et littéraire*, ou *Revue des cours scientifiques* et *Revue scientifique* (décembre 1863 — janvier 1877), 18 vol. in-4.............................. 215 fr.

La *Revue des cours littéraires* et la *Revue politique et littéraire*, avec la *Revue des cours scientifiques* et la *Revue scientifique*, 36 volumes in-4.................................... 382 fr.

PARIS. — IMPRIMERIE DE E. MARTINET, RUE MIGNON, 2.